实验量子光学基础

张天才 等 编著

科 学 出 版 社

北 京

内 容 简 介

量子科技的发展不断推动着产业的变革，一系列突破经典极限的创新技术相继涌现. 其中，量子资源的制备与操控技术及其在量子信息、量子精密测量等领域的应用，日益成为学术界和产业界共同关注的焦点. 从量子光学发展起来的许多实验技术在量子科技的实际应用中具有普遍性，成为量子技术的热点领域. 在教学与科研实践中，我们注意到越来越多的学生对量子光学方面的实验与技术表现出浓厚的兴趣，并怀有投身这一前沿研究领域的强烈意愿. 作者基于在量子光学领域长期的科研积累和教学实践，精心编写了这本书，旨在为这一重要领域的人才培养提供一个系统的学习资源.

本书主要从实验视角讲述量子光学的核心研究内容，详细介绍实验基本原理、方法和实现的技术路径. 本书注重量子光学中关键概念的物理图像阐释，尽量将抽象的理论概念与物理系统、实验过程有机结合，把量子光学原理具象化、可视化. 本书的主要内容包括：量子光学的基本原理与方法、量子光学中的测量方法、量子光源的制备、量子光源的应用、光与热原子系综相互作用、中性原子的激光冷却与俘获、腔量子电动力学的实验实现等，并加入了最新的量子光学实验、技术的前沿进展. 书中部分图片配有电子版彩图，可通过扫描其旁的二维码查看.

本书适合具备量子力学、量子光学的基本理论基础的物理学专业的高年级本科生和研究生、大学教师及相关科技工作者阅读和参考.

图书在版编目（CIP）数据

实验量子光学基础 / 张天才等编著. -- 北京 : 科学出版社, 2025. 3.
ISBN 978-7-03-079998-2

Ⅰ. O431.2

中国国家版本馆 CIP 数据核字第 2024GV8920 号

责任编辑：龙嫚嫚　赵　颖/ 责任校对：杨聪敏

责任印制：师艳茹 / 封面设计：有道文化

科学出版社 出版

北京东黄城根北街 16 号
邮政编码：100717
http://www.sciencep.com

三河市骏杰印刷有限公司印刷

科学出版社发行　各地新华书店经销

*

2025 年 3 月第　一　版　开本：720×1000　1/16
2025 年 3 月第一次印刷　印张：20 1/2
字数：413 000

定价：98.00 元

（如有印装质量问题，我社负责调换）

本书编委会

主编　张天才

编委　（按姓氏拼音排序）

何　军　刘　奎　孙恒信　王美红

王旭阳　于旭东　张鹏飞

前　言

量子光学起源于人们对光本性的探索，主要研究光的量子性质以及光与物质相互作用的量子效应. 20 世纪初，普朗克对黑体辐射的研究和爱因斯坦对光电效应的解释，使人们逐步接受了辐射能量存在最小单元、电磁辐射不连续这一革命性的思想. 随着光量子的概念以及光的波粒二象性的证据不断积累，人们对光的本性的认识日益深入. 这些理论突破与光谱学实验结果的相互印证，有力推动了量子力学的发展. 受激辐射的提出与激光的出现，极大地推动了光学基础理论的发展，并促进其在工程应用领域的应用，特别是在光通信、精密光谱学等领域. 同时，实验技术的进步反过来加速了光物理和原子分子物理等基础理论的发展.

给量子光学的发展确定一个起点是困难的. 广义上，对光量子的认识以及激光理论的建立和实验上的成功可以被认为是量子光学发展的发端. 传统上，人们习惯把 20 世纪 50 年代对光场高阶关联的测量作为量子光学发端的一个重要标志，即 HBT(R. H. Brown and R. Q. Twiss)实验，这一实验首次揭示了光子的关联行为. 当时，光的相干理论还没有建立起来，因此人们还无法理解为什么来自恒星的光子具有“扎堆出现”的古怪行为，而不服从随机弹子球的泊松统计分布. 今天我们称这一现象为光子的聚束效应(bunching effect). 20 世纪 60 年代，R. J. Glauber、E. C. G. Sudarshan 等建立了光的相干理论，提出了相干态的概念，对光的相干性认识建立起来了. 20 世纪 70 年代，L. Mandel 和 H. J. Kimble 在原子的辐射中观测到与热光源相反的反聚束效应(antibunching effect)，这是继激光作为一个人造相干辐射之后，真正意义上的只能利用量子理论予以解释的量子辐射行为. 20 世纪 80 年代开始，越来越多的量子行为，包括光场本身以及光与物质相互作用的量子现象被不断发现，量子光学逐渐发展并壮大起来. 与冷原子物理和量子信息的结合，大大丰富了量子光学的研究内容. 从以上简单的历史回顾中可以看到，量子光学从一开始就是实验与理论密切结合的学科，二者相互促进. 在量子光学发展过程中，理论的超前预言、精确性以及与实验的完美对接有很多漂亮的案例. 这种结合堪称自然科学领域中为数不多的范例，从而使量子光学这门学科具有极强的可验证性. 量子光学成为检验基本量子物理和前沿量子技术的重要试验场，具有理论与实验完美结合的特点，激发人们对量子行为经久不衰的深刻思考和引人入胜的探索乐趣.

2005 年诺贝尔物理学奖颁发给了 R. J. Glauber、J. L. Hall、T. W. Hänsch 这三位从事量子光学和精密测量领域研究的科学家，以表彰他们在光的相干性认识和精密光梳中做的重要贡献. 量子光学作为一门越来越成熟的学科，其基本理论已日臻完善，国内外已经有不少教材和专著. J. R. Klauder 和 E. C. G. Sudarshan 于 1968 年撰写了 *Fundamentals of Quantum Optics*. 随后，量子光学方面的教材陆续登场. 同时，国内也有多本关于量子光学的教材和著作，如 1990 年中国科学技术大学郭光灿教授撰写的《量子光学》、1993 年武汉大学张远程撰写的《量子光学》、1996 年北京邮电大学杨伯君教授撰写的《量子光学基础》、2015 年华南师范大学张智明教授撰写的《量子光学》. 量子光学与量子信息和冷原子物理结合还有大量的专著，这里不再一一赘述.

实验方面的著作不多，2004 年 H. A. Bachor 和 T. C. Ralph 撰写了 *A Guide to Experiments in Quantum Optics*. 这本书首先介绍了光的经典模型，紧接着介绍超越经典光场的光子，包括对光的测量、光子概念、热光源、干涉实验、单光子实验的描述、强度关联及光的聚束效应与反聚束效应，随后介绍了光场的量子化和一些典型的量子态的数学描述，再介绍一些基本的光学器件，比如分束器、干涉仪、光学腔等的基本性能和描述，还介绍了激光及放大的基本过程、光电探测技术、量子噪声、压缩态的概念及其产生、测量与应用等，并把量子信息作为后来量子光学成果的一些应用作了简要介绍. C. Fabre 等于 2010 年出版了 *Introduction to Quantum Optics*，这本书中也包含了不少实验内容.

随着量子科技的不断发展，越来越多的新技术不断涌现，各种量子资源制备、操控以及在量子信息、量子精密测量等领域的应用越来越受到关注. 从量子光学发展起来的许多实验技术在量子科技的实际应用中具有普遍性，量子技术目前成为前沿科技的热点领域. 我们注意到越来越多的学生对量子技术的应用比较感兴趣，有从事量子光学研究的愿望，但目前还缺乏从实验角度系统地介绍量子光学的研究方法、技术手段等方面的教材. 掌握一些基本的实验方法，从实际对象入手去认识量子现象并应用这些量子效应，对学生反过来理解和认识相对抽象的量子物理理论具有重要的现实意义. 在跟学生们交流的过程中，笔者发现很多学生，也包括不少物理学研究人员，对一些基本的量子现象以及测量过程缺乏了解. 虽然从理论上似乎接受了一些概念，但是在对其物理本质的理解上还存在偏差，比如对真空的认识，实际上很多从事量子物理研究的人员也并不完全了解平均光子数(能量)为 0 的真空态及其涨落是如何被探测器测量到的、证据是什么. 对单光子的概念也是这样，不少研究人员甚至怀疑单光子的存在性，而这些现象以及相关的概念都需要通过量子光学实验进一步阐释清楚. 因此，我们觉得迫切需要一本可供物理专业高年级本科生、研究生以及希望从事实验量子光学、量子信息和量子技术方面的研究人员使用的教材，它能针对一些基本的量子光学实验技术，从原理到方法、从实验方案到实现过程，给予详细且通俗易懂的介绍，手把手帮助读者认识、理解这些基本量子物理实验过程以及相关的基本概念，从而使他们更容易进入量子科技这一活跃的领域；另外，也能帮助从事理论研究的学者加深对量子光学一些基本思想的认识，把我们熟悉的粒子数态、量子纠缠、贝尔态的非定域性等用算符描写的抽象表达和量子现象，物化到特定的光子、原子等具体对象上.

量子科学与技术正在引发以量子计算、量子通信和量子测量为标志的第二次量子革命，给信息处理、信息安全和精密测量等带来颠覆性的影响. 中共中央总书记习近平在 2020 年 10 月 16 日中央政治局第二十四次集体学习中强调，要充分认识推动量子科技发展的重要性和紧迫性，加强量子科技发展战略谋划和系统布局，把握大趋势，下好先手棋[①]. 国际上主要发达国家纷纷出台重大计划，高科技大型企业投入巨资，大力支持量子科技的基础研究以及前沿技术、工程技术的研发，培育战略性新兴产业. 作为一门实验与理论密切结合的学科，量子光学从一开始就以探索光的量子性质和光与物质相互作用的量子效应为己任，不断发明并获取各种各样的量子资源，成为量子科技研究中不可或缺的板块. 鉴于量子光学的理论书籍很多，但专门从实验角度介绍量子光学的很少，所以编者基于多年从事实验量子光学研究的经验编写并出版本书是很有意义也很有必要的.

光量子技术与器件全国重点实验室从 20 世纪 80 年代就开展了量子光学方面的研究，是国内较早开展实验量子光学研究的单位之一. 1993 年实验室研究人员获得了压缩真空态光场，随后相继开展多种非经典光源的制备、操控、测量及其应用方面的实验研究；2000 年以后，建立了多个冷原子分子实验室，开展了原子分子操控以及光与原子相互作用量子效应等方面的实验研究，包括超冷玻色费米气体的量子操控、中性原子的冷却与俘获、原子的相干操控、光与原子强耦合相互作用等. 实验室建立和发展了一整套成熟的量子光场、光子-原子相互作用操控与测量方面的技术手段，培养了一批实验量子光学方面的博士和硕士研究生. 基于实验室研究团队在量子光学实验技术方面 40 多年的积累，结合对研究生的指导培养以及所开设的“量子光学”“量子光学与量子信息前沿讲座”等课程的讲义，我们编撰了这本《实验量子光学基础》.

与目前已有的量子光学教材不同，本书**注重量子光学中若干概念的物理图像阐释，尽量把理论概念与物理系统、实验过程结合，把概念具体化**，主要特点如下.

(1) 面向科学前沿. 用量子光学方法实现的许多量子资源具有重要应用，比如最近的“九章”量子计算机完成的量子模拟实验，就是量子光学的实验手段在量子信息领域的实际应用；压缩态光源成功地应用到超高灵敏的引力波探测中，成为量子精密测量的重要资源. 这些内容可以帮助有志于从事这些前沿研究的读者尽快进入角色，尽快掌握基本的实验手段.

(2) 内容全面. 本书主要讲述光场的量子行为以及光与原子分子的相互作用，内

① 习近平主持中央政治局第二十四次集体学习并讲话. (2020-10-17) [2024-12-11]. https://www.gov.cn/xinwen/ 2020-10/17/content_5552011.htm.

容涵盖了目前量子光学中大部分实验技术. 近年来，虽然量子光学也扩展到超导量子电路、光力学以及超冷原子等系统，但是本书所涉及的实验技术可以作为通用的量子光学实验技术，其差异主要是能量范围(频率范围)不同，基本原理和方法、概念是相通的.

(3)概念具体化. 密切结合实际物理系统，以原子分子和光子等具体的物理客体为对象，将各种量子资源的抽象表述对应到实际的客体上，使量子态能“看得见”“摸得着”，结合实验设备、实验过程和实验结果，可以获得抽象的量子态背后的物理实在，从而使读者理解量子物理的一些基本原理和量子现象.

(4)注重实验技术. 依托于编者多年来在量子光源的产生、测量与表征，冷原子的制备与调控，以及光与原子强耦合等方面的实验积累及独特技术，本书详细介绍实验基本原理、方法和实现的技术路径，使读者对实验过程形成清晰的认识.

(5)操作性强. 书中介绍的实验技术主要来自最新的成果，基本上代表了目前最新的一些手段，比如光子数分辨的光子计数测量、蓝移阱中单原子操控和高效单粒子测量技术、高共模抑制比的低噪声量子噪声测量装置等. 其中包含了许多具体的技术细节和相关参数，读者在学习完本书以后，可以自己动手完成相关的实验，这对培养读者的动手能力和解决实际问题的能力很有帮助.

阅读和学习本书，需要具备一些基本的前期知识. 首先是针对学习完光学和量子力学的学生，建议具备高等量子力学的基础，以及量子光学的基本理论，可以参考 M. O. Scully 的 *Quantum Optics*、W. H. Louisell 的 *Quantum Statistical Properties of Radiation*，更进一步可以参考 H. J. Carmichael 的两卷本 *Statistical Methods in Quantum Optics*，该书给出了不少理论细节. 其他的基础知识包括激光原理及技术、光电探测技术以及电路基础等，这些前期基础知识对理解和学习本书很有帮助.

总体上，本书是从实验方面讲述量子光学的一本适合研究生(包括学术学位和专业学位硕士研究生以及博士研究生)的教材，对学生掌握一些通用的量子光学、更一般的量子技术和方法有实用价值，也对其理解量子物理的一些基本概念有帮助. 希望本书成为热爱量子科技的读者投身到这一飞速发展的研究领域的一本入门教材. 我们在每一章后面列出了思考题和参考文献，帮助读者进一步思考，并进一步深化、扩大阅读范围.

本书的安排如下. 第 1 章回顾实验量子光学的发展历史，简要介绍量子光学的早期发展，理论结合实验，包括 HBT 实验、HOM 实验、反聚束效应、贝尔不等式检验等经典的量子光学和量子物理实验，勾勒出随着相干光学的理论发展，与实验同步进行的量子光学的发展脉络，为学生提供了一幅整体的关于实验量子光学的图像，其中介绍了实验量子光学的发展及其与冷原子物理、量子信息、量子计量等结合并发展的历程.

第 2 章主要介绍量子光学的基本原理与方法. 考虑到本书主要从实验的角度讲

述量子光学，因此理论介绍主要从实验需要出发，有选择性地介绍了一些必要的内容，包括量子力学基本原理回顾、分离与连续变量表象、光与原子相互作用的半经典理论和 J-C 模型等理论，还包括几种基本量子态，如福克(Fock)态、相干态、压缩态等，以及几种常用的测量理论，如正算子值测量(POVM)理论、分束器模型、光场正交分量的平衡零拍测量等.

第 3 章主要围绕量子光学中的测量方法展开介绍，包括光子计数测量(单光子探测器的类型、ON-OFF 单光子探测、光子数可分辨探测)、正交分量测量(零拍探测、差拍探测)、量子层析(逆拉东(Radon)变换、最大似然估计法)、保真度的概念和计算.

第 4 章介绍量子光源的制备，包括量子光源的分类、几种典型的量子光源的制备原理、若干量子光源的实验产生方法，如单光子态、福克态、单模压缩真空态、EPR(Einstein-Podolsky-Rosen)纠缠态、偏振压缩态、空间高阶压缩光源、薛定谔猫态等.

第 5 章介绍量子光源的应用，包括量子精密测量、量子计算和量子通信三部分，内容涉及它们的基本原理、量子态应用以及相关进展，具体内容为：压缩态在光场相位测量等各类光学精密测量中的应用，大尺度簇态纠缠在量子计算中的应用，光场纠缠态、原子纠缠态以及混合纠缠态等在量子离物传态中的应用，相干态、压缩态、纠缠态等量子态在量子密钥分发中的应用，高维纠缠态在量子密集编码中的应用，以及多组分纠缠态在量子秘密共享中的应用等.

第 6 章介绍光与热原子系综相互作用，包括热原子系综的一般特点、烧孔效应、电磁诱导透明效应、四波混频效应以及光存储等.

第 7 章介绍中性原子的激光冷却与俘获，包括冷原子基本原理、原子磁光阱的基本模型、原子的光学偶极俘获、单原子内态制备与识别.

第 8 章介绍强耦合腔量子电动力学的实验实现，包括微光学腔的搭建与测量、微光学腔的控制、单原子的俘获和操控、单原子与微腔的强耦合系统中的若干量子效应、多原子与光学腔强耦合作用所引起的现象以及原子与其他受限空间的耦合系统.

本书的相关内容主要来源于光量子技术与器件全国重点实验室和山西大学光电研究所研发和应用平台的教学和科研工作. 感谢国家自然科学基金委、科技部、山西省的长期大力支持，特别感谢直接参与本书撰写的何军、刘奎、孙恒信、王美红、王旭阳、于旭东和张鹏飞老师，以及其他为本书付出的老师和同学！

张天才

2025 年 1 月 3 日于山西大学量子光学楼

目　　录

第 1 章 量子光学发展历史简介

回顾量子光学的发展历程可以发现，量子光学的发展与实验是密不可分的. 黑体辐射的研究始于对辐射能量谱的实验测量，光电效应的研究也是基于实验事实. 经典电磁理论在解释这些实验事实时遇到了困难，于是提出光量子设想，即光辐射具有分离的最小能量单元. 如果把这些早期实验作为量子光学的起点，似乎有些牵强，但是如果把早期黑体辐射的研究，到光量子的提出、光的辐射统计行为、光子的关联性、光的相干性认识，再到各种光量子态的产生，包括目前已经成为产品的单光子源，这一条关于光的认识过程串联起来，故事似乎也必须从黑体辐射讲起.

J. R. Klauder 和 E. C. G. Sudarshan 编著的 *Fundamentals of Quantum Optics* 是早期的量子光学书籍，该书的引言中讲到“过去十年(也就是 1957～1967 年)发生的几件事从根本上改变了光学这一古老而让人尊重的学科的性质和前景”. 这里提到几个事件：实验方面，一是带有革命性的激光的发明(1960 年)，二是光子计数关联测量的新方法以及与此相关的强度干涉测量的诞生；理论方面，是光的相干量子理论的建立. 如果今天再加一条，可以把 J-C(Jaynes- Cummings)模型的建立作为理论方面的重大贡献(1963 年).

20 世纪 50 年代，R. H. Brown 和 R. Q. Twiss 实现了一种能够测量光场强度之间关联的实验，即 HBT 实验. 该实验第一次观测到光场高阶相干性，打破了传统光学的局限性，极大地拓展了相干性的物理含义. HBT 实验被公认为是近代量子光学的奠基性实验，因为人们对量子相干性进行深入的研究正是起源于这个实验. 在此之前，一阶相干函数已在经典光学中建立，其物理意义为波振幅的相位相干. 普通光学干涉中讨论的均是振幅的相干，即由相干源的相位相干过渡到光强相干，而 HBT 实验是直接利用光强关联测量得到二阶相干函数，量子二阶相干函数的引入使光场的量子特性可定量描述. 当单模量子化电磁场处于相干态或光子数态时，具有不同的二阶相干性，因此，利用二阶相干性可以区分相干态和光子数态. 相干态的光子数分布为随机分布(泊松分布)，对应二阶相干度 $g^{(2)}(0)=1$. 通常将 $g^{(2)}(0)>1$ 的光场量子态称为光子聚束态(bunching state)，意味着光子倾向于成群地到达探测器；将 $g^{(2)}(0)<1$ 的光场量子态称为光子反聚束态(antibunching state)，意味着光子倾向于以均匀的时间间隔到达探测器，由于 $g^{(2)}(0)<1$ 超出了经典二阶相干函数 $\gamma^{(2)}(\tau)$ 的范围($1\leqslant\gamma^{(2)}(0)<\infty$)，因此光子反聚束效应是一种非经典效应.

20 世纪 60 年代，随着激光的出现，人们的注意力集中在对电磁场的完整描述问题上. 光学相干的经典理论通常只适用于一阶关联，这一理论足以描述一般的干涉和衍射等经典光学现象. 更复杂的强度干涉测量和光电计数统计实验需要特殊的高阶关联. 这项工作的大部分“都是用经典或半经典方式完成的”. 另外，在考虑到量子化(电磁)场时，人们提出了任意阶相干函数的量子力学定义. 1963 年，E. C. G. Sudarshan 阐述任意阶相干函数的量子力学的定义，并证明只要不考虑非线性效应，该定义与经典描述完全等效[1].

1963 年，R. J. Glauber 发展了用全量子力学的方法来讨论任意场的光子统计特性. 为清楚地理解量子电动力学的经典极限，人们广泛地使用了场的相干态[2]. 这些态将场相关函数简化为因子形式，为描述所有类型的场建立了基础. 虽然它们彼此不正交，但相干态可以构成一个完备集. 结果表明，场的任何量子态都能以一种独特的方式展开. 根据相干态向量的叠加，对任意算符进行展开，这些展开式作为表示场的密度算符的一般方法也有相关研究、讨论. 密度算符有一种特殊的形式，它可以用类似于经典理论的方法进行许多量子力学计算，这种表述能够清楚地洞察场的量子描述和经典描述之间的本质区别. 由此还导出了光场叠加定律的简单公式.

1956 年，R. H. Brown 和 R. Q. Twiss 的实验表明：窄带光束的光子有成对到达的趋势. 1963 年，R. J. Glauber 发展了用于研究关联光子对效应的通用量子力学方法，并给出非相干光束中光子数分布的结果[3]，提供了一种特别适合用相干或非相干光束进行的实验描述光场的方法. E. M. Purcell 利用微波噪声理论的方法对光束诱导的光电离过程中观察到的关联给出了一个简单的半经典解释：在功率谱中，不同量子态之间的振幅和相位关系可能需要更多的信息来描述稳定的光束. 光谱分布相同的光束可能表现出完全不同的光子相关性，或者根本没有光子相关性. 在描述量子现象时，必须使用全量子理论.

1963 年，E. T. Jaynes 和 F. W. Cummings 提出了著名的 J-C 模型[4]，这是量子光学中最基本、最成功的一个理论模型之一，它描述了单个二能级原子与一个单模辐射场的相互作用，这一模型是理解辐射场与物质相互作用复杂行为和许多量子效应的理论基石. 自从 1992 年 R. J. Thompson 和 H. J. Kimble 等在实验上成功观测到原子的崩塌和恢复现象后[5]，这一量子系统的非经典行为吸引了人们的广泛关注，各种推广的 J-C 模型被提出以及相关的量子现象被发现.

1977 年，H. J. Kimble 和 L. Mandel 等在原子辐射中观测到光的反聚束效应[6]，如果定义只能用全量子理论才能完全解释的行为是非经典行为，这应该是量子光学领域第一次观测到的光的非经典行为，也是第一次得到一种量子辐射场.

压缩态光场是另一种重要的非经典光场，其由于独特的性质，受到了广泛关注。1985 年，美国 R. E. Slusher 等利用原子系综中的四波混频过程首次制备了 0.3 dB 的双模压缩态光场[7]. 1986 年，美国 H. J. Kimble 课题组首次利用非线性晶体的参量下转换过程制备了单模压缩态光场，压缩度达到 3 dB[8]. 1992 年，H. J. Kimble 课题组利用非简并光学参量放大器实验制备了双模压缩态光场[9]. 1992 年，山西大学光电研究所彭堃墀课题组首次在国内成功制备了单模压缩态光场[10]，并于 1999 年成功制备了连续变量 Einstein-Podolsky-Rosen (EPR) 纠缠态光场[10,11]. 随着非线性晶体制备与加工技术、光学元件镀膜技术以及高量子效率光电探测技术的发展，压缩态光场的压缩度也在不断提高. 2016 年，德国 R. Schnabel 课题组获得了最高 15 dB 的单模压缩态[12]. 2021 年，山西大学郑耀辉课题组通过将两个单模压缩态在光学分束器合束的方法获得了最高 10.7 dB 的双模压缩态[13].

HOM (Hong-Ou-Mandel) 实验是量子光学发展史上一个重要的进展，这一实验深刻揭示了光子的行为[14]. 单光子的产生以及测量，在之后得到了越来越广泛的应用，无论是在量子保密通信，还是量子物理的基本问题方面，都发挥了重要作用. 1905 年，阿尔伯特·爱因斯坦 (Albert Einstein) 最早提出光子是光的基本量子[15]. 20 世纪 70 年代，H. J. Kimble 和 L. Mandel 在实验室中首次发现了原子的共振荧光特性，这为原子单光子源的制备奠定了基础[16]. 之后，学者们发展了多种制备单光子态的方法，如量子点、脉冲激发单个偶极子、自发参量下转换、四波混频、单原子系统、单原子和光学腔强耦合系统、单分子和原子系综等. 在制备单光子源的基础上，发展高效率、低噪声的单光子探测器是非常关键的. 随着技术的进步和发展，超导纳米线单光子探测器的发展进入了高潮. 最近中国科学院上海微系统与信息技术研究所利用三明治结构超导纳米线、多线并行工作的方式实现最大计数率 5 GHz、光子数分辨率 61 的超高速、光子数可分辨光量子探测器. 该探测器的性能指标将有望支撑深空激光通信、高速率量子通信以及基础量子光学实验等应用[17].

贝尔 (J. S. Bell) 不等式的相关实验在量子光学发展史中具有重要意义. 自量子力学诞生以来，人们对其理论框架和正确性没有怀疑，但是，对其理解和认识还存在很多争议，包括对非定域性、量子纠缠的认识. 该不等式由贝尔在 20 世纪 60 年代提出，相关理论指出，如果存在隐藏变量，大量测量结果之间的相关性将永远不会超过某个值. 然而，量子力学预言，某种类型的实验将违反贝尔不等式，从而导致比其他方式更强的相关性. 贝尔定理的提出为检验量子非定域性的存在，即定域实在论和非定域量子论提供了一个可验证的方案，而这一方案的实验实现利用了量子光学发展起来的实验手段. 1972 年，美国科学家 S. J. Freedman 与 J. F. Clauser 合作，对 CHSH-Bell 定理预测进行了第一次实验检验：这是违反贝尔不等式的第一次实验观察[18]；1974 年，J. F. Clauser 与 M. A. Horne 合作，首次证明贝尔定理的推广为所有局部现实自然理论 (也称为客观局部理论) 提供了严格约束[19]. 1982 年，法国科学家 A. Aspect 等利用关联光子对，首次验证了贝尔不等式违背，从而确定了非定域量子论的正确性[20,21]. 1997 年，奥地利科学家 A. Zeilinger 和同事首次完成了量子隐形传态的原理性实验验证，成为量子信息实验领域的开山之作[22]. 量子隐形传态是从一个粒子向另一个粒子远距离传递未知量子态的方式，这一过程不需要传递粒子本身. 潘建伟教授也是这一实验的重要参与者之一. 2022 年诺贝尔物理学奖授予科学家 A. Aspect、J. F. Clauser 和 A. Zeilinger，以表彰他们“用纠缠光子进行的实验，建立了贝尔不等式的违反，并开创了量子信息科学”. 围绕量子物理基本问题的检验，量子光学提供的实验方法和手段在整个量子物理的实验检验方面发挥了不可替代的作用.

自 1949 年开始，以费曼(R. P. Feynman)为首的一批科学家就在思考：如何理解和控制场与物质的相互作用[23]. 从一个炽热铁块发出的光子(辐射场)，是如何发射出来的？光子是如何离开原子分子内部的？消失在了哪里？还是变成一种热量？什么样的物理系统是一个好的系统，可以帮助人们从根本上完美地展示一个原子和一个光子的相互作用？从还原论角度，需要实现单个粒子间的相互作用才能揭示这些现象.

在过去数十年里，量子光学实验物理学家一直在尝试控制高速运动且非常脆弱的单个原子和单个光子，寻求确定性的量子操控，试图从根本上认识并揭示光子本身以及光与物质相互作用的本质. 把囚禁的单个原子与单个光子相互作用，研究单个光子如何被单个原子吸收、辐射、再吸收、再辐射……直到消失、死亡，并与量子光学理论的预言对比. 研究这一过程成为实验量子光学家的追梦行动. 量子电动力学系统提供了这样一个完美的研究对象，该系统被称为量子光学基础和应用研究的“金矿”. 研究微波——里德伯原子的微波 CQED(cavity quantum electrodynamics)的代表是 S. Haroche，而光频区的光子与中性原子 CQED 研究的代表是 H. J. Kimble 和 G. Rempe，他们各自在微波腔量子电动力学和光学腔量子电动力学中做出了历史性的贡献. 20 世纪 80 年代发展起来的冷原子技术、原子操控俘获技术以及高品质光学腔技术，使人们越来越接近这种梦想. 单个光子与单个原子的强耦合被视为一种重要的标志，耦合强度是衡量这一操控能力的重要参数. 过去 40 年来，耦合强度提升了 8 个数量级，其发展速度超过了人们的想象，使 20 世纪 60 年代建立起来的理论模型在 40 年后成为现实.

1992 年，强耦合实验实现是光与物质作用领域的里程碑工作：R. J. Thompson 和 H. J. Kimble 等观测到单原子的真空拉比(Rabi)劈裂，这是对 J-C 模型的直接实验验证[24]. 光与原子的相互作用一直是量子光学的重要试验场，从弱耦合到强耦合、从统计行为到确定性操控、从单原子到多原子系综、从热原子到冷原子，光与物质的相互作用以光子与单个冷原子的强耦合确定性操控为标志，完美呈现了 J-C 模型下的各种量子现象，使腔量子电动力学成为量子光学发展史上一个重要的平台. 法国 S. Haroche 利用里德伯原子与微波场的强耦合，展示了许多量子光学效应，从 J-C 模型的塌缩-恢复效应到单光子态，以及从单个光子的诞生与死亡的观测到多光子福克态的量子态表征，揭示了光子-原子系统的量子力学效应，S. Haroche 因该工作获得 2012 年诺贝尔物理学奖. 最近，原子阵列以及确定性多原子与光学腔的强耦合在实验室取得了很大的进展，为利用中性原子及其与多原子腔 QED 实现模拟和量子计算开辟了新的可能[25,26].

20 世纪 80 年代，随着冷原子物理和量子信息的兴起，一方面，冷原子物理为量子光学的发展提供了强有力的方法，同时，量子光学的许多现象基于冷原子操控得到了彰显，对促进原子分子物理的发展、丰富基础光学和原子分子的内容带来了巨大的影响；另一方面，量子光学产生的各种量子资源从量子信息诞生之初就产生了密切的结合，从量子保密到量子计算，再到精密测量物理，带来了若干颠覆性的技术. 量子光学与冷原子分子物理、量子信息、量子计量等交叉学科的结合，给量子光学本身的发展带来了全新的舞台，也使实验量子光学成为这些新兴交叉学科的重要支撑.

思　考　题

(1) 实验量子光学发展的主要事件有哪些?介绍一下相关事件的内容.

(2) 促进量子光学发展的标志性的进展有哪些?

(3) 谈谈你对贝尔不等式的理解，说明为什么有人认为它是科学中(不仅是物理学)最深刻的发现.

参　考　文　献

[1] Sudarshan E C G. Equivalence of semiclassical and quantum mechanical descriptions of statistical light beams. Phys. Rev. Lett., 1963, 10(7): 277-279.

[2] Glauber R J. Coherent and incoherent states of the radiation field. Phys. Rev., 1963, 131(6): 2766.

[3] Glauber R J. Photon correlations. Phys. Rev Lett., 1963, 10(3): 84-86.

[4] Jaynes E T, Cummings F W. Comparison of quantum and semiclassical radiotion theories with application to the beam maser. Pro. IEEE, 1963, 51(1): 89-97.

[5] Thompson R J, Rempe G, Kimble H J. Observation of normal mode splitting for an atom in an optical cavity. Phys. Rev. Lett., 1992, 68(8): 1132-1165.

[6] Kimble H J, Dagenais M, Mandel L. Photon antibunching in resonance fluorescence. Phys. Rev. Lett., 1977, 39(11): 691-695.

[7] Slusher R E, Hollberg L W, Yurke B, et al. Observation of squeezed states generated by four-wave mixing in an optical cavity. Phys. Rev. Lett., 1985, 55(22): 2409-2412.

[8] Wu L A, Kimble H J, Hall J L, et al. Generation of squeezed states by parametric down conversion. Phys. Rev. Lett., 1986, 57(20): 2520-2523.

[9] Ou Z Y, Pereira S F, Kimble H J, et al. Realization of the Einstein-Podolsky-Rosen paradox for continuous variables. Phys. Rev. Lett., 1992, 68(25): 3663-3666.

[10] Zhang Y, Wang H, Li X Y, et al. Experimental generation of bright two-mode quadrature squeezed light from a narrow-band nondegenerate optical parametric amplifier. Phys. Rev. A,

2000, 62(2): 023813.

[11] Zhang Y, Su H, Xie C D, et al. Quantum variances and squeezing of output field from NOPA. Phys. Lett. A, 1999, 259(3): 171-177.

[12] Vahlbruch H, Mehmet M, Danzmann K, et al. Detection of 15 dB squeezed states of light and their application for the absolute calibration of photoelectric quantum efficiency. Phys. Rev. Lett., 2016, 117(11): 110801.

[13] Wang Y J, Zhang W H, Li R X, et al. Generation of −10.7 dB unbiased entangled states of light. Appl. Phys. Lett., 2021, 118(13): 134001.

[14] Hong C K, Ou Z Y, Mandel L. Measurement of subpicosecond time intervals between two photons by interference. Phys. Rev. Lett., 1987, 59(18): 2044-2046.

[15] Einstein A. Über einen die Erzeugung und Verwandlung des Lichtes bettreffenden heuristischen Gesichtspunkt. Ann. Phys. Lpz., 1905, 17: 132-148.

[16] Kimble H J, Mandel L. Resonance fluorescence with excitation of finite bandwidth. Phys. Rev. A, 1977, 15(2): 689-699.

[17] Zhang T Z, Huang J, Zhang X, et al. Superconducting single-photon detector with a speed of 5 GHz and a photon number resolution of 61. Photon. Res., 2024, 12 (6): 1328-1333.

[18] Freedman S J, Clauser J F. Experimental test of local hidden-variable theories. Phys. Rev. Lett., 1972, 28: 938-941.

[19] Clauser J F, Horne M A. Experimental consequences of objective local theories. Phys. Rev. D, 1974, 10(2): 526-535.

[20] Aspect A, Grangier P, Roger G. Experimental realization of Einstein-Podolsky-Rosen-Bohm Gedankenexperiment: A new violation of Bell's inequalities. Phys. Rev. Lett., 1982, 49(2): 91-94.

[21] Aspect A, Dalibard J, Roger G. Experimental test of Bell's inequalities using time-varying analyzers. Phys. Rev. Lett., 1982, 49(25): 1804-1807.

[22] Bouwmeester D, Pan J W, Mattle K, et al. Experimental quantum teleportation. Nature, 1997, 309, 575-579.

[23] Feynman R P. Space-time approach to quantum electrodynamics. Phys. Rev., 1949, 76(6): 769-789.

[24] Thompson R J, Rempe G, Kimble J H. Observation of normal-mode splitting for an atom in an optical cavity. Phys. Rev. Lett., 1992, 68(8): 1132-1135.

[25] Bluvstein D, Evered S J, Geim A A, et al. Logical quantum processor based on reconfigurable atom arrays. Nature, 2024, 626: 58-65.

[26] Liu Y X, Wang Z H, Yang P F, et al. Realization of strong coupling between deterministic single-atom arrays and a high-finesse miniature optical cavity. Phys. Rev. Lett., 2023, 130: 173601-7.

第 2 章　量子光学基本原理与方法

量子光学的基本原理和方法是在量子力学的基本理论的基础上衍生出来的专门解决光以及光与物质相互作用的处理方法，并与实验结合产生的一些新的思想和解决问题的途径. 不同版本的量子光学教材或者专著关注的焦点不同，各有侧重. 本书主要从实验方面介绍量子光学的基本原理和方法，因此，主要侧重从问题出发的一些必须掌握的基本内容. 本书是基于读者已经学习了量子力学、数学物理方法、激光原理、光学和光电子技术知识的前提下，将量子光学实验的基本原理和方法展示给读者. 本章主要介绍量子力学基本原理、分离变量与连续变量表象、光与物质相互作用基本理论、几种基本量子态和量子测量理论等.

2.1　量子力学基本原理

20 世纪 20 年代建立的量子力学，给出了一套处理微观世界各种现象的完整的理论框架. 1923～1927 年期间，矩阵力学和波动力学几乎同时被提出. 矩阵力学赋予每个物理量一个矩阵，其代数运算规则和经典物理不同，遵守乘法不可对易的代数运算法则. 量子体系与经典体系对应的各力学量在形式上相似，但运算规则不同. 波动力学从波粒二象性是微观客体的普遍现象出发，比较自然地导出了量子化条件. 矩阵力学和波动力学是同一种力学规律的两种不同形式的表述. 后来，人们把矩阵力学和波动力学统称为量子力学. 这里，首先回顾量子力学的五个假设和两个基本原理.

假设 1　微观粒子的状态可以用波函数 $\psi(\boldsymbol{r})$ 描述，由波函数描述的状态称为量子态. 研究发现，玻恩(M. Born)提出的“概率波”概念，将实物粒子的粒子性和波动性统一起来，玻恩也因此获得了 1954 年的诺贝尔物理学奖[1]. 设一个粒子的状态用波函数 $\psi(\boldsymbol{r})$ 表示，则发现粒子在 $\boldsymbol{r}$ 点处体积元 $\mathrm{d}x\mathrm{d}y\mathrm{d}z$ 中的概率为[2]

$$|\psi(\boldsymbol{r})|^2\,\mathrm{d}x\mathrm{d}y\mathrm{d}z \tag{2.1.1}$$

按照概率的含义，要求其满足归一化条件

$$\iiint_{-\infty}^{+\infty}|\psi(\boldsymbol{r})|^2\,\mathrm{d}x\mathrm{d}y\mathrm{d}z=1 \tag{2.1.2}$$

对于多粒子体系，则用波函数 $\psi(\boldsymbol{r}_1,\boldsymbol{r}_2,\cdots,\boldsymbol{r}_i)$ 描述，$\boldsymbol{r}_i$ 为第 i 个粒子的位置.

假设 2　力学量由线性厄米算符来表示. 利用波函数 $\psi(\boldsymbol{r})$ 计算动量的平均值

时，引入了动量算符[2]

$$\overline{p}=\int\psi^*(\boldsymbol{r})\hat{p}\psi(\boldsymbol{r})\mathrm{d}^3\boldsymbol{r} \tag{2.1.3}$$

其中 $\hat{p}=-\mathrm{i}\hbar\nabla$，即动量平均值是波函数的梯度，与波函数在某点的局域值无关.

假设 3 量子态叠加原理：一个体系若处于某力学量 F 的本征态 $\psi_n(\boldsymbol{r})$，则 F_n 为测量 F 所得到的结果，其结果为确定的，但如果体系处于力学量 F 的两个本征态的叠加，即

$$\psi(\boldsymbol{r})=c_1\psi_1(\boldsymbol{r})+c_2\psi_2(\boldsymbol{r}) \tag{2.1.4}$$

则测量 F 所得到的结果可能是 F_1，也可能是 F_2，即结果不是唯一确定的. 这是量子力学区别于经典力学最显著的效应.

在任意量子态 $\psi(\boldsymbol{r},t)$ 下对任意力学量 F 进行测量，每次测量所能得到的值必定是算符 $\hat{F}$ 的本征值之一，且各次测量可能得到不同的值，它们以一定的概率出现；由全部测量的结果，能够得到一个确定的统计平均值，可表示为[2]

$$\begin{aligned}\overline{F}&=\int\psi^*(r,t)\hat{F}\psi(r,t)\mathrm{d}r\\&=\int\sum_n c_n^*\phi_n^*(r)\sum_m c_m\hat{F}\phi_n(r)\,\mathrm{d}r\\&=\sum_{mn}c_n^*(t)\,c_m(t)\int\phi_n^*(r)\hat{F}\phi_n(r)\mathrm{d}r\\&=\sum_n c_n^*(t)\sum_m f_m c_m(t)\,\delta_{nm}\\&=\sum_n f_n\left|c_m(t)\right|^2\end{aligned} \tag{2.1.5}$$

假设 4 薛定谔方程：微观粒子的状态随时间演化遵守薛定谔方程

$$\mathrm{i}\hbar\frac{\partial}{\partial t}\left|\psi(t)\right\rangle=\hat{H}\left|\psi(t)\right\rangle \tag{2.1.6}$$

其中 $\hat{H}$ 为系统的哈密顿量. 如果给定系统的哈密顿量 $\hat{H}$ 以及初始状态 $\left|\psi(0)\right\rangle$，原则上可以完全确定系统在任意时刻 t 的状态 $\left|\psi(t)\right\rangle$，也就是获得任意时刻系统的全部信息. 当哈密顿量 $\hat{H}$ 不显含时 t 时，以上薛定谔方程的解可表示为[2]

$$\left|\psi(t)\right\rangle=\mathrm{e}^{-\frac{\mathrm{i}\hat{H}t}{\hbar}}\left|\psi(0)\right\rangle \tag{2.1.7}$$

假设 5 在全同粒子所组成的体系中，由于粒子的全同性(不可分辨性)，两全同粒子相互调换不改变体系的状态.

量子力学的两个基本原理是互补原理和不确定性原理. 这两个基本原理是人们常说的“量子力学的哥本哈根诠释”的两大支柱，是量子力学理论物理诠释的

基础.

互补原理：互补原理与光的波粒二象性有关，是指波动性和粒子性是两个理想的概念，每个都有其有限的使用范围，在特定的物理现象的实验中，辐射和实物均可展现出波动性或粒子性，但任何单独的一个都不能对所涉及的现象给出完整的说明，即两种描述中的任何单独一个都是不充分的，但为了说明所有可能是实验现象，波动性和粒子性又都是必需的(主观和客观世界必须被理解成一个不可分割的整体，没有一个孤立于客观世界的“事物”. 所谓纯粹的客观世界是不存在的，任何事物都只有结合一个特定的观测手段，才能谈得上具体的意义. 而对象所表现出的形态，很大程度取决于所采用的观测方法. 对于一个对象来说，这些表现可能是互相排斥的，但是必须同时被用于对这个现象的描述中，这就是互补原理).

不确定性原理①：力学量之间的关系也表现在算符之间的关系上，如两个力学量 A 和 B 是否可以同时具有确定测量值取决于相应算符是否对易. 如 $[\hat{A},\hat{B}]=0$ ，则 $\hat{A}$ 和 $\hat{B}$ 可具有共同本征态；如 $[\hat{A},\hat{B}]\neq 0$，则一般来说 A 和 B 不能同时具有确定值. A 和 B 的不确定关系可表示为[2]

$$\Delta A\cdot\Delta B\geqslant\frac{1}{2}\left|\left\langle[\hat{A},\hat{B}]\right\rangle\right| \tag{2.1.8}$$

2.2　分离变量与连续变量表象

根据量子系统可观测量的本征谱是分离还是连续，将可观测量分为分离变量(discrete variable，DV)与连续变量(continuous variable，CV)两类. “分离”和“连续”的划分源于粒子的波粒二象性，在不同的应用场景或探测方式中，粒子表现出不同的特性，因此这种划分不是绝对的，是相对而言的.

2.2.1　分离变量表象

一个力学量算符 $\hat{A}$ (如坐标、动量、能量、角动量、自旋等)，其正交归一化的本征态为 $\{|\psi_n\rangle\}$， $\{|\psi_n\rangle\}$ 为一个完备的矢量空间[3]. 若将这组态矢量作为基矢量来表示任意矢量和算符，则称为 $\hat{A}$ 表象.

设力学量算符 $\hat{A}$ 的本征方程为

$$\hat{A}|\psi_n\rangle=A_n|\psi_n\rangle \tag{2.2.1}$$

其本征值 A_n 构成离散谱，本征态的完备性条件为

① 注意：不是测量电子的动量和位置不能同时测准，而是电子本身就不能同时具备动量和位置.

$$\sum_n |\psi_n\rangle\langle\psi_n| = \hat{I} \tag{2.2.2}$$

则任意态矢量$|\psi\rangle$可用$|\psi_n\rangle$展开为

$$|\psi\rangle = \sum_n |\psi_n\rangle\langle\psi_n|\psi\rangle = \sum_n c_n|\psi_n\rangle \tag{2.2.3}$$

其中c_n表示态矢量$|\psi\rangle$沿基矢$|\psi_n\rangle$的投影，即$|\psi_n\rangle$的概率幅.

由于基矢$\{|\psi_n\rangle\}$是已知的，因此由$\{c_n\}$可得$|\psi\rangle$. 通常情况下，态矢量$|\psi\rangle$在$\hat{A}$表象中用列矢量表示为

$$|\psi\rangle = \begin{bmatrix} c_1 \\ c_2 \\ \vdots \\ c_n \end{bmatrix} \tag{2.2.4}$$

因此，态矢量$|\psi\rangle$在分离变量表象中可表示为一个列矢量. 态矢量的归一化条件为

$$\langle\psi|\psi\rangle = \sum_{m,n} c_m^* c_n \langle\psi_m|\psi_n\rangle = \sum_{m,n} c_m^* c_n \delta_{mn} = \sum_n c_n^* c_n = \sum_n |c_n|^2 = 1 \tag{2.2.5}$$

任意一个力学量算符$\hat{F}$在$\hat{A}$表象中可表示为$\hat{F} = \sum_{m,n}\langle\psi_m|\hat{F}|\psi_n\rangle|\psi_m\rangle\langle\psi_n|$.

2.2.2 连续变量表象

在连续变量表象中，完备性条件为[3]

$$\int \mathrm{d}x|x\rangle\langle x| = \hat{I} \tag{2.2.6}$$

任意态矢量$|\psi\rangle$可以展开为

$$|\psi\rangle = \int \mathrm{d}x|x\rangle\langle x|\psi\rangle = \int \psi(x)\mathrm{d}x|x\rangle \tag{2.2.7}$$

其中$\psi(x)$是态矢量$|\psi\rangle$在基矢$|x\rangle$上的投影.

态矢量的归一化条件为

$$\begin{aligned}\langle\psi|\psi\rangle &= \langle\psi|\int \mathrm{d}x|x\rangle\langle x|\psi\rangle = \int \mathrm{d}x\langle\psi|x\rangle\langle x|\psi\rangle \\ &= \int \mathrm{d}x\psi^*(x)\psi(x) = \int \mathrm{d}x|\psi(x)|^2 = 1\end{aligned} \tag{2.2.8}$$

在连续变量表象中，相干态基矢构成一个超完备集，即

$$\frac{1}{\pi}\int \mathrm{d}^2\alpha|\alpha\rangle\langle\alpha| = \hat{I} \tag{2.2.9}$$

电磁场的量子态$|\psi\rangle$在相干态表象中展开为

$$|\psi\rangle=\frac{1}{\pi}\int d^2\alpha|\alpha\rangle\langle\alpha|\psi\rangle=\frac{1}{\pi}\int d^2\alpha\psi(\alpha)|\alpha\rangle \tag{2.2.10}$$

电磁场的任意量子态的密度算符$\hat{\rho}$在相干态表象中展开为

$$\begin{aligned}\hat{\rho}&=\frac{1}{\pi}\int d^2\alpha|\alpha\rangle\langle\alpha|\hat{\rho}\frac{1}{\pi}\int d^2\beta|\beta\rangle\langle\beta|\\&=\frac{1}{\pi^2}\int d^2\alpha d^2\beta|\alpha\rangle\langle\beta|\rho_{\alpha,\beta}\end{aligned} \tag{2.2.11}$$

其中$\rho_{\alpha,\beta}=\langle\alpha|\hat{\rho}|\beta\rangle$. 对$\rho_{\alpha,\beta}$进行变换，可引入常见的准概率分布函数. 这里，分别给出相干态和光子数态在相干态下的表示.

(1) 相干态. 一个相干态$|\beta\rangle$在相干态$|\alpha\rangle$表象下展开为

$$\hat{I}=\frac{1}{\pi}\int|\alpha\rangle\langle\alpha|d^2\alpha$$

因此有

$$|\beta\rangle=\frac{1}{\pi}\int\langle\alpha|\beta\rangle|\alpha\rangle d^2\alpha$$

$$\begin{aligned}\langle\alpha|\beta\rangle&=e^{-\frac{1}{2}(|\alpha|^2+|\beta|^2)}\sum_{mn}\frac{(\alpha^*)^m\beta^n}{\sqrt{m!}\sqrt{n!}}\langle m|n\rangle\\&=e^{-\frac{1}{2}(|\alpha|^2+|\beta|^2)}\sum_{n}\frac{(\alpha^*\beta)^n}{n!}\\&=e^{-\frac{1}{2}(|\alpha|^2+|\beta|^2)}e^{\alpha^*\beta}\\&=e^{-\frac{1}{2}(|\alpha|^2+|\beta|^2-2\alpha^*\beta)}\end{aligned}$$

所以，相干态$|\beta\rangle$在相干态表象下表示为

$$|\beta\rangle=\frac{1}{\pi}\int e^{-\frac{1}{2}(|\alpha|^2+|\beta|^2-2\alpha^*\beta)}|\alpha\rangle d^2\alpha \tag{2.2.12}$$

(2) 光子数态. 一个光子数态$|n\rangle$在相干态$|\alpha\rangle$表象下展开为

$$|n\rangle=\frac{1}{\pi}\int\langle\alpha|n\rangle|\alpha\rangle d^2\alpha$$

$$\langle\alpha|n\rangle=e^{-\frac{1}{2}|\alpha|^2}\sum_{m}\frac{(\alpha^*)^m}{\sqrt{m!}}\langle m|n\rangle=e^{-\frac{1}{2}|\alpha|^2}\frac{(\alpha^*)^n}{\sqrt{n!}}$$

故

$$|n\rangle = \frac{1}{\pi}\int \mathrm{e}^{-\frac{1}{2}|\alpha|^2}\frac{(\alpha^*)^n}{\sqrt{n!}}|\alpha\rangle \mathrm{d}^2\alpha \tag{2.2.13}$$

相干态表象是常用的连续变量表象. 光场量子态在相干态表象中的表示被称为准概率分布函数. 利用准概率分布函数可以将算符运算化为普通运算，还可以根据准概率分布函数来表征和区分不同性质的量子态. 常见的准概率分布函数有 $P(\alpha)$ 函数、$Q(\alpha)$ 函数和维格纳(Wigner)函数三种. 下面分别对三种准概率分布函数进行详细介绍.

1. $P(\alpha)$ 函数

$P(\alpha)$ 函数，或称为 Glauber-Sudarshan $P(\alpha)$ 函数，类似于经典概率分布函数. 一个量子态的密度算符 $\hat{\rho}$ 准概率分布函数可用 $P(\alpha)$ 函数表示为[3]

$$\hat{\rho} = \int \mathrm{d}^2\alpha |\alpha\rangle\langle\alpha| P(\alpha) \tag{2.2.14}$$

$P(\alpha)$ 是相干态 $|\alpha\rangle$ 下的投影. $P(\alpha)$ 函数满足归一化条件

$$\mathrm{Tr}[\hat{\rho}] = \int \mathrm{d}^2\alpha P(\alpha) = 1 \tag{2.2.15}$$

这里需要强调的是，对于有些量子态，在相空间(α 平面)的某些区域内，$P(\alpha)$ 函数可能是负的或者是非常奇异的(具有比δ函数更奇异的特性)，因此称 $P(\alpha)$ 函数为准概率分布函数. 具有负的或者非常奇异的 $P(\alpha)$ 函数的量子态即为非经典态.

已知量子态的密度算符 $\hat{\rho}$，该量子态的准概率分布函数 $P(\alpha)$ 可以由以下公式得到:

$$P(\alpha) = \frac{\mathrm{e}^{|\alpha|^2}}{\pi^2}\int \mathrm{d}^2u \langle -u|\hat{\rho}|u\rangle \mathrm{e}^{|u|^2}\mathrm{e}^{\alpha u^* - \alpha^* u} \tag{2.2.16}$$

其中 $|u\rangle$ 为相干态.

下面给出几种量子态的 $P(\alpha)$ 函数.

(1) 相干态 $|\beta\rangle$ 的 $P(\alpha)$ 函数为一个二维δ函数，形式为 $P(\alpha) = \delta^2(\alpha - \beta)$.

(2) 光子数态 $|n\rangle$ 的 $P(\alpha)$ 函数表示为

$$\begin{aligned} P(\alpha) &= \frac{\mathrm{e}^{|\alpha|^2}}{\pi^2}\int \mathrm{d}^2u \langle -u\,|\,n\rangle\langle n\,|\,u\rangle \mathrm{e}^{|u|^2}\mathrm{e}^{\alpha u^* - \alpha^* u} \\ &= \frac{\mathrm{e}^{|\alpha|^2}}{\pi^2 n!}\int \mathrm{d}^2u (-u^* u)^n \mathrm{e}^{\alpha u^* - \alpha^* u} \\ &= \frac{\mathrm{e}^{|\alpha|^2}}{n!}\frac{\partial^{2n}}{\partial\alpha^n \partial\alpha^{*n}}\frac{1}{\pi^2}\int \mathrm{d}^2u \mathrm{e}^{\alpha u^* - \alpha^* u} \\ &= \frac{\mathrm{e}^{|\alpha|^2}}{n!}\frac{\partial^{2n}}{\partial\alpha^n \partial\alpha^{*n}}\delta^2(\alpha) \end{aligned} \tag{2.2.17}$$

式中δ函数的导数比δ函数本身具有更强的奇异性，因此光子数态为典型的非经典态.

(3) 平均光子数为 $\bar{n}$ 的热态，其 $P(\alpha)$ 函数是以坐标原点为中心(平均值)、实部和虚部的方差均为 $\bar{n}/2$ 的高斯函数，表达式为 $P(\alpha)=\frac{1}{\pi\bar{n}}\mathrm{e}^{-\frac{|\alpha-\bar{\alpha}|^2}{\bar{n}}}$.

$P(\alpha)$ 函数可以用来计算正序排列算符 $\hat{G}^{(N)}(\hat{a}^\dagger,\hat{a})=\sum_{mn}G_{mn}^{(N)}\hat{a}^{\dagger m}\hat{a}^n$ 的平均值. 显然，利用对易关系 $[\hat{a},\hat{a}^\dagger]=1$，任意算符都可以表示成正序排列形式. 正序排列算符 $\hat{G}^{(N)}(\hat{a}^\dagger,\hat{a})$ 的平均值为

$$\begin{aligned}\left\langle\hat{G}^{(N)}(\hat{a}^\dagger,\hat{a})\right\rangle&=\mathrm{Tr}[\hat{G}^{(N)}(\hat{a}^\dagger,\hat{a})\hat{\rho}]\\&=\mathrm{Tr}\left[\int\mathrm{d}^2\alpha P(\alpha)\hat{G}^{(N)}(\hat{a}^\dagger,\hat{a})|\alpha\rangle\langle\alpha|\right]\\&=\int\mathrm{d}^2\alpha P(\alpha)\sum_{mn}G_{mn}^{(N)}\alpha^{*m}\alpha^n\\&=\int\mathrm{d}^2\alpha P(\alpha)G^{(N)}(\alpha^*,\alpha)\end{aligned}\tag{2.2.18}$$

通过把算符 $\hat{G}^{(N)}(\hat{a}^\dagger,\hat{a})$ 中 $\hat{a}^\dagger$ 和 $\hat{a}$ 分别换成复数 α^* 和 α，$G^{(N)}(\alpha^*,\alpha)=\sum_{mn}G_{mn}^{(N)}\alpha^{*m}\alpha^n$ 为经典函数. 因此，已知量子态 $P(\alpha)$ 函数，将算符 $\hat{G}^{(N)}(\hat{a}^\dagger,\hat{a})$ 换成经典函数 $G^{(N)}(\alpha^*,\alpha)$，就可得到算符 $\hat{G}^{(N)}(\hat{a}^\dagger,\hat{a})$ 的平均值.

对于相干态 $|\beta\rangle$，光子数算符 $\hat{n}=\hat{a}^\dagger\hat{a}$ 的平均值为

$$\left\langle\hat{a}^\dagger\hat{a}\right\rangle=\int\mathrm{d}^2\alpha\delta^2(\alpha-\beta)\alpha^*\alpha=\beta^*\beta=|\beta|^2\tag{2.2.19}$$

对于热光场，光子数算符 $\hat{n}=\hat{a}^\dagger\hat{a}$ 的平均值为

$$\begin{aligned}\left\langle\hat{a}^\dagger\hat{a}\right\rangle&=\int\mathrm{d}^2\alpha\frac{1}{\pi\bar{n}}\mathrm{e}^{-\frac{|\alpha-\bar{\alpha}|^2}{\bar{n}}}\alpha^*\alpha\\&=\frac{1}{\pi\bar{n}}\int_0^{2\pi}\mathrm{d}\varphi\int_0^\infty r\mathrm{d}r\mathrm{e}^{-\frac{r^2}{\bar{n}}}r^2\\&=\frac{1}{\bar{n}}\int_0^\infty\mathrm{d}r^2\mathrm{e}^{-\frac{r^2}{\bar{n}}}r^2=\bar{n}\end{aligned}\tag{2.2.20}$$

2. $Q(\alpha)$ 函数

在相干态表象下，密度算符为 $\hat{\rho}$ 的量子态的期望值可用 $Q(\alpha)$ 函数表示，即

$$Q(\alpha)=\frac{1}{\pi}\langle\alpha|\hat{\rho}|\alpha\rangle\tag{2.2.21}$$

$Q(\alpha)$ 函数取值范围为 $0 \leqslant Q(\alpha) \leqslant \frac{1}{\pi}$，且

$$\begin{aligned}\int \mathrm{d}^2\alpha Q(\alpha) &= \frac{1}{\pi}\int \mathrm{d}^2\alpha \left\langle \alpha\left|\hat{\rho}\right|\alpha\right\rangle \\ &= \mathrm{Tr}\left[\frac{1}{\pi}\int \mathrm{d}^2\alpha \left|\alpha\right\rangle\left\langle\alpha\right|\hat{\rho}\right] \\ &= \mathrm{Tr}[\hat{\rho}] = 1\end{aligned} \tag{2.2.22}$$

因此，$Q(\alpha)$ 函数具有非负性、有限性和归一化性质.

下面给出几种量子态的 $Q(\alpha)$ 函数.

(1) 相干态 $|\beta\rangle$ 的 $Q(\alpha)$ 函数为

$$Q(\alpha) = \frac{1}{\pi}\langle\alpha|\beta\rangle\langle\beta|\alpha\rangle = \frac{1}{\pi}\left|\langle\alpha|\beta\rangle\right|^2 = \frac{1}{\pi}\mathrm{e}^{-|\alpha-\beta|^2} \tag{2.2.23}$$

与二维高斯函数 $\frac{1}{2\pi\sigma^2}\mathrm{e}^{\frac{-|\alpha-\beta|^2}{2\sigma^2}}$ 对比可知，相干态 $|\beta\rangle$ 的 $Q(\alpha)$ 函数是以 β 为中心（平均值）、实部和虚部的方差均为 $\frac{1}{2}$ 的二维高斯函数.

(2) 光子数态 $|n\rangle$ 的 $Q(\alpha)$ 函数为

$$Q(\alpha) = \frac{1}{\pi}\langle\alpha|n\rangle\langle n|\alpha\rangle = \frac{1}{\pi}\left|\langle\alpha|n\rangle\right|^2 = \frac{1}{\pi}\mathrm{e}^{-|\alpha|^2}\frac{|\alpha|^{2n}}{n!} \tag{2.2.24}$$

(3) 平均光子数为 $\bar{n}$ 的热态，密度算符为 $\sum_n P_n|n\rangle\langle n| = \sum_n \frac{\bar{n}^n}{(\bar{n}+1)^{n+1}}|n\rangle\langle n|$，其 $Q(\alpha)$ 函数为

$$\begin{aligned}Q(\alpha) &= \frac{1}{\pi}\left\langle\alpha\left|\sum_n P_n\right|n\right\rangle\langle n|\alpha\rangle = \frac{1}{\pi}\sum_n \frac{\bar{n}^n}{(\bar{n}+1)^{n+1}}\left|\langle\alpha|n\rangle\right|^2 \\ &= \frac{1}{\pi}\sum_n \frac{\bar{n}^n}{(\bar{n}+1)^n}\mathrm{e}^{-|\alpha|^2}\frac{|\alpha|^{2n}}{n!} = \frac{\mathrm{e}^{-|\alpha|^2}}{\pi(\bar{n}+1)}\mathrm{e}^{-\frac{\bar{n}}{(\bar{n}+1)}|\alpha|^2} = \frac{1}{\pi(\bar{n}+1)}\mathrm{e}^{\frac{-|\alpha|^2}{\bar{n}+1}}\end{aligned} \tag{2.2.25}$$

由上式可知，热态的 $Q(\alpha)$ 函数是以坐标原点为中心、实部和虚部的方差均为 $\frac{\bar{n}+1}{2}$ 的二维高斯函数.

$Q(\alpha)$ 函数可以用来计算反序排列算符 $\hat{G}^{(A)}(\hat{a},\hat{a}^\dagger) = \sum_{mn} G_{mn}^{(A)}\hat{a}^m\hat{a}^{\dagger n}$ 的平均值. 根据对易关系，任意算符都可以表示成反序排列形式. 反序排列算符 $\hat{G}^{(A)}(\hat{a},\hat{a}^\dagger)$ 的平均值为

$$\left\langle \hat{G}^{(A)}(\hat{a},\ \hat{a}^{\dagger})\right\rangle = \mathrm{Tr}[\hat{G}^{(A)}(\hat{a},\ \hat{a}^{\dagger})\ \hat{\rho}] = \mathrm{Tr}\left[\sum_{mn} G_{mn}^{(A)} \hat{a}^{m} \hat{\rho}\ \hat{a}^{\dagger n}\right]$$

$$= \frac{1}{\pi}\int \mathrm{d}^2\alpha \sum_{mn} G_{mn}^{(A)} \alpha^{m} \alpha^{*n} \left\langle \alpha|\hat{\rho}|\alpha\right\rangle = \int \mathrm{d}^2\alpha Q(\alpha) G^{(A)}(\alpha,\alpha^{*}) \tag{2.2.26}$$

其中 $G^{(A)}(\alpha,\alpha^{*}) = \sum_{mn} G_{mn}^{(A)} \alpha^{m} \alpha^{*n}$ 为经典函数，可以通过把算符 $\hat{G}^{(A)}(\hat{a},\ \hat{a}^{\dagger})$ 中的 $\hat{a}$ 和 $\hat{a}^{\dagger}$ 分别换成复数 α 和 α^{*} 得到. 因此，已知量子态的 $Q(\alpha)$ 函数，将算符 $\hat{G}^{(A)}(\hat{a},\ \hat{a}^{\dagger})$ 换成经典函数 $G^{(A)}(\alpha,\alpha^{*})$，就可得到算符 $\hat{G}^{(A)}(\hat{a},\ \hat{a}^{\dagger})$ 的平均值.

3. 维格纳函数

1932 年，维格纳首次将以他的名字命名的准概率分布函数引入量子力学. 一个一维运动的粒子，维格纳函数与波函数 $\psi(X)$ 有如下关系[3]：

$$W(X,P) = \frac{1}{2\pi\hbar}\int \mathrm{d}x \psi\left(X + \frac{x}{2}\right) \mathrm{e}^{\frac{\mathrm{i}Px}{\hbar}} \psi^{*}\left(X - \frac{x}{2}\right) \tag{2.2.27}$$

$W(X,P)$ 是 X 和 P 的二维准概率分布函数. 对 P 或者 X 积分将得到正交振幅或正交相位的概率分布函数

$$\begin{cases} \mathrm{Pr}(X) = \int_{-\infty}^{+\infty} W(X,P)\mathrm{d}P \\ \mathrm{Pr}(P) = \int_{-\infty}^{+\infty} W(X,P)\mathrm{d}X \end{cases} \tag{2.2.28}$$

一般地，将二维准概率分布函数 $W(X,P)$ 通过线积分变换，并在相空间沿与 X 轴成任意角度 θ 的方向对维格纳函数积分，得到概率分布函数

$$\mathrm{Pr}(X,\theta) = \left\langle \hat{U}(\theta)\middle|\hat{\rho}\middle|\hat{U}^{\dagger}(\theta)\right\rangle = \int_{-\infty}^{+\infty} W(X\cos\theta - P\sin\theta, X\sin\theta - P\cos\theta)\ \mathrm{d}P \tag{2.2.29}$$

其中

$$\hat{U}(\theta) \equiv \exp(-\mathrm{i}\theta\hat{n}) \tag{2.2.30}$$

式 (2.2.29) 叫作拉东 (Radon) 变换，该式也可以作为维格纳函数的定义式.

该准概率分布函数是否足以描述量子系统？为此，引入一个特征函数，即维格纳函数的傅里叶变换

$$\tilde{w}(u,v) = \int_{-\infty}^{+\infty}\int_{-\infty}^{+\infty} W(X,P)\mathrm{e}^{-\mathrm{i}(uX+vP)}\mathrm{d}X\mathrm{d}P \tag{2.2.31}$$

以及相位概率分布函数 $\mathrm{Pr}(P,\theta)$ 的傅里叶变换 $\widetilde{\mathrm{Pr}}(\xi,\theta)$

$$\widetilde{\Pr}(\xi,\theta)=\int_{-\infty}^{+\infty}\Pr(P,\theta)\mathrm{e}^{-\mathrm{i}\xi X}\mathrm{d}X \tag{2.2.32}$$

$$\widetilde{\Pr}(\xi,\theta)=\tilde{w}(\xi\cos\theta,\xi\sin\theta) \tag{2.2.33}$$

于是有

$$\tilde{w}(u,v)=\mathrm{Tr}[\hat{\rho}\mathrm{e}^{-\mathrm{i}(u\hat{X}+v\hat{P})}] \tag{2.2.34}$$

由此得

$$\begin{aligned}W(X,P)&=\frac{1}{(2\pi)^2}\int_{-\infty}^{+\infty}\int_{-\infty}^{+\infty}\tilde{w}(u,v)\mathrm{e}^{\mathrm{i}(uX+vP)}\mathrm{d}u\mathrm{d}v\\&=\frac{1}{(2\pi)^2}\int_{-\infty}^{+\infty}\int_{-\infty}^{+\infty}\mathrm{Tr}[\hat{\rho}\mathrm{e}^{-i(uX+vP)}]\mathrm{e}^{\mathrm{i}(uX+vP)}\mathrm{d}u\mathrm{d}v\end{aligned} \tag{2.2.35}$$

即特征函数 $\tilde{w}(u,v)$ 是维格纳概率密度函数的“傅里叶变换”，由此可见，维格纳函数与密度算符和量子态是一一对应的关系. 重构出量子态的维格纳函数，就得到了量子态的全部信息.

下面列出了几个常见的量子态的维格纳函数. 这里，正交振幅和正交相位分量表示为 $\hat{X}=\sigma_0(\hat{a}+\hat{a}^\dagger)$ 和 $\hat{P}=-\mathrm{i}\sigma_0(\hat{a}-\hat{a}^\dagger)$ ，$\sigma_0=1/2$.

(1) 真空态.

$$W_0(X,P)=\frac{1}{2\pi\sigma_0^2}\mathrm{e}^{-\frac{X^2+P^2}{2\sigma_0^2}} \tag{2.2.36}$$

真空态的维格纳函数如图 2-1 所示.

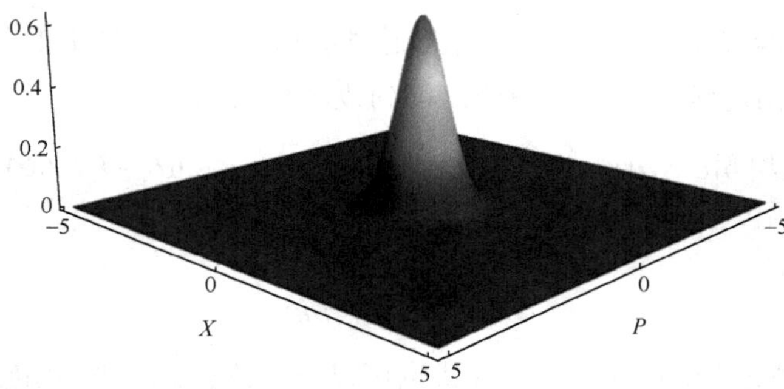

图 2-1 真空态的维格纳函数

(2) 相干态.

$$W_D(X,P)=\frac{1}{2\pi\sigma_0^2}\mathrm{e}^{-\frac{(X-X_0)^2+(P-P_0)^2}{2\sigma_0^2}} \tag{2.2.37}$$

相干态的维格纳函数如图 2-2 所示.

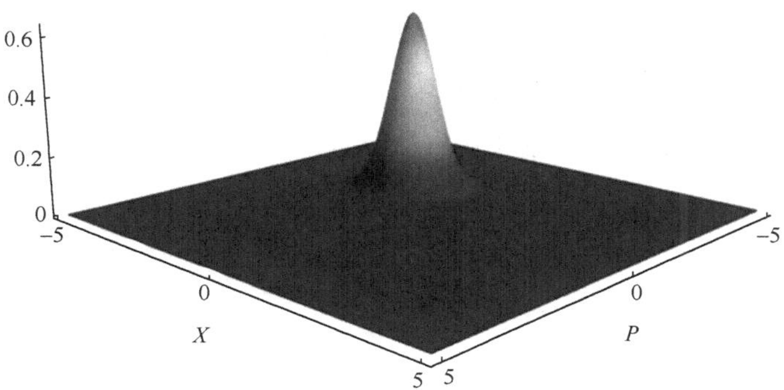

图 2-2　相干态的维格纳函数

(3) 压缩态 ($r=0.8, X_0=0, P_0=0$).

$$W_S(X,P)=\frac{1}{2\pi\sigma_0^2}\mathrm{e}^{-\frac{(X-X_0)^2}{2\sigma_0^2\mathrm{e}^{-2r}}-\frac{(P-P_0)^2}{2\sigma_0^2\mathrm{e}^{2r}}} \tag{2.2.38}$$

压缩态的维格纳函数如图 2-3 所示.

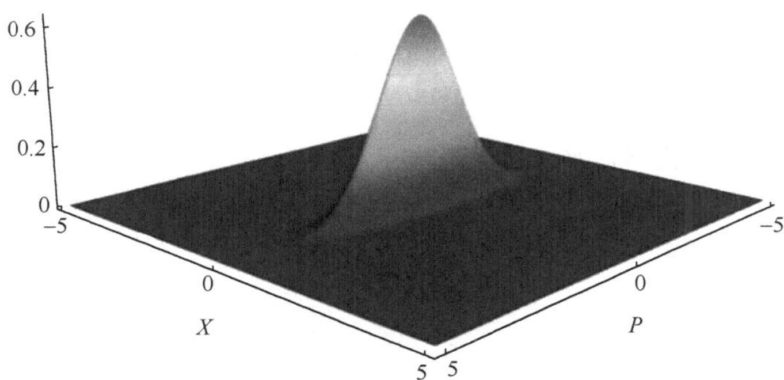

图 2-3　压缩态的维格纳函数

(4) 福克态.

$$W_n(X,P)=\frac{(-1)^n}{2\pi\sigma_0^2}\mathrm{e}^{-\frac{X^2+P^2}{2\sigma_0^2}}L_n\left(\frac{X^2+P^2}{\sigma_0^2}\right) \tag{2.2.39}$$

其中 L_n 是拉盖尔 (Laguerre) 多项式. 对于不同的 n 值，可以得到如下维格纳函数.

当 $n=0$ 时，即真空态，其维格纳函数写成式 (2.2.36) 的形式，即

$$W_0(X,P)=\frac{1}{2\pi\sigma_0^2}\mathrm{e}^{-\frac{X^2+P^2}{2\sigma_0^2}}$$

当 $n=1$ 时，即单光子态，其表达式为

$$W_1(X,P)=\frac{-1}{2\pi\sigma_0^2}\mathrm{e}^{-\frac{X^2+P^2}{2\sigma_0^2}}\left(1-\frac{X^2+P^2}{\sigma_0^2}\right) \tag{2.2.40}$$

$n=1$ 时福克态的维格纳函数如图 2-4 所示.

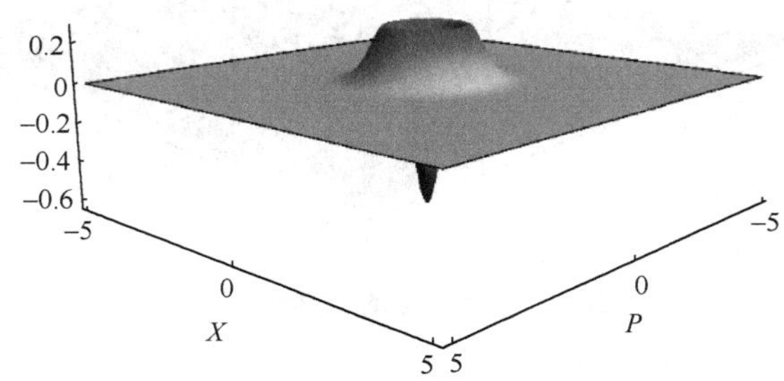

图 2-4 $n=1$ 时福克态的维格纳函数

从图 2-4 中可以看出，单光子态的维格纳函数在 X 和 P 的零点可以取负值，表现出显著的非经典性.

当 $n=2$ 时

$$W_2(X,P)=\frac{1}{2\pi\sigma_0^2}\mathrm{e}^{-\frac{X^2+P^2}{2\sigma_0^2}}\left[\frac{(X^2+P^2)^2}{2\sigma_0^4}-2\frac{(X^2+P^2)}{\sigma_0^2}+1\right] \tag{2.2.41}$$

$n=2$ 时福克态的维格纳函数如图 2-5 所示.

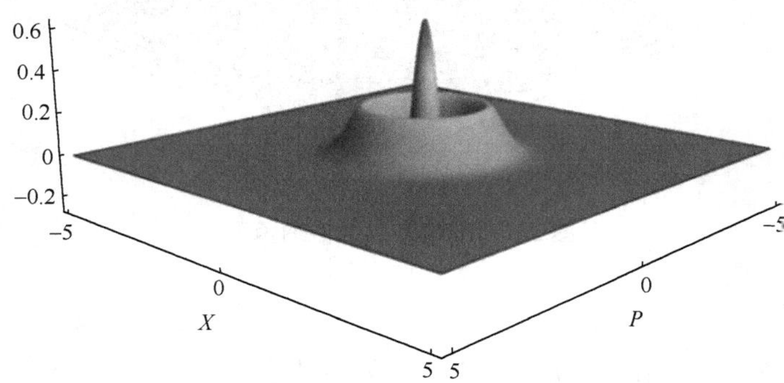

图 2-5 $n=2$ 时福克态的维格纳函数

当 $n=3$ 时

$$W_3(X,P)=\frac{1}{2\pi\sigma_0^2}\mathrm{e}^{-\frac{X^2+P^2}{2\sigma_0^2}}\left[\frac{(X^2+P^2)^3}{6\sigma_0^6}-\frac{3(X^2+P^2)^2}{2\sigma_0^4}+\frac{3(X^2+P^2)}{\sigma_0^2}-1\right] \tag{2.2.42}$$

$n=3$ 时福克态的维格纳函数如图 2-6 所示.

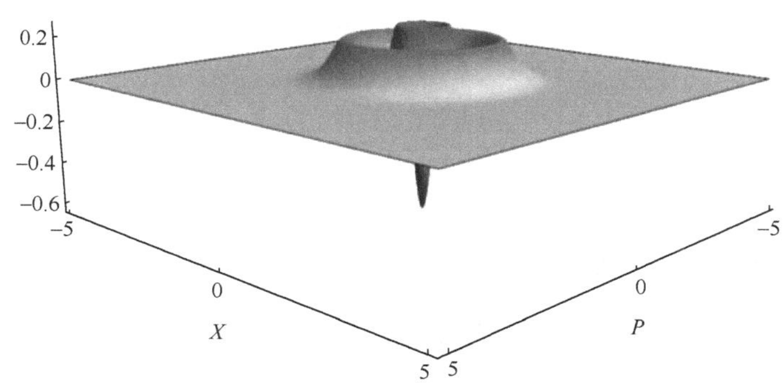

图 2-6　$n=3$ 时福克态的维格纳函数

维格纳函数是一个二维的准概率分布函数，其基本性质如下.

(1) 维格纳函数是实函数，即

$$W^*(X,P)=W(X,P) \tag{2.2.43}$$

(2) 维格纳函数是归一化的，即

$$\int_{-\infty}^{+\infty}\int_{-\infty}^{+\infty}W(X,P)\mathrm{d}X\mathrm{d}P=1 \tag{2.2.44}$$

(3) 维格纳函数是可叠加的，即

$$\mathrm{Tr}[\hat{F}_1\hat{F}_2]=2\pi\int_{-\infty}^{+\infty}\int_{-\infty}^{+\infty}W_1(X,P)W_2(X,P)\mathrm{d}X\mathrm{d}P \tag{2.2.45}$$

其中 $W_1(X,P)$ 和 $W_2(X,P)$ 可通过将维格纳函数中的密度算符用 $\hat{F}_1$ 和 $\hat{F}_2$ 代替得到. 根据维格纳函数性质(3)，可以求出任何一个算符的期望值，如下式所示：

$$\mathrm{Tr}[\hat{F}\hat{\rho}]=2\pi\int_{-\infty}^{+\infty}\int_{-\infty}^{+\infty}W(X,P)W_F(X,P)\mathrm{d}X\mathrm{d}P \tag{2.2.46}$$

4. 特征函数

上面分别介绍了三种准概率分布函数. 接下来讨论可以用于计算各种排列算符平均值的特征函数，并给出特征函数与准概率分布函数之间的关系.

首先回顾经典的特征函数. 考虑一个经典随机变量 x 的概率分布函数 $P(x)$ [3]

$$\begin{gathered}0\leqslant P(x)\leqslant 1\\ \int\mathrm{d}xP(x)=1\end{gathered} \tag{2.2.47}$$

x 的任意函数 $f(x)$ 的平均值为 $\langle f(x)\rangle=\int\mathrm{d}xP(x)f(x)$. 当 $f(x)$ 为 x 的 n 阶矩时，其 $f(x)$ 的平均值为

$$\left\langle x^n \right\rangle = \int \mathrm{d}x P(x) x^n \tag{2.2.48}$$

引入特征函数

$$C(k) = \left\langle \mathrm{e}^{\mathrm{i}kx} \right\rangle = \int \mathrm{d}x \mathrm{e}^{\mathrm{i}kx} P(x) \tag{2.2.49}$$

则 $P(x) = \dfrac{1}{2\pi} \int \mathrm{d}k \mathrm{e}^{-\mathrm{i}kx} C(k)$. 另外

$$\begin{aligned} C(k) &= \left\langle \mathrm{e}^{\mathrm{i}kx} \right\rangle = \left\langle \sum_n \frac{(\mathrm{i}k)^n}{n!} x^n \right\rangle = \sum_n \frac{(\mathrm{i}k)^n}{n!} \left\langle x^n \right\rangle \\ \left\langle x^n \right\rangle &= \left. \frac{\mathrm{d}^n C(k)}{\mathrm{d}(\mathrm{i}k)^n} \right|_{k=0} = \left. \left\langle x^n \mathrm{e}^{\mathrm{i}kx} \right\rangle \right|_{k=0} \end{aligned} \tag{2.2.50}$$

根据上述概率分布函数 $P(x)$、特征函数 $C(k)$ 及各阶矩 $\left\langle x^n \right\rangle$ 之间的关系，已知其中一个，就可求其他两个.

与经典的特征函数相对应，这里讨论量子力学中的三种特征函数：

维格纳特征函数

$$C_{\mathrm{W}}(\lambda) = \mathrm{Tr}[\hat{\rho} \mathrm{e}^{\lambda \hat{a}^\dagger - \lambda^* \hat{a}}] = \mathrm{Tr}[\hat{\rho} \hat{D}] \tag{2.2.51}$$

正序排列特征函数

$$C_{\mathrm{N}}(\lambda) = \mathrm{Tr}[\hat{\rho} \mathrm{e}^{\lambda \hat{a}^\dagger} \mathrm{e}^{-\lambda^* \hat{a}}] \tag{2.2.52}$$

反序排列特征函数

$$C_{\mathrm{A}}(\lambda) = \mathrm{Tr}[\hat{\rho} \mathrm{e}^{-\lambda^* \hat{a}} \mathrm{e}^{\lambda \hat{a}^\dagger}] \tag{2.2.53}$$

其中 λ 为复数.

利用如下公式：

$$\begin{aligned} \mathrm{e}^{\hat{A}+\hat{B}} &= \mathrm{e}^{\hat{A}} \mathrm{e}^{\hat{B}} \mathrm{e}^{-\frac{1}{2}[\hat{A},\hat{B}]} = \mathrm{e}^{\hat{B}} \mathrm{e}^{\hat{A}} \mathrm{e}^{\frac{1}{2}[\hat{A},\hat{B}]} \\ \mathrm{e}^{\lambda \hat{a}^\dagger - \lambda^* \hat{a}} &= \mathrm{e}^{\lambda \hat{a}^\dagger} \mathrm{e}^{-\lambda^* \hat{a}} \mathrm{e}^{-\frac{1}{2}|\lambda|^2} = \mathrm{e}^{-\lambda^* \hat{a}} \mathrm{e}^{\lambda \hat{a}^\dagger} \mathrm{e}^{\frac{1}{2}|\lambda|^2} \end{aligned} \tag{2.2.54}$$

可知三个特征函数的关系

$$C_{\mathrm{W}}(\lambda) = C_{\mathrm{N}}(\lambda) \mathrm{e}^{-\frac{1}{2}|\lambda|^2} = C_{\mathrm{A}}(\lambda) \mathrm{e}^{\frac{1}{2}|\lambda|^2} \tag{2.2.55}$$

上述三个特征函数可以统一写成以 s 为参数的形式，即

$$C(\lambda, s) = \mathrm{Tr}[\hat{\rho} \mathrm{e}^{\lambda \hat{a}^\dagger - \lambda^* \hat{a}} \mathrm{e}^{s|\lambda|^2/2}] = \mathrm{e}^{s|\lambda|^2/2} C_{\mathrm{W}}(\lambda)$$

$$C(\lambda, 0) = C_{\mathrm{W}}(\lambda)$$

$$C(\lambda,1)=C_{\mathrm{N}}(\lambda)$$

$$C(\lambda,-1)=C_{\mathrm{A}}(\lambda) \tag{2.2.56}$$

利用这些特征函数，可以计算各种排列算符的平均值，即

$$\left\langle(\hat{a}^{\dagger})^m(\hat{a})^n\right\rangle=\mathrm{Tr}[\hat{\rho}(\hat{a}^{\dagger})^m(\hat{a})^n]=\left.\frac{\partial^{m+n}}{\partial\lambda^m\partial(-\lambda^*)^n}C_{\mathrm{N}}(\lambda)\right|_{\lambda=0}$$

$$\left\langle(\hat{a})^m(\hat{a}^{\dagger})^n\right\rangle=\mathrm{Tr}[\hat{\rho}(\hat{a})^m(\hat{a}^{\dagger})^n]=\left.\frac{\partial^{m+n}}{\partial(-\lambda^*)^m\partial\lambda^n}C_{\mathrm{A}}(\lambda)\right|_{\lambda=0} \tag{2.2.57}$$

$$\left\langle\{(\hat{a}^{\dagger})^m(\hat{a})^n\}_{\mathrm{W}}\right\rangle=\mathrm{Tr}[\hat{\rho}\{(\hat{a}^{\dagger})^m(\hat{a})^n\}_{\mathrm{W}}]=\left.\frac{\partial^{m+n}}{\partial\lambda^m\partial(-\lambda^*)^n}C_{\mathrm{W}}(\lambda)\right|_{\lambda=0}$$

准概率分布函数与特征函数之间的关系是二维傅里叶变换[3]，即

$$P(\alpha)=\frac{1}{\pi^2}\int\mathrm{d}^2\lambda C_{\mathrm{N}}(\lambda)\mathrm{e}^{\alpha\lambda^*-\alpha^*\lambda} \tag{2.2.58}$$

$$Q(\alpha)=\frac{1}{\pi^2}\int\mathrm{d}^2\lambda C_{\mathrm{A}}(\lambda)\mathrm{e}^{\alpha\lambda^*-\alpha^*\lambda} \tag{2.2.59}$$

$$W(\alpha)=\frac{1}{\pi^2}\int\mathrm{d}^2\lambda C_{\mathrm{W}}(\lambda)\mathrm{e}^{\alpha\lambda^*-\alpha^*\lambda} \tag{2.2.60}$$

单模热光场态的二阶相干度大于 1，是一种光子群聚态，而光子数态的二阶相干度小于 1，是一种光子反群聚态．由于 $g^{(2)}(0)<1$ 超出了经典二阶相干函数 $\gamma^{(2)}(\tau)$ 的范围（$1\leqslant\gamma^{(2)}(0)<\infty$），因此光子反群聚效应是一种非经典效应．有时也把 $g^{(2)}(\tau)<g^{(2)}(0)$ 的光场量子态称为光子群聚态，而把 $g^{(2)}(\tau)>g^{(2)}(0)$ 的光场量子态称为光子反群聚态．对单模光场，$g^{(2)}(0)<1$ 对应光子数方差小于光子数平均值，即 $V(\hat{n})<\langle\hat{n}\rangle$，这表明对于单模光场，光子反群聚效应对应光子数亚泊松分布．

2.3　光与原子相互作用基本理论

单个原子与单模光场之间的相互作用是光与原子相互作用中的基本模型．理论上描述这个模型可分为经典理论、半经典理论、全量子理论三种．经典理论中原子和光场的描述都是经典的．经典理论虽然可以解释原子-腔系统的吸收、色散等特性，但是当涉及系统的量子特性时就显示出很大的局限性．半经典理论是将模型中原子的部分进行量子化处理，而光场还是经典的．半经典理论模型对于多原子系综的描述是十分成功的，但是在解释强探测光单原子腔 QED 系统中的双稳现象时，理论预测与实验结果并不一致，而全量子理论可以精确解释该实验结果．目前，全

量子理论是描述腔 QED 系统的最有力工具. 对于开放系统，腔和原子的耗散都必须考虑进来，这时腔 QED 的全量子理论通常需要借助数值计算来进行辅助求解.

这里，首先介绍经典单模光场和二能级原子相互作用的半经典理论，然后以量子化单模电磁场和二能级原子相互作用的 J-C 模型为例介绍全量子理论.

2.3.1 半经典理论

在半经典理论中，将光场视为经典电磁场，对原子进行量子化处理. 原子在光场作用下，其哈密顿量为

$$\hat{H}=\hat{H}_{\mathrm{a}}+\hat{H}_{\mathrm{af}} \tag{2.3.1}$$

式中 $\hat{H}_{\mathrm{a}}$ 为原子自由哈密顿量， $\hat{H}_{\mathrm{af}}$ 为光场与原子的相互作用哈密顿量.

原子自由哈密顿量 $\hat{H}_{\mathrm{a}}$ 的本征方程为

$$\hat{H}_{\mathrm{a}}|k\rangle=E_k|k\rangle=\hbar\omega|k\rangle \tag{2.3.2}$$

$\hat{H}_{\mathrm{a}}$ 在本征态 $|k\rangle$ 基矢下可表示为

$$\hat{H}_{\mathrm{a}}=\hat{H}_{\mathrm{a}}\sum_k|k\rangle\langle k|=\sum_k E_k|k\rangle\langle k|=\sum_k\hbar\omega_k|k\rangle\langle k| \tag{2.3.3}$$

由于原子的尺度为 10^{-10} m 量级，而光场波长通常在 $10^2\sim10^3$nm 范围，即原子尺度远远小于光的波长，在原子范围内光场可看作是均匀的. 此时，原子可以看作是均匀电磁场中的电偶极子，即偶极近似.

下面考虑经典单模光场与二能级原子的相互作用. 单模光场幅度为 E_0、频率为 ω、初相位为 φ，则单模光场可表示为

$$E(t)=E_0\cos(\omega t+\varphi) \tag{2.3.4}$$

选取两能级中间为能量零点，二能级原子的上能级记为 $|e\rangle$，能量本征值为 $\hbar\omega_e=\hbar\omega_{\mathrm{a}}/2$；下能级记为 $|g\rangle$，能量本征值为 $\hbar\omega_g=-\hbar\omega_{\mathrm{a}}/2$. 能级差为 $\hbar\omega_e-\hbar\omega_g=\hbar\omega_{\mathrm{a}}$，其中 ω_{a} 为原子的跃迁角频率. 因此原子的哈密顿量可写为

$$\hat{H}_{\mathrm{a}}=\hbar\omega_e|e\rangle\langle e|+\hbar\omega_g|g\rangle\langle g|=\frac{1}{2}\hbar\omega_{\mathrm{a}}\hat{\sigma}_z \tag{2.3.5}$$

其中 $\hat{\sigma}_z=|e\rangle\langle e|-|g\rangle\langle g|$ 为原子布居数差算符. 二能级原子的电偶极矩算符为

$$\hat{d}=\boldsymbol{d}_{eg}|e\rangle\langle g|+\boldsymbol{d}_{ge}|g\rangle\langle e|=\boldsymbol{d}(\hat{\sigma}^++\hat{\sigma}^-) \tag{2.3.6}$$

取 $\boldsymbol{d}_{eg}=\boldsymbol{d}_{ge}=\boldsymbol{d}$， $\hat{\sigma}^+=|e\rangle\langle g|$ 和 $\hat{\sigma}^-=|g\rangle\langle e|$ 分别为原子的上升和下降跃迁算符， $\hat{\sigma}_z$、$\hat{\sigma}^+$、$\hat{\sigma}^-$ 为泡利算符，满足

$$
\begin{aligned}
&\hat{\sigma}_z|e\rangle=|e\rangle, \quad \hat{\sigma}_z|g\rangle=-|g\rangle \\
&\hat{\sigma}^+|g\rangle=|e\rangle, \quad \hat{\sigma}^+|e\rangle=0 \\
&\hat{\sigma}^-|g\rangle=0, \quad \hat{\sigma}^-|e\rangle=|g\rangle \\
&[\hat{\sigma}_z,\hat{\sigma}^+]=2\hat{\sigma}^+, \quad [\hat{\sigma}_z,\hat{\sigma}^-]=-2\hat{\sigma}^-
\end{aligned} \tag{2.3.7}
$$

因此，相互作用哈密顿量表示为

$$
\begin{aligned}
\hat{H}_{\mathrm{af}} &= -\boldsymbol{d}\cdot\boldsymbol{E} = -\boldsymbol{d}(\hat{\sigma}^+ + \hat{\sigma}^-)\cdot\boldsymbol{E}_0\cos(\omega t+\varphi) \\
&= -\hbar\frac{\boldsymbol{d}\cdot\boldsymbol{E}_0}{\hbar}(\hat{\sigma}^+ + \hat{\sigma}^-)\cos(\omega t+\varphi) \\
&= \hbar\Omega_{\mathrm{R}}(\hat{\sigma}^+ + \hat{\sigma}^-)\cos(\omega t+\varphi)
\end{aligned} \tag{2.3.8}
$$

其中 $\Omega_{\mathrm{R}}=-\boldsymbol{d}|\boldsymbol{E}_0|/\hbar$ 描述原子和光场之间的耦合强度，称为拉比频率.

由此可得系统的总哈密顿量

$$
\hat{H}=\hat{H}_{\mathrm{a}}+\hat{H}_{\mathrm{af}}=\frac{1}{2}\hbar\omega_0\hat{\sigma}_z+\hbar\Omega_{\mathrm{R}}(\hat{\sigma}^+ + \hat{\sigma}^-)\cos(\omega t+\varphi) \tag{2.3.9}
$$

在相互作用绘景中，单模光场和二能级原子的相互作用哈密顿量可表示为

$$
\begin{aligned}
\hat{H}_{\mathrm{I}} &= \hbar\Omega_{\mathrm{R}}(\hat{\sigma}^+\mathrm{e}^{\mathrm{i}\omega_0 t}+\hat{\sigma}^-\mathrm{e}^{-\mathrm{i}\omega_0 t})\cos(\omega t+\varphi) \\
&= \frac{1}{2}\hbar\Omega_{\mathrm{R}}(\hat{\sigma}^+\mathrm{e}^{\mathrm{i}\omega_0 t}+\hat{\sigma}^-\mathrm{e}^{-\mathrm{i}\omega_0 t})(\mathrm{e}^{\mathrm{i}(\omega t+\varphi)}+\mathrm{e}^{-\mathrm{i}(\omega t+\varphi)}) \\
&= \frac{1}{2}\hbar\Omega_{\mathrm{R}}[\hat{\sigma}^+(\mathrm{e}^{\mathrm{i}[(\omega_0+\omega)t+\varphi]}+\mathrm{e}^{\mathrm{i}[(\omega_0-\omega)t-\varphi]})+\hat{\sigma}^-(\mathrm{e}^{-\mathrm{i}[(\omega_0-\omega)t-\varphi]}+\mathrm{e}^{-\mathrm{i}[(\omega_0+\omega)t+\varphi]})]
\end{aligned} \tag{2.3.10}
$$

一般情况下，$(\omega_0+\omega)\gg|\omega_0-\omega|$，所以，上式的高频项（$\omega_0+\omega$）可略去，即旋波近似，$\varDelta=\omega_0-\omega$ 为角频率失谐量. 因此，上式化简为

$$
\hat{H}_{\mathrm{I}}=\frac{1}{2}\hbar\Omega_{\mathrm{R}}[\hat{\sigma}^+\mathrm{e}^{\mathrm{i}(\varDelta t-\varphi)}+\hat{\sigma}^-\mathrm{e}^{-\mathrm{i}(\varDelta t-\varphi)}] \tag{2.3.11}
$$

系统的总哈密顿量变换为

$$
\hat{H}_{\mathrm{I}}=\frac{1}{2}\hbar\varDelta\hat{\sigma}_z+\frac{1}{2}\hbar\Omega_{\mathrm{R}}(\hat{\sigma}^+\mathrm{e}^{-\mathrm{i}\varphi}+\hat{\sigma}^-\mathrm{e}^{\mathrm{i}\varphi}) \tag{2.3.12}
$$

2.3.2　J-C 模型

以上为光与原子相互作用的半经典理论，下面介绍光与原子相互作用的全量子理论，这里以 J-C (Jaynes-Cummings) 模型为例介绍全量子理论.

当不考虑系统的耗散时，偶极近似和旋波近似下的单模量子化光场和单个二能

级原子相互作用理论即为 J-C 模型. 二能级原子的基态和激发态分别用$|g\rangle$和$|e\rangle$表示，原子的自由哈密顿量与半经典理论中的一致，如式(2.3.5)所示. 在全量子理论中，对光场也进行量子化处理，因此单模量子化光场的自由哈密顿量表示为

$$\hat{H}_{\mathrm{f}}=\hbar\omega_{\mathrm{f}}\hat{a}^{\dagger}\hat{a} \tag{2.3.13}$$

其中$\hat{a}^{\dagger}$和$\hat{a}$分别为量子化光场的产生和湮灭算符，$\hat{n}=\hat{a}^{\dagger}\hat{a}$为光子数算符，本征态为光子数态$|n\rangle$，其本征值为$n$，$\omega_{\mathrm{f}}$为单模量子化光场的角频率，这里将真空项$\hbar\omega_{\mathrm{f}}/2$忽略.

单模量子化光场和二能级原子的相互作用哈密顿量表示为

$$\begin{aligned}\hat{H}_{\mathrm{af}}&=(\hbar g_{eg}|e\rangle\langle g|+\hbar g_{ge}|g\rangle\langle e|)(\hat{a}+\hat{a}^{\dagger})\\&=\hbar g_{\mathrm{eff}}(|e\rangle\langle g|+|g\rangle\langle e|)(\hat{a}+\hat{a}^{\dagger})\\&=\hbar g_{\mathrm{eff}}(\hat{\sigma}^{+}+\hat{\sigma}^{-})(\hat{a}+\hat{a}^{\dagger})\end{aligned} \tag{2.3.14}$$

其中$g_{\mathrm{eff}}=g_{eg}=g_{ge}$是单模光场和二能级原子的有效耦合强度. 相互作用哈密顿量可展开为四项

$$\hat{H}_{\mathrm{af}}=\hbar g_{\mathrm{eff}}(\hat{\sigma}^{+}\hat{a}+\hat{\sigma}^{-}\hat{a}^{\dagger}+\hat{\sigma}^{-}\hat{a}+\hat{\sigma}^{+}\hat{a}^{\dagger}) \tag{2.3.15}$$

第一项$\hat{\sigma}^{+}\hat{a}$对应原子吸收一个光子后由基态跃迁至激发态，第二项$\hat{\sigma}^{-}\hat{a}^{\dagger}$表示原子由激发态跃迁至基态并放出一个光子，第三项$\hat{\sigma}^{-}\hat{a}$表示原子吸收一个光子由激发态跃迁至基态，第四项$\hat{\sigma}^{+}\hat{a}^{\dagger}$表示原子由基态跃迁至激发态并放出一个光子. 显然，第三项和第四项为虚过程，这里不做考虑(对应于旋波近似)，因此光与原子相互作用哈密顿量简化为

$$\hat{H}_{\mathrm{af}}=\hbar g_{\mathrm{eff}}(\hat{\sigma}^{+}\hat{a}+\hat{\sigma}^{-}\hat{a}^{\dagger}) \tag{2.3.16}$$

由原子的自由哈密顿量、单模光场的自由哈密顿量、光和原子相互作用哈密顿量可以得到总哈密顿量为[3]

$$\begin{aligned}\hat{H}&=\hat{H}_{\mathrm{a}}+\hat{H}_{\mathrm{f}}+\hat{H}_{\mathrm{af}}\\&=\frac{1}{2}\hbar\omega_{\mathrm{a}}\hat{\sigma}_{z}+\hbar\omega_{\mathrm{f}}\hat{a}^{\dagger}\hat{a}+\hbar g_{\mathrm{eff}}(\hat{\sigma}^{+}\hat{a}+\hat{\sigma}^{-}\hat{a}^{\dagger})\end{aligned} \tag{2.3.17}$$

单模量子化光场和二能级原子的相互作用哈密顿量在相互作用绘景中表示为

$$\begin{aligned}\hat{H}_{\mathrm{I}}&=\hbar g_{\mathrm{eff}}(\hat{\sigma}^{+}\mathrm{e}^{\mathrm{i}\omega_{\mathrm{a}}t}\hat{a}\mathrm{e}^{-\mathrm{i}\omega_{\mathrm{f}}t}+\hat{\sigma}^{-}\mathrm{e}^{-\mathrm{i}\omega_{\mathrm{a}}t}\hat{a}^{\dagger}\mathrm{e}^{\mathrm{i}\omega_{\mathrm{f}}t})\\&=\hbar g_{\mathrm{eff}}(\hat{\sigma}^{+}\hat{a}\mathrm{e}^{\mathrm{i}(\omega_{\mathrm{a}}-\omega_{\mathrm{f}})t}+\hat{\sigma}^{-}\hat{a}^{\dagger}\mathrm{e}^{-\mathrm{i}(\omega_{\mathrm{a}}-\omega_{\mathrm{f}})t})\\&=\hbar g_{\mathrm{eff}}(\hat{\sigma}^{+}\hat{a}\mathrm{e}^{-\mathrm{i}\Delta t}+\hat{\sigma}^{-}\hat{a}^{\dagger}\mathrm{e}^{\mathrm{i}\Delta t})\end{aligned} \tag{2.3.18}$$

其中$\Delta=\omega_{\mathrm{f}}-\omega_{\mathrm{a}}$为光场相对于原子的角频率失谐量.

下面分别对共振和大失谐两种情况进行讨论. ①共振情况：单模光场的角频率和原子角频率相同（$\varDelta=0$）. ②大失谐情况：光场相对于原子的角频率失谐量 $\varDelta \gg g_{\text{eff}}\sqrt{\langle \hat{a}^{\dagger}\hat{a}\rangle}$.

1. 共振情况

单模光场和二能级原子的相互作用哈密顿量简化为

$$\hat{H}_{\text{I}}=\hbar g_{\text{eff}}(\hat{\sigma}^{+}\hat{a}+\hat{\sigma}^{-}\hat{a}^{\dagger}) \tag{2.3.19}$$

相互作用使系统在激发态 $|e,n\rangle$ 和基态 $|g,n+1\rangle$ 之间跃迁，$|e,n\rangle$ 和 $|g,n+1\rangle$ 为原子和光子数态的直积态. 由此，系统 t 时刻的状态可写为

$$|\psi_t\rangle=c_{e,n}(t)|e,n\rangle+c_{g,n+1}(t)|g,n+1\rangle \tag{2.3.20}$$

$c_{e,n}(t)$ 和 $c_{g,n+1}(t)$ 分别为系统处于激发态和基态的概率幅. 将上式代入薛定谔方程，可得

$$\begin{aligned}\frac{\mathrm{d}c_{e,n}}{\mathrm{d}t}&=-\mathrm{i}g_{\text{eff}}\sqrt{n+1}c_{g,n+1}\\ \frac{\mathrm{d}c_{g,n+1}}{\mathrm{d}t}&=-\mathrm{i}g_{\text{eff}}\sqrt{n+1}c_{e,n}\end{aligned} \tag{2.3.21}$$

取量子拉比频率 $\varOmega_n=2g_{\text{eff}}\sqrt{n+1}$，上式的解为

$$\begin{aligned}c_{e,n}(t)&=c_{e,n}(0)\cos\left(\frac{\varOmega_n}{2}t\right)-\mathrm{i}c_{g,n+1}(0)\sin\left(\frac{\varOmega_n}{2}t\right)\\ c_{g,n+1}(t)&=c_{g,n+1}(0)\cos\left(\frac{\varOmega_n}{2}t\right)-\mathrm{i}c_{e,n}(0)\sin\left(\frac{\varOmega_n}{2}t\right)\end{aligned} \tag{2.3.22}$$

当初始时刻原子处于激发态，即 $c_{e,n}(0)=1$，$c_{g,n+1}(0)=0$，则在 t 时刻，原子上下能级的布居概率幅为

$$\begin{aligned}c_{e,n}(t)&=\cos\left(\frac{\varOmega_n}{2}t\right)\\ c_{g,n+1}(t)&=-\mathrm{i}\sin\left(\frac{\varOmega_n}{2}t\right)\end{aligned} \tag{2.3.23}$$

系统的波函数为

$$|\psi_t\rangle=\cos\left(\frac{\varOmega_n}{2}t\right)|e,n\rangle-\mathrm{i}\sin\left(\frac{\varOmega_n}{2}t\right)|g,n+1\rangle \tag{2.3.24}$$

相应地，系统处于状态$|e,n\rangle$和$|g,n+1\rangle$的概率分别为

$$\begin{aligned}P_{e,n}(t)&=\cos^2\left(\frac{\Omega_n}{2}t\right)=\frac{1}{2}[1+\cos(\Omega_n t)]\\P_{g,n+1}(t)&=\sin^2\left(\frac{\Omega_n}{2}t\right)=\frac{1}{2}[1-\cos(\Omega_n t)]\end{aligned}\tag{2.3.25}$$

由上式可知，系统在两个状态$|e,n\rangle$和$|g,n+1\rangle$之间以拉比频率振荡.

2. 大失谐情况

当光场角频率远失谐于原子跃迁角频率，即$\Delta\gg g_{\text{eff}}\sqrt{\langle\hat{a}^\dagger\hat{a}\rangle}$时，光场和原子相互作用的哈密顿量表示为

$$\hat{H}_{\text{af}}=\hbar\frac{g_{\text{eff}}^2}{\Delta}\Big[(\hat{a}^\dagger\hat{a}+1)|e\rangle\langle e|-\hat{a}^\dagger\hat{a}|g\rangle\langle g|\Big]\tag{2.3.26}$$

$|g,n\rangle$和$|e,n\rangle$为相互作用哈密顿量$\hat{H}_{\text{af}}$的本征态，有

$$\begin{aligned}\hat{H}_{\text{af}}|g,n\rangle&=-\hbar\frac{g_{\text{eff}}^2}{\Delta}n|g,n\rangle\\\hat{H}_{\text{af}}|e,n\rangle&=\hbar\frac{g_{\text{eff}}^2}{\Delta}(n+1)|e,n\rangle\end{aligned}\tag{2.3.27}$$

系统初始时刻处于量子态$|\psi_0\rangle=|g,n\rangle$时，$t$时刻的状态为

$$|\psi_t\rangle=\exp\left(-\frac{\mathrm{i}}{\hbar}\hat{H}_{\text{af}}t\right)|g,n\rangle=\exp\left(\mathrm{i}\frac{g_{\text{eff}}^2}{\Delta}nt\right)|g,n\rangle\tag{2.3.28}$$

相应地，系统处于量子态$|\psi_0\rangle=|e,n\rangle$时，$t$时刻的状态为

$$|\psi_t\rangle=\exp\left(-\frac{\mathrm{i}}{\hbar}\hat{H}_{\text{af}}t\right)|e,n\rangle=\exp\left[-\mathrm{i}\frac{g_{\text{eff}}^2}{\Delta}(n+1)t\right]|e,n\rangle\tag{2.3.29}$$

由以上结果可知，在大失谐情况下，当原子初始处于能量本征态$|g\rangle$或$|e\rangle$，光场处于$|n\rangle$时，系统经历时间演化后，相位发生变化.

在近共振的条件下，光和原子高效地交换能量，通常实验上利用这种效应实现原子的激光冷却；在大失谐条件下，光和原子交换作用较弱，当引入强度梯度场后，利用相应的偶极力来实现对原子的相干俘获.

2.4　几种基本量子态

2.4.1　福克态

对光场进行二次量子化处理后，广义坐标和广义动量两个算符分别用 $\hat{a}$ 和 $\hat{a}^\dagger$ 表示，光场的哈密顿量由 $\hat{H}=\hbar\omega\left(\hat{a}^\dagger\hat{a}+\dfrac{1}{2}\right)$ 表示，其由真空零点能 $\dfrac{1}{2}\hbar\omega$ 和光子能量 $\hbar\omega\hat{a}^\dagger\hat{a}$ 组成. 真空零点能为常数，光子能量为单个光子能量 $\hbar\omega$ 的整数倍，通常定义 $\hat{N}=\hat{a}^\dagger\hat{a}$ 为光子数算符.

光子数算符的本征态用光子数来表征，记为 $|n\rangle$，定义为光子数态(福克态)，光子数算符的本征方程为

$$\hat{n}|n\rangle=\hat{a}^\dagger\hat{a}|n\rangle=n|n\rangle \tag{2.4.1}$$

光场的哈密顿量 $\hat{H}$ 与光子数算符 $\hat{n}$ 对易，因此两者具有共同的本征态 $|n\rangle$. 光场哈密顿量作用在光子数态上，可得

$$\hat{H}|n\rangle=\hbar\omega\left(\hat{a}^\dagger\hat{a}+\frac{1}{2}\right)=E_n|n\rangle \tag{2.4.2}$$

其本征值为

$$E_n=\left(n+\frac{1}{2}\right)\hbar\omega \tag{2.4.3}$$

光子的产生算符 $\hat{a}^\dagger$ 和湮灭算符 $\hat{a}$ 作用在光子数态 $|n\rangle$ 上，可以表示为

$$\hat{a}^\dagger|n\rangle=\sqrt{n+1}|n+1\rangle \tag{2.4.4}$$

$$\hat{a}|n\rangle=\sqrt{n}|n-1\rangle \tag{2.4.5}$$

光子数算符的平均值为 $\langle n|\hat{n}|n\rangle=\langle n|\hat{a}^\dagger\hat{a}|n\rangle=n$，$n$ 为光子数，$n=0,1,2,\cdots$. 当 $n=0$ 时，为最低能态 $|0\rangle$，即真空态，其能量为 $E_0=\dfrac{1}{2}\hbar\omega$. 产生算符作用在真空态上得到 $\hat{a}^\dagger|0\rangle=1|1\rangle$，而湮灭算符作用在真空态上，光子数无法继续减少，因此有 $\hat{a}|0\rangle=0$.

根据福克态的正交性 $\langle n|m\rangle=\delta_{nm}$ 与完备性 $\sum|n\rangle\langle n|=\hat{I}$，由福克态可以构成正交完备矢量空间，这是一种常用的、非常便利的表示方法，称为光子数表象或者福克态表象. 当 $n=1$ 时，$|1\rangle$ 为单光子态；当 $n=2$ 时，$|2\rangle$ 为双光子态；当 $n>2$ 时，$|n\rangle$ 为多光子态.

一个物理量的方差是对此物理量起伏的考量，定义一个算符 $\hat{o}$ 的起伏为

$$\mathrm{Var}(\hat{o}) = V(\hat{o}) = \sigma_{\hat{o}}^2 = \langle \hat{o}^2 \rangle - \langle \hat{o} \rangle^2 \tag{2.4.6}$$

由此，该算符的标准差表示为

$$\mathrm{Std}(\hat{o}) = \sigma_{\hat{o}} = \sqrt{\langle \hat{o}^2 \rangle - \langle \hat{o} \rangle^2} \tag{2.4.7}$$

福克态 $|n\rangle$ 有确定的能量 $E_n = \hbar\omega\left(n + \frac{1}{2}\right)$，但是其电场起伏并不为 0. 电场算符为 $\hat{E}_n(z,t) = \varepsilon_0(\hat{a}\mathrm{e}^{-\mathrm{i}\omega t} + \hat{a}^\dagger \mathrm{e}^{\mathrm{i}\omega t})\sin(kz)$，其均值可表示为

$$\langle n|\hat{E}_x(z,t)|n\rangle = \varepsilon_0 \sin(kz)[\mathrm{e}^{-\mathrm{i}\omega t}\langle n|\hat{a}|n\rangle + \mathrm{e}^{\mathrm{i}\omega t}\langle n|\ \hat{a}^\dagger|n\rangle] = 0 \tag{2.4.8}$$

即电场的均值为 0，但是电场平方的均值为

$$\langle n|\hat{E}_x^2(z,t)|n\rangle = 2\varepsilon_0^2 \sin^2(kz)\left(n + \frac{1}{2}\right) \tag{2.4.9}$$

由以上两结果可得到福克态电场的标准差为

$$\sigma \hat{E}_x = \sqrt{2}\varepsilon_0 \sin(kz)\left(n + \frac{1}{2}\right)^2 \tag{2.4.10}$$

从上式可看出在 $n=0$ 时电场也存在着起伏，即所谓的真空起伏.

2.4.2 相干态

相干态由 R. J. Glauber 于 1963 年提出，是量子力学中的一个纯态，对应于一个单模光场，可以定义为平移真空态

$$|\alpha\rangle = \hat{D}(\alpha)|0\rangle \tag{2.4.11}$$

其中 $\hat{D}(\alpha)=\exp(\alpha\hat{a}^\dagger - \alpha^*\hat{a})$ 为平移算符，因此相干态在福克态表象中可表示为

$$|\alpha\rangle = \sum_{n=0}^{\infty} \mathrm{e}^{\frac{1}{2}|\alpha|^2} \frac{\alpha^n}{\sqrt{n!}}|n\rangle = \sum_{n=0}^{\infty} C_n|n\rangle \tag{2.4.12}$$

光子数分布满足泊松统计分布

$$P(n) = |C_n|^2 = \mathrm{e}^{-|\alpha|^2}\frac{|\alpha|^{2n}}{n!} = \mathrm{e}^{-\bar{n}}\frac{\bar{n}^n}{n!} \tag{2.4.13}$$

其平均光子数为

$$\bar{n} = \langle \hat{n} \rangle_{\mathrm{coh}} = \langle \alpha|\hat{n}|\alpha\rangle = \langle \alpha|\hat{a}^\dagger\hat{a}|\alpha\rangle = |\alpha|^2 \tag{2.4.14}$$

不同平均光子数的相干态光场的光子数分布如图 2-7 所示. 由于

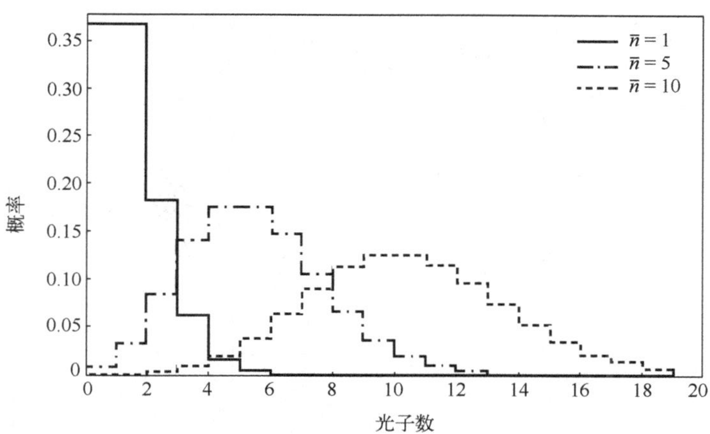

图 2-7　相干态光场的光子数分布

$$\overline{n^2} = \left\langle \hat{n}^2 \right\rangle_{\text{coh}} = \left\langle \alpha \middle| \hat{n}^2 \middle| \alpha \right\rangle = \left\langle \alpha \middle| \hat{a}^\dagger \hat{a} \hat{a}^\dagger \hat{a} \middle| \alpha \right\rangle = |\alpha|^2 (|\alpha|^2 + 1) = \overline{n}(\overline{n} + 1) \tag{2.4.15}$$

所以相干态的光子数方差为

$$V_{\text{coh}} = \left\langle \hat{n}^2 \right\rangle_{\text{coh}} - \left\langle \hat{n} \right\rangle_{\text{coh}}^2 = \overline{n} \tag{2.4.16}$$

相干态为最小不确定态，其正交振幅和正交相位分量标准方差乘积满足

$$\sigma_{\hat{X}} \sigma_{\hat{P}} = \frac{1}{2} \left| \left\langle [\hat{X}, \hat{P}] \right\rangle \right| = \frac{1}{4} \tag{2.4.17}$$

这里

$$\begin{aligned} \sigma_{\hat{X}} &= \sqrt{\left\langle \hat{X}^2 \right\rangle - \left\langle \hat{X} \right\rangle^2} = \frac{1}{2} \\ \sigma_{\hat{P}} &= \sqrt{\left\langle \hat{P}^2 \right\rangle - \left\langle \hat{P} \right\rangle^2} = \frac{1}{2} \end{aligned} \tag{2.4.18}$$

其中 $\sigma_{\hat{X}}$ 和 $\sigma_{\hat{P}}$ 分别为正交振幅和正交相位标准差，其对应正交分量的平均噪声幅度，利用平衡零拍探测可以测量得到其噪声分布.

在相空间中，相干态的正交分量的涨落分布如图 2-8 所示[4].

相干态的波函数和维格纳函数分别表示为

$$\left\langle x_\theta \middle| \alpha \right\rangle = \frac{1}{\sqrt[4]{2\pi\sigma_0^2}} \mathrm{e}^{\frac{\mathrm{i}|\alpha|\sin(\phi-\theta)x_\theta}{\sigma_0}} \mathrm{e}^{-\left[\frac{x_\theta}{2\sigma_0} - |\alpha|\cos(\phi-\theta)\right]^2} = \frac{1}{\sqrt[4]{\pi/2}} \mathrm{e}^{2\mathrm{i}|\alpha|\sin(\phi-\theta)x_\theta} \mathrm{e}^{-[x_\theta - |\alpha|\cos(\phi-\theta)]^2} \tag{2.4.19}$$

$$W(X,P) = \frac{1}{2\pi\sigma_0^2} \mathrm{e}^{-\frac{(X-X_0)^2 + (P-P_0)^2}{2\sigma_0^2}} = \frac{2}{\pi} \mathrm{e}^{-2(X-X_0)^2 + 2(P-P_0)^2} \tag{2.4.20}$$

$$\alpha = \frac{X_0 + \mathrm{i}P_0}{2\sigma_0} = X_0 + \mathrm{i}P_0$$

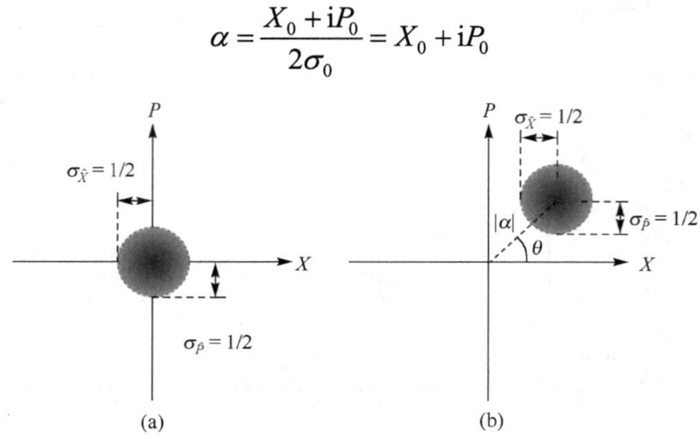

图 2-8 相空间中真空态(a)和相干态(b)的正交振幅和正交相位分量涨落

2.4.3 压缩态

压缩态是量子光学中非常重要的一种非经典态，本节主要介绍几种常见的压缩态，包括单模压缩真空态、平移压缩真空态、压缩相干态、双模压缩真空态，同时简要介绍薛定谔猫态和热态.

1. 单模压缩真空态

单模压缩真空态 $|\xi\rangle$ 是将压缩算符 $\hat{S}(\xi) = \mathrm{e}^{\frac{\xi^* \hat{a}^2 - \xi \hat{a}^{\dagger 2}}{2}}$ 作用到真空态 $|0\rangle$ 上产生，表示为

$$|\xi\rangle = \hat{S}(\xi)|0\rangle \tag{2.4.21}$$

其中 $\xi = r\mathrm{e}^{\mathrm{i}\phi}$ 是压缩参量，$0 \leqslant \phi \leqslant 2\pi$ 是压缩角，表示压缩的方向；r 是压缩幅度，表示压缩的幅度.

单模压缩真空态在福克态表象中表示为

$$|\varphi\rangle = \sqrt[4]{1-\lambda^2} \sum_{n=0}^{\infty} \sqrt{\binom{2n}{n}} \left(-\frac{\lambda \mathrm{e}^{\mathrm{i}\phi}}{2}\right)^n |2n\rangle \tag{2.4.22}$$

其中 $\lambda = \tanh r$. 从上式看出，单模压缩真空态仅包含偶数光子数态.

压缩真空态的维格纳函数分别表示为

$$W_X(X,P) = \frac{1}{2\pi\sigma_0^2} \mathrm{e}^{-\frac{X^2}{2\sigma_0^2 \mathrm{e}^{-2r}} - \frac{P^2}{2\sigma_0^2 \mathrm{e}^{2r}}} = \frac{2}{\pi} \mathrm{e}^{-\frac{2X^2}{\mathrm{e}^{-2r}} - \frac{2P^2}{\mathrm{e}^{2r}}} \tag{2.4.23}$$

$$W_P(X,P) = \frac{1}{2\pi\sigma_0^2} \mathrm{e}^{-\frac{X^2}{2\sigma_0^2 \mathrm{e}^{2r}} - \frac{P^2}{2\sigma_0^2 \mathrm{e}^{-2r}}} = \frac{2}{\pi} \mathrm{e}^{-\frac{2X^2}{\mathrm{e}^{2r}} - \frac{2P^2}{\mathrm{e}^{-2r}}} \tag{2.4.24}$$

这里，$W_X(X,P)$ 和 $W_P(X,P)$ 分别表示正交振幅 X 和正交相位 P 方向的压缩真空态.

图 2-9 分别给出了真空态和单模压缩真空态的维格纳函数及其在相空间的投影. 真空态的涨落在相空间中各个方向均相同，而单模压缩真空态涨落在相空间的一个轴上被压缩，在与之正交的轴上被放大.

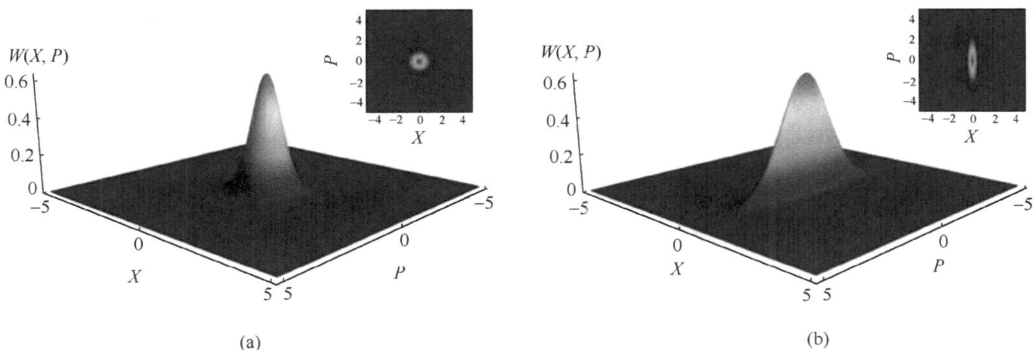

图 2-9 真空态(a)和单模压缩真空态(b)的维格纳函数及其在相空间的投影

单模压缩真空态的平均光子数和光子数方差分别表示为

$$\langle\hat{n}\rangle=\sinh^2 r \tag{2.4.25}$$

$$V(\hat{n})=\langle\hat{n}^2\rangle-\langle\hat{n}\rangle^2=2\sinh^2 r\cosh^2 r=2\langle\hat{n}\rangle(1+\langle\hat{n}\rangle) \tag{2.4.26}$$

真空态的平均光子数为 0，单模压缩真空态不同于真空态，其平均光子数大于 0.

单模压缩真空态正交算符的平均值和方差分别为

$$\langle\hat{X}\rangle=\langle\hat{P}\rangle=0$$

$$\begin{aligned}V(\hat{X})&=\langle\hat{X}^2\rangle-\langle\hat{X}\rangle^2=\frac{1}{4}(2\sinh^2 r+1-2\sinh r\cosh r\cos\phi)\\V(\hat{P})&=\langle\hat{P}^2\rangle-\langle\hat{P}\rangle^2=\frac{1}{4}(2\sinh^2 r+1+2\sinh r\cosh r\cos\phi)\end{aligned} \tag{2.4.27}$$

从上式得出，当 $\phi=0$ 时，单模压缩真空态正交算符的标准差和方差分别为

$$\begin{aligned}&\sigma_{\hat{X}}=\frac{1}{2}\mathrm{e}^{-r},\quad \sigma_{\hat{P}}=\frac{1}{2}\mathrm{e}^{r}\\&V(\hat{X})=\frac{1}{4}\mathrm{e}^{-2r},\quad V(\hat{P})=\frac{1}{4}\mathrm{e}^{2r}\end{aligned} \tag{2.4.28}$$

当 $\phi=\pi$ 时，单模压缩真空态正交算符的标准差和方差分别为

$$\sigma_{\hat{X}}=\frac{1}{2}\mathrm{e}^{r},\quad \sigma_{\hat{P}}=\frac{1}{2}\mathrm{e}^{-r}$$

$$V(\hat{X})=\frac{1}{4}\mathrm{e}^{2r},\quad V(\hat{P})=\frac{1}{4}\mathrm{e}^{-2r} \tag{2.4.29}$$

由以上讨论可知，当压缩角被控制到 0 时，正交振幅分量起伏被压缩，正交相位分量起伏被放大；反之，当压缩角为 π 时，正交振幅分量起伏被放大，正交相位起伏被压缩[4]，如图 2-10 所示.

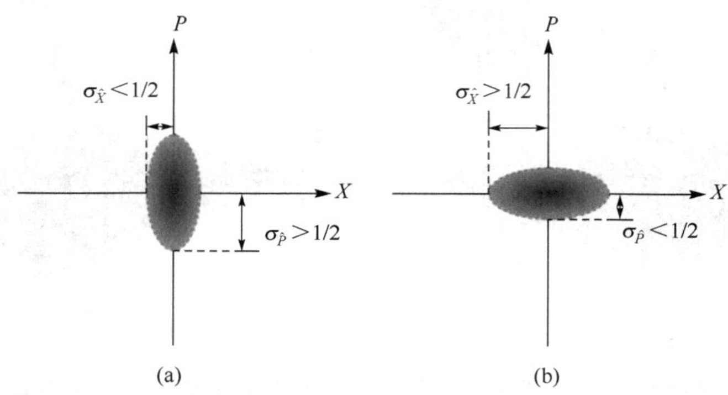

图 2-10　压缩角为 0 (a) 和 π (b) 时，压缩真空态在相空间的表示[3]

2. 平移压缩真空态

平移压缩真空态定义为

$$|\alpha,\xi\rangle=\hat{D}(\alpha)\hat{S}(\xi)|0\rangle=\hat{D}(\alpha)|\xi\rangle \tag{2.4.30}$$

其中，$\hat{D}(\alpha)$ 和 $\hat{S}(\xi)$ 分别是平移算符和压缩算符. 平移压缩真空态的光子数分布为

$$|\alpha,\xi\rangle=\sum_n C_n|n\rangle \tag{2.4.31}$$

其中

$$C_n=\frac{1}{\sqrt{\cosh r}}\mathrm{e}^{-\frac{|\alpha|^2+\tanh r\alpha^{*2}\mathrm{e}^{\mathrm{i}\phi}}{2}}\left(\frac{1}{2}\mathrm{e}^{\mathrm{i}\phi}\tanh r\right)^{\frac{n}{2}}\frac{1}{\sqrt{n!}}H_n\left[\beta(\mathrm{e}^{\mathrm{i}\phi}\sinh 2r)^{-\frac{1}{2}}\right]$$

$H_n[z]$ 是 n 次厄米多项式，$\beta=\alpha\cosh r+\mathrm{e}^{\mathrm{i}\phi}\alpha^*\sinh r$. 平移压缩真空态的平均光子数为

$$\langle\hat{n}\rangle=|\alpha|^2+\sinh^2 r \tag{2.4.32}$$

其中 $|\alpha|^2$ 是幅度为 $|\alpha|$ 的相干态的平均光子数，$\sinh^2 r$ 为单模压缩真空态的平均光子数. 因此，平移压缩真空态的平均光子数是相干态和单模压缩真空态平均光子数之和.

3. 压缩相干态

压缩相干态定义为

$$\hat{S}(\xi)|\alpha\rangle = \hat{S}(\xi)\hat{D}(\alpha)|0\rangle \tag{2.4.33}$$

与平移压缩真空态不同，压缩相干态是先将真空态作平移操作，然后再作压缩操作. 由于平移操作和压缩操作不对易，因此压缩相干态不等于平移压缩真空态. 但是，经过变换 $\beta = \alpha\cosh r + \mathrm{e}^{\mathrm{i}\theta}\alpha^* \sinh r$ 后

$$\hat{S}(\xi)|\beta\rangle = \hat{S}(\xi)\hat{D}(\beta)|0\rangle = \hat{D}(\alpha)\hat{S}(\xi)|0\rangle \tag{2.4.34}$$

此时，压缩相干态等价于平移压缩真空态.

4. 双模压缩真空态

双模压缩真空态也是重要的高斯态，被定义为

$$|\psi\rangle_{ab} = \hat{S}_{ab}(\xi)|0,0\rangle \tag{2.4.35}$$

其中 $\xi = r\mathrm{e}^{\mathrm{i}\phi}$， $\hat{S}_{ab}(\xi) = \mathrm{e}^{\xi^*\hat{a}\hat{b} - \xi\hat{a}^\dagger\hat{b}^\dagger}$ 是双模压缩算符. 双模压缩真空态在福克态表象中展开为

$$|\psi\rangle_{ab} = \frac{1}{\cosh r}\sum_{n_a,n_b}(-\mathrm{e}^{\mathrm{i}\phi}\tanh r)|n\rangle_a|n\rangle_b \tag{2.4.36}$$

当 $\phi = 0$ 时，双模压缩真空态的维格纳函数表示为

$$\begin{aligned} W_{ab}(X_a,P_a,X_b,P_b) &= \frac{1}{(2\pi\sigma_0^2)^2}\mathrm{e}^{-\frac{(X_a-X_b)^2}{4\sigma_0^2\mathrm{e}^{-2r}}-\frac{(X_a+X_b)^2}{4\sigma_0^2\mathrm{e}^{2r}}-\frac{(P_a-P_b)^2}{4\sigma_0^2\mathrm{e}^{2r}}-\frac{(P_a+P_b)^2}{4\sigma_0^2\mathrm{e}^{-2r}}} \\ &= \frac{1}{(\pi/2)^2}\mathrm{e}^{-\frac{(X_a-X_b)^2}{\mathrm{e}^{-2r}}-\frac{(X_a+X_b)^2}{\mathrm{e}^{2r}}-\frac{(P_a-P_b)^2}{\mathrm{e}^{2r}}-\frac{(P_a+P_b)^2}{\mathrm{e}^{-2r}}} \end{aligned} \tag{2.4.37}$$

两个模式之间存在量子关联

$$\begin{aligned} &V(X_a - X_b) = 2\sigma_0^2\mathrm{e}^{-2r} = \mathrm{e}^{-2r}/2, \qquad V(X_a + X_b) = 2\sigma_0^2\mathrm{e}^{2r} = \mathrm{e}^{2r}/2 \\ &V(P_a - P_b) = 2\sigma_0^2\mathrm{e}^{2r} = \mathrm{e}^{2r}/2, \qquad V(P_a + P_b) = 2\sigma_0^2\mathrm{e}^{-2r} = \mathrm{e}^{-2r}/2 \end{aligned} \tag{2.4.38}$$

在双模压缩真空态中，每个模式的平均光子数表示为

$$\overline{n} = \langle\hat{n}_a\rangle = \langle\hat{n}_b\rangle = \sinh^2 r$$

如果只考虑一个模式 b 的维格纳函数，可通过对另一个模式 a 的正交振幅分量 X_a 和正交相位分量 P_a 积分得到

$$W_b(X_b,P_b)=\iint_{-\infty}^{+\infty}W_{ab}(X_a,P_a,X_b,P_b)\mathrm{d}X_a\mathrm{d}P_a$$
$$=\frac{1}{\pi\sigma_0^2(\mathrm{e}^{-2r}+\mathrm{e}^{2r})}\mathrm{e}^{-\frac{X_b{}^2+P_b^2}{\sigma_0^2(\mathrm{e}^{-2r}+\mathrm{e}^{2r})}}$$
$$=\frac{1}{2\pi\sigma_0^2(2\sinh^2 r+1)}\mathrm{e}^{-\frac{X_b{}^2+P_b^2}{2\sigma_0^2(2\sinh^2 r+1)}}$$
$$=\frac{1}{2\pi\sigma_0^2(2\bar{n}+1)}\mathrm{e}^{-\frac{X_b{}^2+P_b^2}{2\sigma_0^2(2\bar{n}+1)}}=\frac{2}{\pi(2\bar{n}+1)}\mathrm{e}^{-\frac{2(X_b{}^2+P_b^2)}{2\bar{n}+1}} \tag{2.4.39}$$

同理，模式 a 的维格纳函数可通过对模式 b 的正交振幅分量 X_b 和正交相位分量 P_b 积分得到

$$W_a(X_a,P_a)=\iint_{-\infty}^{+\infty}W_{ab}(X_a,P_a,X_b,P_b)\mathrm{d}X_b\mathrm{d}P_b$$
$$=\frac{1}{2\pi\sigma_0^2(2\bar{n}+1)}\mathrm{e}^{-\frac{X_a{}^2+P_a^2}{2\sigma_0^2(2\bar{n}+1)}}=\frac{2}{\pi(2\bar{n}+1)}\mathrm{e}^{-\frac{2(X_a{}^2+P_a{}^2)}{2\bar{n}+1}} \tag{2.4.40}$$

上式表明，双模压缩真空态每个模式的维格纳函数与热态的一致（$\sigma_{\mathrm{th}}^2=(2\bar{n}+1)\sigma_0^2$，$\sigma_{\mathrm{th}}^2$ 为热态的正交分量起伏方差）.

2.4.4 薛定谔猫态

光学薛定谔猫态是两个幅度相同、相位相反相干态的叠加态[5]，可表示为

$$|\mathrm{cat}\rangle=(|\alpha\rangle+\mathrm{e}^{\mathrm{i}\phi}|-\alpha\rangle)/\sqrt{C} \tag{2.4.41}$$

其中，$C=2(1+\mathrm{e}^{-2|\alpha|^2}\cos\phi)$，$\phi$ 为两个相干态叠加的相对相位. 当 $\phi=0$ 时，$|\mathrm{cat}_+\rangle=(|\alpha\rangle+|-\alpha\rangle)/\sqrt{C_+}$，被称为偶猫态；当 $\phi=\pi$ 时，$|\mathrm{cat}_-\rangle=(|\alpha\rangle-|-\alpha\rangle)/\sqrt{C_-}$，被称为奇猫态；当 $\phi=\pi/2$ 时，$|\mathrm{cat}_i\rangle=(|\alpha\rangle+\mathrm{i}|-\alpha\rangle)/\sqrt{C_i}$，被称为 Yurke-Stoler 态.

两个相干态的内积的模平方为

$$|\langle\alpha|-\alpha\rangle|^2=\mathrm{e}^{-4|\alpha|^2} \tag{2.4.42}$$

当 $|\alpha|=2$ 时，两个相干态的重叠部分约为 10^{-7}，几乎为零. 因此，两个相干态可视为正交的.

薛定谔猫态为湮灭算符平方 $\hat{a}^2$ 的本征态，表示为

$$\hat{a}^2|\mathrm{cat}\rangle=\alpha^2|\mathrm{cat}\rangle \tag{2.4.43}$$

偶猫态、奇猫态和 Yurke-Stoler 态在福克态表象中展开为[6]

$$|\mathrm{cat}_+\rangle=\frac{2}{\sqrt{C_+}}\mathrm{e}^{-\frac{|\alpha|^2}{2}}\sum_{n=0}^{+\infty}\frac{\alpha^{2n}}{\sqrt{(2n)!}}|2n\rangle,\quad C_+=2\left(1+\mathrm{e}^{-2|\alpha|^2}\right)$$

$$|\mathrm{cat}_-\rangle=\frac{2}{\sqrt{C_-}}\mathrm{e}^{-\frac{|\alpha|^2}{2}}\sum_{n=0}^{+\infty}\frac{\alpha^{2n+1}}{\sqrt{(2n+1)!}}|2n+1\rangle,\quad C_-=2(1-\mathrm{e}^{-2|\alpha|^2}) \tag{2.4.44}$$

$$|\mathrm{cat}_i\rangle=\frac{1}{\sqrt{C_i}}\mathrm{e}^{-\frac{|\alpha|^2}{2}}\sum_{n=0}^{+\infty}\frac{\alpha^{n}}{\sqrt{n!}}(1+\mathrm{i}(-1)^n)|n\rangle,\quad C_i=2$$

由于量子干涉效应，偶猫态是光子数为偶数的福克态的叠加态，奇猫态是光子数为奇数的福克态的叠加态.

薛定谔猫态的平均光子数为

$$\begin{aligned}\bar{n}&=\langle\hat{n}\rangle=\langle\mathrm{cat}|\hat{n}|\mathrm{cat}\rangle=\langle\mathrm{cat}|\hat{a}^\dagger\hat{a}|\mathrm{cat}\rangle\\&=C^2[\alpha^2+\alpha^2+\mathrm{e}^{\mathrm{i}\phi}(-\alpha^2)\langle\alpha|-\alpha\rangle+\mathrm{e}^{-\mathrm{i}\phi}(-\alpha^2)\langle-\alpha|\alpha\rangle]\\&=C^2 2\alpha^2(1-\mathrm{e}^{-2\alpha^2}\cos\phi)=\frac{\alpha^2(1-\mathrm{e}^{-2\alpha^2}\cos\phi)}{1+\mathrm{e}^{-2|\alpha|^2}\cos\phi}\end{aligned} \tag{2.4.45}$$

因此，由上式得出偶猫态、奇猫态和 Yurke-Stoler 态平均光子数分别表示为

$$\begin{aligned}\bar{n}_+&=\langle\hat{n}\rangle=\frac{\alpha^2(1-\mathrm{e}^{-2\alpha^2})}{1+\mathrm{e}^{-2\alpha^2}}\\\bar{n}_-&=\langle\hat{n}\rangle=\frac{\alpha^2(1+\mathrm{e}^{-2\alpha^2})}{1-\mathrm{e}^{-2\alpha^2}}\\\bar{n}_i&=\langle\hat{n}\rangle=\alpha^2\end{aligned} \tag{2.4.46}$$

光学薛定谔猫态的维格纳函数表示为[6]

$$\begin{aligned}W_\pm(X,P)&=\frac{\mathrm{e}^{-(X^2+P^2)}}{\pi(1\pm\mathrm{e}^{-2\alpha^2})}[\mathrm{e}^{-2\alpha^2}\cosh(2\sqrt{2}\alpha X)\pm\cos(2\sqrt{2}\alpha P)]\\&=\frac{1}{1\pm\mathrm{e}^{-2\alpha^2}}\left[\frac{1}{2}W_\alpha(X,P)+\frac{1}{2}W_{-\alpha}(X,P)\pm W_0(X,P)\cos(2\sqrt{2}\alpha P)\right]\end{aligned} \tag{2.4.47}$$

$$\begin{aligned}W_i(X,P)&=\frac{\mathrm{e}^{-(X^2+P^2)}}{\pi(1+\mathrm{e}^{-2\alpha^2})}[\mathrm{e}^{-2\alpha^2}\cosh(2\sqrt{2}\alpha X)+\sin(2\sqrt{2}\alpha P)]\\&=\frac{1}{1+\mathrm{e}^{-2\alpha^2}}\left[\frac{1}{2}W_\alpha(X,P)+\frac{1}{2}W_{-\alpha}(X,P)+W_0(X,P)\sin(2\sqrt{2}\alpha P)\right]\end{aligned} \tag{2.4.48}$$

图 2-11 是幅度为 2 的光学薛定谔偶猫态(a)、奇猫态(b)和 Yurke-Stoler 态(c)的维格纳函数.

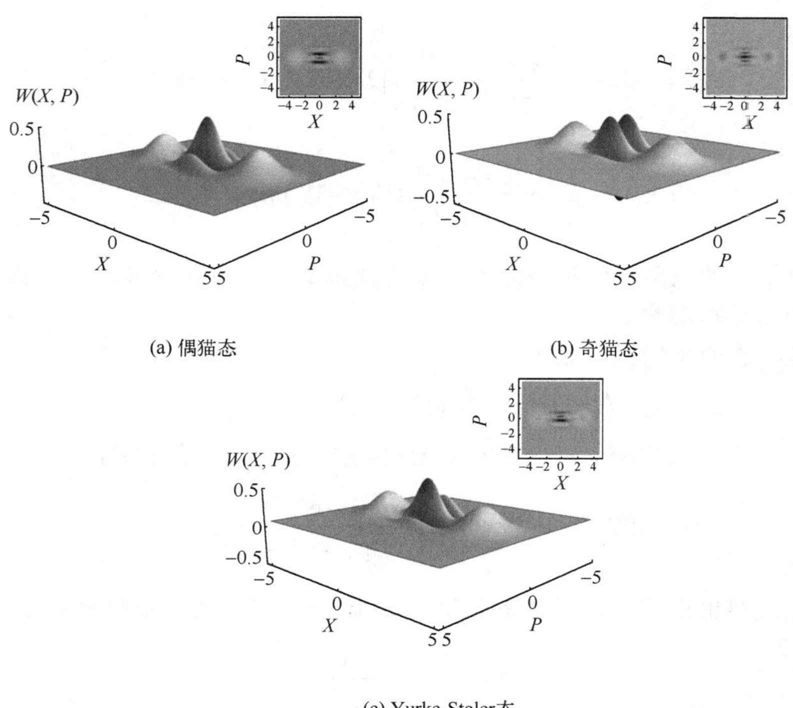

图 2-11 幅度为 2 的光学薛定谔猫态的维格纳函数

2.4.5 热态

考虑一个理想的黑体模型，当空腔内的电磁辐射与温度为 T 的腔壁处于热平衡状态时，根据量子理论和统计力学，频率为 ω 的单模辐射热光场(热态)具有 n 个光子的概率为

$$P_n=(1-\mathrm{e}^{-x})\mathrm{e}^{-nx} \tag{2.4.49}$$

其中 $x=\hbar\omega/(k_{\mathrm{B}}T)$，$k_{\mathrm{B}}$ 为玻尔兹曼常量.

由上式可知，概率随着光子数 n 的增大而呈指数减小，是热态的显著特征. 在福克态表象中，热态的密度算符表示为

$$\hat{\rho}_{\mathrm{th}}=\sum_n P_n|n\rangle\langle n| \tag{2.4.50}$$

根据热态的密度算符可得，光子数平均值、光子数方差、曼德尔(Mandel) Q 因子、

光子数分布和维格纳函数分别为

$$\overline{n}=\frac{1}{\mathrm{e}^{x}-1} \tag{2.4.51}$$

$$V(\hat{n})=\overline{n}(\overline{n}+1) \tag{2.4.52}$$

$$Q=\frac{V(\hat{n})}{\overline{n}}-1=\overline{n}>0 \tag{2.4.53}$$

$$P_n=\frac{(\overline{n})^n}{(\overline{n}+1)^{n+1}} \tag{2.4.54}$$

$$W(X,P)=\frac{1}{2\pi\sigma_{\mathrm{th}}^2}\mathrm{e}^{-(X^2+P^2)/(2\sigma_{\mathrm{th}}^2)} \tag{2.4.55}$$

可见，热态的平均光子数大于 0，光子数服从超泊松分布，维格纳函数是高斯分布，正交分量起伏 $\sigma_{\mathrm{th}}^2=(2\overline{n}+1)/4$ 大于真空态的起伏 $\sigma_0^2=1/4$.

图 2-12 是平均光子数分别为 0、1、2 的热态在相空间中的维格纳函数和轮廓图. 从图中看出，热态正交分量的均值为 0，起伏大于真空态.

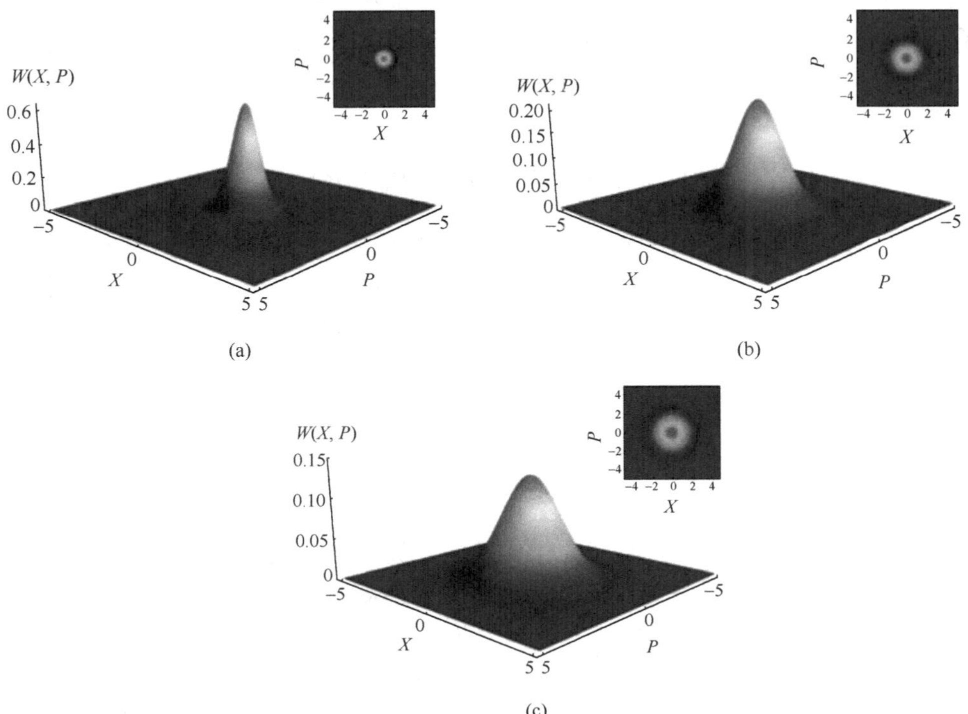

图 2-12　平均光子数为 0(a)、1(b)、2(c)热态的维格纳函数和轮廓图

2.5 量子测量理论

2.5.1 正算子值测量理论

在量子光学中，一般测量通常由一组测量算符的集合$\{\hat{M}_m\}$来描述，将测量算符作用到被测系统的态$|\Psi\rangle$上，m表示实验中可能的测量结果．若量子系统测量前的态是$|\psi\rangle$，则测量结果m发生的概率为$p(m)=\left\langle\Psi\left|\hat{M}_m^{\dagger}\hat{M}_m\right|\Psi\right\rangle$，测量后的状态为$\left|\Psi_m\right\rangle=\dfrac{\hat{M}_m|\Psi\rangle}{\sqrt{p(m)}}$，其中测量算符满足完备性方程$\sum\limits_m\hat{M}_m^{\dagger}\hat{M}_m=1$．这里，我们介绍一般测量中的两个特殊例子，投影测量(projection-valued measure)和正算子值测量(positive operator valued measure，POVM)．

在投影测量中，测量算符$\hat{M}_m$除了满足完备性关系外，还需满足$\hat{M}_m$是厄米的，且$\hat{M}_m\hat{M}_{m'}=\delta_{mm'}\hat{M}_m$．被观测系统态空间一个可观测量厄米算符$\hat{M}$的谱分解$\hat{M}=\sum\limits_m m\hat{P}_m$，$\hat{P}_m$是特征值为$m$的本征空间$\hat{M}$上的投影，经过投影测量后系统的状态表示为$\dfrac{\hat{P}_m|\Psi\rangle}{\sqrt{p(m)}}$，测量结果$m$的概率为$p(m)=\left\langle\Psi\left|\hat{P}_m\right|\Psi\right\rangle$．

正算子值测量不需要知道测量后状态的特殊测量，为研究一般测量的统计特性提供了简单的方法．正算子值测量定义为算符集合$\{\hat{E}_m\}$，其算符满足：①每个算符$\hat{E}_m$是正定的；②满足完备性关系$\sum\limits_m m\hat{E}_m=I$；③对于给定的 POVM$\{\hat{E}_m\}$，得到结果$m$的概率为$p(m)=\left\langle\Psi\left|\hat{E}_m\right|\Psi\right\rangle$．

2.5.2 分束器模型

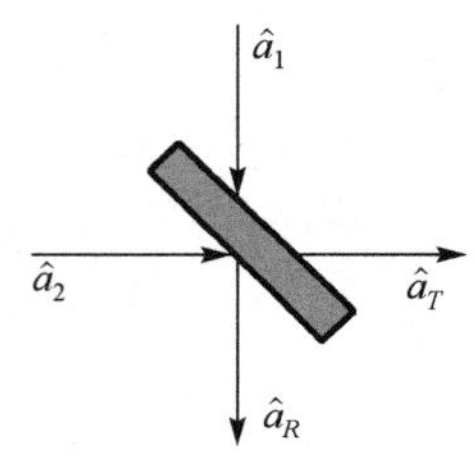

图 2-13 光学分束器

在量子光学实验中，经常要用到光学分束器，对光场量子态进行变换，这里对分束器应用量子模型进行描述，如图 2-13 所示．海森伯表象中，入射光 1、入射光 2、透射光与反射光的湮灭算符分别表示为$\hat{a}_1$、$\hat{a}_2$、$\hat{a}_T$、$\hat{a}_R$，满足对易关系$[\hat{a}_i,\hat{a}_j]=[\hat{a}_i^{\dagger},\hat{a}_j^{\dagger}]=0$，$\left[\hat{a}_i,\hat{a}_j^{\dagger}\right]=\delta_{ij}$（$i,j=1,\ 2,R,T$）．设光学分束器的强度反射率为$R$，透射率为$T=1-R$．

反射光和透射光的关系可表示为

$$(\hat{a}_R,\hat{a}_T)^{\mathrm{T}}=\hat{U}(\hat{a}_1,\hat{a}_2)^{\mathrm{T}} \tag{2.5.1}$$

其中 $\hat{U}=\begin{pmatrix}\sqrt{T} & \sqrt{R}\\ -\sqrt{R} & \sqrt{T}\end{pmatrix}$ 为分束器的幺正变换. 对于 50/50 分束器，$\hat{U}=\dfrac{1}{\sqrt{2}}\begin{pmatrix}1 & 1\\ -1 & 1\end{pmatrix}$.

通常，反射率和透射率也可表示为 $R=\cos^2\theta$ 和 $T=\sin^2\theta$（$0\leqslant\theta\leqslant\pi/2$），该幺正变换可表示为 $\hat{U}=\begin{pmatrix}\sin\theta & \cos\theta\\ -\cos\theta & \sin\theta\end{pmatrix}$.

2.5.3　光场正交分量的平衡零拍测量

光场的正交振幅和正交相位分量一般通过平衡零拍测量方法进行测量，测量原理如图 2-14 所示. 在平衡零拍测量中，待测信号光场 $\hat{a}$ 和本振光 $\hat{L}$ 在 50/50 分束器上耦合，耦合后的两束光进入光电二极管进行探测. 分束器的两束输出光场分别表示为[7]

$$\hat{c}=\frac{1}{\sqrt{2}}(\hat{a}+\hat{L}\mathrm{e}^{\mathrm{i}\phi}) \tag{2.5.2}$$

$$\hat{d}=\frac{1}{\sqrt{2}}(\hat{a}-\hat{L}\mathrm{e}^{\mathrm{i}\phi}) \tag{2.5.3}$$

ϕ 表示信号光和本振光之间的相对相位. 两个探测器输出的光电流差可表示为 $\hat{i}=g(\hat{a}\hat{L}^{\dagger}\mathrm{e}^{-\mathrm{i}\phi}+\hat{a}^{\dagger}\hat{L}\mathrm{e}^{\mathrm{i}\phi})$，$g$ 为探测器的增益因子，这里取 $g=1$. 将光场写成线性化算符的形式 $\hat{a}=\alpha+\delta\hat{a}$，$\hat{L}=l+\delta\hat{L}$，则相减之后的光电流重新表示为

$$\hat{i}=\alpha^{*}l\mathrm{e}^{\mathrm{i}\phi}+l^{*}\alpha\mathrm{e}^{-\mathrm{i}\phi}+\alpha^{*}\delta\hat{L}\mathrm{e}^{\mathrm{i}\phi}+\alpha\delta\hat{L}^{\dagger}\mathrm{e}^{-\mathrm{i}\phi}+l\delta\hat{a}^{\dagger}\mathrm{e}^{\mathrm{i}\phi}+l^{*}\delta\hat{a}\mathrm{e}^{-\mathrm{i}\phi} \tag{2.5.4}$$

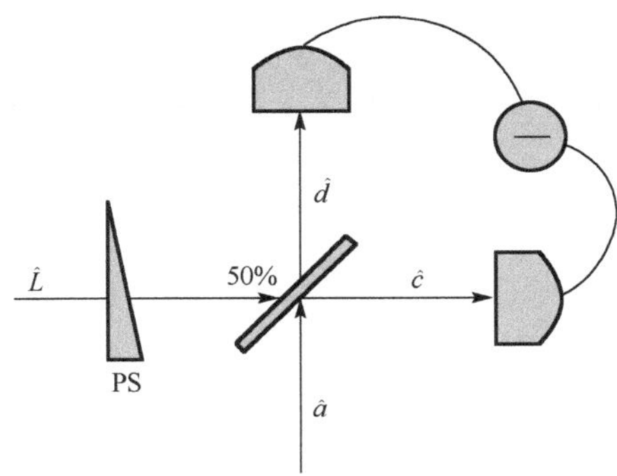

图 2-14　平衡零拍探测示意图[7]

其中第一项和第二项为光电流的直流部分. 当本振光的能量足够大时, 方程(2.5.4)的第三、四项可以忽略, 输出光电流的起伏为

$$\delta\hat{i} = l\delta\hat{a}^{\dagger}\mathrm{e}^{\mathrm{i}\phi} + l^{*}\delta\hat{a}\mathrm{e}^{-\mathrm{i}\phi} \tag{2.5.5}$$

因此, 通过改变相对相位ϕ, 可以实现对信号光场不同正交分量的测量. 当$\phi=0$和$\phi=\pi/2$时, 光电流差分别表示为$\delta\hat{i}=l\delta\hat{X}_a$和$\delta\hat{i}=l\delta\hat{P}_a$, 即分别对应待测光场的正交振幅和正交相位分量. 如果所测量的信号光为压缩光, 为了测定压缩度, 确定与之相应的散粒噪声极限(shot noise limit, SNL)非常重要. 实验中通常挡住信号光场(相当于输入真空场), 则此时平衡零拍探测系统输出的光电流为真空场的噪声, 即 SNL.

思考题

(1) 谈谈对真空涨落与散粒噪声极限的理解.

(2) 简述相干态的叠加态和相干态的混合态的相似与不同.

(3) 请尝试从物理角度简要描述光与原子相互作用的半经典理论和全量子理论.

参考文献

[1] Nobel-Prizes for 1954. Physics Today, 1954, 7(12): 7.

[2] 曾谨言. 量子力学. 5 版. 北京: 科学出版社, 2013.

[3] 张智明. 量子光学. 北京 : 科学出版社, 2015.

[4] Lvovsky A L. Squeezed Light, Photonics: scientific foundations, technology and applications. Singapore: John Wiley & Sons Inc., 2015: 121-163.

[5] Schrödinger E. The present status of quantum mechanics. Naturwissenschafen, 1935, 23:807-812.

[6] 克里斯托弗·格里, 彼得·奈特. 量子光学导论. 景俊, 译. 北京: 清华大学出版社, 2019.

[7] 苏晓龙, 贾晓军, 彭堃墀. 基于光场量子态的连续变量量子信息处理. 物理学进展, 2016, 36(4): 101-117.

第 3 章　量子光学中的测量方法

单光子探测和零拍探测是量子光学实验中最基本的测量方法. 前者对量子光场进行计数测量，后者用来探测量子光场的正交分量. 本章主要对这两种探测方式中所涉及的探测器的类型与工作原理进行介绍，并介绍与这两种探测方式密切相关的内容，如量子层析技术和保真度等.

3.1　光子计数测量

3.1.1　单光子探测器的类型

单光子探测器的种类有很多，本章主要介绍一些常用的典型单光子探测器，主要是：光电倍增管(photomultiplier tube，PMT)单光子探测器、微通道板(microchannel plate，MCP)单光子探测器、雪崩光电二极管(avalanche photodiode，APD)单光子探测器、混合式光电二极管(hybrid photodiode，HPD)单光子探测器、超导纳米线单光子探测器(superconducting nanowire single photon detector，SNSPD)和超导转变边沿(transition edge sensor，TES)单光子探测器等[1-6].

这里对单光子探测器介绍过程中常用到的特性列举如下.

(1)量子效率：在与光子源匹配的频谱中，每接收一个光子能够产生一次有效计数的概率.

(2)暗计数：没有光子入射时所产生的伪计数.

(3)死亡时间：从光子入射形成计数脉冲起，恢复至原来状态所需的时间.

1. 光电倍增管单光子探测器

PMT 单光子探测器是第一个建立的光子计数装置，它是一种真空器件，通常由光电阴极、一系列的电子倍增电极以及阳极组成，如图 3-1 所示. 电子倍增电极上通常加 1000～2000 V 的高压，当光子入射到光电阴极上时会产生光电子，光电子被电子倍增电极加速放大，最后被阳极收集输出电脉冲信号，该信号经前置放大器放大，再经比较器去除噪声信号，最后由分频器换算出光子脉冲数输出. 为了优化光谱响应，可以选择不同的光电阴极材料，范围从紫外到通信波长.

一般地，光电子的放大倍数可达 10^6～10^7，由于 PMT 具有高增益、低噪声、感光面积大等优点，在很多实验中被作为单光子探测器件使用，但是它的反向偏压高、抗外部磁场能力差、工作波段集中在紫外和可见光谱范围，限制了其在红外波段中的应用.

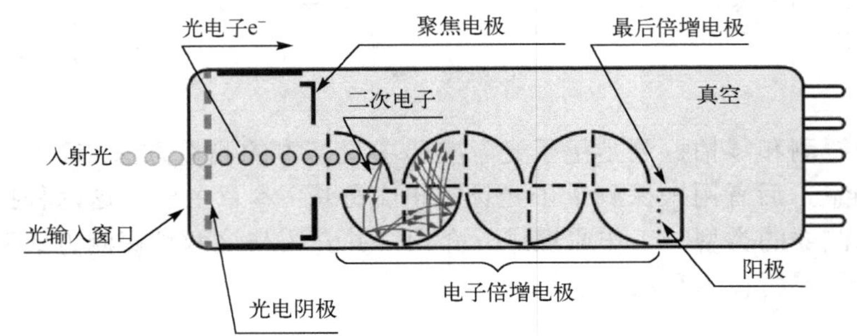

图 3-1　PMT 单光子探测器结构示意图[7]

2. 微通道板单光子探测器

MCP 单光子探测器是一种二维传感器件，可以探测电子、离子、真空紫外线、X 射线、γ射线等. 其工作原理与 PMT 单光子探测器相似，光子在阴极转化为光电子，光电子在直流高压产生的电场作用下离开光阴极，同时被加速，打到 MCP 上. MCP 是以玻璃薄片为基片，在基片上分布几微米到十几微米量级的微孔，如图 3-2 所示. 一块 MCP 上约有上百万个微通道，每个通道都是一个独立的电子倍增器. MCP 上的电压约为 800 V，二次电子可以通过侧壁的碰撞倍增放大，放大倍数为 10^3～10^7. 经过倍增放大后的电子可以通过荧光屏、单阳极或多阳极阵列输出.

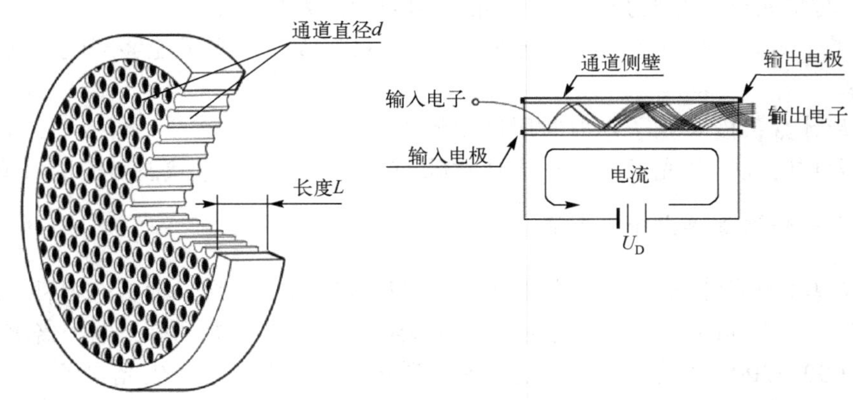

图 3-2　MCP 单光子探测器结构示意图[7]

由于 MCP 缩短了电子从阴极到阳极的距离，因此 MCP 单光子探测器的响应速度非常快，具有良好的时间分辨率，其另一个优点是可以将多块 MCP 堆叠起来，从而提高整个探测系统的增益. 由于这种探测器中的通道采用的是高阻抗的玻璃材料，所以限制了电子通过通道后电荷的恢复，因此 MCP 单光子探测器的恢复时间通常比较长，达到微秒量级. 目前 MCP 在空间技术、高能核物理、激光武器等方面获得了越来越广泛的应用.

3. 雪崩光电二极管单光子探测器

APD 单光子探测器是一种半导体器件. 反向偏置的 PN 结(即 N 接正，P 接负)附近会形成耗尽层，在耗尽层中电子或空穴的浓度几乎为零. 当入射光子在耗尽层中或其附近被吸收而产生电子空穴对时，电子与空穴被耗尽层的强电场加速，向异号电极移动，从而形成光电流. PN 结的反向偏压增大了耗尽层的宽度，因而提高了光子被吸收而产生电子空穴对的概率，同时也减小了耗尽层的电容. 反向偏压是提高光电二极管的灵敏度及工作频率所必需的.

当 APD 单光子探测器处于盖革模式，即反向压高于二极管的雪崩电压时，单光子被吸收后产生的载流子在强电场加速的过程中获得了足够高的能量，引发新的电子-空穴对，新的载流子又会再引发新的电子-空穴对，从而发生雪崩效应，可被后续电路检测到.

APD 单光子探测器具有很高的灵敏度，一个光子可以激发 10^6 个以上的电子. 常用的 APD 单光子探测器的结构由 P^+-I-P-N^+四层组成，如图 3-3 所示，I 与 N^+之间加入 P 层，在 P 与 N^+交界处电场最强，形成雪崩区. 对于自由空间通道，波长窗口在 770 nm 附近，需使用 Si-APD 单光子探测器，其禁带宽度为 1.14 eV，对应的截止波长为 1.09 μm，因此 Si-APD 单光子探测器不能用于探测波长大于 1.09 μm 的光子. 光纤通道的窗口在 1.31 μm 附近(第二窗口)及 1.55 μm 附近(第三窗口)，通常使用禁带宽度较低的 InGaAs/InP-APD 单光子探测器.

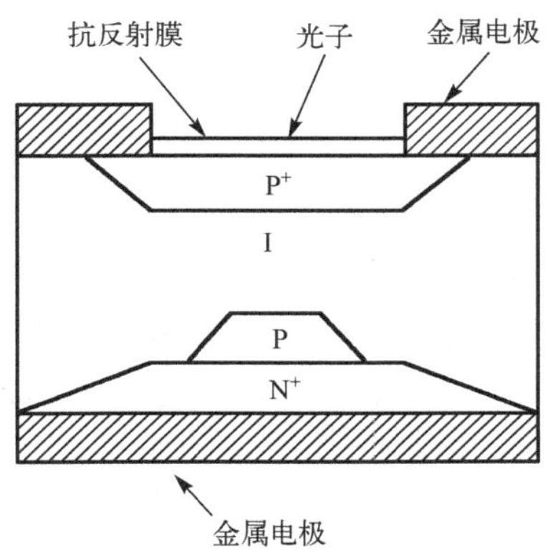

图 3-3 APD 单光子探测器结构示意图

4. 混合式光电二极管单光子探测器

HPD单光子探测器是一种新型光电探测器，也叫真空雪崩光电二极管，它由光阴极和APD组成. 在强电场的作用下，从光阴极发出的光电子加速到达APD并且释放出大量由加速能量产生的电子-空穴对. 这个倍增过程可以使HPD获得很高的多光子分辨能力. 之后，再通过雪崩方式倍增可以获得更高的增益，两次倍增总的增益可达10^6. 在HPD单光子探测器中，APD被放置于输入端有光电阴极的真空管中. 光电阴极产生的光电子被聚焦到较小的APD区域上，经历雪崩增益后产生可检测的电流脉冲. 与PMT单光子探测器相比，HPD单光子探测器的优势在于电子的渡越时间较短，因此抖动时间较短. 同时，这两种探测器均表现出良好的灵敏度，特别适用于需要大探测面积的应用. 而HPD单光子探测器是PMT和APD相结合的产物，还具有低噪声、动态范围大、分辨率高、抗磁干扰能力强、探测光谱范围宽等特点. 目前，HPD单光子探测器主要应用于天文、高能物理、生物医学以及环境测量等方面.

5. 超导纳米线单光子探测器

2001年，俄罗斯的莫斯科国立师范大学G. N. Gol'tsman团队首次报道了利用200 nm宽、5 nm厚的超导氮化铌(NbN)薄膜纳米线实现810 nm波长单光子探测的实验结果，拉开了SNSPD发展的序幕[8]. SNSPD是一种利用超导纳米膜条进行光子检测的高灵敏光子探测器. 与上述非超导类单光子探测器相比，SNSPD具有暗计数低、响应频谱宽、重复速度快等特点，因此在量子信息、单光子源表征、集成电路检测、高速光通信和分子荧光检测等领域具有重要的应用价值.

根据超导BCS(Bardeen-Cooper-Schrieffer)理论，超导的形成是在超导临界温度以下，材料中的两个电子通过电子声子互作用而发生耦合配对，形成超导库珀(Cooper)对，库珀对可以在材料中实现无阻运动. 库珀对具有一定的结合能(超导能隙)，如果库珀对吸收的能量大于该结合能，库珀对就会被拆散而形成准粒子，最终破坏超导态，呈现电阻态. 对于典型的低温超导材料NbN来说，库珀对的能量约为6.4 meV，而光子的典型能量在1 eV左右，比如光纤通信的1550 nm波长对应的光子能量为0.8 eV. 简单地估算，如果一个光子被超导材料吸收之后，它的能量就可能破坏数百个超导库珀对，从而在超导材料中形成一个局域的有电阻的热点. 也可以说超导材料吸收光子后发生了微观局域超导态到有阻态的相变. 对于SNSPD来说，这个典型的热点大小在几十纳米[9].

要实现单光子探测，就需要将上述的微观相变转换为一个可以测量的物理量. 对于一片宏观的超导薄膜材料来说，吸收一个光子发生的变化，相当于在太平洋中投入一个石头. 石头再大，其对海洋的影响也几乎可以忽略. 如果我们将海洋换成一条小溪，投入的石头不需要太大，就会对溪水的流动产生明显的影响，甚至能够造成溪流的阻塞. SNSPD 的纳米膜条的结构就是类似的原理. 首先将超导薄膜材料加工成一条纳米膜条，宽度要和热点的尺寸可以比拟；其次要保证纳米膜条足够薄，一方面可以保证热点的薄膜面内尺寸足够大，另一方面吸收光子之后纳米膜条产生的热量能够快速地通过衬底扩散掉，确保器件能够继续工作，实现可持续的光子探测[9].

目前的 SNSPD 主要采用 3～6 nm 厚的高质量 NbN 外延薄膜，用微加工手段将薄膜刻蚀成曲折线结构，NbN 纳米线宽度一般在 100 nm 左右. SNSPD 工作在 1.4～4.2 K 的温度，偏置在略低于临界电流的状态. 在没有光子入射时，超导纳米线处于超导态，当光子被 NbN 膜条吸收，吸收光子处形成一个短暂的电阻态，器件两端有一个电压脉冲输出. 通过对这个电压脉冲信号的计数实现对入射光子的检测.

SNSPD 能够迅速实现规模化应用有几点原因：①工艺和结构非常简单，仅需单层超导薄膜，且超导薄膜加工需要单层工艺即可实现；②读出电路简单，典型光子响应的脉冲原始信号幅度在亚毫伏量级，仅需要使用室温低噪声放大器即可获得较高信噪比的信号；③鲁棒性强，作为一个光电探测器，实现了光子到电脉冲的转换，可以说是光数字信号到电数字信号的转换，抗环境噪声能力强，同时它和超导约瑟夫森结型器件的不同之处在于，SNSPD 对环境磁场不敏感，且器件电阻通常在 MΩ 量级，抗静电及环境干扰能力强；④通常 SNSPD 采用 NbN 等低温超导材料制备，仅用液氦温区两级小型制冷机即可实现，系统可靠性强，可 7×24 h 不间断运行.

6. 超导转变边沿单光子探测器

1998 年，斯坦福大学 B. Cabrera 等制备出了世界上首个超导 TES 单光子探测器[10]. 超导 TES 单光子探测器本质上属于热探测器的一种，其原理是基于偏置在正常态至超导态转变区域内的一层超导薄膜，利用其在转变区域内陡峭的电阻-温度关系，可以作为高灵敏的温度计使用. 典型的热探测器包括吸收能量的吸收体、测量温度变化的温度计、维持恒定温度的热沉，以及吸收体和热沉之间的弱热连接，如图 3-4 所示，其中吸收体的热容为 C，弱热连接的热导为 G，热沉的温度为 T_b. 当能量为 E_{ph} 的光子入射并被吸收时，吸收体的温度瞬间产生$\Delta T = E_{ph}/C$ 的增加量. 随着热量通过弱热连接耗散掉，吸收体的温度

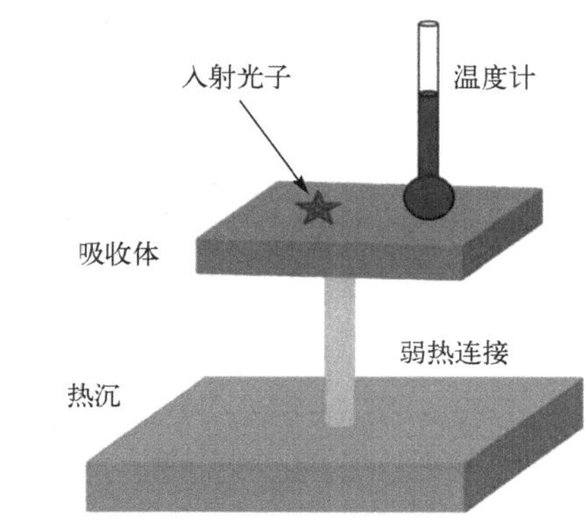

图 3-4　典型的超导 TES 单光子探测器原理图[11]

逐渐降低并最终恢复至初始值，温度计通过测量ΔT 从而获得入射光子的能量信息. 这就是热探测器的工作原理.

3.1.2 ON-OFF 单光子探测

量子探测器的探测过程可以通过与之相对应的 POVM 矩阵进行精准、全面的描述. ON-OFF 单光子探测器仅可以输出两种结果，即 0 和 1，分别对应没有探测到光子和探测到至少一个光子这两种情况，用 POVM 矩阵仅包含的两个元素$\{\Pi_{\mathrm{ON}},\Pi_{\mathrm{OFF}}\}$来描述. 最佳的输入态是光子数态，然而，在实际情况中，很难制备光子数大于 1 的纯光子数态，但是，很容易制备相干态，因此，通常可用相干态来代替光子数态. 相干态在光子数态下的分布为泊松分布，可参考 2.4.2 节.

在 ON-OFF 单光子探测中，只需记录入射光的光子数信息，因此可假设 POVM 矩阵非对角的元素为 0，那么 POVM 矩阵就可以表示为

$$\Pi^k = \sum_{n=0}^{M} \Pi_n^k |n\rangle\langle n| \tag{3.1.1}$$

其中，k 为探测器的输出结果，M 为可使探测器输出达到饱和的光子数，Π_n^k 为对角矩阵 Π^k 的对角元.

若信号光场是相干态光场，则 ON-OFF 单光子探测器输出测量结果 k 的概率 $p_{j,k}$ 可以表示为

$$\begin{aligned}
p_{j,k} &= \mathrm{Tr}[\rho_j \Pi^k] \\
&= \mathrm{Tr}\left[\mathrm{e}^{-|\alpha_j|^2} \sum_{n=0}^{M} \frac{\alpha_j^n \alpha_j^{*n}}{n!} |n\rangle\langle n| \sum_{m=0}^{M} \Pi_m^k |m\rangle\langle m| \right] \\
&= \mathrm{Tr}\left[\mathrm{e}^{-|\alpha_j|^2} \sum_{n=0}^{M} \frac{|\alpha_j|^{2n}}{n!} \Pi_n^k |n\rangle\langle n| \right] \\
&= \mathrm{e}^{-|\alpha_j|^2} \sum_{n=0}^{M} \frac{|\alpha_j|^{2n}}{n!} \Pi_n^k
\end{aligned} \tag{3.1.2}$$

其中，ρ_j 为输入量子态的密度矩阵，令

$$A_{j,n} = \mathrm{e}^{-|\alpha_j|^2} \frac{|\alpha_j|^{2n}}{n!} \tag{3.1.3}$$

$$\Pi'_{n.k} = \Pi_n^k \tag{3.1.4}$$

因此，可定义由 $p_{j,k}$ 组成的矩阵 P 为

$$P = A \cdot \Pi' \tag{3.1.5}$$

其中，A 由各种输入量子态密度矩阵的对角元构成，Π' 由探测器各种输出的 POVM 矩阵的对角元构成.

1. 理想的 ON-OFF 单光子探测器

理想的 ON-OFF 单光子探测器具有 100% 的探测效率且没有任何暗噪声，其 POVM 矩阵的两个元素分别为

$$\Pi'_{\mathrm{OFF}} = \Pi^0 |0\rangle\langle 0|, \quad \Pi_{\mathrm{ON}} = \Pi^1 = \sum_{n=1}^{n} |n\rangle\langle n| \tag{3.1.6}$$

图 3-5 为理想的 ON-OFF 单光子探测器的 POVM 矩阵，Π_{OFF} 仅在真空态时为 1，Π_{ON} 与之相反. 图 3-6 是在输入量子态为相干态时理想的 ON-OFF 单光子探测器的两种输出结果 0 和 1 的概率分布.

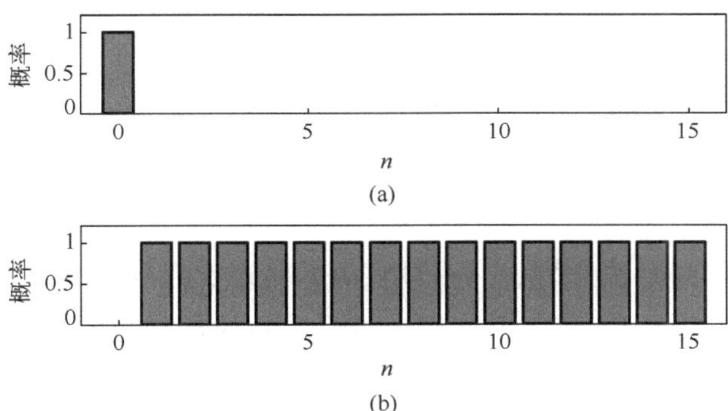

图 3-5 理想的 ON-OFF 单光子探测器的 POVM 矩阵

(a) Π_{OFF}；(b) Π_{ON}

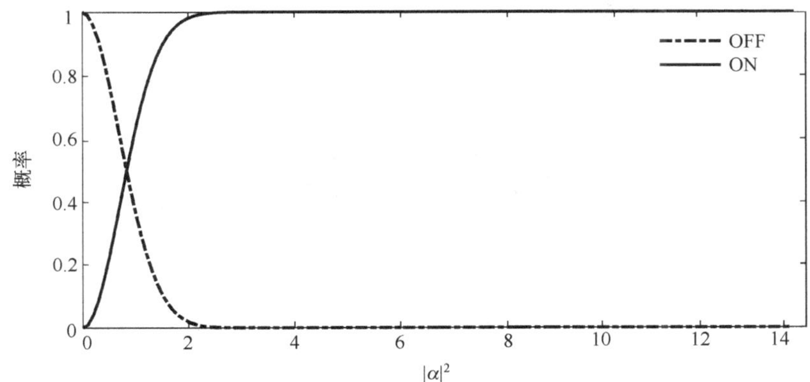

图 3-6 理想的 ON-OFF 单光子探测器的两种输出结果的概率分布

2. 有探测效率的 ON-OFF 单光子探测器

在实际情形中，单光子探测器的探测效率η不可能达到 100%. 对于探测效率为η的 ON-OFF 单光子探测器，在理论上，可以将其视为理想的 ON-OFF 单光子探测器和一个分束器的组合器件，如图 3-7 所示.

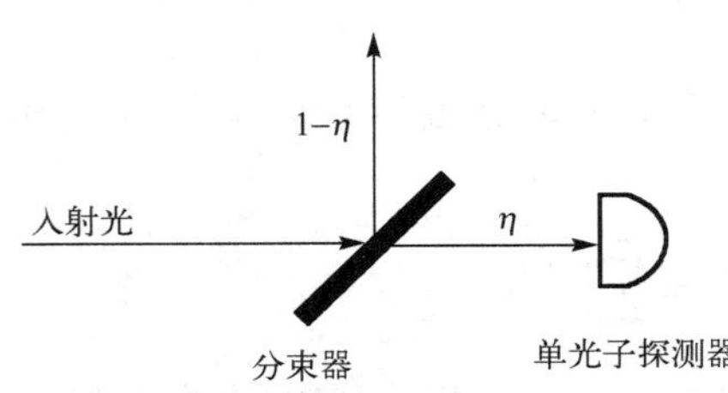

图 3-7 有探测效率的 ON-OFF 单光子探测器的理论模型

分束器的分束比例为$\eta:(1-\eta)$. 入射到分束器的单光子被探测器探测到的概率为η，未被探测到的概率为$1-\eta$. 在入射光子数为 n 的情况下，如果探测器输出结果为 0，则 n 个光子未被探测到的概率为$(1-\eta)^n$. 只要有一个及一个以上的光子被探测到，探测器就会响应并输出结果 1，其对应的 POVM 矩阵分别表示为

$$
\begin{aligned}
\Pi_{\text{OFF}} &= \sum_{n=0}^{\infty}(1-\eta)^n |n\rangle\langle n| \\
\Pi_{\text{ON}} &= \sum_{n=0}^{\infty}[1-(1-\eta)^n]|n\rangle\langle n|
\end{aligned}
\tag{3.1.7}
$$

如图 3-8 所示，探测效率为 30%的 ON-OFF 单光子探测器的 POVM 矩阵，Π_{OFF}中真空态对应的元素为 1，其余元素则随着光子数的增加趋向于 0，Π_{ON}与之相反. 相对于上述情况，探测效率为 70%的 ON-OFF 单光子探测器的 POVM 矩阵，其概率向 0 或向 1 靠近的速度加快.

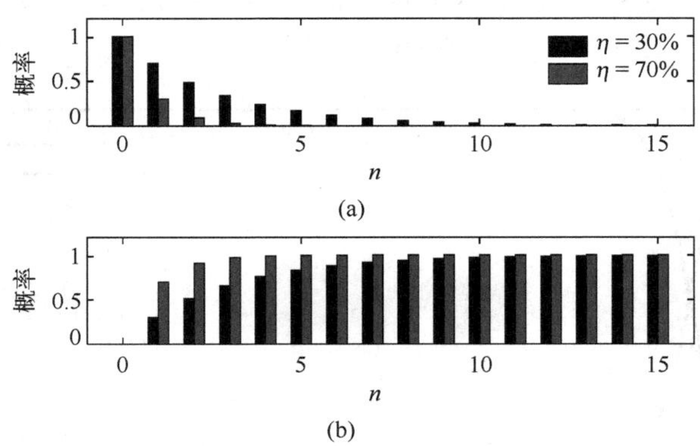

图 3-8 探测效率分别为 30%和 70%的 ON-OFF 单光子探测器的 POVM 矩阵
(a) Π_{OFF}；(b) Π_{ON}

图 3-9 为相干态光场入射时，探测效率分别为 70%和 30%的探测器输出结果. 随着探测效率的下降，输出为 1 的概率分布会变缓，也意味着探测器需要更强的入射光才可以饱和.

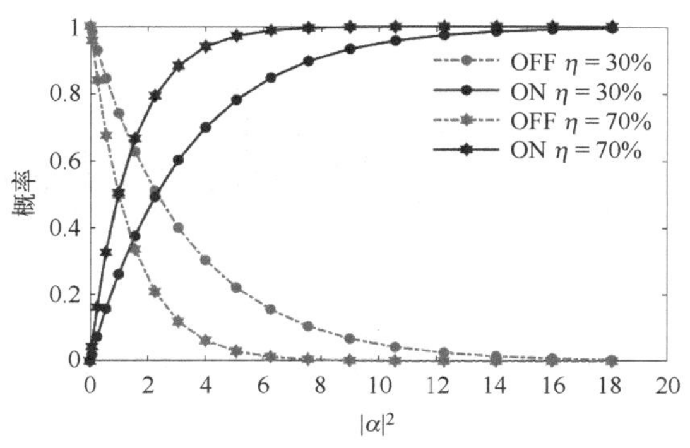

图 3-9 不同探测效率下，ON-OFF 单光子探测器的各种输出结果的概率分布

3. 有噪声的 ON-OFF 单光子探测器

实际情况下的单光子探测器不仅探测效率是有限的，而且还具有暗噪声. 根据产生暗噪声的物理机理不同，暗噪声有不同的分布，其中泊松分布是最常见的噪声分布. 考虑暗噪声条件下，POVM 矩阵表示为

$$
\begin{aligned}
\Pi_{\text{OFF}} &= \mathrm{e}^{-\nu}\sum_{n=0}^{\infty}(1-\eta)^n |n\rangle\langle n| \\
\Pi_{\text{ON}} &= \mathrm{I} - \mathrm{e}^{-\nu}\sum_{n=0}^{\infty}(1-\eta)^n |n\rangle\langle n|
\end{aligned}
\tag{3.1.8}
$$

其中 ν 是暗噪声等效的平均光子数.

图 3-10 为探测效率为 30% 时，无暗噪声和暗噪声为 0.1 的 ON-OFF 单光子探测器的 POVM 矩阵. 从图中可以看出，受暗噪声的影响，Π_{OFF} 矩阵输出 0 的概率随着暗噪声的出现有所减少，在 $n=0$ 时输出 0 的概率不为 1；Π_{ON} 矩阵输出 1 的概率随着暗噪声的出现有所增加，在 $n=0$ 时输出 1 的概率不为 0.

图 3-11 为探测效率为 30%时，暗噪声分别为 0.0001 和 0.1 的情况下，输入态为相干态时，探测器输出结果为 0 和 1 的概率分布. 随着暗噪声的增加，探测器输出 1 的概率也会增加；随着探测器逐渐饱和，暗噪声对探测器的影响又逐渐减少.

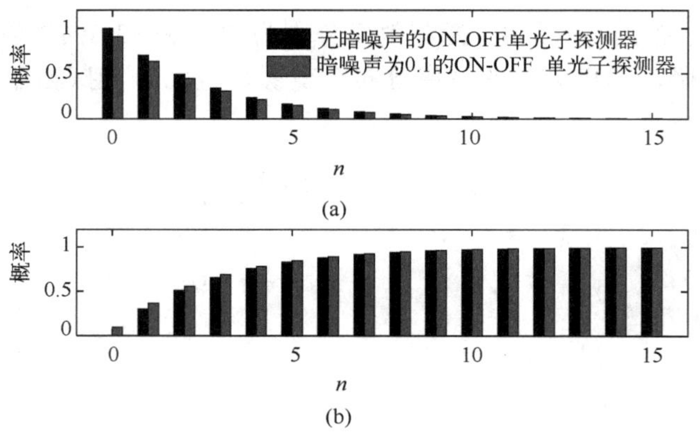

图 3-10 有无暗噪声的 ON-OFF 单光子探测器的 POVM 矩阵
(a) Π_{OFF}；(b) Π_{ON}

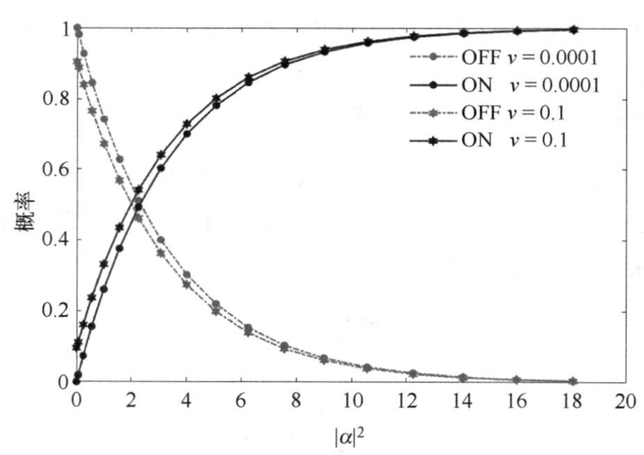

图 3-11 不同暗噪声下，ON-OFF 单光子探测器的各种输出结果的概率分布

3.1.3 光子数可分辨探测

光子数可分辨(photon number resolving，PNR)能力是除探测效率、暗计数和最大计数率之外，单光子探测器的另一个关键性能参数，它已经成为近年来科学家们在量子光学领域研究的重要内容. 在单光子源、激光雷达和量子信息等科学研究中，光子数可分辨探测器都扮演着举足轻重的角色. 与 ON-OFF 单光子探测不同，PNR 探测不仅可以判断是否有光子被探测到，还可以进一步获取光子数的信息. 按照工作原理的不同，PNR 探测器主要分为两大类，如图 3-12 所示，一类是基于 ON-OFF 单光子探测器的空分或时分复用型 PNR 探测器，另一类是对光子数具有类线性响应特性的 PNR 探测器，称为直接型 PNR 探测器.

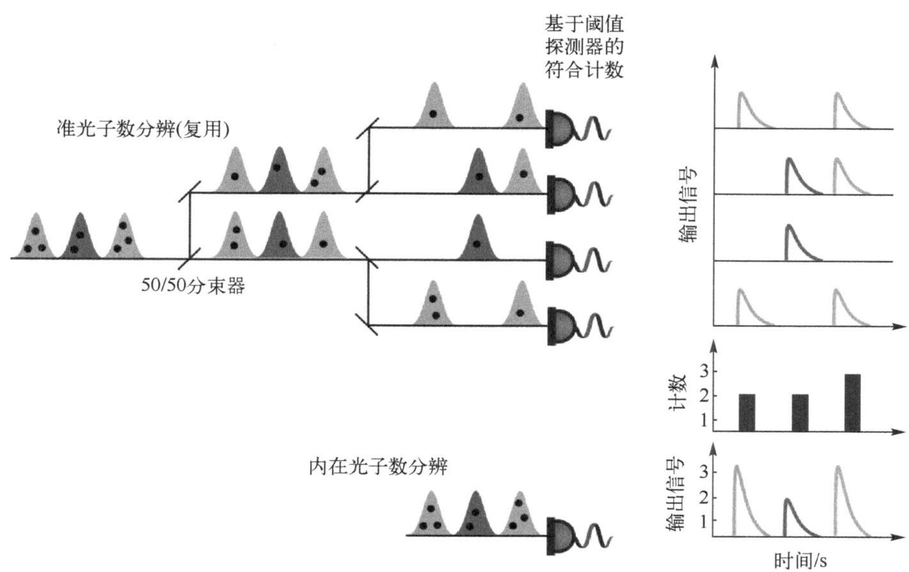

图 3-12 复用型单光子探测器和内在线性响应特性的单光子探测器示意图[5]

下面首先介绍典型的光子数可分辨的空分复用型 2 光子和 4 光子 PNR 探测以及时分和空分复用结合的 4 光子 PNR 探测，之后再介绍直接型 PNR 探测.

1. 2 光子 PNR 探测

图 3-13 是由一个 50/50 分束器和两个 ON-OFF 单光子探测器组成的 2 光子 PNR 探测装置模型.

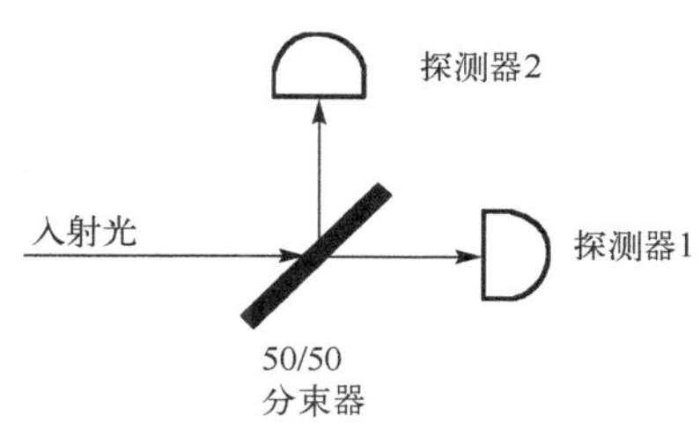

图 3-13 2 光子 PNR 探测装置模型

假设两个 ON-OFF 单光子探测器具有完全相同的探测效率 η 和暗噪声 ν，可以发现探测器探测到单个光子的情况与单个 ON-OFF 单光子探测器相同，总的探测效率依旧是 η，但是暗噪声是两个探测器的暗噪声之和 2ν. 当入射光子数为 n 时，探测装置的输出结果有三种：响应 0 次、响应 1 次、响应 2 次，其概率分别如下.

(1) 两个探测器响应 0 次的概率.

两个探测器都不响应的概率为

$$r_{n,0} = \mathrm{e}^{-2\nu}(1-\eta)^n \tag{3.1.9}$$

(2) 两个探测器响应 1 次的概率.

两个探测器中有且仅有一个探测器响应的可能结果有两种，其概率为任何一个探测器不响应的概率减去两个探测器都不响应的概率，即

$$r_{n,1} = 2[\mathrm{e}^{-\nu}(1-\eta/2)^n - \mathrm{e}^{-2\nu}(1-\eta)^n] \tag{3.1.10}$$

(3) 两个探测器响应 2 次的概率.

两个探测器同时响应的概率就是除去上述两种情况后的概率，即

$$r_{n,2} = 1 - 2\mathrm{e}^{-\nu}\left(1-\frac{\eta}{2}\right)^n + \mathrm{e}^{-2\nu}(1-\eta)^n \tag{3.1.11}$$

因此，探测装置对应的 POVM 矩阵可表示为以下形式：

$$\begin{aligned} \Pi_0 &= \sum_n r_{n,0}|n\rangle\langle n| \\ \Pi_1 &= \sum_n r_{n,1}|n\rangle\langle n| \\ \Pi_2 &= \sum_n r_{n,2}|n\rangle\langle n| \end{aligned} \tag{3.1.12}$$

图 3-14 和图 3-15 分别为探测效率为 30%、暗噪声为 0.0001 的 2 光子 PNR 探测装置的 POVM 矩阵和对应各种入射相干态的输出结果的概率分布.

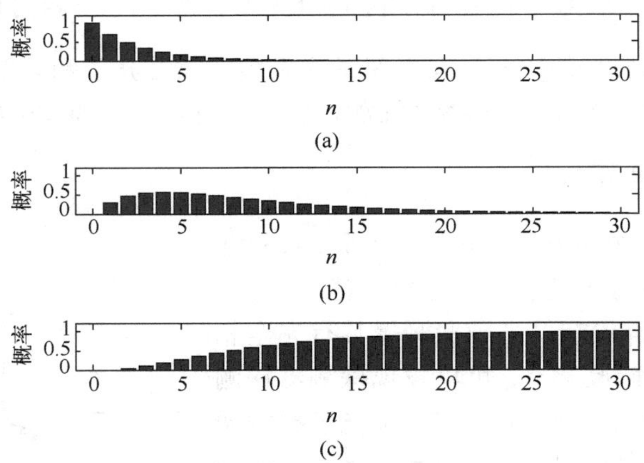

图 3-14 2 光子 PNR 探测装置的 POVM 矩阵

(a) Π_0；(b) Π_1；(c) Π_2

图 3-15 中 0、1、2 三条曲线分别代表探测器产生 0、1、2 次计数. 与 ON-OFF 单光子探测器进行对比可发现，ON-OFF 单光子探测器产生 1 次计数的概率会随着入射光子数的增加达到饱和，2 光子 PNR 探测装置产生 1 次计数的概率也会随着入射光子数的增加而增加，但当入射光子数达到一定数量时，探测装置产生 2 次计数的概率逐渐增加；随着输出结果 2 的概率不断增加，输出结果 1 的概率逐渐减小，最终成为 0.

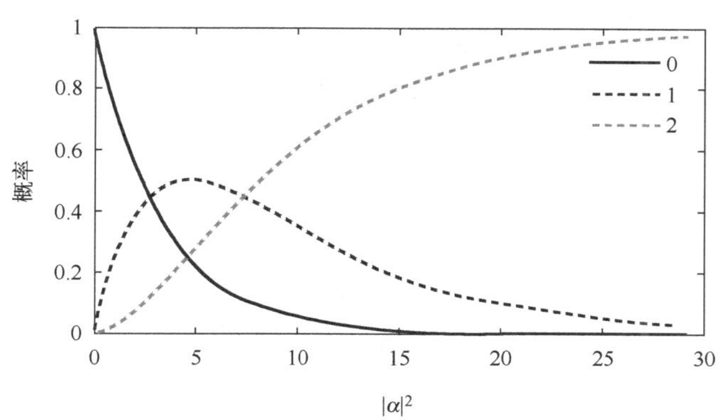

图 3-15　2 光子 PNR 探测装置各种输出结果的概率分布随入射相干态平均光子数的变化情况

2. 4 光子 PNR 探测

图 3-16 是一种空分复用的 4 光子 PNR 探测装置模型，与上述 2 光子 PNR 探测装置的结构相似，入射光被三个 50/50 分束器分成四束光，最后用 4 个 ON-OFF 单光子探测器分别进行探测.

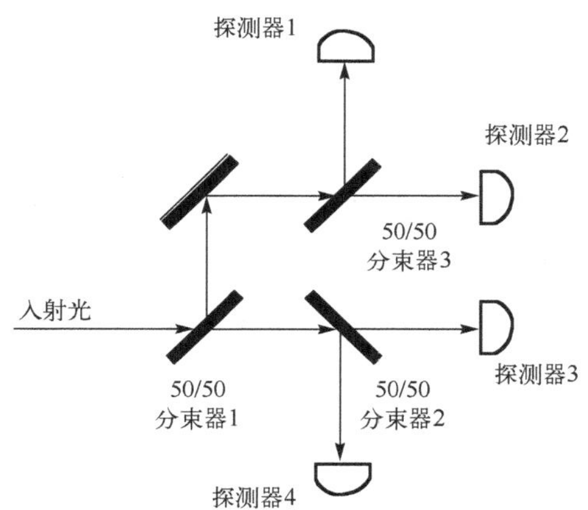

图 3-16　4 光子 PNR 探测装置模型

不考虑暗噪声，由于每个探测器的前端加了两个 50/50 分束器，因此每个探测器的实际探测效率仅为 $\eta/4$，四个探测器总的探测效率为 η. 下面首先讨论探测器在无暗噪声情况下，入射光子数为 n 时，四个探测器分别响应 0 次、1 次、2 次、3 次、4 次的概率.

(1) 四个探测器仅响应 0 次的概率.

$$r'_{n,0} = (1-\eta)^n \tag{3.1.13}$$

(2) 四个探测器仅响应 1 次的概率.

四个探测器仅响应 1 次的情况有 $C_4^1=4$ 种，即四个探测器中只有一个探测器响应. 每种情况下，仅一个探测器响应可等效为只有三个探测器不响应，其概率为四个探测器有 3 次不响应的概率 $(1-3\eta/4)^n$ 减去不响应的概率 $(1-\eta)^n$，则探测器响应一次的概率为

$$r'_{n,1}=4\left[\left(1-\frac{3}{4}\eta\right)^n-(1-\eta)^n\right] \tag{3.1.14}$$

(3) 四个探测器仅响应 2 次的概率.

四个探测器仅响应 2 次的情况有 $C_4^2=6$ 种，即四个探测器中有任意两个探测器响应. 每种情况下，仅两个探测器响应可等效为只有两个探测器不响应，其概率为 2 次都不响应的概率 $(1-\eta/2)^n$ 减去只有 3 次都不响应的概率 $2[(1-3\eta/4)^n-(1-\eta)^n]$ 与不响应的概率 $(1-\eta)^n$ 之和，则探测器响应 2 次的概率为

$$r'_{n,2}=6\left[\left(1-\frac{1}{2}\eta\right)^n-2\left(1-\frac{3}{4}\eta\right)^n+(1-\eta)^n\right] \tag{3.1.15}$$

(4) 四个探测器仅响应 3 次的概率.

四个探测器仅响应 3 次的情况有 $C_4^3=4$ 种，即四个探测器中有任意三个探测器响应. 每种情况下，仅三个探测器响应可等效为只有一个探测器不响应，其概率为 1 次不响应的概率 $(1-\eta/4)^n$ 减去只有 2 次不响应的概率 $3\{(1-\eta/2)^n-2[(1-3\eta/4)^n-(1-\eta)^n]-(1-\eta)^n\}$，再减去只有 3 次不响应的概率 $3[(1-3\eta/4)^n-(1-\eta)^n]$ 与都不响应的概率 $(1-\eta)^n$ 之和，则探测器响应 3 次的概率为

$$r'_{n,3}=4\left[\left(1-\frac{1}{4}\eta\right)^n-3\left(1-\frac{1}{2}\eta\right)^n+3\left(1-\frac{3}{4}\eta\right)^n-(1-\eta)^n\right] \tag{3.1.16}$$

(5) 四个探测器响应 4 次的概率.

四个探测器响应 4 次的概率就是总概率 1 减去上述四种情况的概率后剩下的概率，即

$$r'_{n,4}=1-4\left(1-\frac{3}{4}\eta\right)^n+6\left(1-\frac{1}{2}\eta\right)^n-4\left(1-\frac{1}{4}\eta\right)^n+(1-\eta)^n \tag{3.1.17}$$

上述四种情况未考虑暗噪声，如果考虑暗噪声的情况，引起探测器响应的原因有两种：一是由于探测器探测到光子而响应；二是由于暗噪声引起的响应. 单个探测器由于暗噪声响应的概率为 $(1-e^{-\nu})$，不响应的概率为 $e^{-\nu}$，与上述分析方法相似，

具体如下.

(1) 四个探测器仅响应 0 次的概率为

$$r_{n,0}=(1-\eta)^n\mathrm{e}^{-4\nu} \tag{3.1.18}$$

(2) 四个探测器仅响应 1 次的概率为

$$r_{n,1}=4\left[\left(1-\frac{3}{4}\eta\right)^n\mathrm{e}^{-3\nu}-(1-\eta)^n\mathrm{e}^{-4\nu}\right] \tag{3.1.19}$$

(3) 四个探测器仅响应 2 次的概率为

$$r_{n,2}=6\left[\left(1-\frac{1}{2}\eta\right)^n\mathrm{e}^{-2\nu}-2\left(1-\frac{3}{4}\eta\right)^n\mathrm{e}^{-3\nu}+(1-\eta)^n\mathrm{e}^{-4\nu}\right] \tag{3.1.20}$$

(4) 四个探测器仅响应 3 次的概率为

$$r_{n,3}=4\left[\left(1-\frac{1}{4}\eta\right)^n\mathrm{e}^{-\nu}-3\left(1-\frac{1}{2}\eta\right)^n\mathrm{e}^{-2\nu}+3\left(1-\frac{3}{4}\eta\right)^n\mathrm{e}^{-3\nu}-(1-\eta)^n\mathrm{e}^{-4\nu}\right] \tag{3.1.21}$$

(5) 四个探测器响应 4 次的概率为

$$r_{n,4}=1-4\left(1-\frac{1}{4}\eta\right)^n\mathrm{e}^{-\nu}+6\left(1-\frac{1}{2}\eta\right)^n\mathrm{e}^{-2\nu}-4\left(1-\frac{3}{4}\eta\right)^n\mathrm{e}^{-3\nu}+(1-\eta)^n\mathrm{e}^{-4\nu} \tag{3.1.22}$$

这两种表达形式是一致的，可以进行推导证明. 因此，无暗噪声和有暗噪声探测时对应的探测装置的 POVM 矩阵可表示为以下形式：

$$\begin{aligned}
&\Pi_0'=\sum_n r_{n,0}'|n\rangle\langle n| && \Pi_0=\sum_n r_{n,0}|n\rangle\langle n|\\
&\Pi_1'=\sum_n r_{n,1}'|n\rangle\langle n| && \Pi_1=\sum_n r_{n,1}|n\rangle\langle n|\\
&\Pi_2'=\sum_n r_{n,2}'|n\rangle\langle n| \qquad \text{或} && \Pi_2=\sum_n r_{n,2}|n\rangle\langle n|\\
&\Pi_3'=\sum_n r_{n,3}'|n\rangle\langle n| && \Pi_3=\sum_n r_{n,3}|n\rangle\langle n|\\
&\Pi_4'=\sum_n r_{n,4}'|n\rangle\langle n| && \Pi_4=\sum_n r_{n,4}|n\rangle\langle n|
\end{aligned} \tag{3.1.23}$$

假设四个探测器均为理想探测器，图 3-17 和图 3-18 分别为 4 光子 PNR 探测装置的 POVM 矩阵和对应各种入射相干态的输出结果的概率分布，随着平均光子数的增加，输出结果为 1～3 的概率，先后达到最高点，然后逐渐趋近于零，而输出结果为 4 的概率，随着光子数的增加，逐渐趋于 100% 达到饱和并一直维持饱和.

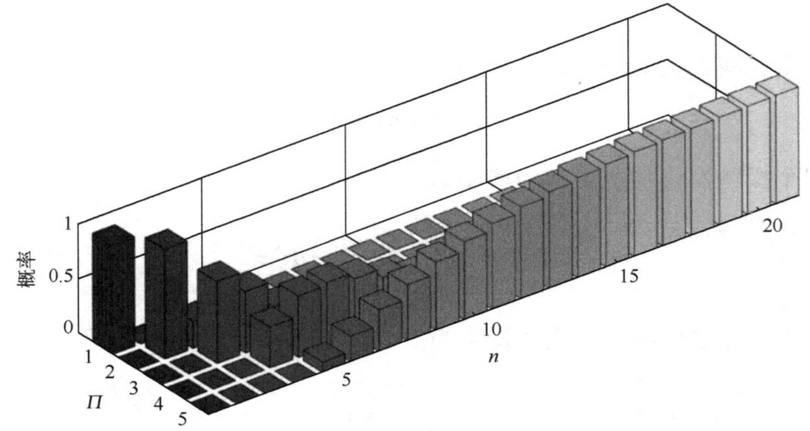

图 3-17　4 光子 PNR 探测装置的 POVM 矩阵

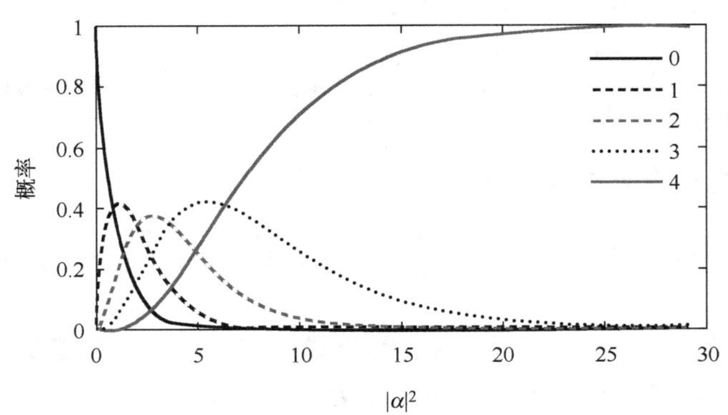

图 3-18　4 光子 PNR 探测装置各种输出结果的概率分布随入射相干态平均光子数的变化情况

使用上述方法，可以看到空分复用型 PNR 探测装置具有一定的可分辨光子数的能力，如果要提高可分辨的光子数，就需要更多的 ON-OFF 单光子探测器. 为了能够仅仅使用 2 个 ON-OFF 单光子探测器就实现 4 光子 PNR 探测，通常引入时分复用技术. 如图 3-19 所示，基于时分和空分复用型 4 光子 PNR 探测装置模型由两个探测器和一个不对称马赫-曾德尔(M-Z)干涉仪组成.

一个光脉冲经过不对称 M-Z 干涉仪后，会在 M-Z 干涉仪的每一个输出端口产生两个连续的光脉冲，两个光脉冲的延时由 M-Z 干涉仪的两个臂长之差决定. 如果两个光脉冲之间的延时大于探测器的空载时间，那么每个探测器都有可能分别在时刻 t_1 和 t_2 探测到两个光脉冲. 时分和空分复用型 4 光子 PNR 探测装置将会出现以下几种探测结果：探测器 1 和 2 在时刻 t_1 和 t_2 都没有探测到光子、共探测到 1 光子、共探测到 2 光子、共探测到 3 光子和共探测到 4 光子.

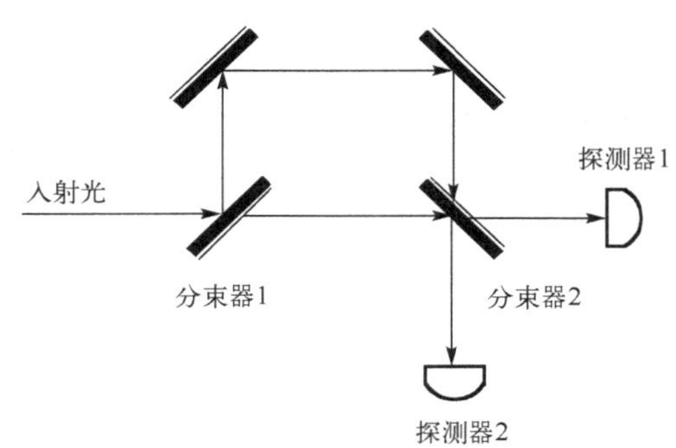

图 3-19　时分和空分复用型 4 光子 PNR 探测装置模型

3.1.4　直接型 PNR 探测

直接型 PNR 探测通过探测输出电流大小或电压幅度等信号实现光子数测量，其工作原理与模拟放大器相似，随着输入信号的增加，放大器的输出幅度也在不断增加，根据放大器的输出信号可推算出输入信号. 实现直接型 PNR 探测的方式有很多种，包括基于 APD 的自平衡尖峰信号抑制技术[12]、基于低噪声线性模式 APD 实现的 PNR 探测等[13]，本章主要对典型的基于超导 TES 原理开发的 PNR 探测器进行介绍. 2022 年，美国弗吉尼亚大学研究组基于单个超导 TES 可实现 37 个光子可分辨探测，结合复用方法，将该类探测器可分辨光子数提升至 100[14]. 同年，美国耶鲁大学基于超导纳米线复用型 PNR 探测器实现了分辨率为 100 个光子的探测[15].

上文中已介绍过超导 TES 单光子探测器的基本原理，这里对其分辨光子数的原理进行介绍. 探测器的探测部分为一层超导 TES 薄膜，偏置在正常态至超导态转变区域内，具有陡峭的近线性的电阻-温度(R-T)关系，如图 3-20(a)所示. 当无外来光子入射时，在 TES 薄膜两端施加特定偏置电压U_{b}，使其中电子系统的温度T_{e}处于超导转变区域内的某一点，如图 3-20(a)中 TES 薄膜阻值位于R_0点，该偏置点即为探测器的静态工作点. 当 n 个能量为E_γ的光子被吸收时，总能量$E_{\mathrm{ph}}=nE_\gamma$会引起 TES 薄膜的电子系统温度$T_{\mathrm{e}}$出现微小的变化量$\Delta T=E_{\mathrm{ph}}/C_{\mathrm{e}}$，$C_{\mathrm{e}}$为电子系统的热容，进而引起 TES 的电阻产生$\Delta R$的变化量. 由于是恒压偏置，如图 3-20(b)所示，TES 阻值产生ΔR的变化量，进而引起 TES 所在支路电流出现ΔI的变化量，ΔI被与 TES 串联的超导量子干涉器(superconducting quantum interference device，SQUID)读出. 图 3-20(a)给出了 1 个和 2 个光子被吸收后 TES 薄膜阻值变化示意图. 超导 TES 单光子探测器的有效恢复时间τ_{eff}表示探测器响应信号从峰值恢复至初始值过程的时间常数，即响应曲线的下降沿时间常数，如图 3-20(c)中标记所示. 另外一个影响 TES 单光子探测器响应速度的时间常数为电时间常数τ_{el}，它代表响应信号上升过程的时间常数，与 TES 支路的总电感量及 TES 在偏置点处的阻值等因素有关. 可以选择使用输入电感小的 SQUID 或优化 TES 偏置点的方法，可以在很大程度上减小电时间常数. 通常超导 TES 单光子探测器的电时间常数小于有效恢复时间. 有效恢复时间在超导 TES 单光子探测器的响应时间中占据主导地位，其决定了探测器的响应速度.

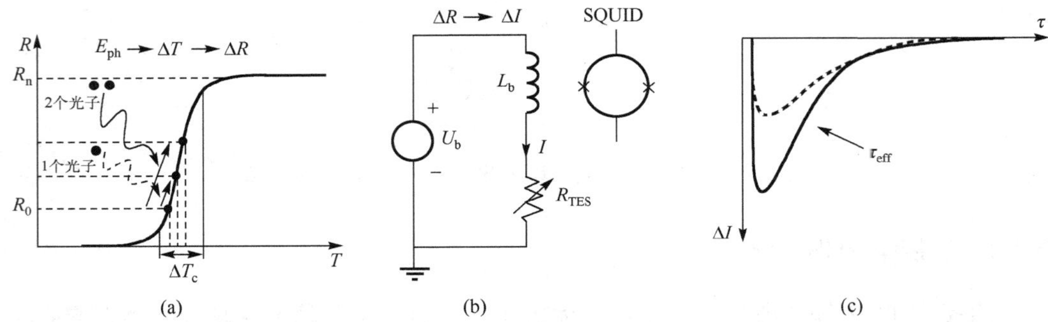

图 3-20　超导 TES&PNR 探测器工作原理图[11]

(a)吸收 1 个和 2 个光子后 TES 的阻值变化示意图；(b)电压偏置测量 TES 支路电流；(c)对应吸收 1 个和 2 个光子后 TES 支路的响应电流脉冲

为了提高探测器的灵敏度，达到单光子能量探测水平并具备光子数分辨能力，需要使超导 TES 薄膜的热容 C_e 尽可能小，薄膜超导转变区域内 R-T 曲线变化尽可能陡，即超导转变宽度 ΔT_c 尽可能小，且探测器的热噪声和读出电子学系统噪声水平要尽可能低. 因此，超导 TES 单光子探测器中 TES 的尺寸通常在 20μm×20μm 左右，ΔT_c 在 1.0 mK 量级，探测器的工作温度 T_c 一般在几百 mK 范围内.

3.2　正交分量测量：零拍探测、差拍探测

3.2.1　零拍探测

零拍探测的基本原理在第 2 章中已有介绍，本节将对探测器的结构和性能进行更加详细的介绍.

在量子光学实验中，零拍探测一般用来测量量子光场的正交分量，所探测的噪声信号非常微弱，极容易被其他噪声信号淹没. 通常选用具有低暗电流的 PIN 型光电二极管，该光电二极管还具有大带宽、响应快的特点. 虽然之前所述的雪崩光电二极管相对而言具有更大的增益以及更快的响应速度，但是雪崩倍增效应产生载流子的过程会引入大量的噪声，同时在其较高的增益作用下噪声进一步被放大，因此，雪崩光电二极管不适用于光场量子噪声的测量.

零拍探测器主要分为干涉光路和平衡光电探测模块两部分，如图 3-21 所示. 在干

涉光路部分，信号光和本振光场在 50/50 耦合器中干涉，并输出两束光场. 在本振光路中，通过相位调制器的移相，可以对信号光场不同的正交分量进行测量. 两束输出光场中的可调光衰减器用于调节两臂的平衡. 在平衡光电探测模块中，两个 PIN 光电二极管串联连接，在串联节点处取出光电流信号进行放大. 电流信号是两光电二极管光电流信号相减的结果，其原理是基于基尔霍夫第一定律. 相较于对光电二极管光电流分别放大再相减的零拍探测方式[16]，这种结构设计可极大地避免器件不对称在光电转换以及光电流信号放大过程中引入的误差，在现在的实验中较为常用.

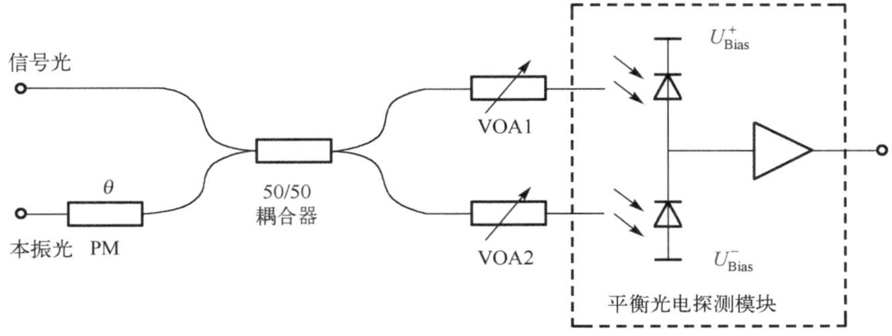

图 3-21　基于基尔霍夫第一定律设计的零拍探测示意图

VOA：可调光衰减器；PM：相位调制器

零拍探测器既可以用于连续光场正交分量的探测，也可以用于测量脉冲光场的正交分量，根据所探测光场的类型，可相应分为频域零拍探测器和时域零拍探测器. 两类探测器的结构差别主要是平衡光电探测模块不同，下面分别进行介绍.

1. 频域零拍探测器

图 3-22 为典型的频域零拍探测器中的平衡光电探测模块，其特点是光电流的放大分为交流(AC)和直流(DC)放大两部分. 信号光所包含的量子噪声信号用交流部分进行放大，代表干涉强度的直流分量用直流部分进行放大. 利用基尔霍夫第一定律，将两个光电二极管串联后，光电流差信号就可以从两光电二极管的串联节点处输出. 电容 C_1、电感 L_1 和电阻 R_1、R_2、R_3 构成的滤波网络对光电流信号进行分流，并分别进行放大.

直流信号对应信号光与本振光之间的相位差，不同的相位差对应不同的正交分量信号. 同时直流信号也用于估算探测器的量子效率、监视入射光功率以及在搭建光路时起辅助指示作用. 直流放大部分不需要考虑带宽和噪声的限制，所以可以选择常见的集成运算放大器，但选择时仍然需注意以下两点：具有调零功能，可以弥补运算放大器内部不对称；正负双电源供电，这是为了与光电流差电路相匹配，可输出正负电压信号.

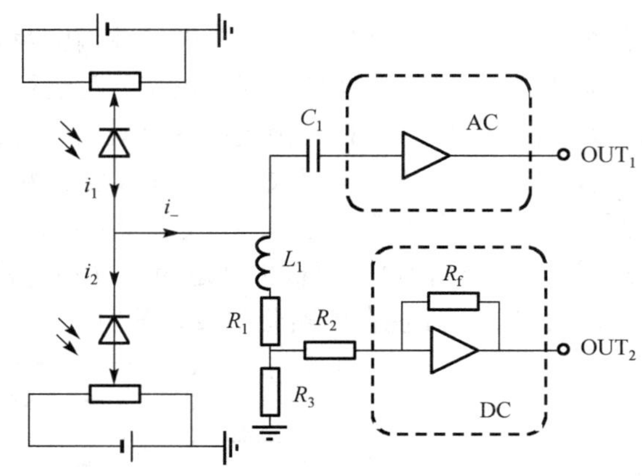

图 3-22　频域零拍探测器的中的平衡光电探测模块示意图

交流信号用于量子噪声的放大. 当信号光为真空态时，输出真空散粒噪声，如图 3-23 所示. 该探测器的两个串联的光电二极管是基于硅基芯片的锗硅光电二极管，探测器的全带宽为 20 GHz，3 dB 带宽为 1.5 GHz. 黑色曲线为探测器没有光输入时的电子学噪声，随着本振光功率的增加，光电流信号变大，输出的真空散粒噪声也逐渐提高.

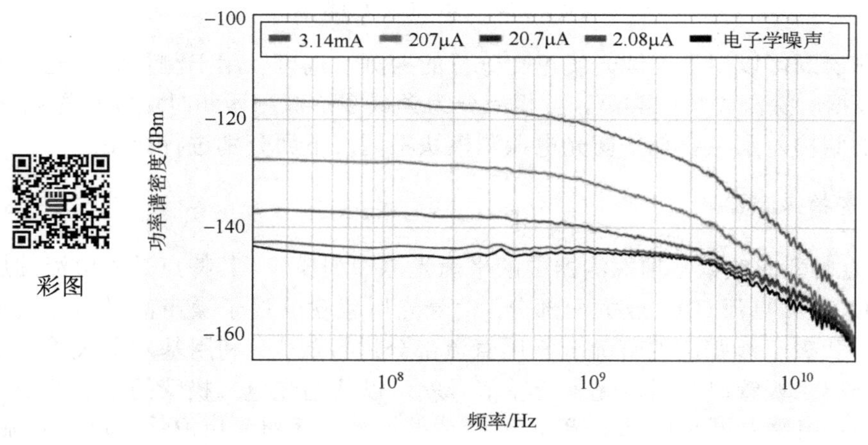

图 3-23　频域零拍探测器在不同本振光功率下输出的真空散粒噪声[17]

2. 时域零拍探测器

时域零拍探测器是量子通信和量子层析等量子信息领域中极为重要的测量器件，利用它可以直接测量脉冲光场的正交分量，测量结果覆盖了整个探测器带宽. 由于探测器所测信号是脉冲信号，因此无法将代表干涉强度的“直流”分量和量子噪声“交流”分量进行区分，两种信号同时以脉冲的形式经同一放大电路输出. 通常按照对串联光电二极管产生的光电流积分方式的不同，将时域零拍探测器分为两大类[18,19].

第一类是基于前置电荷放大器的探测器，该探测器对脉冲光电流信号进行模拟积分，输出电脉冲的峰值电压 U_{peak} 与输入脉冲电流信号的总电荷量 Q_{in} 成正比，即

$$U_{\text{peak}} = G_{\text{UQ}} \cdot Q_{\text{in}} \tag{3.2.1}$$

其中 G_{UQ} 为增益. 此时，零拍探测器输出的电脉冲的峰值 $\hat{U}_{\text{peak}}$ 正比于光场的正交分量 $\hat{X}$，表达式为

$$\hat{U}_{\text{peak}} = G_{\text{UQ}} \cdot \eta \cdot |L| \cdot \hat{X} \tag{3.2.2}$$

其中，η 是零拍探测器的探测效率，L 是本振光的振幅. 2001 年，德国康斯坦茨大学研制了一款典型的时域零拍探测器，如图 3-24 所示. 该探测器使用了低噪声前置电荷放大器 A250 与低噪声整形放大器 A275.

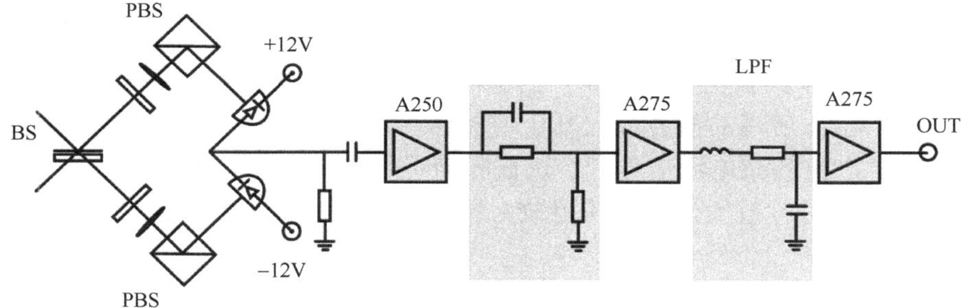

图 3-24　基于前置电荷放大器的时域零拍探测器原理图[20]

PBS：光偏振分束器；BS：分束器；LPF：低通滤波器

图 3-25(a) 是时域零拍探测器典型的时域输出结果，该结果是不同脉冲真空散粒噪声叠加的轨迹图. 图 3-25(b) 是真空散粒噪声随本振光功率增加的线性响应图，其线性特性代表探测器达到了散粒噪声极限. 该探测器的共模抑制比可大于 85 dB，增益为 2.8 μV/光电子，电子学噪声可低至 730 电子/脉冲，散粒噪声与电子学噪声的最大比可达 14 dB.

第二类是基于前置跨阻放大器或前置电压放大器，该类放大器通常没有对光电流信号的模拟积分功能，因此需对其输出的脉冲信号完成多点采样后，结合后续的数值积分功能完成信号的积分，从而计算出信号光的正交分量. 该类放大器输出的电脉冲的面积正比于光场的正交分量，即

$$\int \hat{U}(t)\mathrm{d}t = G \cdot \eta \cdot |L| \cdot \hat{X} \tag{3.2.3}$$

如果要测量光场的正交分量，需对每个输出脉冲进行多点采集(采样速率远大于脉冲

的重复速率)，然后将某一脉冲所覆盖的所有点的值相加，其和正比于光场的正交分量. 该类探测器要求数据采集卡采样速率比脉冲的重复速率大数十倍.

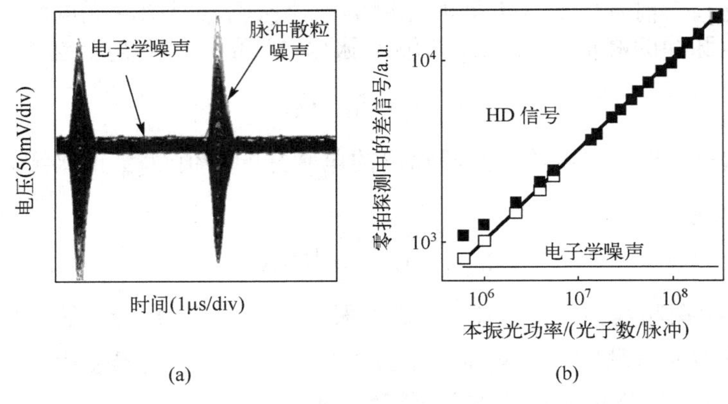

图 3-25 时域零拍探测器的特性图[20]

(a) 真空散粒噪声轨迹图；(b) 真空散粒噪声的线性响应图

2011 年，加拿大多伦多大学制作的探测器属于第二类时域零拍探测器，其电路如图 3-26 所示，前端的信号放大基于前置跨阻放大器[21]. 两个串联的光电二极管(PD_1 和 PD_2)产生的光电流信号，经过低噪声运算放大器 OPA847 及其外围电路构成的跨阻放大器进行放大，前置跨阻放大器也可称为前置电流放大器，输入输出关系如下：

$$U_{\text{out}} = G_{\text{UI}} \cdot I_{\text{in}} \tag{3.2.4}$$

其中 G_{UI} 为探测器的增益. 该探测器的脉冲重复速率为 MHz 量级，带宽可达 104 MHz，共模抑制比为 46 dB.

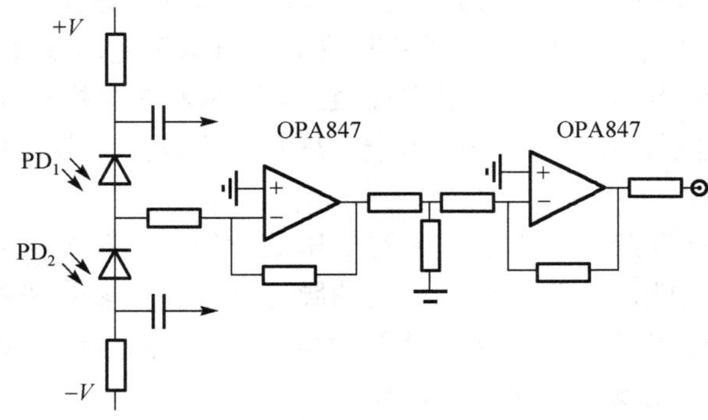

图 3-26 基于前置跨阻放大器的第二类时域零拍探测器[21]

2008 年，日本学习院大学制作的零拍探测器为基于前置电压放大器的第二类时域零拍探测器，电路原理如图 3-27 所示[22]. 两个串联的光电二极管产生的光电流信号，经过负载电阻后转化为电压信号，由低噪声运算放大器 OPA847 及其外围电路构成的电压放大器进行放大，输入输出关系为

$$U_{\text{out}} = G_{\text{UU}} \cdot U_{\text{in}} \tag{3.2.5}$$

其中 G_{UU} 为增益. 该探测器的重复速率可达 70 MHz 以上，共模抑制比为 45 dB.

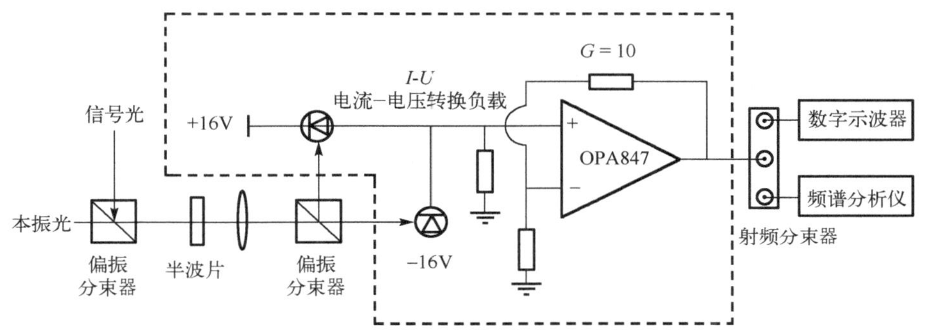

图 3-27　基于前置电压放大器的第二类时域零拍探测器[21]

3. 零拍探测器的分类探讨

上述探测器是根据待测光信号和探测器自身的结构进行分类的. 为了更好地进行光信号特性的测量，探测器的结构通常会进行相应的优化. 各种探测器之间并没有严格的界限.

频域零拍探测器常用于连续光信号的频域正交分量的测量，通常为了方便获得测量结果，会做相应的优化设计，如分开直流和交流放大电路，优化某一频段的平坦度和共模抑制比等. 该类探测器也可以用于脉冲光信号的测量，即该探测器也具有时域响应特性. 时域情况下，其直流放大部分将不再起作用；同时两光电二极管对脉冲的响应可能存在较大的差异，如果共模抑制比较低，输出的脉冲信号会存在较大的偏置，影响探测器的测量精度，甚至会导致探测器的饱和[23].

时域零拍探测器中的第二类探测器也可以对连续光场进行测量，但是由于设计中没有“交、直流”放大电路的区分，代表干涉强度的“直流”分量很容易引起探测器的饱和. 在一些情况下，频域零拍探测器为了获得较高的探测带宽，也会将交、直流分开的电路去掉，将光电二极管的公共点直接与跨阻放大器相连，以实现最佳的阻抗匹配，从而实现较高的带宽.

综上所述，探测器的分类并没有严格的界限，为了对待测光信号特性进行更好的测量，通常会对探测器的结构进行相应的优化.

3.2.2 零拍探测器的性能

量子光学实验中，零拍探测器所用 PIN 光电二极管的参数对探测器的性能至关重要，如量子效率、响应度、暗电流、响应速度、饱和光功率等. 同时受后续光放大电路的影响，零拍探测器的整体性能还包括信噪比、带宽、共模抑制比等.

1. 光电二极管的参数

1) 量子效率与响应度

量子效率(quantum efficiency)是指某一特定频率的光照射到光电二极管上时，单位时间内光子转换为光电子的百分比. 对于理想器件，可以认为其量子效率为 100%. 在实际的量子光学实验中，无法获得理想的光电二极管，通常其量子效率均小于 100%. 当器件的量子效率不为 100%时，将会给测量过程引入误差，量子效率越低，测量误差越大. 因此，光电检测器件的量子效率应尽可能高，这样才能准确地探测非经典光场，如压缩态光场.

响应度是指光电二极管输出光电流与入射光功率之比. 输出光电流可以通过单位时间内转换得到的光电子数乘以单个光电子的电荷量换算而来，输入光功率可以由单位时间内入射光子数乘以单个光子的能量得出，由此可以通过量子效率 η 求得二极管的响应度 $R(\lambda)$，反之亦然. 两者之间的关系为

$$\eta = \frac{n_e}{n_o} = \frac{I/e}{P/(h\nu)} = \frac{I}{P} \cdot \frac{h\nu}{e} = R(\lambda) \cdot \frac{h\nu}{e} \tag{3.2.6}$$

其中，P 和 n_o 分别为入射到光电二极管的光功率和光子数，I 和 n_e 分别为光电二极管输出的光电流和光电子数，λ 和 ν 分别为入射光的波长和频率，e 为电荷常数，h 为普朗克常量.

光电探测器件的响应度(量子效率)主要由所使用的材料决定，且同一种材料在不同波长下的响应度(量子效率)也不同. 比如，Si 材料的 PIN 型光电二极管在 300～1100 nm 的光谱下均有响应，而在波长 800 nm 下其响应度最高，最高值为 0.5 A/W. 对于 Ge 材料光电检测器件，响应波长范围为 500～1800 nm，在 1550 nm 波长下响应度最高为 0.7 A/W. 以 InGaAs 为材料的光电检测器件响应波长范围为 1000～1700 nm，在 1700 nm 波长下响应度最高为 1.1 A/W. 经过换算可得，InGaAs 的峰值量子效率为 0.8. 量子效率还与光电检测器件的封装结构有很大的关系.

2) 暗电流

当没有光辐照时，依然存在一个很小的反向电流流过加有反向偏置电压的光电二极管，称为暗电流. 暗电流是由于光电二极管中的热效应激发自由载流子运动而产生的. 它存在于所有光电二极管中，也被称作反向漏电流或反向饱和电流(reverse saturation current). 由于暗电流来源于材料的热激发，所以它会随温度升高快速增加. 在室温(25℃)附近，温度每上升 10℃暗电流会增加一倍. 当所探测的光信号功率较小时，其转换得到的光电流可能会很微弱而被暗电流所淹没. 无论是标准量子极限还是压缩态光场的噪声信号都极其微弱，因此，需要选取暗电流非常小的光电检测器件才能保证有用信号不被其淹没. 一般而言，常见光电二极管的暗电流的范围从几纳安到几百纳安不等，用 Si 材料制作的器件暗电流最小，而 InGaAs 材料的次之，暗电流最大的是 Ge 材料光电二极管. 虽然 Si 材料的暗电流较小，但是其响应波长范围较小且响应度不高，所以不常用于量子光学实验之中，相对而言，InGaAs 光电二极管在量子光学实验中应用更广.

3) 响应速度

光电检测器件的响应速度受渡跃时间(transit time)的限制. 渡跃时间指自由电荷穿过耗尽层所花费的时间. 对于 PIN 型光电二极管，其耗尽层的长度就等于本征半导体层的厚度. 由于自由载流子的移动速度与二极管两端所加的反向偏置电压呈线性正比关系，所以施加高的反向偏置电压能减小渡跃时间. 例如，对于 50 μm 厚的耗尽层，由典型的自由载流子速度 5×10^4 m/s，可以求得渡越时间为 1 ns，同光电二极管的上升时间近似相等. 限制光电检测器件响应速度的众多因素中，电容算是其中之一. 在光电二极管等效电路中，其等效电容主要由两部分构成：第一部分是结电容，即在半导体的 P 区和 N 区(连接着电极)中间插入本征半导体而产生；第二部分是由于封装结构而产生的电容. 电路的 RC 时间常数中的 C 便是这些等效电容的总和，而电路的上升时间也正比于电路的时间常数，应用于高速信号采集系统的光电二极管，其电容只有几皮法. 为了获得较低的结电容，光电二极管的受光面必须很小，但是这会影响耦合效率，因而需要针对不同的系统综合考虑. 综上，响应速度由渡跃时间和电路的上升时间中较大者决定，一般 PIN 型光电二极管的响应大概在 0.5～10 ns 之间.

4) 饱和光功率

饱和光功率是指光电二极管可承受的最大光功率，本振光的强度通常在微瓦至毫瓦量级.

2. 信噪比

信噪比是衡量零拍探测器的一个重要参数，信噪比的定义为散粒噪声 v_{shot} 与电子学噪声 v_{ele} 之比，表达式为

$$\text{SNR} = 10\cdot\log(v_{\text{shot}}/v_{\text{ele}})$$

在零拍探测器的带宽范围内，信噪比越高，电子学噪声对测量的影响越小，通常探测器的信噪比在 10～30 dB 之间.

通常频域零拍探测器的散粒噪声可通过断开信号光并只输入连续的本振光得到，而电子学噪声测试时无需光场的输入，上电后即可测试，测试仪器通常为频谱分析仪. 进行时域零拍测量时，同样需要测试出只有脉冲本振光输入时的散粒噪声信号和无脉冲光输入时的电子学噪声信号，测试仪器通常为示波器.

3. 带宽

零拍探测器的带宽通常指探测器可以响应的频率范围，是频域特性，通常由光电二极管的带宽和放大器的带宽决定. 对于时域零拍探测器，通常关注的是探测器的可测量的脉冲重复速率.

光电二极管的响应带宽由三个基本因素决定，包括 PIN 光电二极管的等效电容、自由载流子在耗尽层外中性区的扩散时间以及自由载流子在耗尽层内的漂移渡跃时间. 通常情况下，通过恰当设计，可以把扩散时间效应所导致的影响降低到可以忽略的水平，从而只需考虑光电二极管的等效电容以及耗尽层的漂移渡跃时间. 当维持吸收效率不变而将本征层尽可能变薄时，虽然可以减小漂移渡跃时间，但是会增大结电容. 高速 PIN 二极管可以将这些带宽限制因素的综合效应降低到最小. 二极管的带宽通常需大于放大电路的带宽，后者最终决定了整个探测器的 3 dB 带宽特性. 一般而言，放大电路的带宽由所使用的集成运算放大器的参数所决定，所以在挑选器件时应该十分注意，不要影响探测器的频域响应特性. 通常测量探测器带宽的较为简单的方法是，当只输入本振光时，使用频谱分析仪记录下光电探测器输出的噪声谱，直接观察该噪声谱的平坦区域就可以大致得出探测器的带宽.

4. 共模抑制比

共模抑制比用来定量描述探测器的对称程度，频域零拍探测中，将经过振幅调制的本振光入射到零拍探测系统的两输入臂并测量电流差信号的噪声功率 $|P_1 - P_2|$，再挡住其中一臂而得到单臂的噪声功率 P_1 或 P_2，单臂噪声功率与两臂相减所得噪声功率的比值即为探测器的共模抑制比，通常换算成 dB 单位，如下式所示：

$$\mathrm{CMRR} = 10\lg\frac{P_1}{|P_1 - P_2|} \text{ 或 } 10\lg\frac{P_2}{|P_1 - P_2|} \tag{3.2.7}$$

由于测试过程中振幅调制信号只在某一频率处，因此共模抑制比代表的是某一频率处的共模抑制比. 时域零拍探测器的共模抑制比不同于频域零拍探测器的共模抑制比，其定义为差模增益与共模增益的比值，通常以 dB 为单位，如下式所示：

$$\mathrm{CMRR} = 20 \cdot \lg\left|\frac{G_{\mathrm{DM}}}{G_{\mathrm{CM}}}\right|$$

3.2.3　差拍探测

差拍探测与零拍探测不同，可以同时测量光量子态的正交振幅和正交相位分量，其基本原理如图 3-28 所示，一束待测信号光与一束同频的本振光分别经过 50/50 分束器 1 和分束器 2 各分成两束光，信号光 $\hat{a}_{S1}$ 与本振光 $\hat{a}_{L1}$ 在 50/50 分束器 3 上耦合后输出至两个理想的光电二极管，它们之间的相对相位 θ 为 0，此时测得的是信号光的正交振幅分量；信号光 $\hat{a}_{S2}$ 与本振光 $\hat{a}_{L2}$ 在 50/50 分束器 4 上耦合后输出至两个理想的光电二极管，它们之间的相对相位 θ 为 $\pi/2$，此时可测得信号光的正交相位分量.

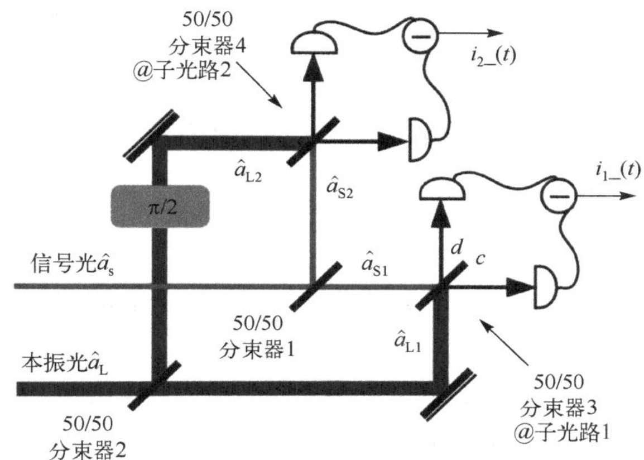

图 3-28　差拍探测器示意图

用 $\hat{a}_S(t)$ 表示信号光湮灭算符，$\hat{a}_L(t)$ 表示本振光湮灭算符，以子光路 1 为例，其引入的相位差为 ϕ_1，经 50/50 分束器 3 后两光场算符表示为

$$\hat{a}_{c,d}(t)=\frac{\hat{a}_L(t)e^{i\phi_1}\pm\hat{a}_S(t)}{2} \tag{3.2.8}$$

当本振光为明亮场(即 $|\alpha_L|\gg 1$)时，可以忽略其起伏，将其作为经典场处理，即 $\hat{a}_L(t)\approx|\alpha_L|e^{i\varphi}$，$\varphi$ 为本振光的相位，上式可写为

$$\hat{a}_{c,d}(t)=\frac{|\alpha_L|e^{i\theta_1}\pm\hat{a}_S(t)}{2}\quad ,\quad \theta_1=\phi_1+\varphi \tag{3.2.9}$$

用 G 代表光电探测器增益，则减法器之后的光电流信号为

$$\begin{aligned}\hat{i}\_(t)&=G[\hat{a}_c^\dagger(t)\hat{a}_c(t)-\hat{a}_d^\dagger(t)\hat{a}_d(t)]\\&=G|\alpha_L|[\hat{a}_S(t)e^{-i\theta_1}+\hat{a}_S^\dagger(t)e^{i\theta_2}]/2\\&=\frac{G|\alpha_L|\hat{X}_{\theta_1}(t)}{\sqrt{2}}\end{aligned} \tag{3.2.10}$$

其中 $\hat{X}_{\theta}(t)$ 为转象算符，可表示为

$$\begin{aligned}\hat{X}_{\theta}(t) &= \hat{X}\cos\theta + \hat{P}\sin\theta \\ &= [\hat{a}_{S}(t)e^{-i\theta} + \hat{a}_{S}^{+}(t)e^{\theta}]/\sqrt{2}\end{aligned} \tag{3.2.11}$$

当本振光 $\hat{a}_{L1}$ 和信号光 $\hat{a}_{S1}$ 之间的相对相位 $\theta_1 = 0$ 时，有

$$\hat{i}_{1-}(t) = \frac{G|\alpha_L|\hat{X}}{\sqrt{2}} \tag{3.2.12}$$

当本振光 $\hat{a}_{L2}$ 和信号光 $\hat{a}_{S2}$ 之间的相对相位为 $\theta_2 = \pi/2$ 时，有

$$\hat{i}_{2}(t) = \frac{G|\alpha_L|\hat{P}}{\sqrt{2}} \tag{3.2.13}$$

此时可以同时得到光场量子态的正交振幅分量和正交相位分量.

3.3 量 子 层 析

量子力学中，每一个量子态都是一个希尔伯特(Hilbert)空间中的矢量，这些矢量又通过算符和算符的期望值与可观测量联系起来. 这种图像与经典力学相差很大，很难对量子态有一个具体而直观的印象. 是否有一种类似经典的统计理论来直观地呈现量子态？第 2 章讲到的维格纳函数就是其中一种准概率分布函数，包含了量子态的全部信息. 实验中利用可测量的概率分布数据，通过特定的算法，如逆拉东变换、最大似然法等，可以重构出量子态的维格纳函数[24]，通常称为量子层析.

在经典的测量中，对物体的测量并不改变物体的状态和性质. 然而，在量子态的测量中就会遇到困难：任何对量子态的测量都是对其产生一次作用，作用前后量子态就会发生改变. 一个典型的例子就是无法同时准确测量一个量子态的广义坐标和广义动量，因此不可能得到一个量子态的完整信息. 但是，以上讨论是假定只有一个这样的量子态. 如果该量子态有多个备份，每次测量消耗一个，这样无限多次测量后原则上就可以得到该态的全部信息.

1989 年，K. Vogel 小组第一次利用时域零拍探测(量子层析)技术，在实验上真正重构出一个量子态的维格纳函数[25]. 而后，量子层析技术得到了迅速发展，并被广泛地应用于非经典光场的测量. 特别值得一提的是，1996 年和 1997 年德国 Schiller 小组在 Phys. Rev. Lett. 和 *Nature* 上发表了他们重构压缩态光场的维格纳函数的实验结果[26,27]，引起广泛的关注. 在 2001 年，Schiller 小组又率先完成了对单光子态维格纳函数的重构[28]. 现在量子层析技术已经作为一种基本的技术手段，被广泛地应用于量子光学实验的各个领域. 本节将对常用的量子态重构的方法进行介绍.

3.3.1　逆拉东变换

本节介绍采用逆拉东变换法进行量子态的重构，使用的是时域零拍探测器，主要分为基本原理、实验仿真. 采用仿真数据的形式给出实验结果具有通用性，是对各种实际实验系统的一种抽象描述.

1. 基本原理

通常对一个已知量子态的维格纳函数进行拉东变换，可得到相位 θ 下正交分量 $\hat{X}(\theta)$ 的概率分布函数 $\Pr(x,\theta)$，x 为正交分量 $\hat{X}(\theta)$ 的投影，与测量值相对应. 量子层析实验中，在相位 θ 下，对某量子态的正交分量 $\hat{X}(\theta)$ 进行多次重复测量并进行统计，就可以得到其概率分布函数 $\Pr(x,\theta)$. 通过相位调制改变本振光与信号光的相对相位 θ，就可以对该量子态正交分量 $\hat{X}(\theta)$ 在任意方向 θ 上的投影进行测量，从而得到其概率分布函数. 知道了全部的正交分量的概率分布函数之后，需要通过逆拉东变换重构出该量子态的维格纳函数.

特征函数 $\tilde{w}(u,v)$ 是维格纳函数的二维傅里叶变换，其关系为

$$W\left(X,P\right)=\frac{1}{(2\pi)^2}\int_{-\infty}^{+\infty}\int_{-\infty}^{+\infty}\tilde{w}(u,v)\exp(\mathrm{i}uX+\mathrm{i}vP)\mathrm{d}u\mathrm{d}v \tag{3.3.1}$$

进行坐标变换 $u=\xi\cos\theta$，$v=\xi\sin\theta$，可得

$$W(X,P)=\frac{1}{(2\pi)^2}\int_{-\infty}^{+\infty}\int_{0}^{\pi}\tilde{w}(\xi\cos\theta,\xi\sin\theta)\exp[\mathrm{i}\xi(X\cos\theta+P\sin\theta)]\xi\mathrm{d}\xi\mathrm{d}\theta \tag{3.3.2}$$

于是，有

$$\begin{aligned}W(X,P)&=\frac{1}{(2\pi)^2}\int_{-\infty}^{+\infty}\int_{0}^{\pi}\widetilde{\Pr(\xi,\theta)}\exp[\mathrm{i}\xi(X\cos\theta+P\sin\theta)]\xi\mathrm{d}\xi\mathrm{d}\theta\\&=\frac{1}{(2\pi)^2}\int_{-\infty}^{+\infty}\int_{0}^{\pi}\left[\int_{-\infty}^{+\infty}\Pr(x,\theta)\exp(-\mathrm{i}\xi x)\mathrm{d}x\right]\exp[\mathrm{i}\xi(X\cos\theta+P\sin\theta)]\xi\mathrm{d}\xi\mathrm{d}\theta\\&=\frac{1}{(2\pi)^2}\int_{-\infty}^{+\infty}\int_{0}^{\pi}\int_{-\infty}^{+\infty}\Pr(x,\theta)\exp[\mathrm{i}\xi(X\cos\theta+P\sin\theta-x)]\,\xi\mathrm{d}\xi\mathrm{d}\theta\mathrm{d}x\end{aligned} \tag{3.3.3}$$

如果取

$$K(x)=\frac{1}{2}\int_{-\infty}^{+\infty}|\xi|\mathrm{e}^{\mathrm{i}\xi x}\mathrm{d}\xi \tag{3.3.4}$$

则可以得到

$$W(X,P)=\frac{1}{(2\pi)^2}\int_{-\infty}^{+\infty}\int_{0}^{\pi}\Pr(x,\theta)K(X\cos\theta+P\sin\theta-x)\mathrm{d}\theta\mathrm{d}x \tag{3.3.5}$$

这里的$K(x)$叫作核函数，对它作进一步的运算可得

$$\begin{aligned} K(x) &= \frac{1}{2}\int_{-\infty}^{+\infty} |\xi| \mathrm{e}^{\mathrm{i}\xi x} \mathrm{d}\xi \\ &= \frac{1}{2}\left[\int_0^{\infty} \xi \mathrm{e}^{\mathrm{i}\xi x} \mathrm{d}\xi - \int_{-\infty}^{0} \xi \mathrm{e}^{\mathrm{i}\xi x} \mathrm{d}\xi\right] \\ &= \frac{1}{2\mathrm{i}}\frac{\partial}{\partial x}\left[\int_0^{\infty} \mathrm{e}^{\mathrm{i}\xi x} \mathrm{d}\xi - \int_{-\infty}^{0} \mathrm{e}^{\mathrm{i}\xi x} \mathrm{d}\xi\right] \\ &= \frac{\partial}{\partial x}\mathrm{Im}\int_0^{\infty} \mathrm{e}^{\mathrm{i}\xi x} \mathrm{d}\xi \end{aligned} \tag{3.3.6}$$

在上式的x上加一个无穷小的正虚量$+\mathrm{i}\varepsilon$，则有

$$K(x) = \frac{\partial}{\partial x}\mathrm{Im}\int_0^{\infty} \exp[\mathrm{i}\xi(x+\mathrm{i}\varepsilon)]\mathrm{d}\xi = \frac{\partial}{\partial x}\mathrm{Re}\frac{1}{x+\mathrm{i}\varepsilon} \tag{3.3.7}$$

在这里如果使用符号β表示上式中积分的柯西主值，则有

$$K(x) = \frac{\partial}{\partial x}\frac{\beta}{x} \equiv -\frac{\beta}{x^2} \tag{3.3.8}$$

于是可以得到

$$W(X,P) = -\frac{\beta}{(2\pi)^2}\int_0^{\pi}\int_{-\infty}^{+\infty} \frac{\Pr(x,\theta)}{(X\cos\theta + P\sin\theta - x)^2}\mathrm{d}\theta\mathrm{d}x \tag{3.3.9}$$

此即为逆拉东变换.

这里β只是一个符号，而不是一个确切的数值. 在实验上，式(3.3.6)的积分限并不是从负无穷到正无穷，而是取一个有限区间$[-k_{\mathrm{c}},+k_{\mathrm{c}}]$，于是就可以得到一个解析的表达式

$$\begin{aligned} K(x) &= \frac{1}{2}\int_{-k_{\mathrm{c}}}^{+k_{\mathrm{c}}} |\xi| \mathrm{e}^{\mathrm{i}\xi x} \mathrm{d}\xi \\ &= \frac{1}{x^2}[\cos(k_{\mathrm{c}}x) + k_{\mathrm{c}}x\sin(k_{\mathrm{c}}x) - 1] \end{aligned} \tag{3.3.10}$$

2. 实验仿真

实验仿真基于时域零拍探测，信号光与本振光的相对相位从 0 到 2π 分为 200 等份，针对每一个相位值，采集 50000 组数据，得到一个正交振幅分量的统计分布函数$\Pr(x,\theta)$. 最后，利用逆拉东变换重构出真空态和相干态的维格纳函数.

图 3-29 是重构真空态时的概率分布函数$\Pr(x,\theta)$，任意相位θ下，均为高斯分布函数，均值$\bar{x}=0$，标准差为$\sigma=1/2$.

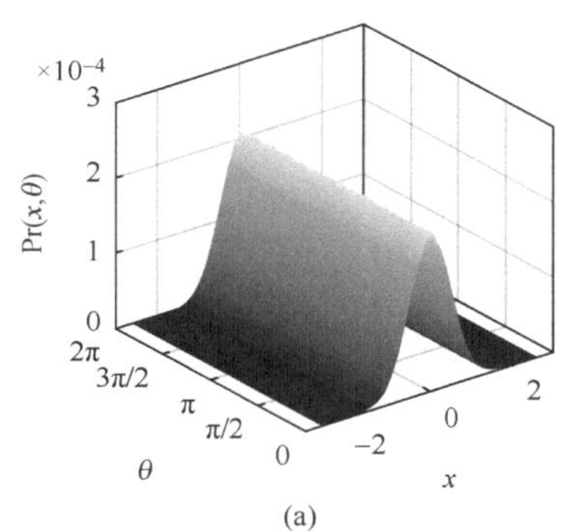

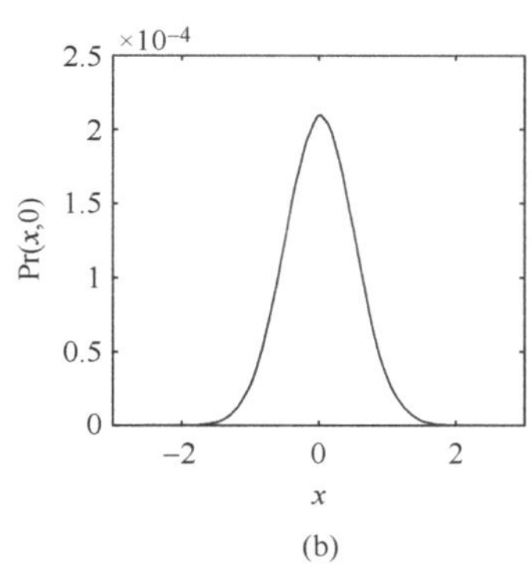

图 3-29　真空态的概率分布函数 $\Pr(x,\theta)$

(a) $\Pr(x,\theta)$ 与相对相位 θ 、正交分量 x 的关系图；(b) $\Pr(x,\theta)$ 在相位 $\theta=0$ 时的分布图

重构出的真空态维格纳函数如图 3-30 所示，其中(a)是维格纳函数的三维图形，(b)是维格纳函数在相空间的轮廓图，圆圈是其标准差圆.

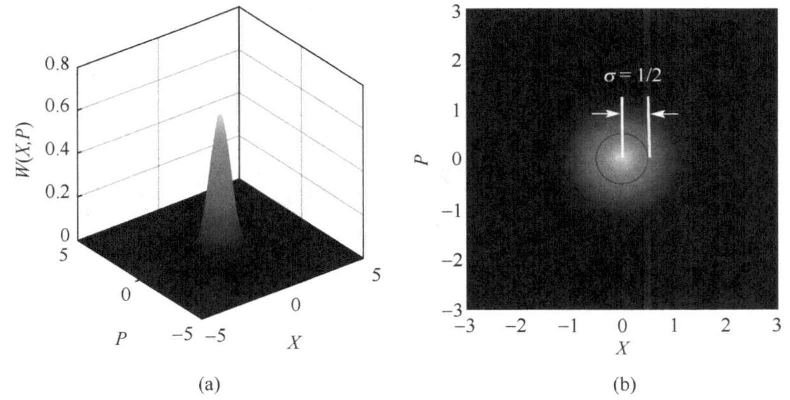

图 3-30　重构出的真空态的维格纳函数

(a)维格纳函数的三维图形；(b)维格纳函数在相空间的轮廓图

当信号光为相干态 $|3\rangle$ 时，其概率分布函数如图 3-31 所示. 任意相位 θ 下，均为高斯分布函数，均值 $\bar{x}=3\cos\theta$ ，标准差为 $\sigma=1/2$.

重构出的相干态 $|3\rangle$ 的维格纳函数如图 3-32 所示，其中(a)是维格纳函数的三维图形，(b)是维格纳函数在相空间的轮廓图，圆圈是其标准差圆.

核函数 k_c 在实验上是一个非常重要的参数，它的值依赖于具体的实验条件. 过小的 k_c 值将把维格纳函数的细节全部抹掉，而过大的 k_c 则会导致维格纳函数的振荡，从而得到一个错误的维格纳函数.

图 3-33 是使用仿真数据重构出的相干态 $|3\rangle$ 的维格纳函数，对不同 k_c 恢复出的

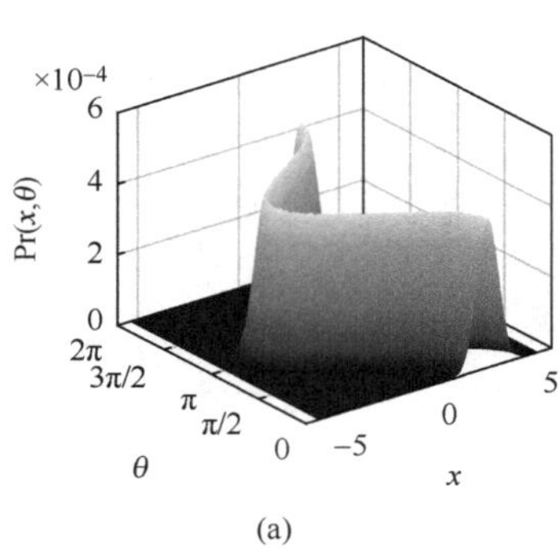

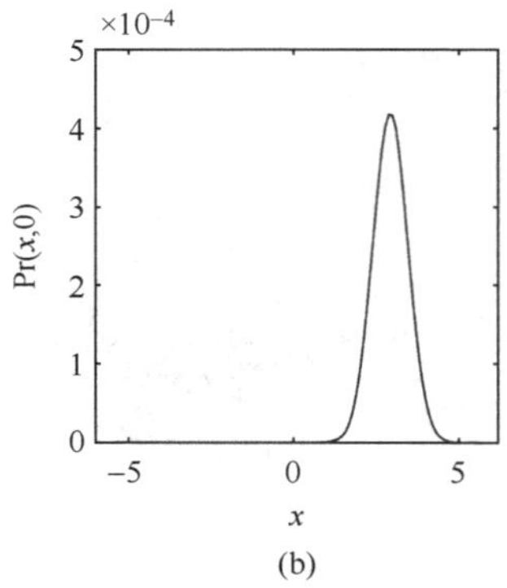

图 3-31　相干态 $|3\rangle$ 的概率分布函数 $\Pr(x,\theta)$

(a) $\Pr(x,\theta)$ 与相对相位 θ 、正交分量 x 的关系图；(b) $\Pr(x,\theta)$ 在相位 $\theta=0$ 时的分布图

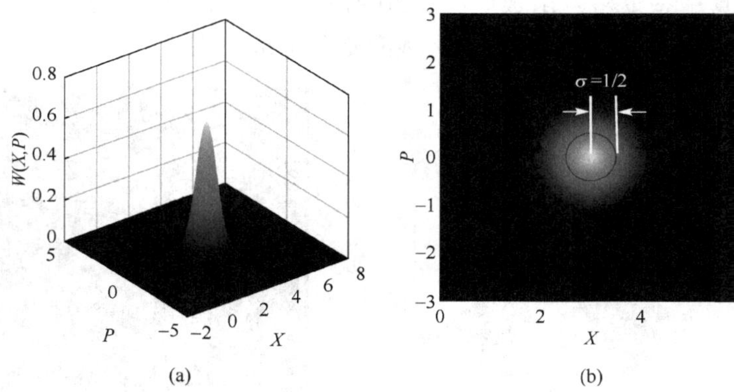

图 3-32　重构出的相干态 $|3\rangle$ 的维格纳函数

(a) 维格纳函数的三维图形；(b) 维格纳函数在相空间的轮廓图

彩图

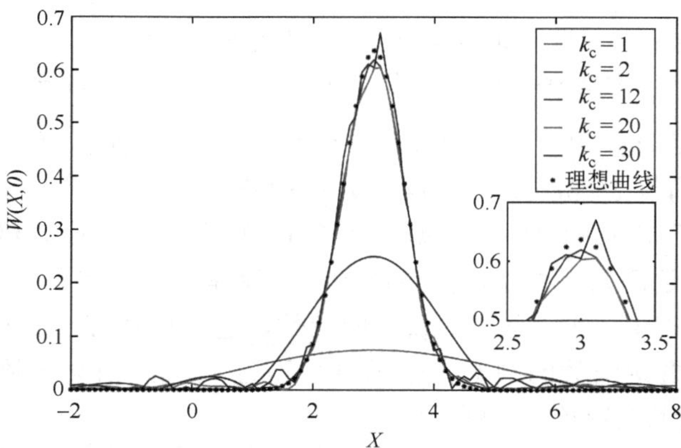

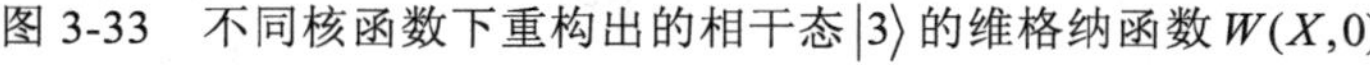

图 3-33　不同核函数下重构出的相干态 $|3\rangle$ 的维格纳函数 $W(X,0)$

维格纳函数的轮廓$W(X,0)$进行了对比. 从仿真结果可以看出，k_c的值较小时($k_c=1$，浅绿色曲线；$k_c=2$，深绿色曲线)，维格纳函数的失真较大. 当k_c的值为 12 时，重构出来的维格纳函数的轮廓$W(q,0)$（红色曲线）与理想的维格纳函数的轮廓$W(X,0)$（黑色点线)基本吻合. 当k_c的值较大时($k_c=20$，浅蓝色曲线；$k_c=30$，深蓝色曲线)，维格纳函数会出现较大的振荡. 随着k_c值的增大，维格纳函数的振荡越明显.

3.3.2　最大似然估计法

1. 基本原理

最大似然估计法是一种参数估计方法，它通过似然函数的最大化来得到概率参数的最优估计. 当某个随机事件满足某种概率分布，但其中某些具体参数不清楚时，可以利用最大似然法推出参数的大概值.

利用最大似然估计法进行量子层析重构量子态，主要是通过多次迭代，最终得到与待测量子态最为接近的密度矩阵，所得到的结果也更符合物理实际. 最大似然估计法是目前被广泛应用的量子层析技术之一[27]，量子层析结果更为精确，详细过程如下.

首先，考虑一个待测的量子态$|\varphi\rangle$，其密度矩阵为$\hat{\rho}$. 通过平衡零拍探测器(BHD)可以探测到一组正交分量$\{x_i\}$，其与信号光与本振光的相对相位$\{\theta_i\}$有关，出现结果的频率为f_i，可记录为(θ_i,x_i,f_i). 若总测量点数为N，测量结果中$\{x_i\}$出现的次数为$n_i=N\cdot f_i$. 定义这个量子态$|\varphi\rangle$的似然函数为

$$L(\hat{\rho})=\prod_i^N[P_{\mathrm{r}}(\theta_i,x_i)]^{n_i} \tag{3.3.11}$$

其中，$P_{\mathrm{r}}(\theta_i,x_i)=\langle\theta_i,x_i|\hat{\rho}|\theta_i,x_i\rangle=\mathrm{Tr}[\hat{\Pi}(\theta_i,x_i)\hat{\rho}]$，为正交分量的边缘分布；$\hat{\Pi}(\theta_i,x_i)=|\theta_i,x_i\rangle\langle\theta_i,x_i|$，为正交分量的投影算符(POVM 矩阵，描述量子探测器的特征).

然后，利用迭代法得到密度矩阵. 将连续的相对相位θ等分成有限份数，使得n_i的值只为 0 或 1. 引入一个迭代算符

$$\hat{R}(\hat{\rho})=\sum\frac{\hat{\Pi}(\theta_i,x_i)}{P_{\mathrm{r}}(\theta_i,x_i)} \tag{3.3.12}$$

假设系统的初始密度矩阵为$\hat{\rho}^{(0)}=N[\hat{1}]$，其中$N$为归一化因子. 然后将迭代算符左乘、右乘密度矩阵，再进行归一化. 经过多次反复的迭代后得到最接近真实系统的密度矩阵，且迭代的次数越多，得到的密度矩阵越接近真实的密度矩阵，即

$$\hat{\rho}^{(k+1)}=N[\hat{R}(\hat{\rho}^{(k)})\hat{\rho}^{(k)}\hat{R}(\hat{\rho}^{(k)})] \tag{3.3.13}$$

此时，BHD 测量结果为x_i出现的频率f_i与 BHD 测量结果的边缘分布$P_{\mathrm{r}}(\theta_i,x_i)$成正

比，即 $f_i \propto P_{\rm r}(\theta_i, x_i)$，且 $\sum \hat{\Pi}(\theta_i, x_i) < \hat{1}$，最终导致 $\hat{R}(\hat{\rho}) \propto \hat{1}$，因此任何算符再进行迭代均保持不变，即 $\hat{R}(\hat{\rho}_0)\hat{\rho}_0\hat{R}(\hat{\rho}_0) \propto \hat{\rho}_0$.

通过迭代得到密度矩阵后，利用维格纳函数与密度矩阵关系计算出对应的维格纳函数[28, 29].

$$W(X,P) = {\rm Tr}[\hat{\rho} \cdot \Delta(X,P)] \tag{3.3.14}$$

其中 $\Delta(X,P) = \frac{1}{\pi} : \exp[-2(\hat{a}^{\dagger} - \alpha^*)(\hat{a} - \alpha)] :$.

2. 实验仿真

下面采用仿真的方式，基于最大似然法，对相干态 $|0.1\rangle$ 进行重构.

在进行介绍前，首先给出相干态 $|0.1\rangle$ 在福克态表象下的密度矩阵 $\hat{\rho}_{\rm ideal}$，见表达式(3.3.15).

$$\rho_{\rm ideal} = \begin{Bmatrix} 0.9900 & 0.0990 & 0.0070 & 0.0004 & 0.0000 \\ 0.0990 & 0.0099 & 0.0007 & 0.0000 & 0.0000 \\ 0.0070 & 0.0007 & 0.0000 & 0.0000 & 0.0000 \\ 0.0004 & 0.0000 & 0.0000 & 0.0000 & 0.0000 \\ 0.0000 & 0.0000 & 0.0000 & 0.0000 & 0.0000 \end{Bmatrix} \tag{3.3.15}$$

由于取值较小，只考虑光子数为 0～4 的基矢，可以形象地绘制成图 3-34，其中 ρ_{mn} 为密度矩阵第 m 行、n 列的矩阵元.

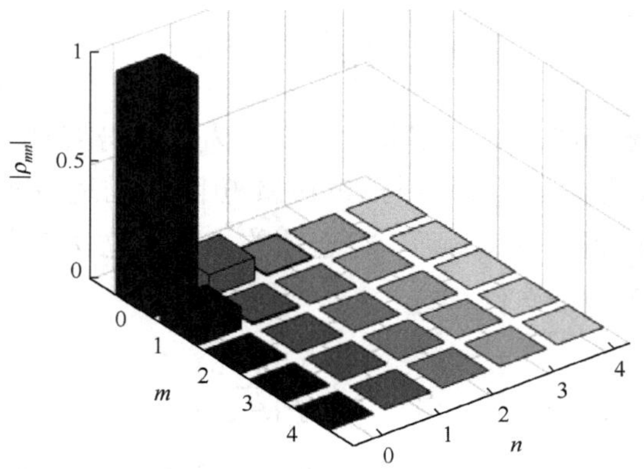

图 3-34 相干态 $|0.1\rangle$ 的理想密度矩阵

实际仿真过程中，将相对相位 θ 等分成 5000 份. 在每一个相对相位 θ，对正交分量的值进行测量，得出 $P_{\rm r}(\theta_i, x_i)$. 正交分量值 x 服从高斯分布，方差为归一化的散粒噪声 $N_0 = 1$. 选择 $|0\rangle$ 态对应的密度矩阵作为初始密度矩阵，重复迭代 100 次，得到密度矩阵 $\hat{\rho}_{\rm rec}$

$$
\hat{\rho}_{\text{rec}} = \begin{bmatrix} 0.9776 & 0.1027 & 0.0056 & 0.0103 & 0.0163 \\ 0.1027 & 0.0108 & 0.0006 & 0.0011 & 0.0017 \\ 0.0056 & 0.0006 & 0.0000 & 0.0000 & 0.0000 \\ 0.0103 & 0.0011 & 0.0000 & 0.0001 & 0.0002 \\ 0.0163 & 0.0017 & 0.0000 & 0.0002 & 0.0003 \end{bmatrix} \tag{3.3.16}
$$

其图形化表示如图 3-35 所示.

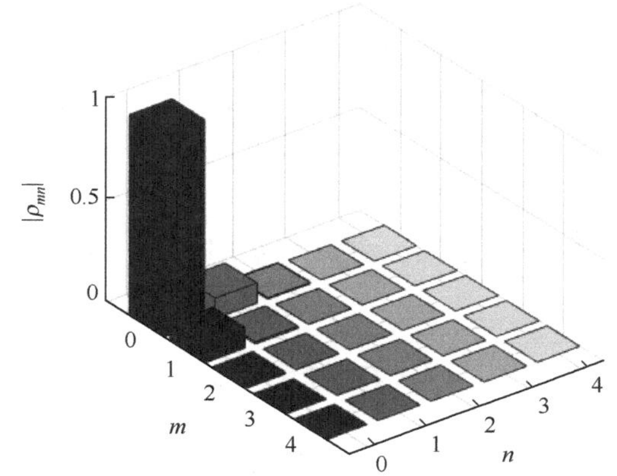

图 3-35　基于仿真数据重构的相干态 $|0.1\rangle$ 的密度矩阵

由此可见，通过最大似然法得到的密度矩阵与理想密度矩阵非常接近. 经计算，其保真度为 $F=\langle\alpha|\hat{\rho}|\alpha\rangle=98.84\%$. 基于式(3.3.14)可计算出其维格纳函数，将其绘制后如图 3-36(a)所示. 其轮廓 $W(X,0)$ 如图 3-36(b)中的空心圆点线所示，与相干态 $|0.1\rangle$ 的维格纳函数的轮廓(图 3-36(b)中的黑色实心线) $W(X,0)$ 可以很好地吻合.

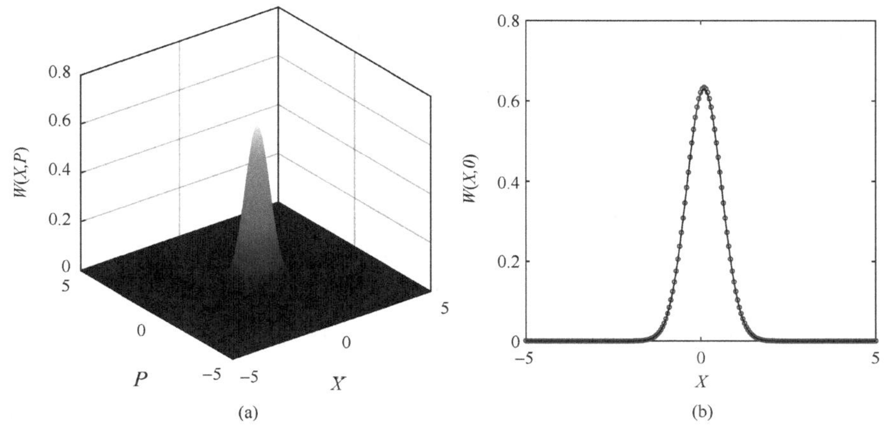

图 3-36　基于仿真数据重构出的相干态 $|0.1\rangle$ 的维格纳函数

(a) 维格纳函数的三维图形；(b) 重构出的维格纳函数 $W(X,0)$ 和理想的维格纳函数 $W(X,0)$ 的对比

3.4 光子量子态的测量：保真度

保真度表示在传输的过程中信息保持原来状态的程度，它是量子信息领域中一个非常重要的概念. 保真度越大，信息保持原来状态的程度越高；保真度越小，信息保持原来状态的程度越低. 在量子信息传输理论中，保真度的概念起着基础性的作用. 人们也一直致力于通过噪声研究量子通道传输态的问题. 保真度也是量子编码理论中的重要物理量，在量子编码理论中也有着广泛的应用. 概括来说，量子信息保真度的演化关系到量子通信的失真度、量子计算的可靠性，在量子信息领域具有重要的意义.

本节主要给出保真度的定义及其基本性质，首先引入经典保真度的概念.

设 S 是概率空间，令 $p=\{p_1,p_2,\cdots,p_n\}$ 和 $q=\{q_1,q_2,\cdots,q_n\}$ 是 S 中的概率分布，则 p 和 q 之间的保真度定义为

$$F(p,q)=\sum_i^n\sqrt{p_i}\sqrt{q_i} \tag{3.4.1}$$

从上式可以看出，变量 p 和 q 之间的保真度与欧氏空间中的向量 $(\sqrt{p_1},\sqrt{p_2},\cdots,\sqrt{p_n})$ 和 $(\sqrt{q_1},\sqrt{q_2},\cdots,\sqrt{q_n})$ 的内积等价.

下面，给出量子保真度的定义[30].

对于任意的量子态 $\hat{\rho}$ 和 $\hat{\sigma}$，保真度的定义式为

$$F(\hat{\rho},\hat{\sigma})=\mathrm{Tr}\left[\sqrt{\hat{\rho}^{1/2}\hat{\sigma}\hat{\rho}^{1/2}}\right] \tag{3.4.2}$$

上式量化了 $\hat{\rho}$ 和 $\hat{\sigma}$ 相互区别的程度.

当 $\hat{\rho}$ 和 $\hat{\sigma}$ 对易时，即 $[\hat{\rho},\hat{\sigma}]=\hat{\rho}\hat{\sigma}-\hat{\sigma}\hat{\rho}=0$，$\hat{\rho}$ 和 $\hat{\sigma}$ 可在同一组基上同时被对角化，也就是说存在一组标准正交基 $\{|i\rangle\}$，满足 $\hat{\rho}=\sum_i a_i|i\rangle\langle i|$，$\hat{\sigma}=\sum_i b_i|i\rangle\langle i|$. 记 $a=\{a_1,a_2,\cdots,a_n\}$ 和 $b=\{b_1,b_2,\cdots,b_n\}$，将 $\hat{\rho}$ 和 $\hat{\sigma}$ 代入定义式，有

$$F(\hat{\rho},\hat{\sigma})=F(a,b)=\sum_i^n\sqrt{a_i}\sqrt{b_i} \tag{3.4.3}$$

由此可知，当 $\hat{\rho}$ 和 $\hat{\sigma}$ 对易时，量子保真度和经典保真度是等价的.

从物理的角度看，很自然地能得出它具有以下物理性质.

(1) 保真度的取值范围：$0\leqslant F(\hat{\rho},\hat{\sigma})\leqslant 1$. 当且仅当 $\hat{\rho}=\hat{\sigma}$ 时，$F(\hat{\rho},\hat{\sigma})=1$，表示的是理想传输过程，信息完全不失真. 当 $F(\hat{\rho},\hat{\sigma})=0$ 时，代表了信息在传输中完全失真，初态和末态相互正交.

(2) 纯态 $|\Psi\rangle$ 和任意量子态 $\hat{\rho}$ 之间的保真度可以写为

$$F(|\Psi\rangle,\hat{\rho})=\mathrm{Tr}\left[\sqrt{|\Psi\rangle\langle\Psi|\hat{\rho}|\Psi\rangle\langle\Psi|}\right]=\sqrt{\langle\Psi|\hat{\rho}|\Psi\rangle} \tag{3.4.4}$$

这里需注意，当 $\hat{\sigma}=|\Psi\rangle\langle\Psi|$ 时，

$$\hat{\sigma}^2=|\Psi\rangle\langle\Psi||\Psi\rangle\langle\Psi|=|\Psi\rangle\langle\Psi|=\hat{\sigma} \tag{3.4.5}$$

从而得出

$$\hat{\sigma}^{1/2}=\hat{\sigma}=|\Psi\rangle\langle\Psi| \tag{3.4.6}$$

当应用于纯态 $|\Psi\rangle$ 和 $|\Phi\rangle$ 时，该定义式可简化为

$$F(|\Psi\rangle,|\Phi\rangle)=|\langle\Psi|\Phi\rangle|$$

(3) 对称性：

$$F(\hat{\rho},\hat{\sigma})=F(\hat{\sigma},\hat{\rho})$$

(4) 幺正不变性.

当对 $\hat{\rho}$ 和 $\hat{\sigma}$ 进行同一幺正变换时，其保真度是保持不变的.

$$F(U\hat{\rho}U^{\dagger},U\hat{\sigma}U^{\dagger})=F(\hat{\rho},\hat{\sigma})$$

思 考 题

(1) 简述单光子探测器的类型及其探测原理.

(2) 什么是理想的 ON-OFF 单光子探测器？描述其 POVM 矩阵. 当有量子效率和噪声后，ON-OFF 单光子探测器的 POVM 矩阵会有什么变化？

(3) 简述零拍探测的工作原理，以及时域和频域零拍探测器的区别.

(4) 简述量子层析的概念和常用的基本方法.

(5) 掌握量子保真度的概念，思考在什么条件下量子保真度和经典保真度是等价的.

参 考 文 献

[1] Hadfield R H. Single-photon detectors for optical quantum information applications. Nat. Photonics, 2009, 3:696-705.

[2] Eisaman M D, Fan J, Migdall A, et al. Invited review: single-photon sources and detectors. Rev. Sci. Instrum., 2011, 82: 071101.

[3] Mirin R P, Nam S W, Itzler M A. Single-photon and photon-number-resolving detectors. IEEE Photonics J., 2012, 4(2): 629-632.

[4] Liang Y, Zeng H P. Single-photon detection and its applications. Sci. China-Phy. Mech. Astron, 2014, 57: 1218-1232.

[5] Bartley T J. Superconducting detectors count more photons. Nature Photonics, 2023, 17: 8-9.

[6] 吴青林，刘云，陈巍，等. 单光子探测技术. 物理学进展, 2010, 30(3):296-306.

[7] Hamamatsu Photonics K. K. Photomultiplier tubes. 4th ed. 2017

[8] Gol'tsman G N, Okunev O, Chulkova G, et al. Picosecond superconducting single-photon optical detector. Appl. Phys. Lett., 2001, 79:705-707.

[9] 尤立星. 光量子信息利器——超导纳米线单光子探测器. 物理, 2021, 50(10): 678-683.

[10] Cabrera B, Clarke R M, Colling P, et al. Detection of single infrared, optical, and ultraviolet photons using superconducting transition edge sensors. Appl. Phys. Lett., 1998, 73: 735.

[11] 张青雅，董文慧，何根芳，等. 超导转变边沿单光子探测器原理与研究进展. 物理学报, 2014, 63(20): 200303.

[12] Kardynal B E, Yuan Z L, Shields A J. An avalanche-photodiode-based photon-number-resolving detector. Nat. Photon., 2008, 2(7): 425-428.

[13] Lita A E, Miller A J, Nam S W. Counting near-infrared single-photons with 95% efficiency. Opt. Exp., 2008, 16(5): 3032-3040.

[14] Eaton M, Hossameldin A, Birrittella R J, et al. Resolution of 100 photons and quantum generation of unbiased random numbers. Nat. Photon., 2022, 17: 106-111.

[15] Cheng R S, Zhou Y Y, Wang S H, et al. A 100-pixel photo-number-resolving detector unveiling photon statistics. Nat. Photon., 2022, 17: 112-119.

[16] Wang S F, Xiang X, Zhou C H, et al. Simulation of high SNR photodetector with L-C coupling and transimpedance amplifier circuit and its verification. Rev. Sci. Instruments, 2017, 88: 013107.

[17] Bruynsteen C, Vanhoecke M, Bauwelinck J, et al. Integrated balanced homodyne photonic–electronic detector for beyond 20 GHz shot-noise-limited measurements. Optica, 2021, 8(9): 1146-1152.

[18] Wang X Y, Bai Z L, Du P Y, et al. Ultrastable fiber-based time-domain balanced homodyne detector for quantum communication. Chin. Phys. Lett., 2012, 29(12): 124202.

[19] Wang X Y, Guo X B, Jia Y X, et al. Accurate shot-noise-limited calibration of a time-domain balanced homodyne detector for continuous-variable quantum key distribution. J. Light. Technol., 2023, 41(17): 5518-5528.

[20] Hansen H, Aichele T, Hettich C, et al. Ultrasensitive pulsed, balanced homodyne detector: application to time-domain quantum measurements. Opt. Lett., 2001, 26(21): 1714-1716.

[21] Chi Y M, Qi B, Zhu W, et al. A balanced homodyne detector for high-rate Gaussian-modulated coherent-state quantum key distribution. New J. Phys., 2011, 13:013003.

[22] Okubo R, Hirano M, Zhang Y, et al. Pulse-resolved measurement of quadrature phase amplitudes of squeezed pulse trains at a repetition rate of 76 MHz. Opt. Lett., 2008, 33(13):1458-1460.

[23] 刘建强, 王旭阳, 白增亮, 等. 时域脉冲平衡零拍探测器的高精度自动平衡. 物理学报, 2016, 65(10): 10030.

[24] Lvovsky A I, Raymer M G. Continuous-variable optical quantum-state tomography. Rev. Mod. Phys, 2009, 81(1):299.

[25] Vogel K, Risken H. Determination of quasiprobability distributions in terms of probability distributions for the rotated quadrature phase. Phys. Rev. A, 1989, 40(5):2847-2849.

[26] Schiller S, Breitenbach G, Pereira S F, et al. Quantum statistics of the squeezed vacuum by measurement of the density matrix in the number state representation. Phys. Rev. Lett., 1996, 77(14):2933-2936.

[27] Breitenbach G, Schiller S, Mlynek J. Measurement of the quantum states of squeezed light. Nature, 1997, 387: 471-475.

[28] Lvovsky A I, Hansen H, Aichele T, et al. Quantum state reconstruction of the single-photon Fock state. Phys. Rev. Lett., 2001, 87(5):050402.

[29] 范洪义, 唐绪兵. 量子力学数理基础进展. 合肥: 中国科学技术大学出版社, 2008.

[30] Nielsen M A, Chuang I L. Quantum computation and quantum information. 10th ed. Cambridge: Cambridge University Press, 2010.

第 4 章 量子光源的制备

如第 2 章中所述，量子光场按可观测量的本征谱可分为分离变量和连续变量，因此用以制备量子光场的量子光源也可分为分离变量量子光源和连续变量量子光源[1]. 分离变量量子光场主要包括光子数态(Fock 态)、光子数叠加态和光子纠缠态光场，连续变量量子光场主要包括相干态、压缩态和连续变量纠缠态光场. 此外，还有混合型量子光场，它同时结合了光场的两种性质，在量子技术中有着重要的应用，如单向量子计算. 混合型量子光场主要包括薛定谔猫态、微观-宏观纠缠态、宏观-宏观纠缠态光场等. 量子光源的具体划分可按照上述量子光场的分类进行确定.

4.1 分离变量量子光源

4.1.1 单光子态的制备

单光子态是指只包含单个光子的量子态，能够制备单光子的系统或装置，称为单光子源，它是光量子技术的重要资源. 实际的单光子源产生的并不是理想的单光子态，通常采用三个指标进行评价：单光子的纯度、产率和全同性. 单光子纯度是指量子态中单光子的概率. 单光子产率指单位时间内得到单光子的个数，以频率为单位. 单光子全同性是指其频率、偏振等的单一性. 随着单粒子操控、非线性光学等技术的发展，实验上制备单光子态已有许多方式，下面将主要介绍几种常见的单光子源.

1. 触发式单光子源

触发式单光子源是指根据实验需求，通过触发方式产生单光子的量子光源. 目前，制备触发式单光子的系统主要有单原子系统、单原子和光学腔耦合系统、单分子系统、量子点系统和原子系综等. 虽然这些系统不同，但是大多基于相同的原理，即粒子吸收辐射后，外层电子跃迁到较高的能级，然后再跃迁到较低能级或者基态，在此过程中发射出光子. 在单粒子激发条件下，产生的光子即为单光子态. 下面对几种触发式单光子源进行具体介绍.

1) 单原子系统

基于单原子激发获得单光子，需要对原子的外部、内部自由度进行精确控制. 原子外部自由度是指原子的动量、位置，这里指光学阱中俘获原子的振动态；内部自由度是指原子的能级、轨道、自旋等量子参数相关的自由度. 单原子外部自由度控制目前主要有两种技术：一种是利用工作在特殊参数下的磁光阱冷却俘获少数或单个原子，在此基础上将俘获原子装载到保守光学阱中，再进行后续内部自由度调控；另一种是基于常规磁光阱冷却俘获宏观数量的冷原子，利用强聚焦偶极阱的“碰撞阻挡效应”从系综原子中装载单原子，再进行后续的内部自由度调控. 磁光阱可以将原子冷却到毫开尔文或微开尔文温度，进一步装载原子到光学阱中，可以实现单原子微米尺度外部自由度控制；在此基础上，利用光抽运实现单原子内态制备，再利用脉冲光激发即可实现触发式单光子源[2]. 单原子制备的相关理论和实验将在第 7 章中详细讨论.

图 4-1 为单个原子激发产生单光子的原理示意图. 该示例选择铯原子 $6S_{1/2}\left|F_g=4,\ m_F=+4\right\rangle\rightarrow 6P_{3/2}\left|F_e=5,\ m_F=+5\right\rangle$ 跃迁构成闭合二能级系统，利用共振 π 脉冲激光将基态原子确定性地制备到激发态，激发态原子通过自发辐射返回基态并辐射光子，即触发式单光子源. 图 4-2 为单原子量子态调控，图(a)为光学偶极阱中

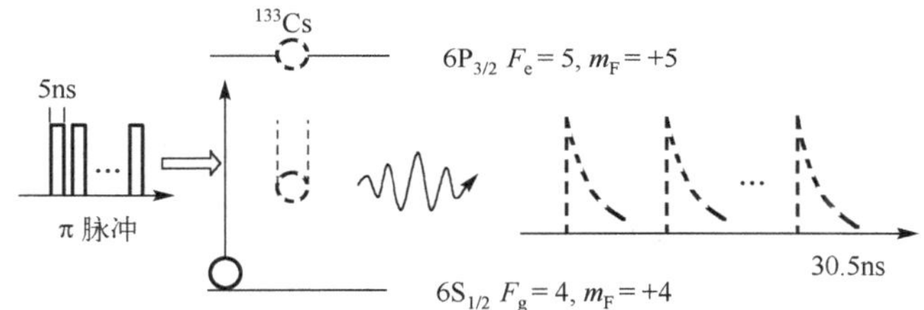

图 4-1　脉冲激发单个铯原子实现触发式单光子源的原理示意图

图中曲线为铯原子 6P 激发态指数衰减波包，虚线为产生的单光子脉冲

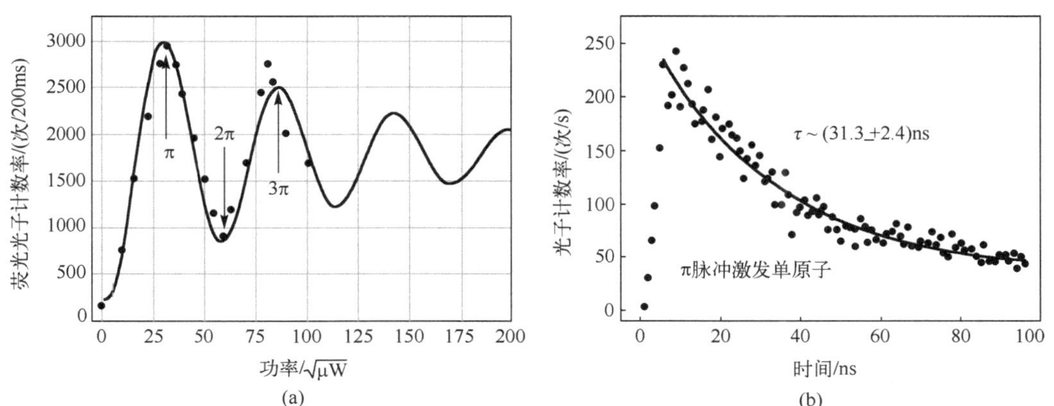

图 4-2　单原子基态与激发态的拉比振荡光谱测量[3]

(a) 偶极阱中单原子基态与激发态的可控拉比振荡. 实验中，激光脉宽 5 ns，重复频率 10 MHz，激光腰斑 12 μm；(b) π 脉冲激发单原子荧光光谱信号. 拟合实线为指数衰减拟合，对应寿命为 (31.3 ± 2.4) ns，测量分辨率为 1 ns

单原子基态与激发态的拉比振荡光谱测量. 基于确定光脉冲的强度改变可以制备原子到基态与激发态的任意量子叠加态. 图(b)为 π 脉冲激发后收集到的单原子荧光光谱信号，该光谱给出了铯原子 6 P 态的自发辐射寿命以及辐射光子的波包特性.

单个原子自发辐射产生的光子为单光子态. 采用如图 4-3 所示的标准 HBT 实验装置可以测量单原子辐射荧光光子的统计特性. 实验中，采用连续光激发磁光阱中的单原子，原子辐射荧光信号经透镜组收集后通过 50/50 分束器分束，分束光分别进入两个光纤耦合的单光子探测器(SPCM). 探测器的输出信号输入数据采集卡进行数据分析. 典型的数据采集卡有两路输入，例如：德国 FAST Comtec 公司的 P7888 数据采集卡，一路称为 Start 信号，用于触发数据采集卡开始计数；另一路为 Stop 信号，用于记录 Start 计时之后的脉冲信号到达时间，Stop 信号通常辅助连接延时器给出不同时间尺度上的关联测量. 通过数据采集卡的时间关联计数可以给出光子的一阶或二阶关联特性. 图 4-4(a)所示为连续激发单原子后，辐射单光子的二阶关联测量结果，该图为归一化之后的实验结果，光谱振荡为连续光激发原子的拉比振荡. 图 4-4(b)为微米尺度光学阱中单原子脉冲激发后辐射光子的二阶关联测量，即可控的触发式单光子源. 示例实验参数给出的单光子源产率为 10 MHz，零延时处 $g^{(2)}(0)=0.09$ [3]，其在零时间处接近零的关联计数结果说明该单光子源具有明显的反聚束特性，即单光子纯度较高. 基于微型光学阱俘获单原子实现的单光子源，单光子纯度受限于单光子背景光子散射、探测器暗计数等；单光子的产率主要受限于光学阱中单原子俘获寿命；单光子的全同性依赖光学阱中原子热运动导致的谱线加宽以及光频移等.

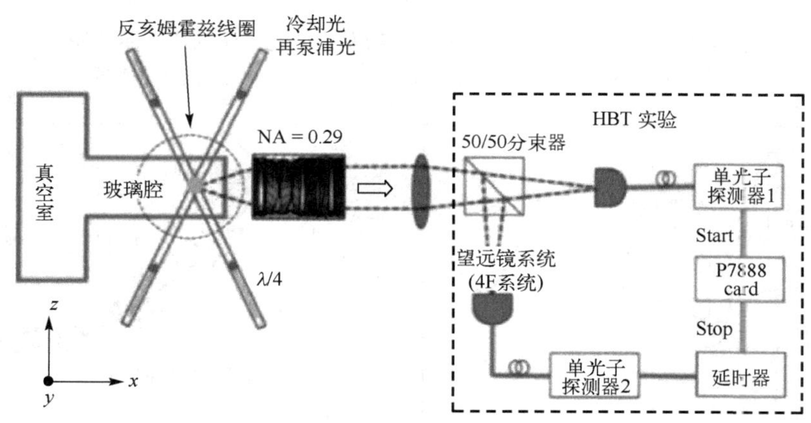

图 4-3 单原子实验装置和 HBT 实验装置示意图

基于单原子获得的单光子态具有线宽窄、全同性高、匹配相应原子跃迁线等优点，但是，总体来说，其实验装置相对复杂，在集成化和小型化方面对该技术要求较高.

2) 单原子和光学腔强耦合系统

当单个原子被放置于光学腔中时，单原子与腔的强耦合使得原子出射光子的模

式受到腔的限制，单光子的制备效率会有显著提高，单光子的出射方向更为集中并便于光子收集. 与此同时，单原子和光学腔强耦合系统在外界泵浦的情况下自然满足激光产生的三要素，其中单原子充当激光介质，形成单光子源，此系统也被称为单原子激光器. 实验上 J. Mckeever 等 2003 年利用单个铯原子与光学腔强耦合系统，通过垂直于腔轴方向光场(图 4-5 中光场 $\Omega_{3,4}$)泵浦腔内单原子的方式实现了单原子激光器[4]. 图 4-5(b) 中，原子采用四能级结构，光场 $\Omega_{3,4}$ 和单原子-腔强耦合跃迁 g 共同作用在原子上，最终由能级 $|4'\rangle \to |3\rangle$ 的跃迁产生单光子，并且此单原子激光器没有出现类似经典激光器所具有的阈值特性. 此后 A. Kuhn 等利用腔内三能级原子拉曼跃迁也实现了确定性的单光子源[5].

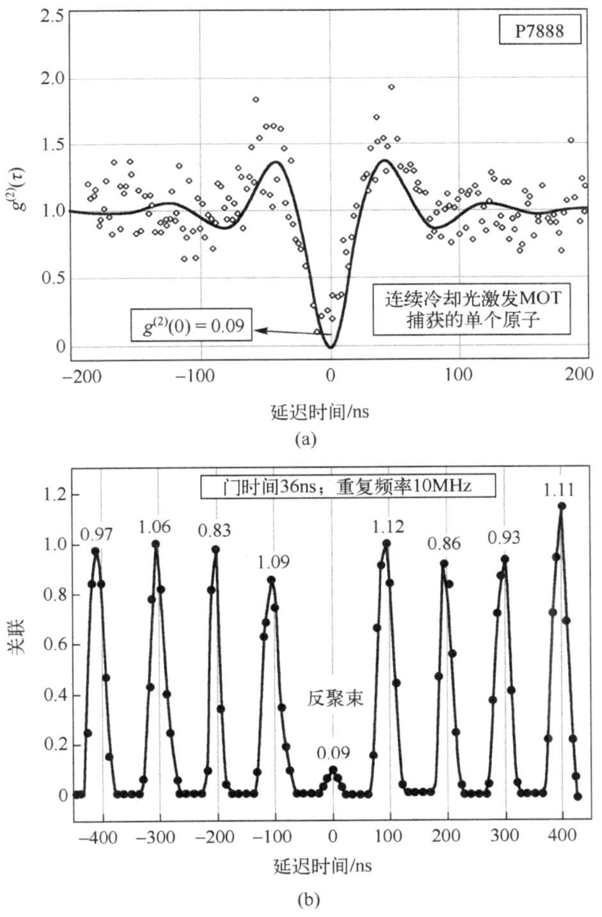

图 4-4 基于单原子系统的单光子源 HBT 实验测量[3]

(a) 磁光阱中单原子辐射荧光的 HBT 实验结果，等效拉比频率为 12.1 MHz；(b) 触发式单光子源，触发脉冲重复频率 10 MHz，脉宽 5 ns

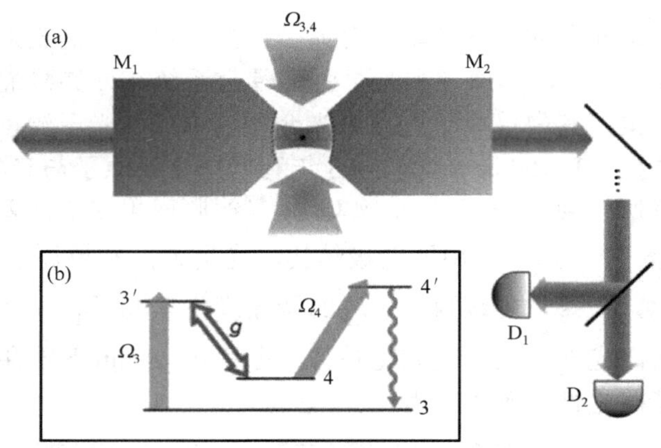

图 4-5 单原子激光器及其能级示意图[4]

(a) 单个铯原子被俘获在光学 FP 腔中，垂直于腔轴方向泵浦光的作用下形成单原子激光器；(b) 单原子激光器的能级及其泵浦和光学腔的耦合示意图

强耦合的单原子腔系统还表现出强烈的单光子非线性效应，可以用来实现单光子阻塞器件. 共振于基态和第一激发态的相干光场用来泵浦系统，如图 4-6(b) 中 I

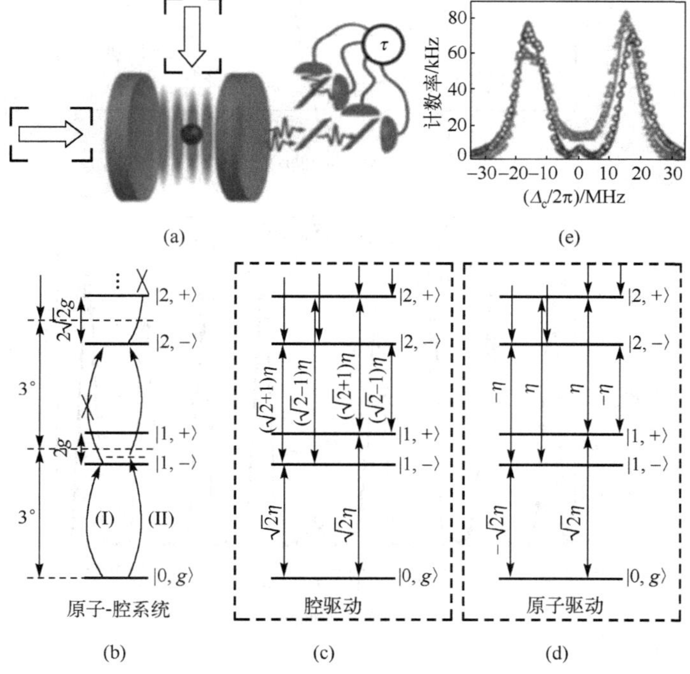

图 4-6 光子阻塞器示意图[7]

(a) 由腔泵浦和原子泵浦强耦合单原子腔 QED 系统示意图；(b) 强耦合腔 QED 能级图及单光子阻塞（Ⅰ）和双光子阻塞（Ⅱ）；(c) 和 (d) 腔泵浦和原子泵浦的能级耦合强度；(e) 腔泵浦和原子泵浦下的真空拉比分裂

过程所示. 由于强耦合原子腔系统的量子非线性效应，其他高激发态在多光子跃迁下相对泵浦光场的频率存在失谐，从而不能被激发. 在这种情况下系统只允许一个光子进入，因而系统的透射光场在同一时间最多只含有一个光子，2005 年实验上首次得以实现[6]. 2017 年 C. Hamsen 等又分别从腔和原子两个通道通过双光子共振泵浦腔内原子实现了双光子阻塞效应[7]，如图 4-6(b) 中Ⅱ过程所示. 单原子和光学腔强耦合系统更为详细的内容将在第 8 章中介绍.

3) 单分子系统

基于单分子的单光子源在相干性、可扩展性以及与各种集成平台的兼容性等方面具有显著优势，有望在量子科学与技术的发展中发挥重要作用[8]. 单分子产生单光子态需要利用高倍显微镜对固体材料中的单分子进行定位、激发和探测. 因此单分子系统，相对于单原子和原子-腔系统，具有实验装置简单、易于操作的特点. 用于制备单光子源的最常用的单分子有并五苯(pentacene)、三萘嵌苯(terrylene，Tr)、二萘嵌苯(perylene)、二苯并蒽(dibenzoanthracene，DBATT)和二苯并三萘嵌苯(dibenzoterrylene，DBT)，它们的化学结构如图 4-7(a) 所示. 这些具有平面刚性结构

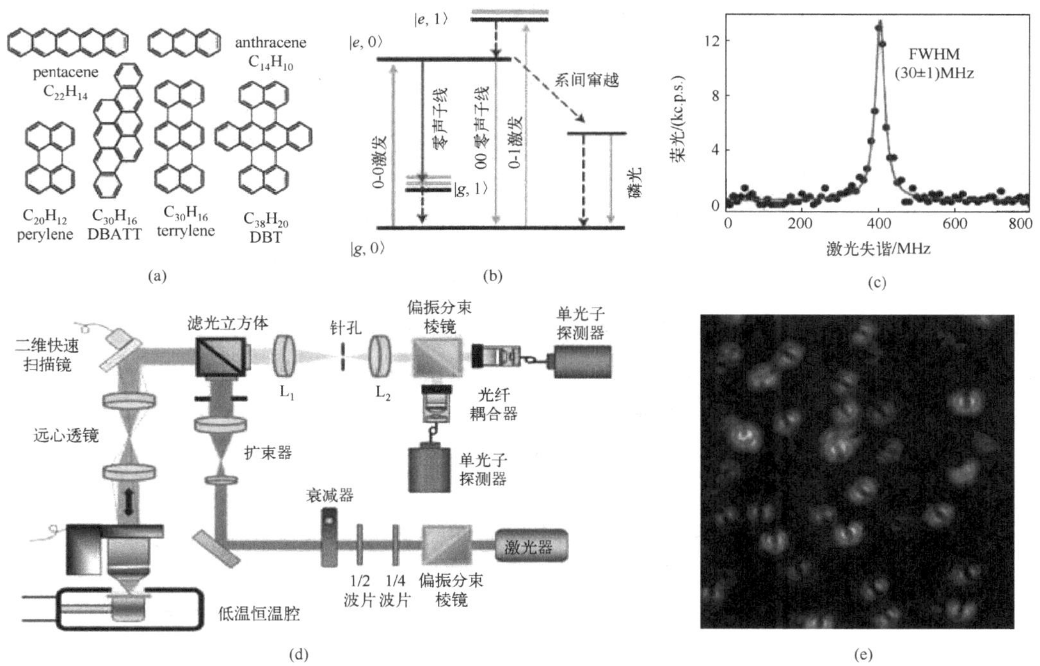

图 4-7　单分子制备单光子原理图[8]

(a) 常用单分子的化学结构；(b) 简化的单分子能级结构图；(c) 单个二苯并三萘嵌苯分子在 1.4 K 低温下的荧光激发光谱，零声子线(ZPL)的线宽约为 30 MHz；(d) 用于单分子低温光学探测的共聚焦显微镜实验系统；(e) 单分子的共焦荧光扫描成像图，成像区域为 10 μm×10 μm

的多环芳烃分子具有高度相干性和激发态寿命极限的发射线宽，尤其适用于量子光学研究领域. 简化的单分子能级结构如图 4-7(b)所示，低温单分子的能级结构能够表现出简单的二能级或三能级结构行为. 单分子在激光脉冲激励下被泵浦到激发态的振动能级上，激发态分子会快速弛豫到激发态最低振动能级，随后分子跃迁到基态的振转能级，最终快速弛豫到基态的最低振动能级，在这个过程中一个荧光光子被发射出去.

单分子探测通常采用共聚焦系统，共聚焦系统将激发光聚焦在样品点表面，发射光则聚焦在一个针孔上，针孔起到限制仪器在样品表面的聚焦深度、防止杂质信号产生的背景噪声的作用. 图 4-7(d)为用于单分子低温光学探测的共聚焦显微镜实验装置，激光器的出射光经过一个偏振分束棱镜，成为特定方向的线偏振光，之后经过一个 1/4 波片使其成为圆偏光，通过衰减器和扩束器扩束后再经过滤光立方体滤波，由二向色镜反射进入显微镜物镜中，被显微镜物镜聚焦到位于低温恒温腔中的样品上，显微物镜置于低温恒温腔外部(也可置于内部). 样品扫描通过二维快速扫描镜实现(例如，Newport， FSM-300-01，光学角度调整范围为±3°，角度分辨率为 2 μrad，闭环控制频率 800 Hz)，二维快速扫描镜可以在单轴上提供 X 和 Y 两个方向的转动. 入射平行光经过扫描镜偏折进入物镜后孔径，不同的入射角度聚焦在物镜聚焦面的不同位置，实现激光样品扫描. 实际工作过程中，由于扫描镜和物镜后孔径之间光路距离较远，为了实现激光扫描，需要在中间加一组 $4f$ 望远透镜系统，$4f$ 系统可以将任意角度的偏折光都以相同角度进入物镜后孔径. 物镜聚焦点内的分子样品发出的荧光被同一个物镜收集并按原路返回，经过二向色镜过滤后，只有分子荧光进入探测光路. 在探测光路之前，荧光经过一个长通滤光片进一步滤除荧光波段之外的杂散光. 同时，物镜将分子荧光聚焦到针孔(孔径约为 100 μm)上进行空间滤波，只有针孔范围之内的部分才能通过，而其他杂散光被针孔滤除. 经过空间滤波的分子荧光由偏振分束棱镜分开，被光纤耦合器耦合进入单光子探测器中进行探测. 此外，该实验将单分子样品进行了降温制冷，低温环境可以有效抑制分子在辐射过程中荧光强度产生逐步减弱乃至消失的光漂白、光褪色现象. 图 4-7(e)为低温条件下通过二维快速扫描镜获得的单分子的荧光成像，其中亮色区域为单分子的荧光成像，对该区域进行定点激发可以获得单光子辐射.

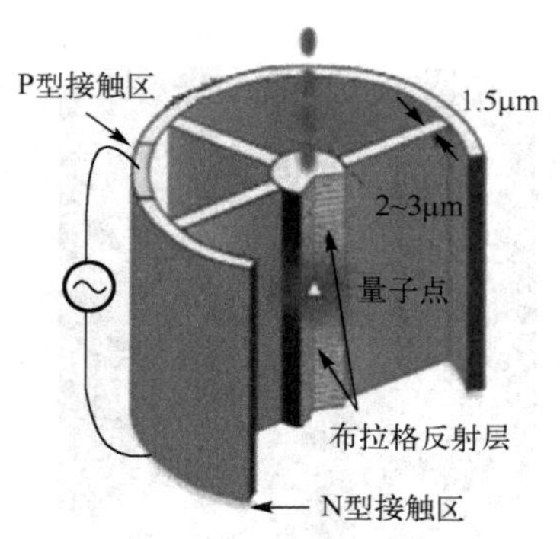

图 4-8 电控单量子点结构图[10]

相对于单原子系统，单分子单光子源具有可扩展性和易于集成的优点，但是其同时具有光漂白、光褪色的缺点.

4) 量子点系统

量子点是一种将导带电子、价带空穴以及由电子和空穴通过库仑相互作用而结合成的激子束缚在三维空间上的半导体纳米结构，也称“人造原子”、“超晶格”、“超原子”或“量子点原子”等. 20 世纪 90 年代，实验发现单个量子点能发射单光子. 目前大量实验研究表明，量子点单光子源具有较高的亮度、较窄的谱线宽度，且不会发生光褪色. 同时，相对于其他单光子光源，量子点单光子源更容易集成到分布式布拉格反射(distributed Bragg reflection，DBR)微腔中或者嵌入到 PIN 结中，有利于制作集成器件[9]. 2016 年，Somaschi 等在电控微腔中制备了 InGaAs 量子点单光子光源[10]，如图 4-8 所示，该量子点单光子的全同性为 0.9956 ± 0.0045，纯度达到 $g^{(2)}(0) = 0.0028 \pm 0.0012$，收集效率为 65%.

目前微腔量子点单光子源大都工作在低温环境下，严重限制了其应用范围，人们希望单光子源可以在室温下工作，并能够和未来量子存储、单光子探测器等量子网络的其他关键器件兼容. 最近几年在这方面取得了重大的进展，2017 年，Lin 等研究了单胶体量子点作为电驱动单光子源，结合器件中的隔离层实现了室温下制备单光子，开辟了室温量子光源研究的新途径[11]. 量子点制备单光子的优势是产率高，但是，量子点的不足之处是：需要低温设备，故系统将变得复杂且造价高.

5) 原子系综

根据本章参考文献[12]提出的理论方案，原子系综可以作为单光子产生的介质. 原子系综相对于单原子系统而言，多原子体系的集体效应可实现高产率的单光子源，同时由于不需要偶极阱，所以系统相对简单，实验过程也更便于控制. 图 4-9 为利用多原子系综制备单光子的实验装置[13]，该实验采用三能级原子. 实验中，首先通过磁光阱(MOT)捕获、冷却原子团，然后利用写(write)脉冲将原子由基态 $|a\rangle$ 制备到激发态 $|e\rangle$ 上，原子会由 $|e\rangle$ 跃迁到基态 $|a\rangle$，从而辐射出光场 1(Field 1). 经过一段时间延迟之后，利用对应另一能级跃迁的读(read)脉冲与原子系综相互作用，产生光场 2(Field 2). 读写脉冲通过一个高数值孔径透镜聚焦在原子系统上，然后再由另一个高数值孔径透镜会聚，该透镜可收集受激辐射的单光子. 实验中，光场 2 的单光子特性通过两个单光子探测器的符合计数违背 Cauchy-Schwarz 不等式来验证.

此外，含有里德伯(Rydberg)原子(主量子数 n 很大的高激态原子($n = 50 \sim 100$)，被称里德伯原子，具有寿命长、电偶极矩大的特点，在基础物理和应用研究方面具有重要意义)的原子系综也是制备单光子的有力工具. 由于其大的电偶极矩，当原子系综中一个原子被激发到里德伯态，强的偶极相互作用会使系综中周围的原子不能再被激发到里德伯态，这称为里德伯阻塞效应. 对于含有里德伯原子的多原子体系，如果原子系统的尺寸小于阻塞范围，则该原子系统可视为一个“原子”，称为“超原子”.“超原子”相对于单原子具有集体增强作用，是制备单光子态的重要资源. 2022 年潘建伟课题组采用基于里德伯原子的腔增强存储方案，存储恢复后获得了具有纯度更高的单光子，实验测得零延时处 $g^{(2)}(0) = 0.01$[14].

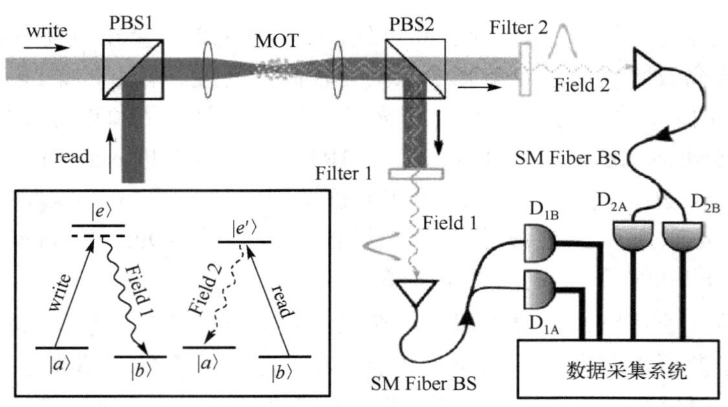

图 4-9 多原子系综制备单光子的实验装置示意图[13]

Filter1、Filter2 为窄带滤波片，只允许光场 1 或光场 2 通过；PBS1、PBS2 为偏振分束棱镜；SM Fiber BS 为单模光纤分束器；D_{1A}、D_{1B}、D_{2A}、D_{2B} 为探测器

2. 宣布式单光子源(预告式单光子源)

虽然触发式单光子源具有一定的可控性，但是也不能准确告知某一时间已制备出单光子，这给实验带来随机性，而宣布式单光子源可以很好地解决这一问题. 制备宣布式单光子，通常首先制备一对纠缠光子，然后探测其中一个光子的存在，即可确定另一个光子产生，该光子即为宣布式单光子. 下面主要介绍两种制备宣布式单光子的实验方法.

1)基于自发参量下转换制备宣布式单光子

自 1970 年首次在实验上观察到自发参量下转换(spontaneous parametric down-conversion，SPDC)现象以来[15]，相关研究一直备受关注，它已经成为量子光学领域的重要资源.

自发参量下转换是基于晶体的二阶非线性($\chi^{(2)}$)过程，如图 4-10 所示，一束频率为 ω_p 的较强激光(泵浦光)泵浦一块非线性晶体(如 BBO 晶体)，由于二阶非线性效应，一个泵浦光光子“分裂”产生两个光子，分别称为“信号光”(signal)和“闲置光”(idle)，其频率分别为 ω_s 和 ω_i，该过程满足能量守恒和动量守恒条件：$\omega_p = \omega_s + \omega_i$，$\boldsymbol{k}_p = \boldsymbol{k}_s + \boldsymbol{k}_i$，这里 $\boldsymbol{k}_p$、$\boldsymbol{k}_s$、$\boldsymbol{k}_i$ 分别为泵浦光、信号光和闲置光的波矢，如图 4-10(a)所示. 在转换过程前后，光场与介质之间没有能量、动量的交换，属于参量过程. 在参量下转换过程中，三个光子频率和偏振不同，晶体的双折射和色散导致三个光场在晶体内的折射率不同. 根据晶体相位匹配的类型可将参量下转换分为 I 类和 II 类，下面以负单轴晶体为例进行介绍. 对于 I 类参量下转换，其变化关系表示为 $e \longrightarrow o + o$，即晶体中一个泵浦光(e 光)下转换产生两个偏振方向相同(o 光)

的光子. 信号光和闲置光的空间分布为锥形. 当频率简并($\omega_s = \omega_i$)时，则两个光子在空间上对称分布. 当频率不简并($\omega_s \neq \omega_i$)时，下转换光的波矢在空间上分布不对称. 对于Ⅱ类参量下转换，其变化关系表示为 $e \longrightarrow e + o$，即产生的光子对的偏振方向互相垂直，其中一个光子与泵浦光偏振相同，另一个光子偏振与泵浦光偏振垂直，如图 4-10(b)所示. 频率简并的Ⅱ类参量下转换如图 4-10(c)所示，其中上侧虚线圆为 e 光，下侧实线圆对应 o 光，两个圆有两个交点.

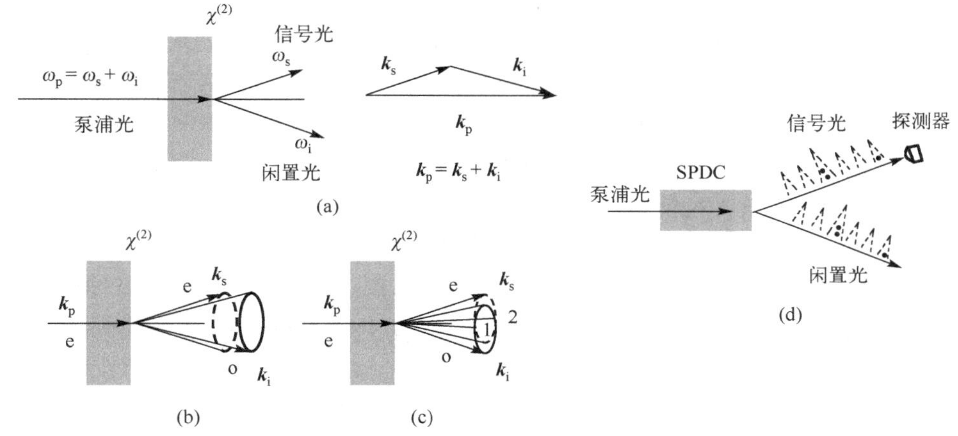

图 4-10　参量下转换原理图

(a) 自发参量下转换示意图；(b) Ⅰ类自发参量下转换；(c) 频率简并Ⅱ类自发参量下转换；(d) 自发参量下转换制备宣布式单光子

自发参量下转换过程可用 2.4.3 节所述的双模压缩算符表示，下转换光场为双模压缩态光场. 在福克态表象下，参量下转换产生的光场的量子态可表示为

$$|\psi\rangle = \sqrt{1-\lambda^2}\left(|0\rangle_s|0\rangle_i + \lambda|1\rangle_s|1\rangle_i + \lambda^2|2\rangle_s|2\rangle_i + \cdots + \lambda^n|n\rangle_s|n\rangle_i + \cdots\right) \tag{4.1.1}$$

其中，λ 为压缩参量. 可以看出信号光与闲置光总是具有相同的光子数. 从光子转化角度考虑，第一项对应无下转化光子对产生，第二项对应一个泵浦光子转换为一对关联光子，第三项对应两个泵浦光子转化为两个信号光子和两个闲置光子. 在弱泵浦条件下，λ 远小于 1，因此高阶关联光子对产生的概率远小于一阶关联光子对，所以上式可近似为

$$|\psi\rangle = \frac{1}{\sqrt{1+\lambda^2}}(|0\rangle_s|0\rangle_i + \lambda|1\rangle_s|1\rangle_i) \tag{4.1.2}$$

这里可以看到，只要闲置光通道探测到一个光子，就表明信号光通道存在一个光子，即实现了宣布式单光子源. 采用这种方法的好处是：可以在不破坏单光子的同时确认单光子的产生.

实验原理如图 4-10(d)所示，一束脉冲光泵浦 BBO 晶体，由于二阶非线性效应，一个泵浦光子转化为一个信号光子和一个闲置光子. 当探测器探测到一个光子，即可宣告另一个光子存在. 该方式可以确定性地制备出单光子，被广泛应用于各研究领域.

2) 基于原子系综的四波混频过程制备宣布式单光子

利用原子系综中的四波混频过程也可以制备单光子. 与二阶非线性效应自发参量下转换不同的是，四波混频过程利用的是原子系综中的三阶非线性效应，详细介绍见第 6 章. 在四波混频过程中，两个泵浦光子转换为一个信号光子和一个共轭闲置光子，该过程满足能量守恒与动量守恒，这两个光子也称为纠缠光子对. 基于双 Λ 型能级结构的四波混频过程巧妙地利用远失谐的泵浦光和基态原子的相干性，因此能有效抑制自发辐射的影响，从而可以获得高纯度宣布式单光子.

利用铷原子蒸气介质中的四波混频过程实现宣布式单光子源如图 4-11 所示[16]，图 4-11(a)为 ^{85}Rb 原子双 Λ 型能级结构及产生关联光子对过程示意图. 初始时刻所有的原子都处于基态$|b\rangle$，由于泵浦光与原子相互作用，原子会经过$|b\rangle\rightarrow|a\rangle\rightarrow|c\rangle$拉曼过程，跃迁到另一个基态$|c\rangle$，同时原子经过另一个拉曼过程$|c\rangle\rightarrow|a\rangle\rightarrow|b\rangle$再返回到基态$|b\rangle$，原子介质集体自旋态相干地转化为斯托克斯(Stokes)光子(这里为闲置光)和反斯托克斯光子(这里为信号光子). 通过这两个拉曼过程相干地制备产生两个量子关联的光子对，该系统与自发参量下转换制备的宣布式单光子类似，利用其中一个光子来预告另一个光子，从而制备宣布式单光子. 只不过，在自发参量下转换过程中一个泵浦光子转化为一个信号光子和一个闲置光子，而在四波混频过程中两个泵浦光子转化为一个信号光子和一个闲置光子. 此外，自发参量下转换是利用远离晶体共振的二阶非线性效应实现的，而四波混频过程则是通过原子近共振的三阶非线性效应实现的. 近共振激发原子可以提供足够强的三阶非线性效应，这使得宣布式单光子源具有线宽窄、产率高等优点.

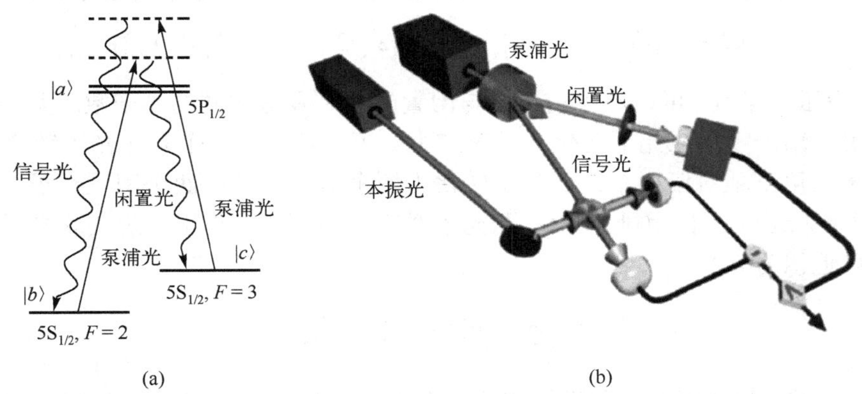

图 4-11 利用自发四波混频过程实现宣布式单光子源示意图[16]

(a) ^{85}Rb 原子双 Λ 型能级结构及产生关联光子对过程示意图；(b)实验装置示意图. 这里通过平衡零拍探测系统对产生的宣布式单光子进行量子层析测量

4.1.2　光子纠缠态的制备

1. 单光子纠缠态

利用上述得到的宣布式单光子，将其经过一个 50/50 分束器，可以得到单光子纠缠态，如图 4-12 所示. 一个单光子经过 50/50 分束器后，其变换为

$$|1\rangle_1|0\rangle_2 \Rightarrow \hat{U}|1\rangle_1|0\rangle_2 \tag{4.1.3}$$

其中分束器的幺正变换 $\hat{U}=\exp[\mathrm{i}(\pi/4)(\hat{a}^{\dagger}\hat{b}+\hat{a}\hat{b}^{\dagger})]$，进一步可得

$$\hat{U}|1\rangle_1|0\rangle_2=\frac{1}{\sqrt{2}}\left(|1\rangle_1|0\rangle_2-|0\rangle_1|1\rangle_2\right) \tag{4.1.4}$$

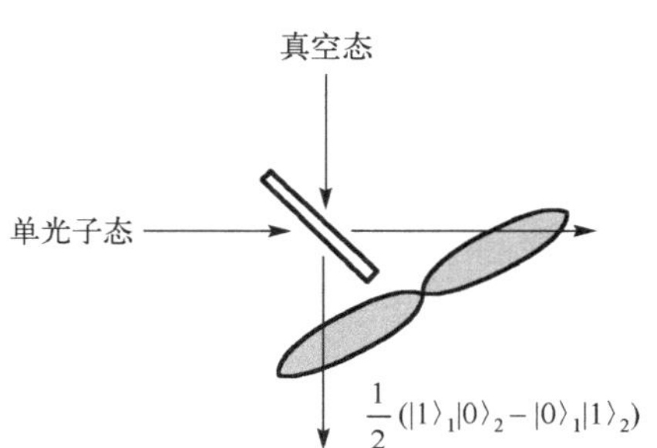

图 4-12　制备单光子纠缠态原理示意图

在分束器的两个输出端制备单光子的纠缠态，也称单光子路径纠缠态.

2. 双光子纠缠态

上文所述制备宣布式单光子的过程中，利用自发参量下转换和原子系综四波混频过程产生的两个光子为双光子纠缠态，它们具有时间、频率等纠缠特性，这里不再赘述. 而对于图 4-10(c)中的Ⅱ类简并参量下转换过程，上下两个圆有两个交叉点，在这两个交叉点处，可能是 e 光也可能是 o 光，如果一个为 e 光，另一个则为 o 光，这种情况下的双光子态为偏振纠缠态，其表达式为

$$|\psi\rangle=\frac{1}{\sqrt{2}}(|H\rangle_1|V\rangle_2+|V\rangle_1|H\rangle_2) \tag{4.1.5}$$

3. 多光子纠缠态

近年来，利用自发参量下转换过程制备纠缠态的研究取得了许多重要进展，但是，通常制备多光子纠缠的效率不高，实现困难. 2001 年，德国和日本的研究人员分别独立提出了 Beamlike 方法[17,18]，该方法利用Ⅱ类相位匹配的自发参量下转换过程，通过改变匹配角调整出射光的两个圆锥面，使其趋近于一条线，从而大幅提高了下转换光子的收集效率，如图 4-13(a)所示，为多光子纠缠态的高效制备奠定了基础. 2016 年，中国科学技术大学的潘建伟研究组使用基于 Beamlike 型参量下转换的“三明治”结构成功制备了十光子纠缠态[19]，这种纠缠源使光子数和保真度显著提高. 如图 4-13(b)所示，在两个 BBO 晶体之间插入一个半波片(HWP)，使第一个

BBO 制备的两个纠缠态光场偏振旋转 90°，与第二个 BBO 制备的同方向光子偏振垂直. 利用多组 Beamlike 纠缠源，并通过符合计数可获得多光子纠缠态，如图 4-14 所示.

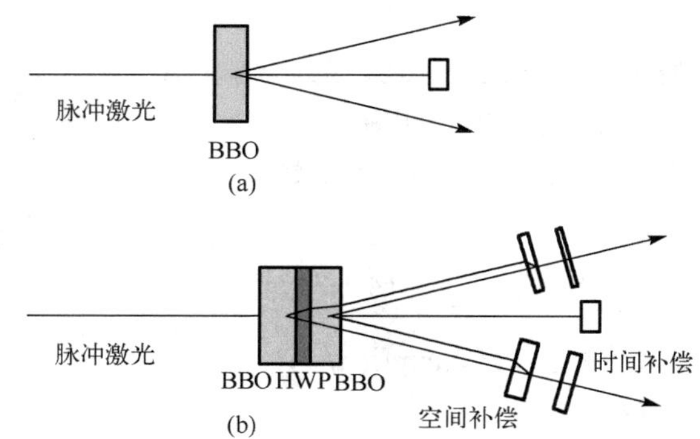

图 4-13　Beamlike 自发参量下转换(a)和“三明治”结构自发参量下转换(b)

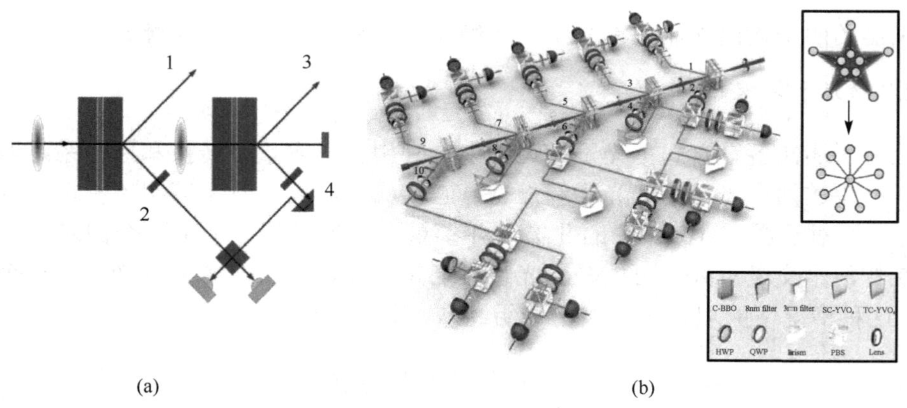

图 4-14　四光子 GHZ 态制备示意图(a)和十光子制备示意图(b)[19]

4.1.3　单光子与真空态相干叠加态的制备

除上述光子态外，单光子与真空态构成的相干叠加态也是一种非常重要的量子资源，它可作为量子信息技术的基本单元，即量子比特(quantum bit，qubit)，其一般表达式可写为

$$|\psi\rangle = a|0\rangle + b|1\rangle \tag{4.1.6}$$

其中，a、b 分别为真空态和单光子态的概率幅.

下面简单介绍通过四波混频过程制备单光子与真空态的相干叠加态，实验系统如图 4-15 所示[20]，其探测方式与本章参考文献[16]所述基本相同. 这里，在闲置光

通道注入一束弱相干光$|\alpha\rangle$，假设信号光通道为真空注入，在一阶近似条件下，t 时刻的输出态为

$$|\psi_{\text{out}}\rangle = |0\rangle_{\text{i}}|0\rangle_{\text{s}} + \alpha|1\rangle_{\text{i}}|0\rangle_{\text{s}} - \text{i}\frac{\gamma t}{\hbar}|1\rangle_{\text{i}}|1\rangle_{\text{s}} \tag{4.1.7}$$

如果对闲置光通道进行单光子探测，探测概率为

$$P_{\text{out}} = |\alpha|^2 + \left|\frac{\gamma t}{\hbar}\right|^2 \tag{4.1.8}$$

相应地，信号光通道将塌缩至量子态

$$|\psi_{\text{s}}\rangle = \alpha|0\rangle - \text{i}\frac{\gamma t}{\hbar}|1\rangle \tag{4.1.9}$$

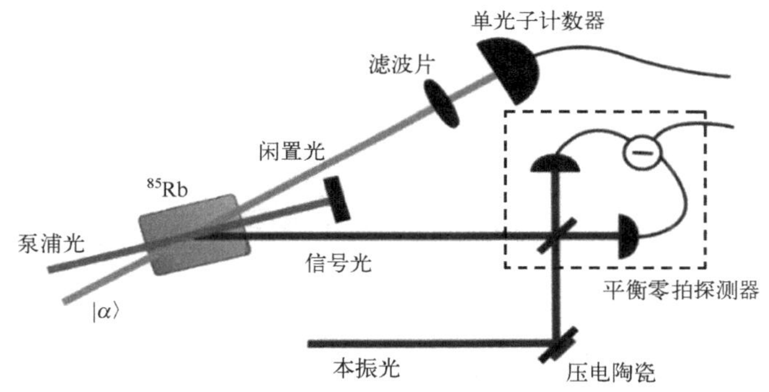

图 4-15　产生光场量子比特的示意图

一束弱相干光$|\alpha\rangle$沿四波混频过程闲置光通道注入铷原子气室，随后经过空间滤波与谱线滤波后被单光子计数器探测，信号光通道进行平衡零拍探测

由于闲置光通道的单光子计数器无法分辨探测到的单光子是来自四波混频过程还是注入的相干光，因此闲置光通道的一次单光子探测事件使得信号光塌缩到一个单光子态与真空态的叠加态. 上式中真空态与单光子态的概率幅可以通过改变注入相干光的光强来控制，相位可以通过改变注入相干光与泵浦光之间的相对相位来控制.

4.2　连续变量量子光源

连续变量量子光场主要包括相干态、单模压缩态和连续变量纠缠态光场.

4.2.1　相干态光场的产生

相干态为湮灭算符的本征态[21]，在福克态表象中，可表示为光子数的相干叠加态，光子数分布为泊松分布. 它的正交振幅和正交相位分量标准差乘积满足：

$\Delta\hat{X}\Delta\hat{P}=1/4$，其中 $\Delta\hat{X}$ 和 $\Delta\hat{P}$ 分别为正交振幅和正交相位标准差，该式表明相干态光场为最小不确定态. 利用平衡零拍探测系统可以测量得到相干态的正交分量噪声分布，如图 4-16 所示. 这里待测相干态幅度远小于本振光幅度，干涉幅度正比于相干态的相干幅度 α，噪声分布对应真空涨落. 相干态光场的性质与经典的光场态接近，远高于阈值的单频激光器的输出光场可视为相干态.

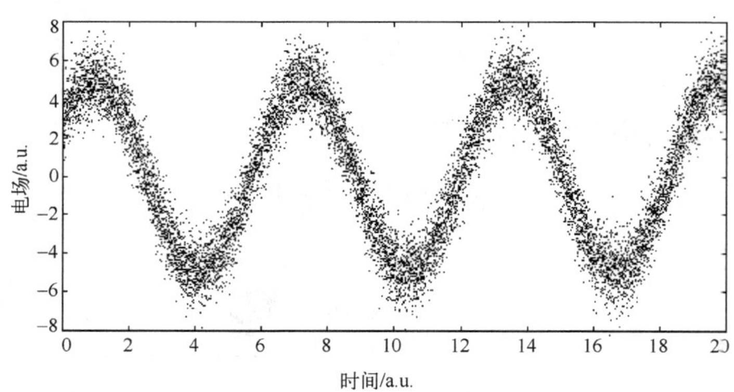

图 4-16 相干态正交分量噪声

该数据由平衡零拍探测系统测量得到，待测光为一束弱相干光

4.2.2 压缩态光场的制备

压缩是指光场量子噪声(涨落)的压缩，如前所述，相干态和真空态的两正交分量具有相同的量子起伏，且标准差乘积为 1/4，在相空间中其噪声(涨落)分布轮廓为圆形，但是这种圆形分布可以进行控制，使其噪声分布在某一正交方向被压缩，同时由于不确定性原理，在另一个正交方向被拉伸. 例如，在参量下转换过程中，一个高频光子产生两个光子，这两个光子具有高度量子关联，测量下转换光场的正交分量时，某一正交分量噪声会低于散粒噪声极限，该光场即为压缩态光场. 如果两个光子的频率、偏振、空间等模式均相同，即为简并参量过程，制备的光场即为单模压缩态光场. 如果两个光子频率、偏振、空间等模式不同，即为非简并参量过程，制备的光场为双模压缩态光场.

实验方面，1985 年贝尔实验室的 R. E. Slusher 研究组利用钠原子介质中的简并四波混频[22]，首次实现压缩态光场，噪声功率低于散粒噪声极限 7%. 之后，研究人员在压缩态光场的制备和探测等方面进行了卓有成效的工作，实现了正交振幅(或正交相位)压缩、强度差压缩、光子数压缩态等. 1986 年，吴令安等首次在实验上通过运转于阈值以下的光学参量下转换过程产生单模正交压缩态光场，使得输出场噪声功率相对于散粒噪声极限降低 63%[23]. 经过不断地研究探索与技术改进，2008 年德国马普研究所的 R. Schnabel 小组实现 10 dB 的压缩真空态光场[24]，2016 年该小组将压缩度提高到 15 dB[25]. 在光子数压缩态光场(也称为振幅压缩或强度压缩态光场)方面，1987 年，法国国家科学研究中心使用氩离子激光作为泵浦源，通过非简并参量下转换使得信号光、闲置光之间强度差噪声相对于 SQL 下降 30%[26]. 1987 年 Y. Yamamoto 研究组采用高阻恒流源抑制半导体激光器泵浦噪声技术产生光子数压缩态光场[27]. 国内，1998 年，山西大学郜江瑞教授等实验得到了低于散粒噪声极限 9.2 dB 的强度差压缩态光场[28]，2019 年，山西大学孙小聪等通过优化平衡零拍探测系统，测量得到 13.8 dB 的正交压缩[29].

目前，有许多方法可以制备压缩态光场，而基于腔增强的晶体二阶非线性过程的光学参量振荡器(optical parametric oscillator，OPO)和光学参量放大器(optical parametric amplifier，OPA)仍是产生压缩态光场的重要装置. 下面将主要介绍利用光学参量振荡器或放大器制备单模和双模压缩态光场的实验.

在基于双折射非线性晶体的光学参量振荡器和放大器中，如前所述，需要满足相位匹配条件，因此通过选择某一特定角度使信号光、闲置光与泵浦光在这一角度下的折射率相等，从而在晶体中具有相同的相速度，以满足相位匹配条件. 这里主要讨论信号光和闲置光频率简并的情况，因此信号光和闲置光视为基频光，泵浦光频率为信号光和闲置光频率的二倍，视为倍频光. 双折射相位匹配完全依赖于非线性材料的双折射特性，每种非线性材料只有在一些特定的波长范围内才能满足相位匹配条件. 除此之外，影响有效非线性系数的因素还有相互作用光的偏振等，这些条件都极大地限制了频率转换的应用范围. 1962 年，J. A. Armstrong 等提出了准相位匹配理论[30]，准相位匹配技术的应用不受晶体材料等某些固有因素的限制. 它通过对非线性晶体材料进行巧妙的处理，使得非线性极化率产生周期性变化，来弥补色散引起的相位差，从而实现相互作用光场的准相位匹配. 这种技术可以最大限度利用晶体的非线性系数，并且可以避免晶体走离效应的限制. 理论上，在晶体透明波段的任何光场都可实现准相位匹配. 周期极化晶体通过周期性反转非线性材料的极化方向来补偿相位失配，其结构如图 4-17 所示.

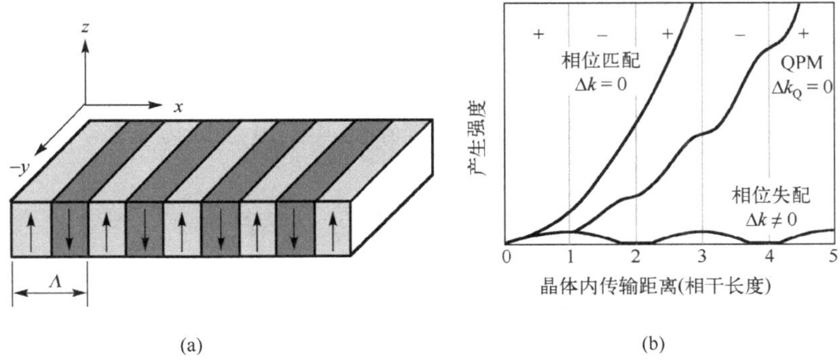

图 4-17 准相位匹配示意图

(a) 周期极化晶体；(b) 周期极化晶体内增益

光学参量放大过程为三波混频过程，一个频率为 ω_p 的泵浦光和一个频率为 ω_s 的信号光同时在周期极化晶体中传播，由于二阶非线性相互作用，会通过差频过程产生闲置光，频率满足能量守恒 $\omega_i=\omega_p-\omega_s$，强度与泵浦光和信号光的强度成正比. 由于泵浦光、信号光、闲置光频率不同，在晶体内的折射率不同会导致它们的传播方向发生分离，相位发生偏差，从而降低转化效率. 因此只有满足相位匹配条件时，即具有相同的相速度或折射率，才能使参量过程转化效率达到最高. 在周期极化晶体中，如图 4-18 所示，动量守恒条件为

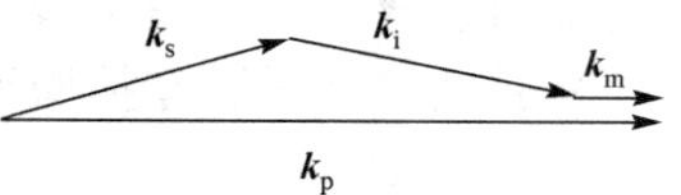

图 4-18　准相位匹配条件示意图

$$\boldsymbol{k}_p=\boldsymbol{k}_s+\boldsymbol{k}_i+\boldsymbol{k}_m \tag{4.2.1}$$

其中 $\boldsymbol{k}_p$、$\boldsymbol{k}_s$、$\boldsymbol{k}_i$ 分别为泵浦光、信号光和闲置光的波矢，其大小为 $k_{p,s,i}=2\pi/\lambda_{p,s,i}$，$\boldsymbol{k}_m$ 为周期极化晶体的光栅矢量，大小为 $k_m=2\pi/\Lambda$，Λ 为极化周期. 极化周期 Λ 一般从几微米到几十微米，可根据具体实验要求设计，极化方向通常是沿晶体最大非线性系数的方向，这点也和常规晶体不同，如 KTP 晶体，后者的轴向是由实现相位匹配的约束条件来确定的. Λ 与晶体材料特性、晶体温度和光波波长有关，在光波波长一定条件下，实验中需要调节晶体温度以达到相位匹配，通常晶体的匹配温度在室温附近至 200℃范围.

1. 单模压缩态光场

单模压缩态光场通常采用简并光学参量振荡器(degenerate optical parametric oscillator，DOPO)或简并光学参量放大器(degenerate optical parametric amplifier，DOPA)获得，该系统将一个泵浦光子同时转换为两个简并光子，其哈密顿量可表示为

$$\hat{H}=\hbar\omega\hat{a}^{\dagger}\hat{a}+\hbar\omega_p\hat{b}^{\dagger}\hat{b}+\mathrm{i}\hbar\chi^{(2)}[\hat{a}^2\,\hat{b}^{\dagger}-(\hat{a}^{\dagger})^2\hat{b}] \tag{4.2.2}$$

其中 $\hat{a}$、$\hat{b}$ 为信号光和泵浦光的湮灭算符，ω、ω_p 为信号光和泵浦光的角频率，$\chi^{(2)}$ 正比于二阶非线性系数. 第一、二项表示腔内各模场的自由哈密顿量；第三、四项表示模场间的相互作用哈密顿量. 一般泵浦光光强较大，可视为经典光场，写为 $\hat{b}\to\beta\mathrm{e}^{-\mathrm{i}\omega_p t}$，同时在该过程中其强度变化很小，其强度近似为常数，因此上式哈密顿量变为

$$\hat{H}=\hbar\omega\hat{a}^{\dagger}\hat{a}+\mathrm{i}\hbar[\eta^*\mathrm{e}^{\mathrm{i}\omega_p t}\hat{a}^2-\eta\mathrm{e}^{-\mathrm{i}\omega_p t}\,(\hat{a}^{\dagger})^2] \tag{4.2.3}$$

这里 $\eta=\chi^{(2)}\beta$，利用幺正变换 $\hat{U}_0=\mathrm{e}^{-\frac{\mathrm{i}}{\hbar}\hat{H}_0 t}=\mathrm{e}^{-\mathrm{i}\omega\hat{a}^{\dagger}\hat{a}t}$，可得相互作用绘景中的相互作用哈密顿量

$$\hat{H}_\mathrm{I}=\hat{U}_0^{\dagger}\hat{V}_\mathrm{I}\hat{U}_0=\mathrm{i}\hbar[\eta^*\mathrm{e}^{\mathrm{i}(\omega_p-2\omega)t}\hat{a}^2-\eta\mathrm{e}^{-\mathrm{i}(\omega_p-2\omega)t}\,(\hat{a}^{\dagger})^2] \tag{4.2.4}$$

这里，时间演化算符可表示为

$$\hat{U}(t)=\exp\left(-\frac{\mathrm{i}}{\hbar}\hat{H}_{\mathrm{I}}t\right)=\exp[t\eta^{*}\hat{a}^{2}-t\eta(\hat{a}^{\dagger})^{2}]=\hat{S}(\xi) \tag{4.2.5}$$

即为单模压缩算符，其中 $\xi=2t\eta=2t\chi^{(2)}\beta$.

现以简并光学参量放大器为例说明，如图 4-19 所示，一束强的泵浦光和一束弱的信号光从 M1 注入谐振腔，压缩态光场从右端 M2 输出，泵浦光可与谐振腔共振，也可单次或双次穿过，可根据实验要求具体设计腔镜参数. 对于单端输入光学参量放大器，这里 M1 为信号光的高反镜，M2 对信号光有一定透射(强度透射率为 T_{in}). 光学谐振腔内放置一块 I 类(或 0 类)二阶非线性晶体(如 periodically poled KTP，PPKTP)，晶体长度一般为 10 mm 左右，该谐振腔光学长度为 L，光场在腔内的单次循环时间 $\tau=2L/c$ ，其中 c 为光速. 控制谐振腔腔长与信号光频率共振，同时调节晶体温度，使增益达到最大. 实验中，晶体温度通常采用半导体佩尔捷(Peltier)元件控制.

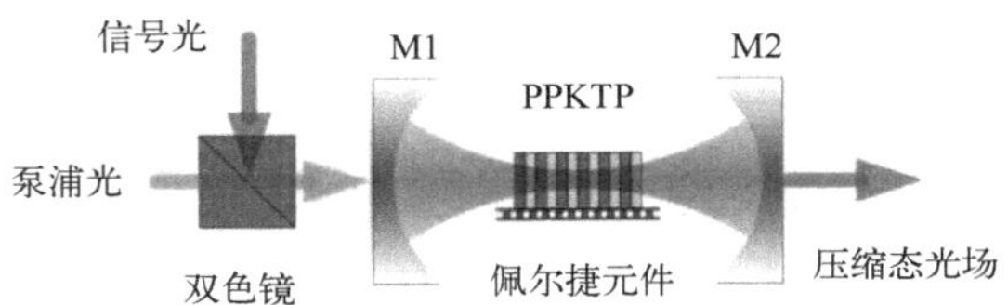

图 4-19　光学参量放大器示意图

在不加信号光的条件下，即真空注入，制备产生的就是压缩真空态光场，该装置称为光学参量振荡器. 如果有信号光注入，输出光为明亮压缩态光场，称为压缩相干态光场，该装置即为光学参量放大器. 在旋波近似下，内腔共振信号光的量子朗之万运动方程为[31]

$$\frac{\mathrm{d}}{\mathrm{d}t}\hat{a}(t)=-\gamma\hat{a}(t)+\kappa\alpha_{\mathrm{p}}(t)\hat{a}^{\dagger}(t)+\sqrt{2\gamma_{\mathrm{in}}}\hat{a}_{\mathrm{in}}+\sqrt{2\gamma_{1}}\hat{v} \tag{4.2.6}$$

其中 $\hat{a}$ 表示谐振腔内信号光的湮灭算符， $\hat{a}_{\mathrm{in}}$ 表示注入的信号光湮灭算符， κ 表示耦合常数，它正比于介质的二阶极化率 $\chi^{(2)}$ ， α_{p} 为泵浦光场的幅度， $\gamma_{\mathrm{in,out}}=T_{\mathrm{in}}/\tau$ 表示信号光在输入镜上的损耗速率， γ_{1} 为信号光在谐振腔内的损耗速率， $\hat{v}$ 表示由此引入的真空场， $\gamma=\gamma_{\mathrm{out}}+\gamma_{1}$ 表示信号光总的损耗速率.

如果把算符表示为期望值和起伏两部分： $\hat{a}=\alpha+\delta\hat{a}$ ，则上述方程可分为经典和量子两部分

$$\frac{\mathrm{d}}{\mathrm{d}t}\alpha(t)=-\gamma\alpha(t)+\kappa\alpha_{\mathrm{p}}(t)\alpha^{*}(t)+\sqrt{2\gamma_{\mathrm{out}}}\alpha_{\mathrm{in}} \tag{4.2.7}$$

$$\frac{\mathrm{d}}{\mathrm{d}t}\delta\hat{a}(t)=-\gamma\delta\hat{a}(t)+\kappa\alpha_{\mathrm{p}}(t)\delta\hat{a}^{\dagger}(t)+\sqrt{2\gamma_{\mathrm{in}}}\delta\hat{a}_{\mathrm{i}}+\sqrt{2\gamma_{l}}\hat{v} \tag{4.2.8}$$

由式(4.2.7)，如果假设信号光的幅度为正值，在稳态条件下，可得腔内信号光场的幅度为

$$\alpha_{\mathrm{s}}(t)=\frac{\sqrt{2\gamma_{\mathrm{s}}}\alpha_{\mathrm{s}}^{\mathrm{in}}}{\gamma-\kappa\alpha_{\mathrm{p}}} \tag{4.2.9}$$

由该式可以看出，该系统的阈值为 $\alpha_{\mathrm{p}}=\gamma/\kappa$，在本书中，主要讨论 $\alpha_{\mathrm{p}}<\gamma/\kappa$ 阈值以下的参量下转换过程. 由该式可得，当 α_{p} 也为正实数时，称为与 α_{in} “In-phase”，对应光学参量放大器的参量放大状态；当 α_{p} 为负实数时，称为与 α_{in} “Out-phase”，对应光学参量放大器的参量缩小状态. 如果定义泵浦光与入射信号光之间的相位为 $\varphi=\phi_{\mathrm{p}}-\phi_{\mathrm{in}}$. 当 $\varphi=0$ 和 $\varphi=\pi$ 时，则分别表示“In-phase”和“Out-phase”，即在实验中通过控制两光场的相对位相，就可以使系统运转于参量放大或者缩小状态.

下面讨论简并光学参量放大器的量子特性. 前面式(4.2.8)的共轭形式为

$$\frac{\mathrm{d}}{\mathrm{d}t}\delta\hat{a}_{\mathrm{s}}^{\dagger}(t)=-\gamma\delta\hat{a}_{\mathrm{s}}^{\dagger}(t)+\kappa\alpha_{\mathrm{p}}\delta\hat{a}_{\mathrm{s}}(t)+\sqrt{2\gamma_{\mathrm{s}}}\delta a_{\mathrm{s}}^{\mathrm{in}\dagger}(t)+\sqrt{2\gamma_{1}}\delta v_{\mathrm{s}}^{\dagger} \tag{4.2.10}$$

联立两式得到时域正交分量算符起伏的运动方程为

$$\begin{aligned}\delta\dot{\hat{X}}(t)&=-\gamma\delta\hat{X}(t)+\kappa\alpha_{\mathrm{p}}\delta\hat{X}(t)+\sqrt{2\gamma_{\mathrm{s}}}\delta\hat{X}_{\mathrm{s}}^{\mathrm{in}}(t)+\sqrt{2\gamma_{1}}\hat{X}_{v}(t)\\ \delta\dot{\hat{P}}(t)&=-\gamma\delta\hat{P}(t)-\kappa\alpha_{\mathrm{p}}\delta\hat{P}(t)+\sqrt{2\gamma_{\mathrm{s}}}\delta\hat{P}_{\mathrm{s}}^{\mathrm{in}}(t)+\sqrt{2\gamma_{1}}\hat{P}_{v}(t)\end{aligned} \tag{4.2.11}$$

对以上方程组进行傅里叶变换，得到频域关系式为

$$\begin{aligned}\mathrm{i}2\pi\Omega\delta\hat{X}(\Omega)&=-\gamma\delta\hat{X}(\Omega)+\kappa\alpha_{\mathrm{p}}\delta\hat{X}(\Omega)+\sqrt{2\gamma_{\mathrm{in}}}\delta\hat{X}_{\mathrm{in}}(\Omega)+\sqrt{2\gamma_{1}}\hat{X}_{v}(\Omega)\\ \mathrm{i}2\pi\Omega\delta\hat{P}(\Omega)&=-\gamma\delta\hat{P}(\Omega)-\kappa\alpha_{\mathrm{p}}\delta\hat{P}(\Omega)+\sqrt{2\gamma_{\mathrm{in}}}\delta\hat{P}_{\mathrm{in}}(\Omega)+\sqrt{2\gamma_{1}}\hat{P}_{v}(\Omega)\end{aligned} \tag{4.2.12}$$

由上式以及边界条件(输入输出关系 $\hat{a}_{\mathrm{out}}=\sqrt{2\gamma_{\mathrm{in}}}\hat{a}-\hat{a}_{\mathrm{in}}$)，可得输出信号光场的正交分量涨落为

$$\begin{aligned}\mathrm{Var}[\delta\hat{X}_{\mathrm{out}}(\Omega)]&=1+\eta\frac{4\kappa\alpha_{\mathrm{p}}\gamma}{(\kappa\alpha_{\mathrm{p}}-\gamma)^{2}+\Omega^{2}}\\ \mathrm{Var}[\delta\hat{P}_{\mathrm{out}}(\Omega)]&=1-\eta\frac{4\kappa\alpha_{\mathrm{p}}\gamma}{(\kappa\alpha_{\mathrm{p}}+\gamma)^{2}+\Omega^{2}}\end{aligned} \tag{4.2.13}$$

上式是输入信号光为真空场的结果. 其中 $\eta=T_{\mathrm{in}}/(T_{\mathrm{in}}+l)$ 为逃逸效率. 式(4.2.13)中上、下两式分别为正交分量起伏在放大方向和压缩方向上的方差. 对于真空压缩态，泵浦光与信号光的相对相位没有实际意义. 而当有信号光注入条件下，当 $\varphi=0$ 时，对应参量放大，此时正交振幅放大，正交相位压缩；当 $\varphi=\pi$ 时，对应参量缩小，此

时正交振幅压缩，正交相位放大．上述装置制备产生的单模压缩态光场也就是正交压缩态光场．图 4-20 为不同增益和压缩角变化时压缩态光场的噪声谱．

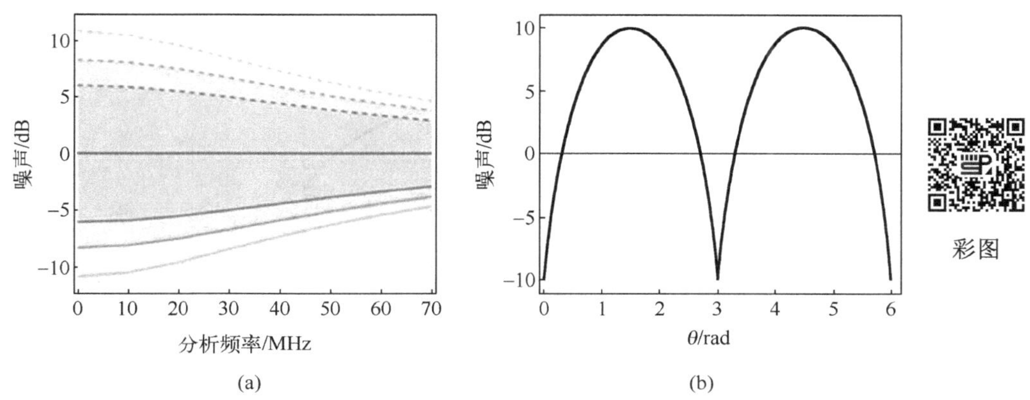

图 4-20　理论计算的正交分量噪声谱

(a) 不同增益下的正交分量噪声谱，腔长为 4 cm，T_{in}=12%，$\eta=1$，其中虚线为反压缩分量，实线为压缩分量，黑、红、绿色线分别对应 $\kappa\alpha_{\text{p}}=1.5\times10^8$，$2.0\times10^8$，$2.5\times10^8$；(b) 压缩态光场正交分量噪声谱随压缩角的变化，腔长为 4 cm，T_{in}=12%，$\eta=1$，$\kappa\alpha_{\text{p}}=2.4\times10^8$

2．影响压缩的因素

压缩度是衡量压缩态光场的重要指标，下面对一些影响压缩度的重要因素进行介绍．

1) 泵浦光噪声

由参量转换过程可知，一个泵浦光下转换产生两个信号光子，在此过程中泵浦光的噪声也会转移到所产生的压缩态光场上．特别是经典噪声，它将严重影响压缩度，因此，制备压缩态光场需要低噪声的激光器．目前实验上均采用固态倍频激光作为泵浦光，可以有效降低泵浦光噪声．

2) 逃逸效率

对于单端输入、输出的光学参量振荡器或放大器，由 $\eta=T_{\text{in}}/(T_{\text{in}}+l)$ 可知，为制备高压缩度压缩态光场，需要高的逃逸速率．通常，有两个方法可以提高逃逸速率：一是减小内腔损耗，这需要性能优异的晶体材料和镜片，同时晶体与镜片的端面需要进行超精细抛光和镀膜处理；二是提高输出耦合镜的透射率 T，但是提高透射率，会显著降低腔内的非线性效应，因此需要提高泵浦光强度．目前，实验上多采用透射率在 10%～15%之间的输出耦合镜，同时采用高质量镜片和晶体，压缩光的逃逸效率已达到 99%以上．图 4-21 为光学参量振荡器或放大器输出的压缩态光场正交分量噪声随逃逸效率变化的曲线．

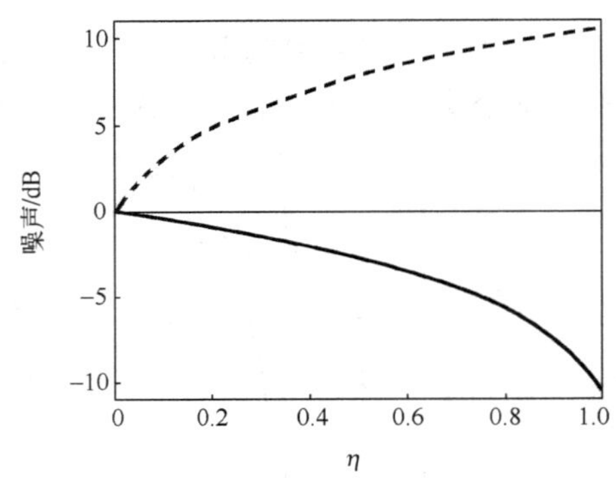

图 4-21　压缩态光场正交分量噪声随逃逸效率变化的曲线

实线为压缩分量，虚线为放大分量，计算中光学参量振荡器(放大器)腔长为 4 cm，T_{in}=12%，$\kappa\alpha_p = 2.5\times10^8$

3) 传输损耗

由于空气中灰尘和光学元件的吸收和散射，压缩态光场在传输过程中产生损耗，因此压缩态光场在传输过程中应尽量缩小传输距离，同时减少光学元器件的使用数量. 描述损耗过程可采用分束器模型，如第 2 章所述.

4) 探测效率

这里探测效率主要包括两个部分：一是探测器光电二极管的量子效率，相关内容已在第 3 章中介绍，这里不再赘述；另一个是平衡零拍探测系统的模式匹配效率，后面将详细讲述.

5) 相位抖动

如图 4-22 所示，相位抖动是影响压缩度的重要因素，特别是对于高压缩度的压缩态光场，相位抖动会引起压缩分量和放大分量之间的耦合. 当放大分量耦合到压缩分量后，放大分量高的噪声会增加压缩分量的噪声，因此很容易降低压缩分量的压缩度. 相位抖动主要来源于两方面：一是压缩光的制备过程中光学参量振荡器或放大器的相位抖动，其中包括光学腔长变化和泵浦光的相位(泵浦光与信号光的相对相位)稳定性；二是测量过程中，由于光学元件的机械振动和空气流动所引起的相位变化. 对于机械振动和空气流动的影响可以采取降低光路高度、光学平台减振以及光路密闭等措施，能显著提高系统稳定性. 对于腔长锁定，后面将详细介绍.

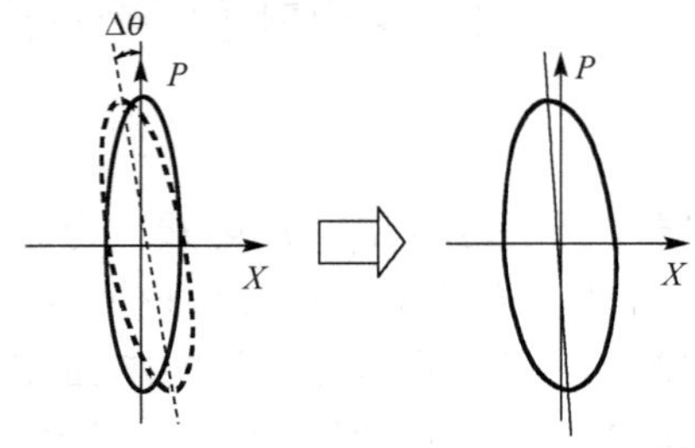

图 4-22　相位抖动对压缩的影响

3. 光学参量振荡器(放大器)结构与控制

1) 光学参量振荡器(放大器)结构

对于双镜驻波腔光学参量振荡器(放大器)一般包括输入输出耦合镜、非线性晶体、输入输出耦合镜构成光学谐振腔的两个反射镜. 两个反射镜之间的光学距离需要调整到近共心腔的长度，以得到 TEM_{00} 单模压缩态光场. 为扫描和锁定光学参量振荡器(放大器)腔长，通常输入输出耦合镜其中之一固定在压电陶瓷上.

减小光学参量振荡器(放大器)的内腔损耗，是制备高压缩度压缩态光场的关键因素之一，一般需要选择高质量的腔镜. 在晶体方面，选取非线性系数较大的晶体，目前实验中最为常用的是 PPKTP 晶体. 同时，晶体两端需镀增透膜.

机械振动会使光场相位不稳定，其影响如前文所述. 为减小机械振动的影响，应尽量减少可调节元件数量，为此研究人员进一步设计了半整体腔和整体腔结构. 对于整体腔结构，如图 4-23(c)所示，晶体两端面为球面，作为驻波腔的输入输出端，两端面镀相应膜层. 光场在腔内的共振通过调节光场的失谐和晶体温度完成，因此可调节性较差，实验上一般较少采用. 而采用半整体腔结构，德国马普实验室已得到压缩度为 15 dB 的压缩态光场，为目前最高，如图 4-24 所示. 半整体腔光学参量振荡器(放大器)结构如图 4-25 所示，晶体、输入输出耦合镜(output coupler，谐振腔为单端腔，输入输出耦合均通过该镜实现)、压电陶瓷和佩尔捷元件整体固定于一个铝制盒子内部，这样一方面减小了不同部件之间相对机械振动，同时可以降低空气流动等因素对光路和温度的影响. 输入输出耦合镜通过金属片固定在该铝制盒子上，金属片具有一定弹性，可以在一定范围对光路进行适当调节. 目前，该腔型结构是制备高压缩度光场的常用结构，实验实物图如图 4-26 所示，原理图如图 4-27 所示. 除上述腔型外，还有蝶形行波腔. 表 4-1 为文献[25]中光学参量振荡器(放大器)的参数.

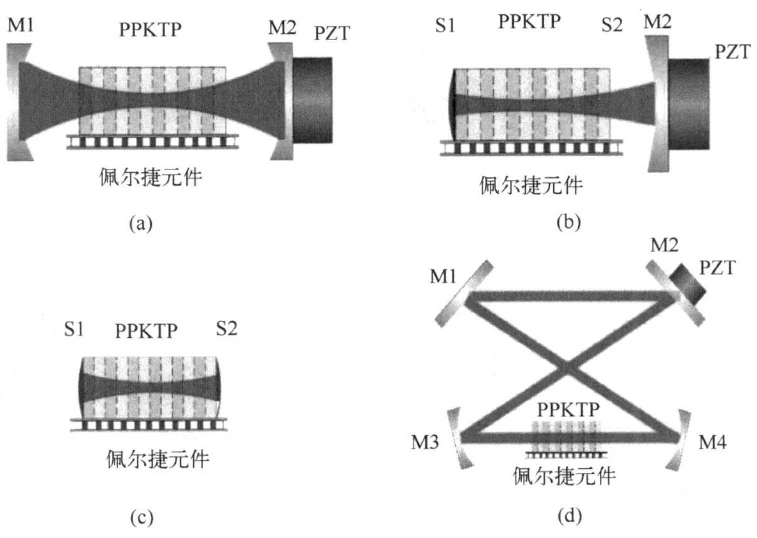

图 4-23　四种光学参量振荡器(放大器)腔型示意图

(a)双镜驻波腔；(b)半整体腔；(c)整体腔；(d)蝶形行波腔

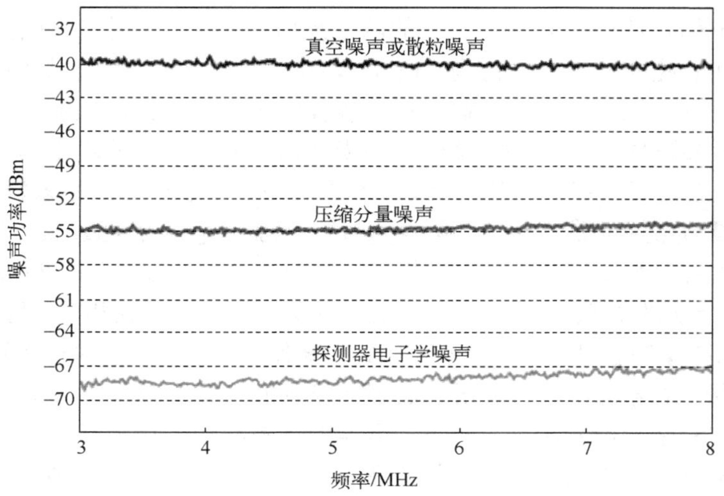

图 4-24 实验制备 15 dB 压缩态光场噪声谱[25]

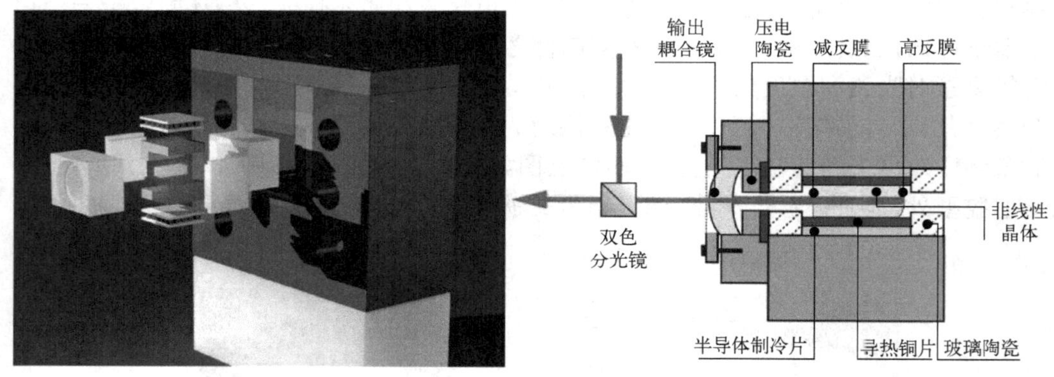

图 4-25 半整体腔光学参量振荡器(放大器)结构示意图[32]

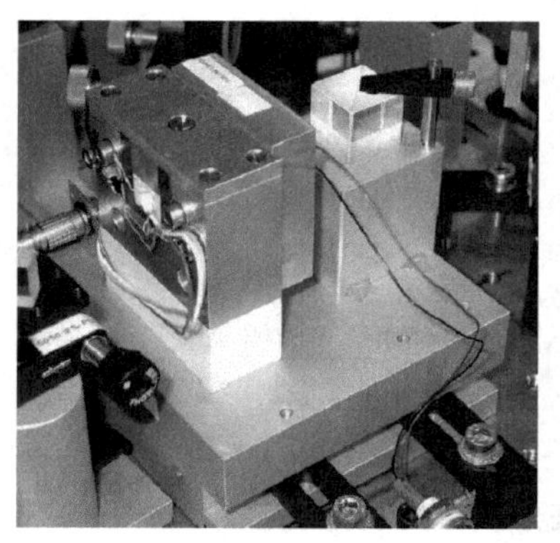

图 4-26 半整体腔制备压缩态光场实验实物图[32]

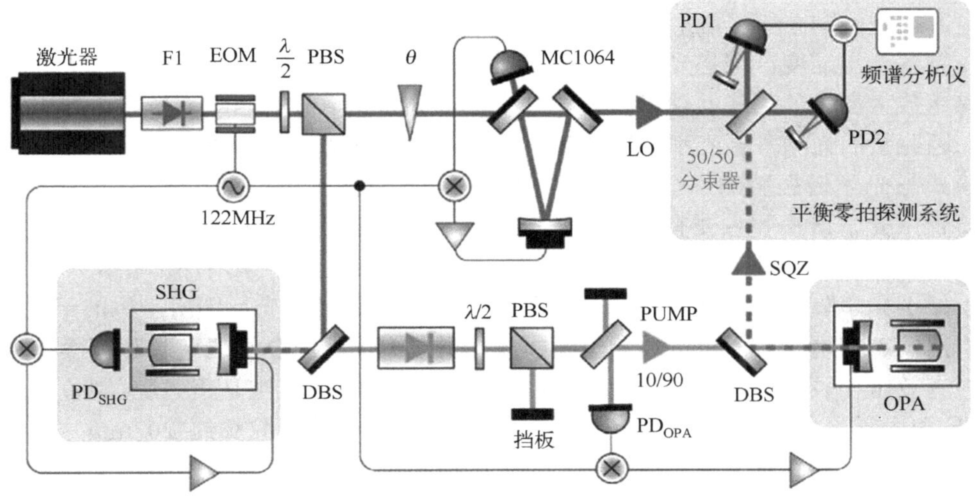

图 4-27　半整体腔结构光学参量放大器制备高压缩度压缩态光场的光路示意图[25]

该实验中利用 120 MHz 信号调制 EOM，分别用于锁定 MC1064 模式清洁器、倍频激光器和光学参量振荡器，该光学参量振荡器为三共振腔，532 nm 泵浦光可以在腔内共振，其反射光用于谐振腔的锁定. EOM：电光调制器；MC1064：1064 nm 激光模式清洁器；PD1、PD2：光电探测器；SHG：倍频激光器；DBS：双色分光镜；SQZ：压缩态光场

表 4-1　文献[25]中制备压缩态光场的相关实验参数

参数名称	参数值
腔长	驻波腔，腔长 L=37 mm
晶体	PPKTP，长 9.3 mm
泵浦光波长	532 nm，共振
信号光波长	1064 nm
输入输出耦合镜 M1	R=87.5%@1064 nm，97.5%@532 nm，ROC=25 mm
腔镜 M2	R=99.96%@1064 nm，>99.9%@532 nm，ROC=10 mm
内腔损耗	0.95%
逃逸效率	99.05%
自由光谱区	4 GHz
线宽	16 MHz@532 (Finesse=243)，86 MHz@1064 (Finesse=47)
泵浦光功率	16 mW
OPO 模式匹配效率	99.9%
Homodyne 探测模式匹配效率	99.6%
Homodyne 探测相位抖动	1.7 mrad
光电探测器量子效率	99.5%
压缩度	15 dB

2) 模式匹配

制备高压缩度压缩态光场对模式匹配效率也有很高要求，泵浦光和信号光在光学参量放大器内的模式匹配以及探测过程中本振光和信号的匹配效率需达到99%以上，因此泵浦光和本振光都需要进行模式过滤，如下文图 4-29 所示. 高斯光束的空间模式与光学谐振腔的本征模式匹配是指注入光束的腰斑位置和大小与腔模一致. 该装置中光学谐振腔主要有两类. 一类是模式清洁器，实验中多采用三镜环形腔结构，腔模腰斑约为几十到几百微米，腔长一般为几百毫米. 采用环形腔设计主要是可以减少光学隔离器的使用，降低费用，同时也可有效减小光反馈所产生的干扰. 模式清洁器的作用一方面用来过滤空间模式，另一方面选择合适的腔长和镀膜参数，能够有效压窄泵浦光或本振光的线宽，过滤光场噪声. 另一类是倍频腔(制备产生泵浦光)和光学参量放大器，实验中通常采用半整体腔结构，腔长约 20 mm，腔模腰斑为 20～40 μm. 对于模式清洁器，由于腔模腰斑较大，注入光的腰斑位置和大小的允许偏差范围较大；而光学参量振荡器，由于腔模腰斑较小，因此对高斯光束的腰斑位置和大小的偏差比较敏感. 此外高斯光束的椭圆率、像散以及非线性晶体的热效应都会影响模式匹配效率.

3) 腔长锁定

工作状态，光场需要与模式清洁器或光学参量放大器共振，而系统的机械振动与温度改变等会带来腔长的变化，因此，需要锁定模式清洁器和光学参量放大器的腔长. 这样一方面可以稳定功率，另一方面稳定相位. 实验上，可以采用锁相放大器调制解调技术和 PDH(Pound-Drever-Hall) 锁腔技术. 图 4-28 为采用锁相放大器调制解调技术锁定腔长示意图. 该技术调制频率一般低于 10 kHz， 因此解调滤波得到的误差信号的带宽较小，积分反馈回路带宽会进一步降低，很难实现腔长的精确稳定控制. PDH 锁

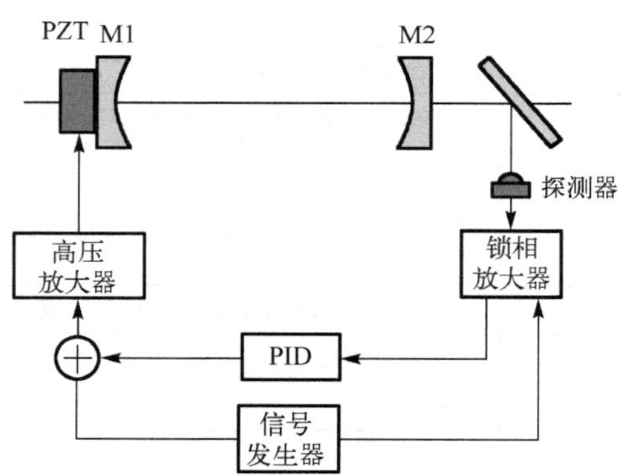

图 4-28 锁相放大器调制解调技术锁定腔长示意图

信号发生器(或锁相放大器)产生的信号通过高压放大器加载到谐振腔的压电陶瓷上，对腔长进行调制，从而对腔内光场和输出光进行调制，最后由探测器探测，探测器输出的信号进入锁相放大器解调，输出误差信号，再由 PID 锁定反馈给高压放大器，对谐振腔进行锁定. PID：比例积分微分控制；PZT：压电陶瓷

腔技术调制频率可在 10 MHz 以上，误差信号带宽可以达到 100 kHz，所以积分反馈回路带宽可扩展到 10 kHz，甚至更高，而且误差信号的信噪比可达 100 以上，这有利于反馈回路锁定.

图 4-29 和图 4-30 为利用 PDH 方法锁定模式清洁器和光学参量放大器腔长示意图，激光进入光学谐振腔之前，首先利用 EOM 对光场进行相位调制，光学谐振腔的反射光(或透射光)由探测器探测，并与调制信号混频，滤波后得到误差信号，将误差信号输入伺服系统，最后通过高压放大器反馈给谐振腔上的压电陶瓷，锁定腔长. 为减小调制信号对压缩探测的干扰，一般将调制频率远离压缩探测频率区域. 此外，不同谐振腔的调制频率还会产生拍频，因此还应尽量避免调制信号的拍频对压缩测量的影响. 图 4-31 为 PID 积分电路的传递函数与误差信号.图 4-32 为 OPA 的传递函数.

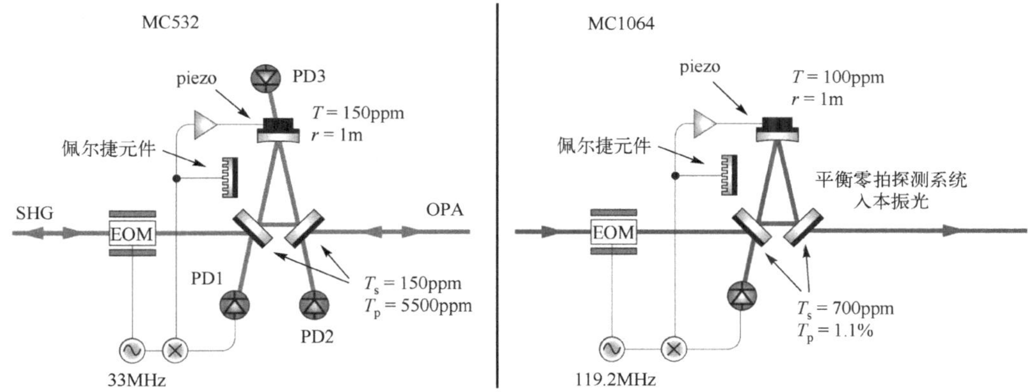

图 4-29　泵浦光和信号光模式清洁器 PDH 锁腔技术示意图[32]

其中 r 指凹面镜曲率半径，T_s 和 T_p 分别为镜片对 s 光和 p 光的透射率. 为提高系统的稳定性，两个模式清洁器均采用佩尔捷元件进行控温. EOM：电光调制器，SHG：倍频激光器，piezo：压电陶瓷，PD：光电探测器

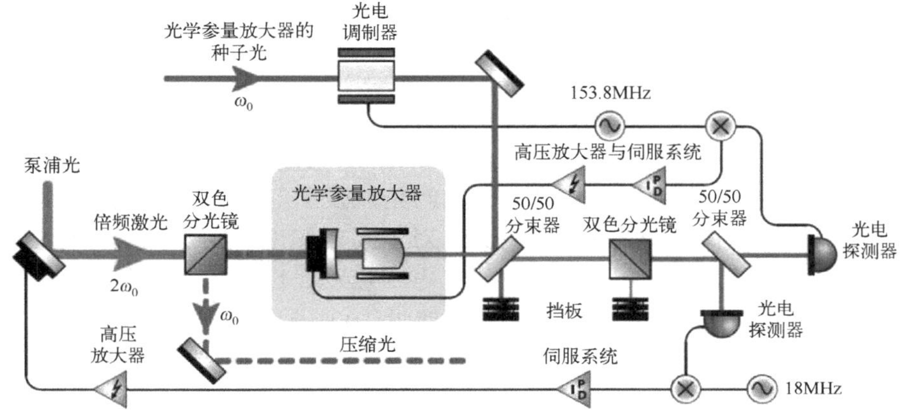

图 4-30　半整体光学参量振荡器(放大器)PDH 锁腔技术示意图[33]

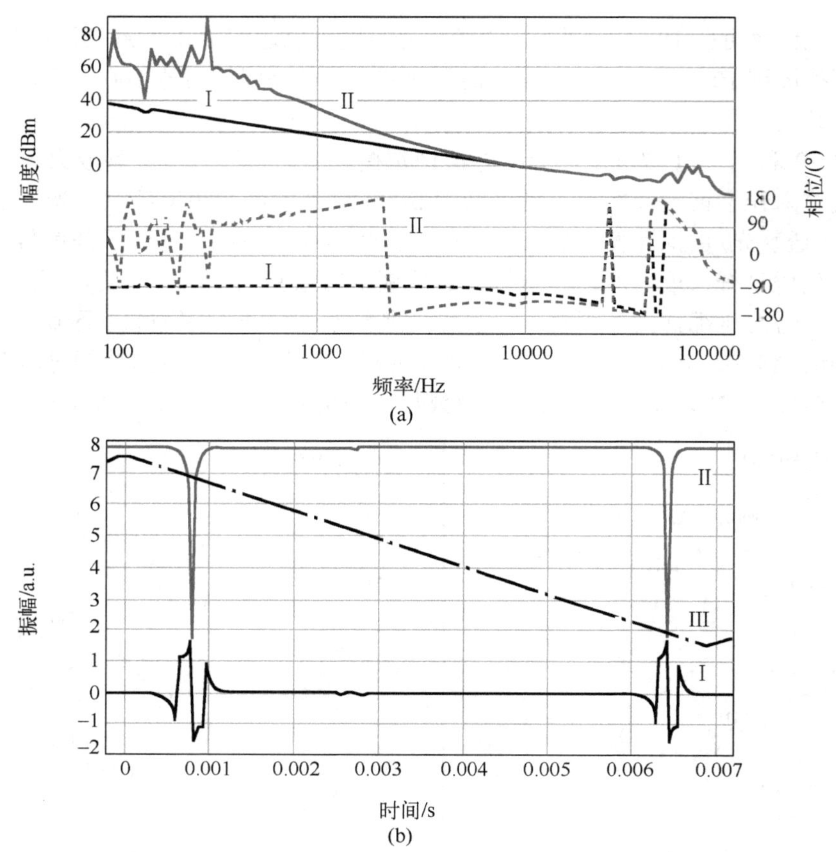

图 4-31 模式清洁器 PDH 锁腔误差信号及伺服系统传递函数[33]

(a)为系统传递函数，其中曲线(Ⅰ)为 PID 电路中只有一个积分电路时的结果，曲线(Ⅱ)为有两个积分电路的结果. (b)为误差信号，曲线(Ⅱ)为模式清洁器反射谱，曲线(Ⅲ)为压电陶瓷扫描信号. 双积分 PID 可以提高反馈回路增益，因此能够进一步提高系统稳定性

4)其他因素的影响

除以上因素外，晶体的温度也需要严格控制，温度控制的精度通常需要达到千分之五以上，这样一方面使系统增益达到最大，另一方面提高系统稳定性. 在压缩光探测过程中，为减小灰尘对探头的污染以及引起的光散射损耗，可以将探测系统整体置于盒子中，如图 4-33 所示. 对于高压缩度压缩态光场，对探测系统也有很高要求，尽量选用量子效率高的光电二极管，目前，市场上在某些特定波段(如 1064～1550 nm)可以定制量子效率接近 100%的光电二极管. 同时，为降低无光条件下的电子学噪声对测量压缩的影响，通常要求散粒噪声基准应高于电子学噪声 20 dB 以上.

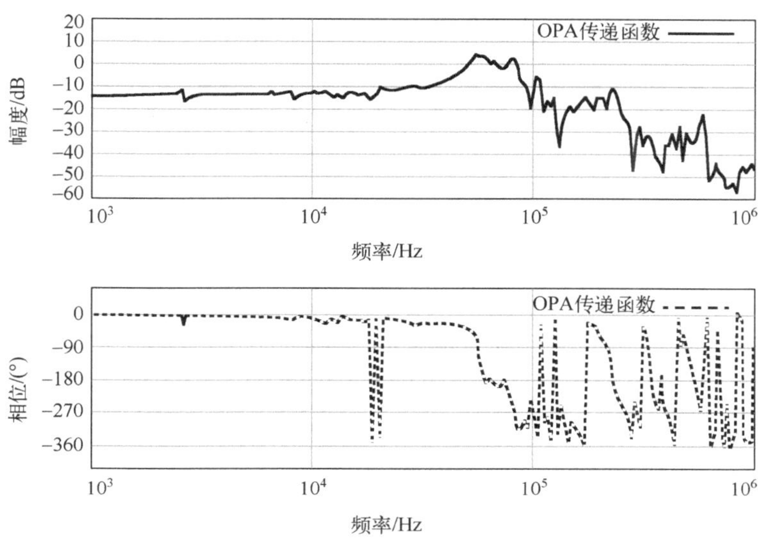

图 4-32　半整体光学参量放大器及腔长伺服系统开环传递函数[33]

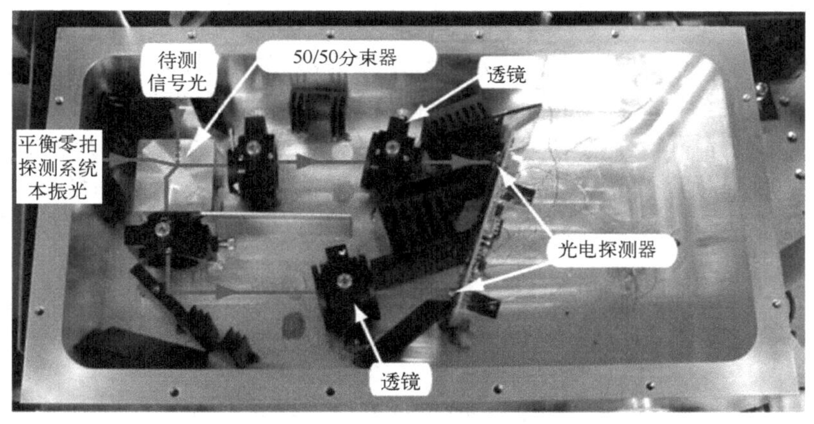

图 4-33　压缩态光场探测系统实物图[32]

4.2.3　双模压缩态光场的制备

双模压缩态光场可采用非简并光学参量振荡器或放大器(non-degenerate optical oscillator /amplifier，NOPO/NOPA)获得. 在非简并光学参量过程中，一个泵浦光子下转换产生两个非简并的光子，其哈密顿量可表示为

$$\hat{H} = \hbar\omega_s\hat{a}_s^\dagger\hat{a}_s + \hbar\omega_i\hat{a}_i^\dagger\hat{a}_i + \hbar\omega_p\hat{p}^+\hat{p} + \mathrm{i}\hbar\chi^{(2)}\left(\hat{a}_s\hat{a}_i\hat{p}^+ - \hat{a}_s^\dagger\hat{a}_i^\dagger\hat{p}\right) \tag{4.2.14}$$

这里 $\hat{p}$ (ω_p)、$\hat{a}_s$ (ω_s)、$\hat{a}_i$ (ω_i)为泵浦光、信号光和闲置光湮灭算符(频率). 泵浦

光可视为经典光场，则有 $p \to \gamma e^{-i\omega_p t}$，因此上式可写为

$$\hat{H} = \hbar\omega_s \hat{a}_s^\dagger \hat{a}_s + \hbar\omega_i \hat{a}_i^\dagger \hat{a}_i + i\hbar[\eta^* e^{i\omega_p t} \hat{a}_s \hat{a}_i - \eta e^{-i\omega_p t} \hat{a}_s^\dagger \hat{a}_i^\dagger] \tag{4.2.15}$$

在相互作用绘景下，变换为

$$H_I = i\hbar[\eta^* e^{i(\omega_p - \omega_s - \omega_i)t} \hat{a}\hat{b} - \eta e^{-i(\omega_p - \omega_s - \omega_i)t} \hat{a}_s^\dagger \hat{a}_i^\dagger] \tag{4.2.16}$$

共振条件下：$\omega_s + \omega_i = \omega_p$，可得

$$\hat{H}_I = i\hbar[\eta^* \hat{a}_s \hat{a}_i - \eta \hat{a}_s^\dagger \hat{a}_i^\dagger] \tag{4.2.17}$$

所以，时间演化算符为

$$\hat{U}(t) = \exp\left(-\frac{i}{\hbar} H_I t\right) = \exp[t\eta^* \hat{a}_s \hat{a}_i - t\eta \hat{a}_s^\dagger \hat{a}_i^\dagger] = \hat{S}_2(\xi) \tag{4.2.18}$$

即为双模压缩算符，其中 $\xi = \eta t = \chi^{(2)} \gamma t$.

1. 利用非简并光学参量放大器制备双模压缩态光场

这里以频率简并、偏振非简并光学参量振荡器(放大器)为例说明双模压缩态光场的实验制备. 实验装置与前面所述的单模压缩态光场制备基本相同，其中晶体选用Ⅱ类非线性晶体，如 BBO、KTP 晶体等. 一个频率为 ω_p 的泵浦光子经非线性过程产生两个频率为 $\omega_p/2$ 偏振相互垂直的非简并光子. 考虑系统的耗散，同时将泵浦场视为经典光场，在旋波近似下的内腔共振信号光和闲置光的量子朗之万运动方程为[34]

$$\begin{aligned} \frac{d}{dt}\hat{a}_s(t) &= -\gamma \hat{a}_s(t) + \kappa \alpha_p(t) \hat{a}_i^\dagger(t) + \sqrt{2\gamma_c}\hat{a}_s^{in} + \sqrt{2\gamma_1}\hat{v}_s \\ \frac{d}{dt}\hat{a}_i(t) &= -\gamma \hat{a}_i(t) + \kappa \alpha_p(t) \hat{a}_i^\dagger(t) + \sqrt{2\gamma_c}\hat{a}_i^{in} + \sqrt{2\gamma_1}\hat{v}_i \end{aligned} \tag{4.2.19}$$

其中 $\hat{a}_{s,i}$ 表示谐振腔内信号光和闲置光的湮灭算符，$\hat{a}_{s,i}^{in}$ 表示注入的信号光和闲置光的湮灭算符，κ 为耦合常数，γ_c 表示信号光与闲置光在输入(输出)镜上的损耗率(这里假设两者相同)，γ_1 表示信号光与闲置光在谐振腔内的损耗率(这里假设两者相同)，$\hat{v}_{s,i}$ 表示由此引入的真空场，$\gamma = \gamma_c + \gamma_1$ 表示信号光总损耗率. 该方程组的求解与前类似，参考文献[34].

非简并光学参量振荡器(放大器)与简并光学参量振荡器(放大器)相比，需要偏振正交的信号光和闲置光在腔内同时共振. 为克服信号光和闲置光的走离效应，可对非线性晶体进行适当处理，如对 KTP 晶体进行 α 切割，如图 4-34 所示.

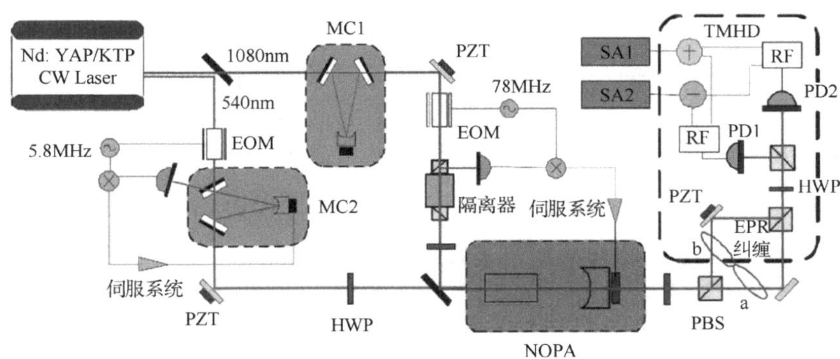

图 4-34　利用非简并光学参量放大器制备双模纠缠态实验装置示意图[35]

该系统采用 α 切割的 KTP 晶体作为非线性介质，KTP 尺寸为 3mm×3mm×10mm，光学参量放大器输出镜强度透射率为 5.2%，泵浦光波长为 540 nm，信号光波长为 1080 nm.

Nd: YAP/KTP CW Laser：掺钕 YAP/KTP 连续波激光器；MC1：1080 nm 模式干涉仪(模式清洁器)；HWP：半波片；MC2：模式清洁器；NOPA：非简并光学参量放大器；SA1、SA2：频谱分析仪；TMHD：双模零拍探测器；RF：射频信号

实验过程中，通过调节压电陶瓷控制谐振腔腔长，同时调节晶体温度，使其满足相位匹配条件，增益达到最大. 非简并光学参量振荡器(放大器)输出的双模压缩态光场，在参量放大条件下，两个模式的量子关联可表示为

$$\begin{aligned}\mathrm{Var}(\hat{X}_{\mathrm{s}}-\hat{X}_{\mathrm{i}})&=\mathrm{Var}(\hat{P}_{\mathrm{s}}+\hat{P}_{\mathrm{i}})=\mathrm{e}^{2r}\\ \mathrm{Var}(\hat{P}_{\mathrm{s}}-\hat{P}_{\mathrm{i}})&=\mathrm{Var}(\hat{X}_{\mathrm{s}}+\hat{X}_{\mathrm{i}})=\mathrm{e}^{-2r}\end{aligned}\tag{4.2.20}$$

这里，r 为压缩参量. 因此，双模压缩态光场的正交振幅存在正关联，正交相位存在反关联，如图 4-35 所示.

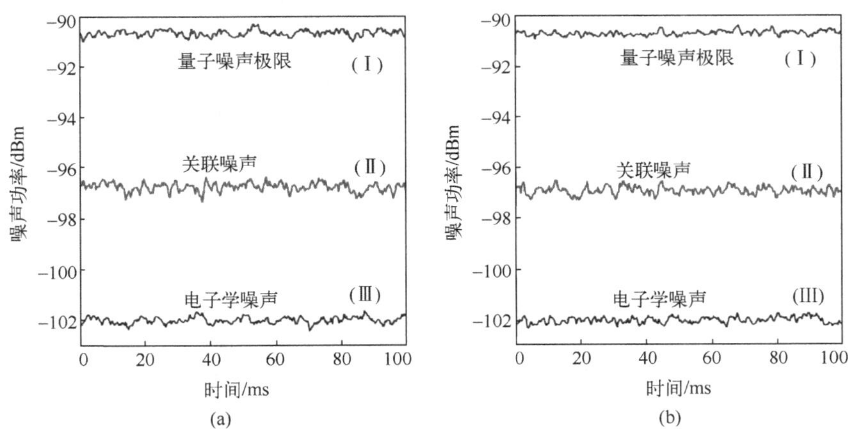

图 4-35　双模压缩态关联噪声功率谱[35]

(a)为实验测量得到的正交振幅正关联噪声功率谱；(b)为正交相位反关联噪声功率谱

两个正交分量噪声的关联测量，分析频率为 2 MHz

非简并光学参量振荡器(放大器)输出场的量子态可以通过半波片和偏振分光棱镜进行控制，当输出场的两个非简并光场的偏振方向分别与波片的快轴和慢轴重合，则棱镜两个端口的输出场为双模压缩态光场，即双模纠缠态光场．如果光学参量振荡器(放大器)输出场偏振方向与半波片快轴或慢轴的夹角为22.5°，双模压缩态光场的两个模式耦合，在经过棱镜分开后产生两个单模压缩态光场．

2. 利用两个单模压缩态光场制备双模纠缠态光场

如上所述，利用一个非简并光学参量振荡器(放大器)可以直接得到双模纠缠态光场，而利用两个单模压缩态光场耦合也可以制备双模纠缠态光场．如图4-36所示，两束等功率的压缩角垂直的明亮压缩态光场经50/50分束器耦合，当相位差为0时，即可得到双模纠缠态光场．如果两束压缩角相同的压缩态光场以π/2相位差在50/50分束器上耦合，同样可以得到双模纠缠态光场．实验中通常需要将两束光的相对相位进行锁定获得稳定的光场输出．前者锁定时需引入调制信号，解调两束光的干涉信号作为误差信号进行相对相位锁定．后者不需要额外的调制信号，直接利用干涉直流信号进行锁定．该锁定方法依赖于两束光的功率，当两束光功率发生变化时，锁定相位也会随之改变，因此这种锁定方法需要严格控制两束压缩态光场的功率．

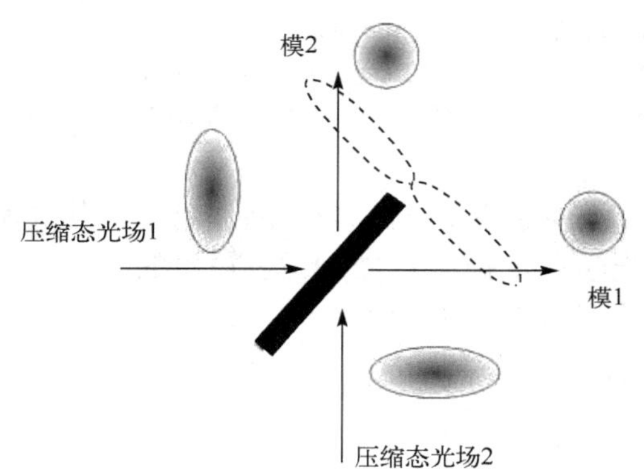

图4-36 利用两个双模压缩态光场产生双模纠缠态光场示意图

除上述光学参量振荡器(放大器)制备连续变量双模纠缠态光场以外，利用原子介质的四波混频过程也可产生连续变量双模纠缠态光场，相关内容将在第6章中详细讲述．

4.2.4 偏振压缩态光场的制备

1. 光场偏振压缩态的定义

在经典光学中，光场的偏振态可用庞加莱球上的斯托克斯(Stokes)参量来描述，如图4-37(a)所示．任意光场的偏振态可由以下四个斯托克斯参量完全确定：S_0代表光场强度；S_1、S_2和S_3代表不同的偏振态，这三个斯托克斯参量构成一个三维的笛卡儿坐标系．庞加莱球上S_1、S_2和S_3指向分别代表线偏振、45°偏振和右旋圆偏振．经典庞加莱球的半径$S = (S_1{}^2+ S_2{}^2+ S_3{}^2)^{1/2}$，代表光场中偏振部分的平均光强．光场偏振度为光场中偏振部分的强度与总光强之比，即 S/S_0. 对于完全偏振光($S = S_0$)，参量 S_0 是多余的，其偏振态完全可由其他三个斯托克斯参量决定，光场的偏振态对应于庞加莱球面上的一点.

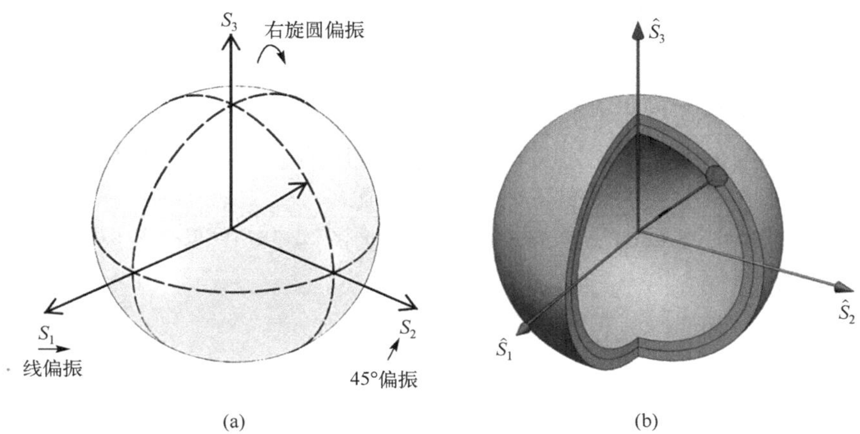

图 4-37 经典的庞加莱球和斯托克斯参量(a)及量子化的庞加莱球和斯托克斯参量(b)
在量子化的斯托克斯参量末端的球代表在 $\hat{S}_1$ 、$\hat{S}_2$ 和 $\hat{S}_3$ 方向上的量子噪声，球的厚度代表其 $\hat{S}_0$ 方向上的量子噪声

类比经典庞加莱球定义，量子化的庞加莱球如图 4-37(b)所示，其不再是球面，而是具有一定厚度的球壳，这是由于量子化光场的光子数噪声起伏引起的. 量子化的斯托克斯参量可由水平(H)偏振模和垂直(V)偏振模的产生和湮没算符构成，其表示如下[36]：

$$\hat{S}_0 = \hat{a}_{\rm H}^\dagger \hat{a}_{\rm H} + \hat{a}_{\rm V}^\dagger \hat{a}_{\rm V} \tag{4.2.21}$$

$$\hat{S}_1 = \hat{a}_{\rm H}^\dagger \hat{a}_{\rm H} - \hat{a}_{\rm V}^\dagger \hat{a}_{\rm V} \tag{4.2.22}$$

$$\hat{S}_2 = \hat{a}_{\rm H}^\dagger \hat{a}_{\rm V} {\rm e}^{{\rm i}\theta} - \hat{a}_{\rm V}^\dagger \hat{a}_{\rm H} {\rm e}^{-{\rm i}\theta} \tag{4.2.23}$$

$$\hat{S}_3 = {\rm i}\hat{a}_{\rm V}^\dagger \hat{a}_{\rm H} {\rm e}^{{\rm i}\theta} - {\rm i}\hat{a}_{\rm H}^\dagger \hat{a}_{\rm V} {\rm e}^{{\rm i}\theta} \tag{4.2.24}$$

其中 θ 代表水平偏振模和垂直偏振模的相位差. 根据产生、湮没算符的对易关系

$$[\hat{a}_k, \hat{a}_l^\dagger] = \delta_{kl}, \quad k,l \in \{H,V\} \tag{4.2.25}$$

可直接获得斯托克斯算符的对易关系，除了归一化因子，斯托克斯算符的对易关系与泡利自旋矩阵的对易关系是相同的. 对易关系如下

$$[\hat{S}_1,\hat{S}_2] = 2{\rm i}\hat{S}_3, \quad [\hat{S}_2,\hat{S}_3] = 2{\rm i}\hat{S}_1, \quad [\hat{S}_3,\hat{S}_1] = 2{\rm i}\hat{S}_2 \tag{4.2.26}$$

可计算得到斯托克斯算符的方差，如下：

$$V_0 = V_1 = \langle \alpha_{\rm H}^2 (\delta\hat{X}_{\rm H})^2 \rangle + \langle \alpha_{\rm V}^2 (\delta\hat{X}_{\rm V})^2 \rangle \tag{4.2.27}$$

$$V_2(\theta=0)=V_3\left(\theta=\frac{\pi}{2}\right)=\alpha_{\mathrm{V}}^2\langle(\delta\hat{X}_{\mathrm{H}})^2\rangle+\alpha_{\mathrm{H}}^2\langle(\delta\hat{X}_{\mathrm{V}})^2\rangle \tag{4.2.28}$$

$$V_3(\theta=0)=V_2\left(\theta=\frac{\pi}{2}\right)=\alpha_{\mathrm{V}}^2\langle(\delta\hat{P}_{\mathrm{H}})^2\rangle+\alpha_{\mathrm{H}}^2\langle(\delta\hat{P}_{\mathrm{V}})^2\rangle \tag{4.2.29}$$

相干光斯托克斯算符的噪声方差定义为散粒噪声基准. 当光场的某一斯托克斯参量噪声起伏小于等功率相干光的斯托克斯参量噪声起伏，此斯托克斯参量即是压缩的，此光场即为偏振压缩态，又称为光场自旋压缩态，因此偏振压缩态光场可由水平偏振模和垂直偏振模的正交压缩态光场合成.

实验中斯托克斯参量的噪声方差可通过测量图 4-38 中四个装置输出电流的噪声方差分别来获得.

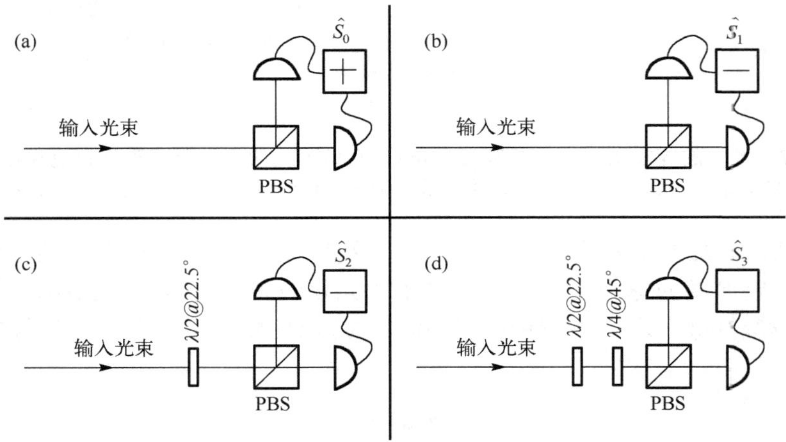

图 4-38 四个斯托克斯参量 $\hat{S}_0$、$\hat{S}_1$、$\hat{S}_2$ 和 $\hat{S}_3$ 的测量装置

2. 偏振压缩的实验制备

偏振压缩态光场由水平偏振模和垂直偏振模的正交压缩态光场合成，其合成方案有两种：①采用水平偏振的压缩真空态与垂直偏振的强的相干光合成偏振压缩态；②采用水平偏振的压缩态与垂直偏振的压缩态合成偏振压缩，其中两个压缩态都有一定的强度.

图 4-39 为典型的偏振压缩态在庞加莱球的表示，在庞加莱球的位置表示偏振压缩态的经典偏振状态，以如图 4-40(a) 中的方案所示，首先通过 OPA 产生暗振幅压缩态光，而后与确定与强相干光在偏振分束镜(PBS)上合成，通过控制压缩态与相干光的相对相位，来控制产生的偏振压缩类型. 最后通过斯托克斯参量测量装置进行噪声测量. 如图 4-39 所示，当压缩光与相干光的相对相位为零时，斯托克斯参量

$\hat{S}_2$ 压缩，$\hat{S}_3$ 反压缩；当压缩光与相干光的相对相位为 π/2 时，其量子噪声椭球绕 $\hat{S}_1$ 轴产生 π/2 的旋转(如图 4-39 箭头所示)，此时斯托克斯参量 $\hat{S}_2$ 反压缩，$\hat{S}_3$ 压缩.

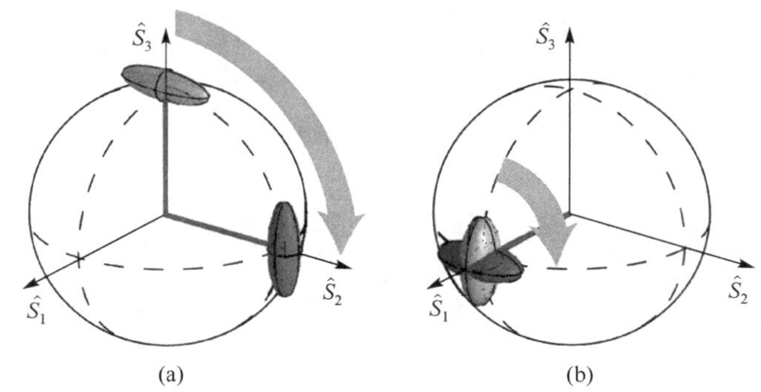

图 4-39　实验产生的偏振压缩噪声椭球[36]

(a) 压缩真空态与相干光合成偏振压缩；(b) 两个振幅压缩光耦合产生偏振压缩

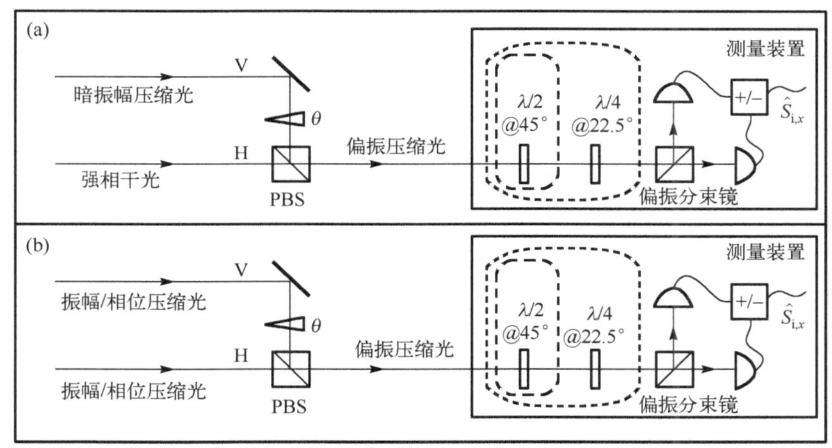

图 4-40　偏振压缩态光场的合成[36]

其中 $\theta = \pi/2$.

(a) 振幅压缩光与相干光合成；(b) 两个正交压缩光合成

当采用方案②产生偏振压缩态时，其对应的量子态如图 4-39(b) 所示，其偏振态噪声分布为雪茄状，两个斯托克斯参量可以同时被压缩.

4.2.5　空间高阶横模压缩光源

1. 空间高阶模式简介

稳定球面腔中，除基模高斯光束存在以外，还有高阶高斯光束，常见的激光横模有厄米高斯模和拉盖尔高斯模两种，分别用 $HG_{n,m}$ 和 $LG_{l,p}$ 表其光场横向的光强分布，如图 4-41 所示.

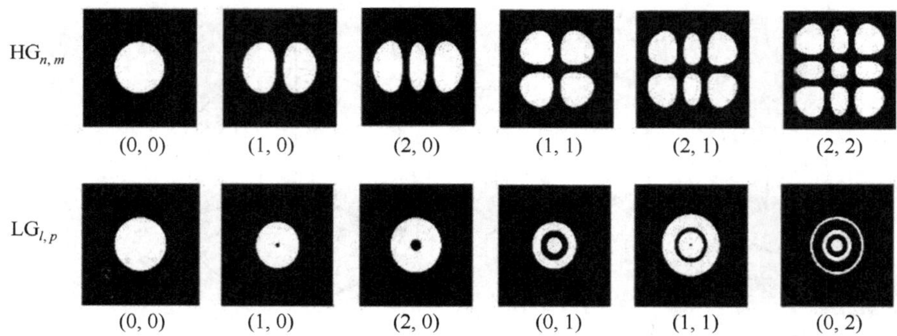

图 4-41 厄米高斯模和拉盖尔高斯模的横向光强分布

对于沿 z 方向传播的厄米高斯光束 $HG_{n,m}$，其光场复振幅分布表达式为

$$HG_{n,m}(x,y,z)=\frac{C_{nm}}{\omega(z)}H_n\left(\frac{\sqrt{2}x}{\omega(z)}\right)H_m\left(\frac{\sqrt{2}y}{\omega(z)}\right)\mathrm{e}^{-\frac{(x^2+y^2)}{\omega(z)^2}}\mathrm{e}^{\mathrm{i}k\frac{(x^2+y^2)}{2R(z)}}\mathrm{e}^{-\mathrm{i}(n+m-1)\phi_{\mathrm{G}}(z)} \tag{4.2.30}$$

其中 $C_{nm}=1\big/\sqrt{\pi 2^{n+m+1}n!m!}$ 为归一化系数，$H_n(x)$ 和 $H_m(y)$ 为厄米多项式，n 和 m 为厄米多项式的阶数，$\omega(z)=\omega_0\sqrt{1+(z/z_{\mathrm{R}})^2}$ 为在 z 处的光斑半径，$z=0$ 处，光斑最小，为腰斑 ω_0，$z_{\mathrm{R}}=\pi\omega_0^2/\lambda$ 为瑞利长度，λ 为波长，$R(z)=z+z_{\mathrm{R}}^2/z$ 为光束在 z 处的曲率半径，$z=0$ 处，高斯光束的曲率半径为 ∞，表现为平面波前分布，$(n+m+1)\phi_{\mathrm{G}}(z)$ 为 $HG_{n,m}$ 模的 Gouy 相位，其中 $\phi_{\mathrm{G}}(z)=\arctan(z/z_{\mathrm{R}})$ 为基模高斯光束的 Gouy 相位.

沿 z 方向传播的拉盖尔高斯光束 $LG_{l,p}$ 的复振幅表达式为

$$LG_{l,p}(r,\varphi,z)=\frac{1}{\omega(z)}\sqrt{\frac{2p!}{\pi(|l|+p)!}}\left(\frac{\sqrt{2}r}{\omega(z)}\right)^{|l|}L_p^{|l|}\left(\frac{2r^2}{\omega(z)^2}\right)\mathrm{e}^{\mathrm{i}(2p+|l|+1)\phi_{\mathrm{G}}(z)}\mathrm{e}^{-\mathrm{i}k\frac{r^2}{2R(z)}+\mathrm{i}l\phi} \tag{4.2.31}$$

其中 $L_p^{|l|}$ 为拉盖尔多项式，下标 p 和上标 l 分别表示径向指数和角向指数，$\omega(z)$ 为光束在 z 处的光斑半径，$(2p+|l|+1)\phi_{\mathrm{G}}(z)$ 为 $N=2p+l$ 阶拉盖尔高斯模的 Gouy 相位.

拉盖尔高斯模与厄米高斯模虽然形式上完全不同，但它们各自都构成一组正交完备函数，光场可按这两组函数任一组展开，拉盖尔高斯模与厄米高斯模可以通过线性光学元件相互转化. 厄米高斯模的节点沿光场横截面相互垂直的 x 轴和 y 轴分布，而拉盖尔高斯模的节点沿光场横截面的径向和角向分布，正是它们的这种不同的分布性质，导致应用在不同地方. 基于高阶横模光场的空间维度资源，其为实现高速大容量光通信的可持续扩容以及高精密的空间测量提供了新方法.

高阶横模压缩态光场，其结合高阶横模的空间特性和压缩态的量子特性优势，

其在量子精密测量中具有重要应用价值，例如，用于消除模式匹配损耗和降低镜面热噪声，将成为下一代 LIGO 干涉仪的必备量子资源. 另外利用空间高阶模光场可以实现多种量子态，例如，空间压缩态、纠缠态，轨道角动量压缩态、纠缠态，空间光斑压缩态等，从而实现空间位移、倾角的测量，空间转动的测量，进一步将多个空间模式压缩态耦合可以实现大容量并行量子信息方案、超分辨量子成像等.

2. 高阶横模压缩态光场的制备

高阶横模压缩态光场的制备总体上有两种方式.

1) 基于光学参量振荡器产生高阶横模压缩态

通常情况下，人们主要研究基模的压缩纠缠态，此时的最佳泵浦模式也是基模. 而要获得更高阶模式的压缩纠缠态，则需要特别考虑泵浦模式与下转换模式的空间模式匹配问题，其光学参量过程中内腔场的空间耦合系数为

$$\Gamma=\int_{-\infty}^{+\infty}\nu^{\mathrm{p}}(\boldsymbol{r})\mu^{\mathrm{s}*}(\boldsymbol{r})\mu^{\mathrm{i}*}(\boldsymbol{r})\,\mathrm{d}\boldsymbol{r} \tag{4.2.32}$$

其中 $\nu^{\mathrm{p}}(\boldsymbol{r})$、$\mu^{\mathrm{s}}(\boldsymbol{r})$ 和 $\mu^{\mathrm{i}}(\boldsymbol{r})$ 分别表示泵浦光、信号光和闲置光的空间分布，在兼并光学参量振荡器中信号光和闲置光的空间分布相同.

因此，对于高阶横模光学参量振荡器，其泵浦阈值与前面的基模光学参量振荡器不同，$p_{\mathrm{th}}^{00\to00}=\gamma^2/\chi^2$，变为 $p_{\mathrm{th}}=\gamma^2/(\chi^2\Gamma^2)$.

图 4-42 给出了信号场为 $\mathrm{HG}_{1,0}$ 模，泵浦场分别为 $\mathrm{HG}_{0,0}$ 模、$\mathrm{HG}_{2,0}$ 模和最佳泵浦模式 $\mathrm{HG}_{\mathrm{opt}}$ 三种情况下纠缠不可分度随归一化泵浦功率变化的理论曲线. 实线代表信号场为 $\mathrm{HG}_{1,0}$ 模、泵浦场为 $\mathrm{HG}_{0,0}$ 模的情况，此时泵浦阈值（$p_{\mathrm{th}}^{00\to10}$）为 4 倍的 $\mathrm{HG}_{0,0}$ 模泵浦 $\mathrm{HG}_{0,0}$ 信号模的阈值（$p_{\mathrm{th}}^{00\to00}$），当泵浦功率达到 $p_{\mathrm{th}}^{00\to00}$ 时，$\mathrm{HG}_{0,0}$ 信号模开始振荡，因此这种情况下达不到 $\mathrm{HG}_{1,0}$ 模的阈值，无法获得使 $\mathrm{HG}_{1,0}$ 模达到最大压缩. 虚

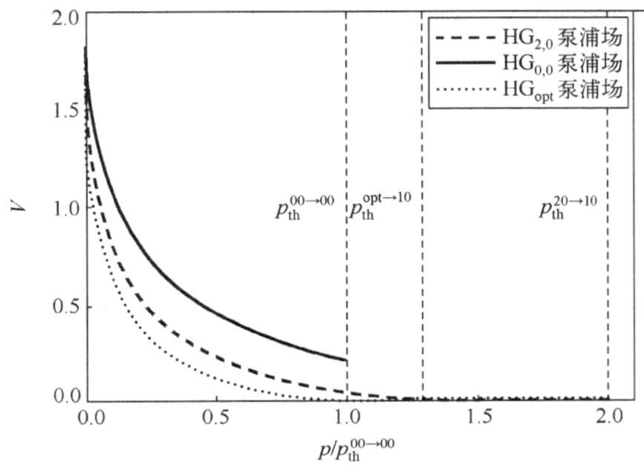

图 4-42　纠缠不可分度 V 随归一化泵浦功率 $p/p_{\mathrm{th}}^{00\to00}$ 变化的理论曲线[37]

线代表信号场为 $HG_{1,0}$ 模、泵浦场为 $HG_{2,0}$ 模的情况，此时泵浦阈值 $p_{th}^{20\to10}$ 为 2 倍的 $p_{th}^{00\to00}$. 点线代表信号场为 $HG_{1,0}$ 模、泵浦场为最佳泵浦模式 HG_{opt} 的情况，此时泵浦阈值为 $p_{th}^{opt\to10}=4/3\,p_{th}^{00\to00}$. 由于泵浦场为 $HG_{2,0}$ 模和 HG_{opt} 模时，与 $HG_{0,0}$ 模的空间模式耦合系数很小，避免 $HG_{0,0}$ 模激发振荡，只要有足够的泵浦功率，均能使 $HG_{1,0}$ 模达到最大压缩，而用最佳泵浦模式 HG_{opt} 泵浦阈值更低，相比于用 $HG_{2,0}$ 模，更容易达到阈值条件，获得最大纠缠.

2017 年，山西大学采用以最优化的泵浦模式，实现了 $HG_{1,0}$ 模压缩度的提高，较之传统的 $HG_{0,0}$ 模提高了 53%[37]. 这种方法可以扩展到了更高阶的横模压缩态产生中. 为了产生高质量的 $HG_{n,m}$ 压缩态，同样需要获得空间匹配的泵浦模式来提高非线性转换效率. 理论分析表明，对应的 $HG_{n,m}$ 压缩态所需最近泵浦场的空间模式为匹配最优叠加模为 $\sum_{0}^{n}\sum_{0}^{m}\Gamma_{n,m}HG_{2n,2m}$（$\Gamma_{n,m}$ 为模式系数，$\sum_{0}^{n}\sum_{0}^{m}(\Gamma_{n,m})^2=1$）. 而在光学参量振荡腔中，由于空间模 Guoy 相位的影响，不同阶的泵浦模无法保持同相位和同时共振. 因此，实验中采用最有效的单泵浦模式 $HG_{2n,2m}$ 产生 $HG_{n,m}$ 压缩态. 随着模式阶数的增加，产生压缩所需的 $HG_{2n,2m}$ 模阈值功率也随之大幅增加，例如，对于普通的 $HG_{0,0}$ 模压缩的阈值功率为 200 mW，而对应的 $HG_{10,0}$ 模的阈值功率为 800 mW. 因此，高阶横模压缩态产生实验中，首要任务是获得高功率的高阶模泵浦场，而高功率的高阶模泵浦场的获得是比较困难的事情.

高阶横模压缩态的产生典型实验装置[38]如图 4-43 所示. 由激光器输出光场分为两束，其中一束通过倍频激光器(SHG)获得倍频光，通过模式整形装置获得 $HG_{2n,0}$ 模作

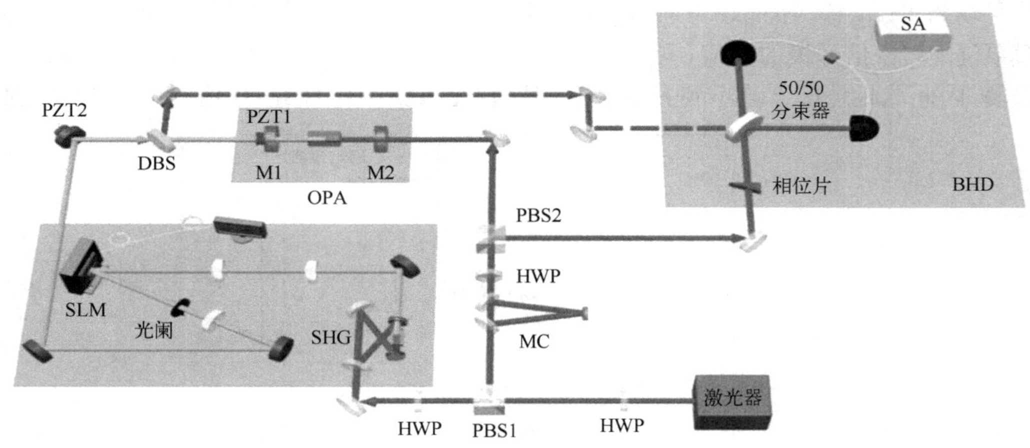

图 4-43 基于光学参量振荡器产生高阶横模压缩态[38]

M1、M2：腔镜；HWP：半波片；PBS1、PBS2：偏振分束镜；PZT1、PZT2：压电陶瓷；DBS：双色分光镜；BHD：平衡零拍探测器；SA：光谱分析仪

为泵浦光，泵浦光参量放大器产生 $HG_{n,0}$ 压缩光. 另一束通过模式清洁器(MC)将 $HG_{0,0}$ 模式转换为标准的 $HG_{n,0}$ 模式($n = 0,1,2,3,4,5$). 采用部分 $HG_{n,0}$ 模作为光参量放大器的种子束，用于腔和光学相位的控制，其余的 $HG_{n,0}$ 模作为本振光用于平衡零差检测.

为了获得足够功率的 $HG_{2n,0}$ 模泵浦场，实验上通过两个圆柱形透镜将 $HG_{0,0}$ 模式整形成一个椭圆光斑，以最佳的椭圆形光斑入射[39]到空间光调制器(SLM)上，弥补传统方式随着模式阶数增加转换效率和纯度变低的缺陷，提高基于单个空间光调制器制备厄米高斯光束的转换效率，以获得高质量的 $HG_{2n,0}$ 模光场.

压缩测量结果如图 4-44 所示，从 $HG_{1,0}$ 到 $HG_{5,0}$ 的压缩分别为 (-5.5 ± 0.18) dB、(-5.0 ± 0.13) dB、(-4.8 ± 0.12) dB、(-4.1 ± 0.12) dB 和 (-4.3 ± 0.15) dB. 近年基于同样实验原理，德国汉诺威大学[40]同样实现了高阶横模的压缩，特别是其获得 $HG_{3,3}$ 模压缩，压缩度为 4 dB. 另外，可以将高阶模压缩技术推广到多模纠缠方案中，通过单个光学参量振荡器实现了多模(空间、时间)多组分连续变量纠缠态[41-43].

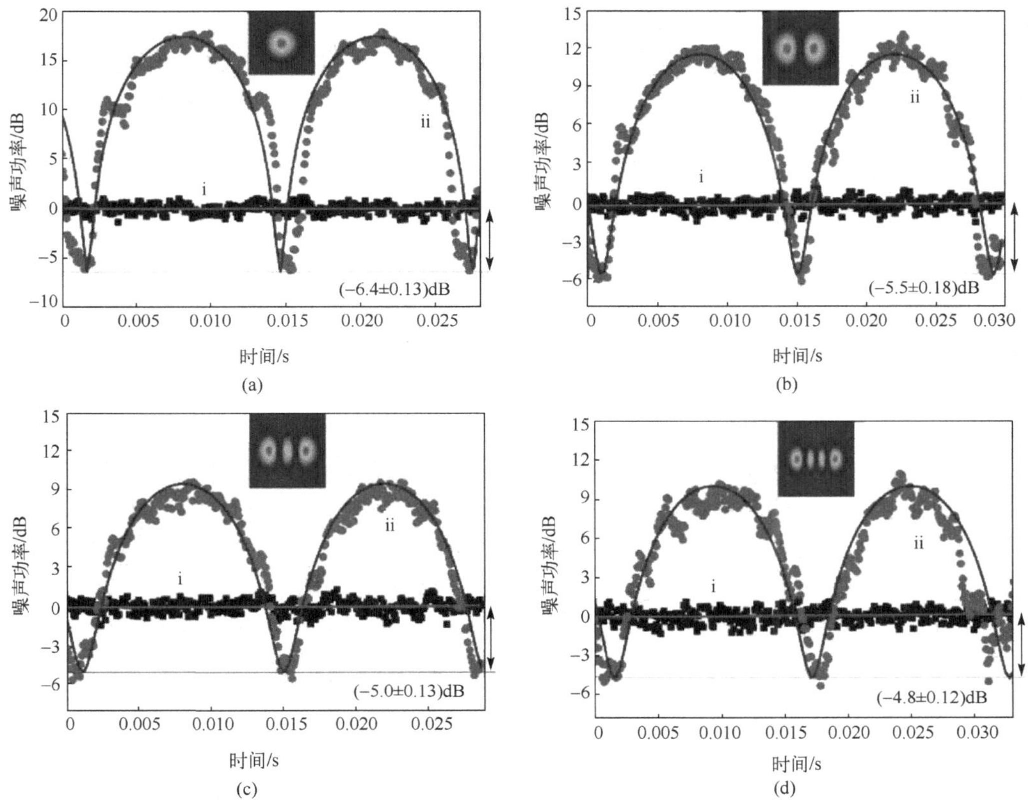

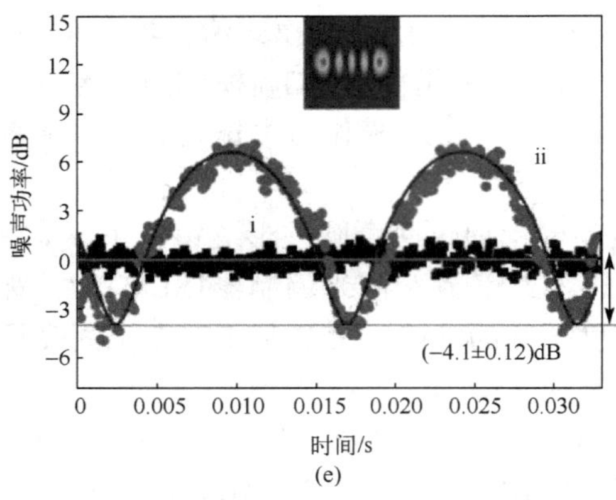

(e)

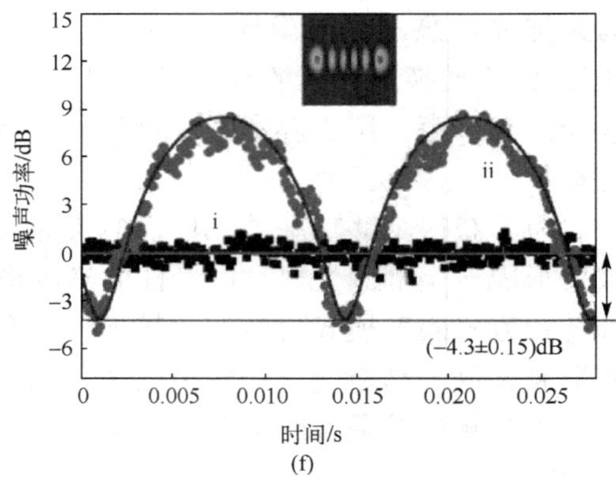

(f)

图 4-44 高阶横模 $HG_{0,0}$、$HG_{1,0}$、$HG_{2,0}$、$HG_{3,0}$、$HG_{4,0}$、$HG_{5,0}$ 的压缩测量结果[38]

目前高阶横模压缩的压缩度受限主要包括：①内腔损耗，由于高阶横模的光斑随着阶数增加而增大，其相应衍射损耗必然增加；②泵浦功率受限，目前采用的高阶模泵浦场通过空间光调制器产生，受到空间光调制器损伤阈值限制，无法获得足够的泵浦功率；③探测损耗，平衡零拍探测中高阶横模的模式匹配更为困难，因为高阶模光场对于光斑大小和空间抖动更为敏感，这也是为什么高阶横模光场可以用于空间精密测量的原因. 未来采用有效技术克服相应问题，则高阶横模压缩的压缩度有望大幅提高.

2) 基于模式整形装置产生高阶横模压缩态

通过腔外模式转换，将基模压缩光整形成高阶模压缩光可以避免高阶模 OPO 的设计以及非线性转换效率低的问题. 2011 年法国 Treps 等[44]通过可变形镜产生了 $HG_{1,0}$、$HG_{2,0}$、$HG_{3,0}$ 模压缩态光场，但由于可变形镜像素数量有限，对光场的调控有限. 因此不适合用来产生复杂的光场. 相比可变形镜，空间光调制器有更多的像素，从而可以精细调控入射的光场. 2016 年，德国 Semmler 等[45]通过单个空间光调制器产生高阶拉盖尔高斯模、贝塞尔高斯(BG)模以及任意强度图案的压缩态光场，但高阶厄米高斯模以及任意复振幅光场无法通过空间光调制器单次调制，无法实现高效且高质量地产生，对于任意复振幅光场，其转换效率只有 15%. 由于压缩光对光学损耗特别敏感，光学损耗会致使压缩光的压缩度降低，从而严重地限制其实际应用，因此转换效率也是必须考虑的问题.

2020 年，山西大学[46]通过级联空间光调制器对入射光场的振幅和相位同时调制，该方案理论上效率是 100%，实现了任意复振幅光场压缩态的产生. 如图 4-45 所示，实验装置由三部分组成：光学参量放大器、光束整形系统(BSS)以及高阶模压缩光的纯度测量. 首先从光学参量放大器输出基模压缩态光场，之后通过光束整形系统将基模压缩光整形成高阶模压缩光，最后对产生的高阶模压缩光的量子噪声以及模式纯度进行测量.

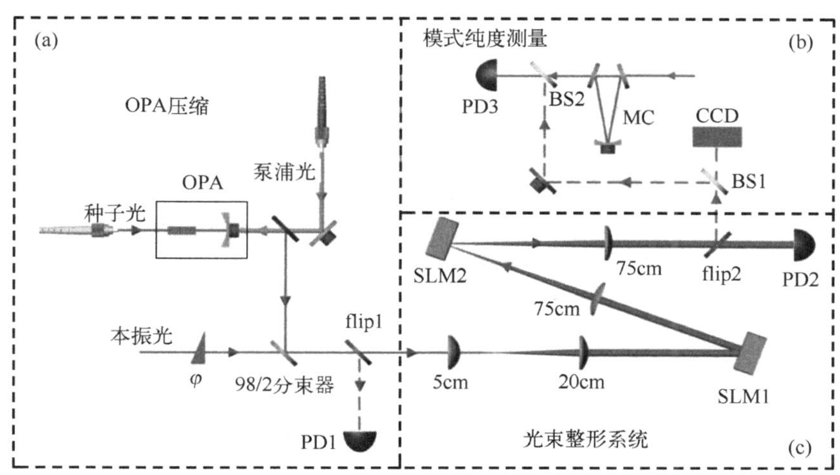

图 4-45　空间高阶模光场产生装置图

OPA：光学参量放大器；flip1、flip2：翻转镜；PD1、PD2、PD3：光电探测器；SLM1、SLM2：空间光调制器；CCD：光束质量分析仪；BS1、BS2：分束器；MC：模式清洁器

从光学参量放大器输出的基模压缩光经过望远镜系统进行扩束，望远镜系统由一个焦距为 5 cm 和一个焦距为 20 cm 透镜组成，透镜之间距离为焦距之和. 经过望远镜系统，将基模压缩光扩束成光斑直径为 5 mm 的近平行光入射到光束整形系统. 光束整形系统由两台相位 SLM 和两个傅里叶变换透镜(透镜的焦距为 75 cm)组成，这些光学元件组成了 4F 系统. 通过两台 SLM 对入射基模压缩光的强度和相位同时调制，SLM1 结合 GS(Gerhberg-Saxton)算法在 SLM2 平面上产生所需要的强度分布，但是其相位分布是杂散的，通过 SLM2 对光束的相位进行修正，最终就可以在目标平面上得到所需要的复振幅光场. 理论上该方法可以得到任意复振幅分布的光场.

如图 4-46 所示为通过光束整形系统产生的一系列模式的压缩态光场，包括 HG 前五阶模压缩态光场、$LG_{3,3}$ 模及“QMC”图样. 说明光束整形系统可以产生任意复振幅压缩态光场. 对于 $HG_{5,0}$ 模，测量到的压缩度为 (-2.65 ± 0.19) dB. 对于任意复振幅分布光场“QMC”，测量到的压缩度为 (-2.36 ± 0.21) dB.

从测量结果中可以看到，影响压缩度的因素主要来源于模式整形中光强损耗，其中主要损耗为 SLM 的反射效率. 另外总体的转换效率会随着模式阶数增加而降低，这是因为模式阶数越高，空间频率中高频部分占比会越大，有限的光学元件孔径将光场中高频部分的光损耗掉，模式分布越复杂，这种现象越明显，从而产生的模式越复杂，光场模式纯度和压缩度越低. 虽然光束整形系统可以产生任意复振幅压缩态光场，并且保持其量子特性，但是其总体转换效率有待提升，期望发展基于超表面、多平面转换等的新高效模式转换技术.

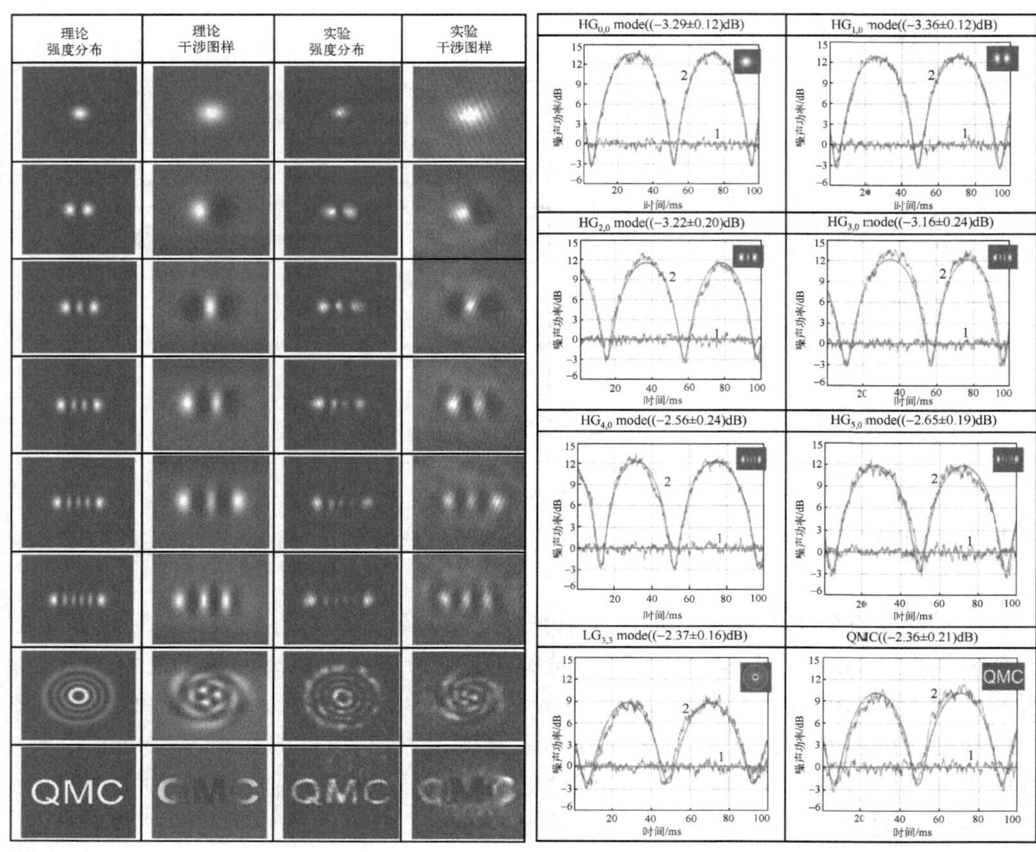

图 4-46　空间高阶模光场压缩测量结果

3. 空间压缩态

非经典效应如光场压缩、反聚束和亚泊松统计一直在量子光学中引起人们的关注. 然而，大多数的理论和实验研究都只在时域进行，而忽略了空间方面的研究，只考虑电磁场的一种空间模式. 然而，当人们想要研究垂直于光束传播方向的平面上不同空间点上的光的量子涨落时，就需要完整地描述光在时间和空间上的量子涨落. 这种时空描述带来了一个自然地推广到空间领域的概念，如标准量子极限、压缩、反聚束等. 因此，亚泊松光子统计不仅在时间上，而且会表现在光束的横平面上.

空间压缩光[48]概念，与光子在时间上的行为不同，空间压缩研究的侧重点是光场的空间量子行为，当光场空间位置或动量涨落小于真空涨落引起的噪声起伏时，即为空间压缩光场. 图 4-47 为光场空间位置涨落情况，图 4-47(a)表示相干光的空间位置涨落情况，图 4-47(b)表示空间压缩光空间位置涨落情况. 对比这两幅图，可以看出空间压缩光在横向的光子数分布的起伏要小于相干光的起伏.

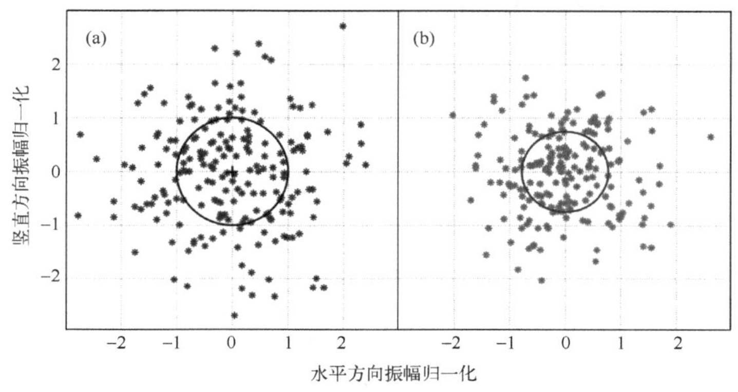

图 4-47　光场空间位置涨落[47]

(a) 相干光的空间位置涨落；(b) 空间压缩光空间位置涨落. 其中圆表示位置起伏方差

对于基模高斯光束，其(沿 x 方向)空间位置和动量算符定义为

$$
\begin{aligned}
\hat{x} &= \frac{w_0}{2\sqrt{N}}\hat{X}_{1,0} \\
\hat{p} &= \frac{w_0}{2\sqrt{N}}\hat{P}_{1,0}
\end{aligned}
\tag{4.2.33}
$$

其中，$\hat{X}_{1,0}$ 和 $\hat{P}_{1,0}$ 为 $HG_{1,0}$ 模的正交振幅和正交相位算符；w_0 为基模高斯光束腰斑；N 为基模高斯光束平均光子数.

高斯光束 $HG_{0,0}$ 模的横向位置算符和动量算符与光束中的 $HG_{1,0}$ 模的正交振幅和正交相位有关，因此，要产生空间压缩光，就要将光场中的 $HG_{1,0}$ 模的起伏噪声用压缩的 $HG_{1,0}$ 模的真空噪声填补，从而实现空间位置和动量算符的压缩. 实验上主要有三种方式可以将 $HG_{1,0}$ 模的真空噪声填补到 $HG_{0,0}$ 模中，分别为高反射率分束器耦合、谐振腔耦合和马赫-曾德尔干涉仪耦合，如图 4-48 所示.

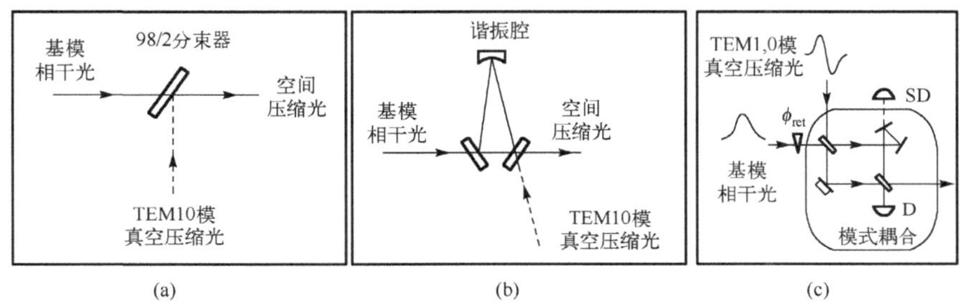

图 4-48　三种空间压缩光的耦合产生装置

如图 4-48(a)所示，第一种方法采用了 98/2 分束器，将一束强的基模相干光的

透过 2%与另一束真空压缩光的 98%反射光重合，根据分束器模型，透过的基模相干光中的 $HG_{1,0}$ 模成分将被 $HG_{1,0}$ 模真空压缩光所代替，从而合成了一束空间压缩光.

如图 4-48(b)所示，第二种方法采用了一个谐振腔，根据不同模式在腔内共振腔长不相同的原理，当基模相干光在腔内共振透射时，$HG_{1,0}$ 模的真空压缩光将被完全反射，从而透过的基模相干光内的 $HG_{1,0}$ 模真空成分被 $HG_{1,0}$ 模真空压缩光所代替，合成一束空间压缩光.

如图 4-48(c)所示，第三种方法采用了五镜马赫-曾德尔干涉仪，其中一臂多了一个反射镜，目的是使 $TEM_{1,0}$ 模在两臂反对称，相当于其中一臂多加入一个 π 相位，而 $HG_{0,0}$ 模由于左右两瓣相位相同，不受附加 π 相位的影响，使 $HG_{1,0}$ 模与 $HG_{0,0}$ 模同时在同一输出口输出.

这三种方法中，第一种方法较为简单，不需要谐振腔锁定，但是浪费了 98%的基模相干光，且损耗了 2%的真空压缩光. 而第二种和第三种方法需锁定腔长或干涉仪相位，装置稍微复杂些，但是耦合效率较高.

4. 光场轨道角动量压缩态

光场不仅携带具有与偏振相关的自旋角动量(SAM)，还携带具有与螺旋相位结构相关的轨道角动量(OAM). 轨道角动量光束中，其中最为典型的为拉盖尔高斯模式，其已经被广泛应用于光学操纵、俘获、超分辨率成像、高精度测量、光学自旋-轨道耦合以及光学拓扑效应等方法. 由于轨道角动量光场的无限轨道角动量量子数，其为量子态提供了高维希尔伯特空间，用于构建高维纠缠态和高维量子信息方案，以实现多通道量子信息处理和高容量量子通信网络. 另外，由于轨道角动量光束还具有特殊的横向空间分布结构，因此在转角测量方面有着极大的优势.

光场的轨道角动量通过庞加莱球上斯托克斯分量来描述. 对于轨道角动量庞加莱球，其四个轨道斯托克斯分量：O_0 描述的是光束总光强；O_1、O_2 和 O_3 构成笛卡儿坐标系，分别表示 $HG_{1,0}$ 和 $HG_{0,1}$ 模、$HG_{1,0}^{45^\circ}$ 和 $HG_{1,0}^{135^\circ}$ 模、LG_0^1 和 LG_0^{-1} 模的光强差，其表达式可以写为[49]

$$\begin{aligned} O_0 &= I_{HG_{1,0}} + I_{HG_{0,1}} \\ O_1 &= I_{HG_{1,0}} - I_{HG_{0,1}} \\ O_2 &= I_{HG_{1,0}^{45^\circ}} - I_{HG_{1,0}^{135^\circ}} \\ O_3 &= I_{LG_0^1} - I_{LG_0^{-1}} \end{aligned} \tag{4.2.34}$$

其中 $O_0^2 = O_1^2 + O_2^2 + O_3^2$. 在经典光学中，光场的轨道角动量是确定的数值，其在庞加莱球上表现为一个点，如图 4-49(a)所示. 而在量子光学中，由于量子态具有噪声起伏，因此光场的轨道角动量不再只是一个确定的数值，而是具有噪声起伏的. 相比于经典的庞加莱球，量子轨道角动量庞加莱球多了一层壳，用来表征量子起伏，如图 4-49(b)所示.

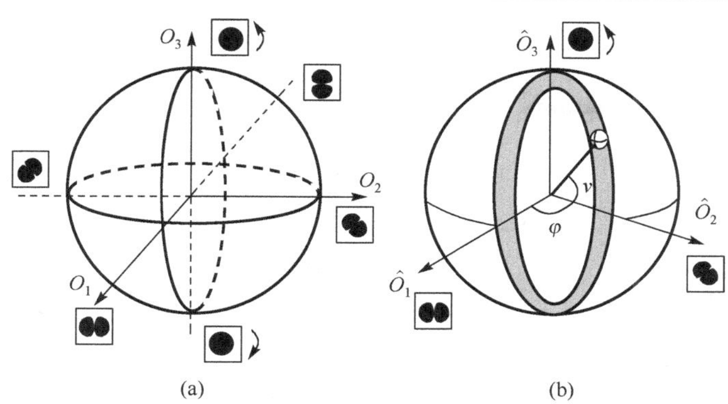

图 4-49　经典(a)和量子轨道角动量(b)庞加莱球

相应的轨道斯托克斯算符(也称空间斯托克斯算符)的量子表达式为

$$
\begin{aligned}
\hat{O}_0 &= \hat{a}_{10}^{\dagger}\hat{a}_{10} + \hat{a}_{01}^{\dagger}\hat{a}_{01} \\
\hat{O}_1 &= \hat{a}_{10}^{\dagger}\hat{a}_{10} - \hat{a}_{01}^{\dagger}\hat{a}_{01} \\
\hat{O}_2 &= \hat{a}_{10}^{\dagger}\hat{a}_{01}\mathrm{e}^{\mathrm{i}\theta} + \hat{a}_{01}^{\dagger}\hat{a}_{10}\mathrm{e}^{-\mathrm{i}\theta} \\
\hat{O}_3 &= \mathrm{i}\hat{a}_{01}^{\dagger}\hat{a}_{10}\mathrm{e}^{-\mathrm{i}\theta} - \mathrm{i}\hat{a}_{10}^{\dagger}\hat{a}_{01}\mathrm{e}^{\mathrm{i}\theta}
\end{aligned}
\tag{4.2.35}
$$

其中 $\hat{a}_{10(01)}^{\dagger}$ 和 $\hat{a}_{10(01)}$ 分别表示 $\mathrm{HG}_{1,0(0,1)}$ 模的产生算符和湮灭算符，θ 为 $\mathrm{HG}_{1,0}$ 模和 $\mathrm{HG}_{0,1}$ 模的相对相位. 根据产生算符和湮灭算符的对易关系有

$$
[\hat{O}_i, \hat{O}_j] = 2\mathrm{i}\varepsilon_{ijk}\hat{O}_k
$$

其中，ε_{ijk} 为 Levi-Civita(列维-奇维塔)符号.

通过计算得到轨道角动量斯托克斯算符的量子噪声起伏为[50,51]

$$
\begin{aligned}
\Delta^2\hat{O}_0 &= \alpha_{10}^2\Delta^2\hat{X}_{1,0} + \alpha_{01}^2\Delta^2\hat{X}_{0,1} \\
\Delta^2\hat{O}_1 &= \alpha_{10}^2\Delta^2\hat{X}_{1,0} + \alpha_{01}^2\Delta^2\hat{X}_{0,1} \\
\Delta^2\hat{O}_2 &= \cos^2\theta(\alpha_{01}^2\Delta^2\hat{X}_{1,0} + \alpha_{10}^2\Delta^2\hat{X}_{0,1}) + \sin^2\theta(\alpha_{01}^2\Delta^2\hat{P}_{1,0} + \alpha_{10}^2\Delta^2\hat{P}_{0,1}) \\
\Delta^2\hat{O}_3 &= \sin^2\theta(\alpha_{01}^2\Delta^2\hat{X}_{1,0} + \alpha_{10}^2\Delta^2\hat{X}_{0,1}) + \cos^2\theta(\alpha_{01}^2\Delta^2\hat{P}_{1,0} + \alpha_{10}^2\Delta^2\hat{P}_{0,1})
\end{aligned}
\tag{4.2.36}
$$

其中 $\hat{X}_{1,0(0,1)} = \hat{a}_{10(01)} + \hat{a}_{10(01)}^{\dagger}$ 和 $\hat{P}_{1,0(0,1)} = -\mathrm{i}(\hat{a}_{10(01)} - \hat{a}_{10(01)}^{\dagger})$ 分别为 $\mathrm{HG}_{1,0(0,1)}$ 模的正交振幅算符和正交相位算符，α 为光场平均幅度，θ 为 $\mathrm{HG}_{1,0}$ 模和 $\mathrm{HG}_{0,1}$ 模光场相对相位. 若轨道角动量光场的一个或多个轨道斯托克斯算符的量子噪声起伏小于同样光强的相干态噪声，即标准量子极限(SNL)，该轨道角动量光场即为轨道角动量压缩态光场.

从式(4.2.36)可知，轨道斯托克斯算符的噪声起伏与 $\mathrm{HG}_{1,0}$ 模和 $\mathrm{HG}_{0,1}$ 模的正交分量的噪声起伏相关，并且依赖于两模的相对相位 θ. 因此，实验上，可以通过耦合 $\mathrm{HG}_{1,0}$ 模和 $\mathrm{HG}_{0,1}$ 模不同的量子态及控制相对相位制备不同类型的 OAM 压缩态光场，如图 4-50 所示. 实验室中，$\mathrm{HG}_{1,0}$ 模和 $\mathrm{HG}_{0,1}$ 模的耦合装置可以通过五镜马赫-

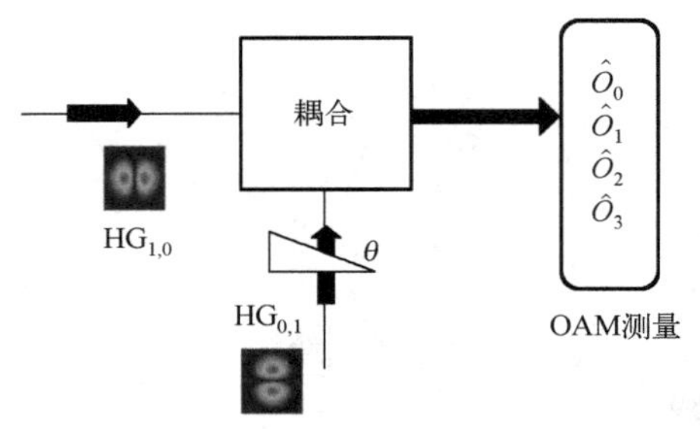

图 4-50 产生和测量轨道角动量压缩态的实验装置[52]

曾德尔干涉仪、98/2 分束器等方式实现，与前面产生空间压缩态的类似，见 4.3 节.

(1)三个斯托克斯算符同时被压缩.

通过耦合等功率的 $HG_{0,1}$ 模和 $HG_{1,0}$ 模正交振幅压缩态光场（$\alpha_{10}=\alpha_{01}$），并锁定两光束之间的相对相位为 0 时，可以分别实现轨道斯托克斯算符 $\hat{O}_1$ 和 $\hat{O}_2$ 同时被压缩. 其庞加莱球表征如图 4-51(a)所示，雪茄形的椭球表示噪声起伏，并分别投影在 $\hat{O}_1$-$\hat{O}_2$、$\hat{O}_2$-$\hat{O}_3$ 和 $\hat{O}_1$-$\hat{O}_3$ 平面内，其中，虚线表示 SNL，实线表示噪声投影，实线在虚线以内表示该分量被压缩，超出虚线以外表示该分量被反压缩[51].

通过耦合等功率的 $HG_{0,1}$ 模和 $HG_{1,0}$ 模正交振幅压缩态光场（$\alpha_{10}=\alpha_{01}$），并锁定两光束之间的相对相位为 $\pi/2$ 时，可以实现斯托克斯算符 $\hat{O}_1$ 和 $\hat{O}_3$ 同时被压缩，其庞加莱球表征如图 4-51(b)所示.

(2)仅有一个斯托克斯算符被压缩.

通过耦合等功率的 $HG_{0,1}$ 模和 $HG_{1,0}$ 模正交相位压缩态光场（$\alpha_{10}=\alpha_{01}$），并锁定两光束之间的相对相位为 $\pi/2$，此时只有斯托克斯算符 $\hat{O}_2$ 被压缩，$\hat{O}_1$ 和 $\hat{O}_3$ 被反压缩，$\hat{O}_0$ 被反压缩，其庞加莱球表征如图 4-51(c)所示；

通过耦合等功率的 $HG_{0,1}$ 模和 $HG_{1,0}$ 模正交相位压缩态光场（$\alpha_{10}=\alpha_{01}$），并锁定两光束之间的相对相位为 0，此时只有斯托克斯算符 $\hat{O}_3$ 被压缩，$\hat{O}_1$ 和 $\hat{O}_2$ 被反压缩，$\hat{O}_0$ 被反压缩，其庞加莱球表征如图 4-51(d)所示；

通过耦合明亮 $HG_{1,0}$ 相干光和 $HG_{0,1}$ 模正交振幅真空压缩光（$\alpha_{10}\gg\alpha_{01}$），并锁定两光束之间的相对相位为 0，此时斯托克斯算符 $\hat{O}_2$ 被压缩，$\hat{O}_3$ 被反压缩，$\hat{O}_0$ 和 $\hat{O}_1$ 处于 SNL，其庞加莱球表征如图 4-51(e)所示；

通过耦合明亮 $HG_{1,0}$ 相干光和 $HG_{0,1}$ 模正交振幅真空压缩光（$\alpha_{10}\gg\alpha_{01}$），并锁定两光束之间的相对相位为 $\pi/2$，此时斯托克斯算符 $\hat{O}_3$ 被压缩，$\hat{O}_2$ 被反压缩，$\hat{O}_0$ 和 $\hat{O}_1$ 处于 SNL，其庞加莱球表征如图 4-51(f)所示.

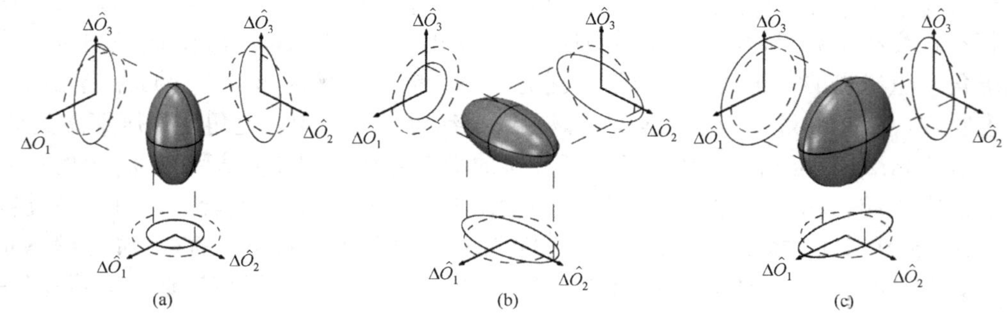

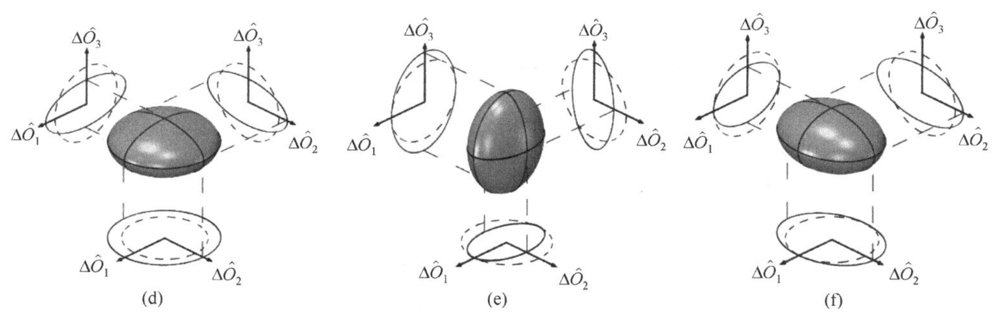

图 4-51　不同连续变量轨道角动量压缩的庞加莱球表征

5. 连续变量超纠缠态

另外，由于光子的自旋(偏振)和轨道角动量是其两个独立的自由度，因此将光场偏振压缩和轨道角动量相结合，可以实现光场偏振和轨道角动量的同时压缩，从而构造连续变量的高维量子态. 如图 4-52 所示，山西大学于 2014 年[53]通过具有轨道角动量的二类光学参量过程有效弥补了非线性晶体对高阶横模 $HG_{0,1}$ 和 $HG_{1,0}$ 的像散效应，实现了不同偏振的 $HG_{0,1}$ 和 $HG_{1,0}$ 模在腔中同时共振，基于像散补偿后的单个二类相位匹配的光学参量振荡器，实验上产生了不同空间模式的两对连续变量纠缠态，并首次获得了同时具有自旋和轨道角动量纠缠的连续变量超纠缠态. 近期，通过色散、像散补偿技术和多模参量控制技术，实现了光学参量振荡器中三个自由度光场的共振输出，获得了同时具有频率梳、自旋和轨道角动量纠缠的连续变量三维纠缠[54]. 具有多自由度的连续变量高维纠缠态，对推动未来大尺度连续变量纠缠态的产生、构建可控和复杂的多模量子网络，以及实现多参数量子测量研究具有重要意义.

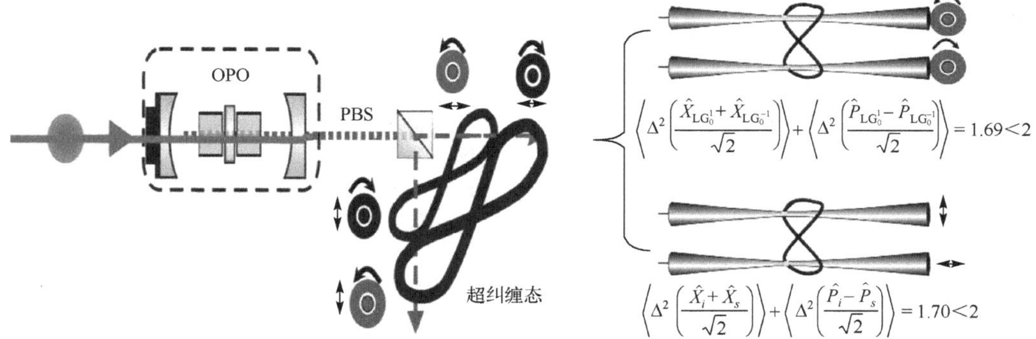

图 4-52　连续变量超纠缠态[53]

4.3 薛定谔猫态和混合纠缠态光场

混合型量子光源结合了光子的波粒二象性，在量子科技中具有独特的优势. 这里主要介绍薛定谔猫态和混合纠缠态光场，其中混合纠缠态光场包括微观-宏观纠缠态和宏观-宏观纠缠态光场. 这里“微观”和“宏观”是指光场的量子态中所包含的光子数的多少，一般分离变量量子态仅包含有限的光子数，如真空态和单光子态，因此称为“微观”态，而对于含有大量光子数的连续变量量子态称为“宏观”态，如相干幅度很大的相干态等.

4.3.1 薛定谔猫态的制备

实验上制备薛定谔猫态有多种方法，如原子-腔强耦合系统、压缩真空态减光子等，这里主要介绍利用压缩真空态的减光子方案，该方案是制备薛定谔猫态的一个有效方法. 1997 年，M. Dakna 等提出了产生光学薛定谔猫态的理论方案[55]，其方案如图 4-53 所示. 真空态和高纯度的压缩真空态光场在透射率为 T 的分束器上耦合，反射部分利用可分辨光子数的探测器记录减去的光子数 m'，透射部分为减去 m'个光子的压缩真空态.

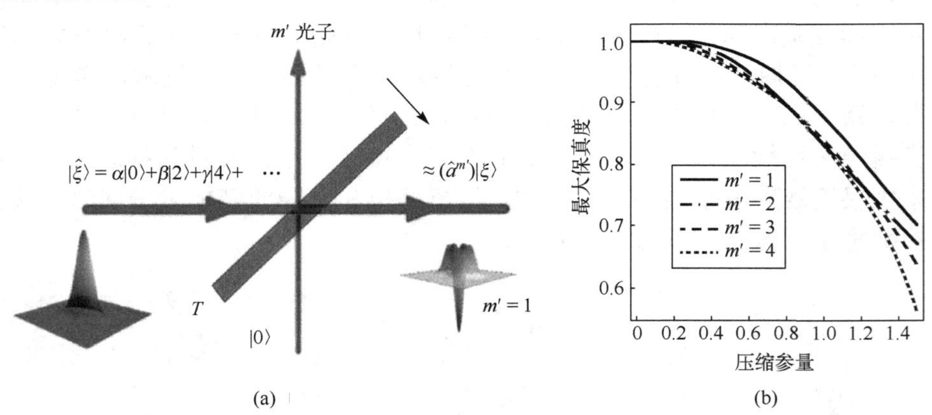

图 4-53 减光子方案制备薛定谔猫态

(a) 压缩真空态光场减光子制备薛定谔猫态示意图；(b) 减光子态与奇猫态（$|\text{cat}_-\rangle=|\alpha\rangle-|-\alpha\rangle$）的保真度随压缩参量的变化

下面从理论上分析减光子后压缩真空态的输出态形式，减光子的压缩真空态和薛定谔猫态有很大的相似度. 在薛定谔表象中，两个输入态在分束器上耦合表示为

$$|\psi_{\text{in}}\rangle=|\xi\rangle_{\text{s}}|0\rangle_{\text{t}} \tag{4.3.1}$$

其中 $|\xi\rangle_{\text{s}}$ 为压缩真空态，$\xi=re^{\mathrm{i}\phi}$ 为压缩参量. 经过分束器后，输出态表示为

$$\left|\psi_{\mathrm{bs}}\right\rangle=\hat{B}(T)\left|\psi_{\mathrm{in}}\right\rangle=\sum_{n,m=0}^{\infty}{}_{\mathrm{s}}\left\langle n+m|\xi\right\rangle_{\mathrm{s}}\sqrt{B_{n}^{n+m}(T)}\left|n,m\right\rangle \tag{4.3.2}$$

假设反射的触发路探测器可以探测 m'个光子，即投影到$|m'\rangle_{\mathrm{t}}\langle m'|$上，透射光塌缩到条件的减光子态上

$$\left|\psi_{m'}\right\rangle_{\mathrm{s}}=\frac{1}{\sqrt{\mathrm{Pr}_{\mathrm{t}}(m')}}\sum_{n=0}^{\infty}{}_{\mathrm{s}}\left\langle n+m|\psi_{\mathrm{bs}}\right\rangle\left|n\right\rangle_{\mathrm{s}} \tag{4.3.3}$$

其中归一化因子 $\mathrm{Pr}_{\mathrm{t}}(m')$ 是触发路探测 m'个光子的概率，则输出态可以重新表示为

$$\left|\psi_{m'}\right\rangle_{\mathrm{s}}\propto\left[\sum_{n=0}^{\infty}F_{n,m'}\upsilon^{n}\left|n\right\rangle+\sum_{n=0}^{\infty}F_{n,m'}(-\upsilon)^{n}\left|n\right\rangle\right]=\left|\psi_{m'}^{+}\right\rangle+(-1)^{m'}\left|\psi_{m'}^{-}\right\rangle \tag{4.3.4}$$

这里 $F_{n,m'}=(n+m')!/[(n+m'/2)!\sqrt{n!}]$. 当减去 1 个光子，其保真度可表示为

$$\begin{aligned}F\left(\left|\psi_{m'}\right\rangle,\left|\mathrm{cat}_{-}\right\rangle\right)&=\sum_{n=0}^{\infty}\left\langle\psi_{m'}|n\right\rangle\left\langle n|\mathrm{cat}_{-}\right\rangle\\&=\frac{|\alpha|^{2}}{\cosh^{3}s\sin|\alpha|^{2}}\exp\left[|\alpha|^{2}\tanh s\cos(2\arg\alpha-\phi)\right]\end{aligned} \tag{4.3.5}$$

其中，$s=\operatorname{arctanh}(T\tanh r)$，这里 T 为图 4-53 中反射镜的反射率.

2006 年，P. Grangier 小组首次在实验上制备了光学薛定谔猫态[56]，如图 4-54 所示；同年，丹麦 E. S. Polzik 小组制备了波长为 852 nm 的光学薛定谔奇猫态[57]；2011 年，日本 A. Furusawa 小组从利用 PPKTP 晶体产生的压缩真空态中减去一个光子，获得了 860 nm 的光学薛定谔猫态[58]；2018 年，山西大学光电研究所苏晓龙课题组通过压缩态的减光子得到薛定谔猫态，再将其注入光学参量放大器中实现薛定谔猫态的放大[59].

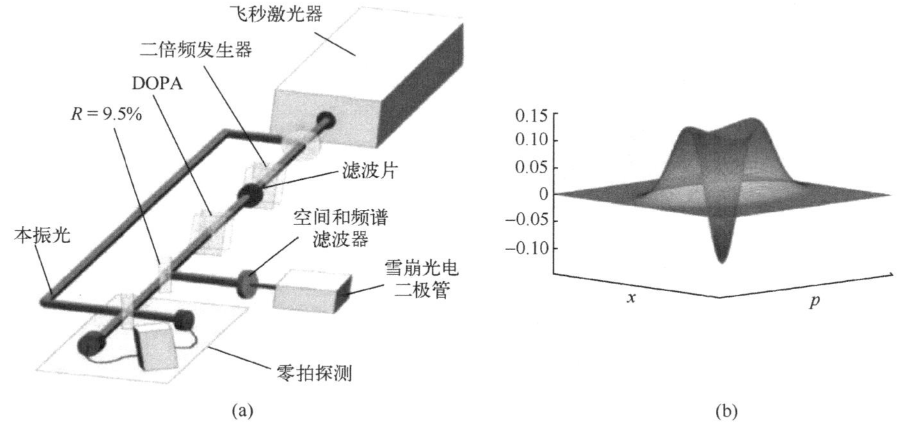

图 4-54　减光子制备猫态[58]

(a) 实验装置示意图；(b) 减光子制备的猫态相空间重构维格纳函数图. $s=0.56$

另外，还可以通过原子腔耦合系统制备光学猫态，将在第 8 章中详细讲述.

4.3.2 微观-宏观纠缠态的制备

微观-宏观纠缠态是指一个分离变量量子态与连续变量量子态构成的纠缠态，其形式可写为$|\psi\rangle_{\mathrm{h}}=1/\sqrt{2}\left[|\varphi_1\rangle_{\mathrm{d}}|\phi_1\rangle_{\mathrm{c}}\pm|\varphi_2\rangle_{\mathrm{d}}|\phi_2\rangle_{\mathrm{c}}\right]$，其中$|\varphi_{1,2}\rangle_{\mathrm{d}}$为分离变量量子态，$|\phi_{1,2}\rangle_{\mathrm{c}}$为连续变量量子态，例如，$|\psi\rangle_{\mathrm{h}}=1/\sqrt{2}\left[|1_1\rangle_{\mathrm{d}}|\alpha\rangle_{\mathrm{c}}\pm|0_2\rangle_{\mathrm{d}}|-\alpha\rangle_{\mathrm{c}}\right]$，$\alpha$为相干态的相干幅度. 这里连续变量的量子态可有任意形式.

微观-宏观纠缠态的制备目前主要有两种：一是通过由双组分分离变量的一个模式与压缩态光场减光子耦合宣布一个单光子产生来制备；二是对单光子纠缠态的一个模式进行平移操作获得. 下面分别进行介绍.

(1) 由双组分分离变量的一个模式与压缩态光场减光子耦合.

2014 年法国的 L. Julien 小组通过简并光学参量振荡器在 Bob 端产生压缩态光场，通过分束器从中减去一个单光子，将该单光子与另一个非简并光学参量振荡器产生的双光子纠缠态(Alice 端)的一个模式在远程的路由器端耦合，并进行单光子探测. 如果单光子探测器探测到一个光子，即制备产生一个微观-宏观混合纠缠态(未归一化)：$|0\rangle_{\mathrm{A}}|\mathrm{cat}_-\rangle_{\mathrm{B}}+\mathrm{e}^{\mathrm{i}\phi}|1\rangle_{\mathrm{A}}|\mathrm{cat}_+\rangle_{\mathrm{B}}$，这里$|\mathrm{cat}_+\rangle=|\alpha\rangle+|-\alpha\rangle$，图 4-55 为实验装置[60].

(2) 对单光子纠缠态的一个模式进行平移.

卡尔加里大学的 A. I. Lvovsky 等研究人员，通过对单光子纠缠态的一个模式进行平移获得了微观-宏观纠缠态光场[61]，其原理如图 4-56 所示. 其输出态表达式为$|\psi\rangle_{\mathrm{out}}=1/\sqrt{2}\left[|0\rangle_1\hat{D}(\alpha)|1\rangle_2\pm|1\rangle_1\hat{D}(\alpha)|0\rangle_2\right]$，其连续变量组分为平移的真空态(相干态)和平移单光子态.

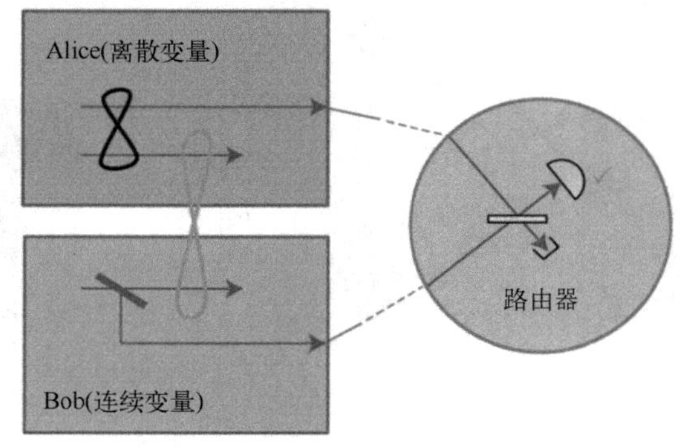

(a)

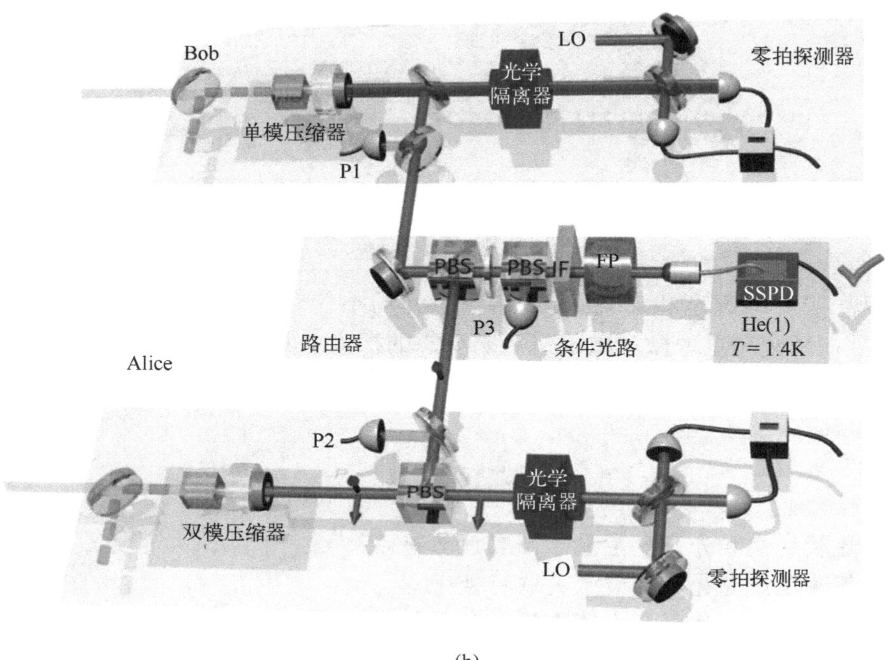

(b)

图 4-55　制备微观宏观混合纠缠态[60]

(a) 制备微观-宏观混合纠缠态原理图；(b) 制备微观-宏观混合纠缠态实验装置示意图

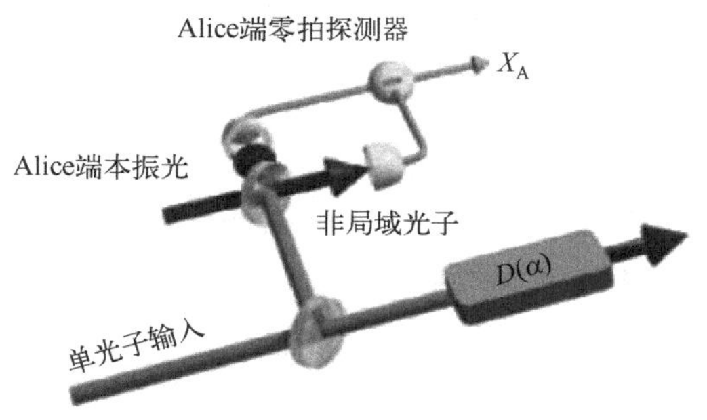

图 4-56　微观-宏观纠缠态产生[61]

4.3.3　宏观-宏观纠缠态的制备

2012 年，瑞士日内瓦大学研究人员通过单光子与相干态在 50/50 分束器上耦合，在 Alice 端和 Bob 端制备产生了宏观-宏观纠缠态[62]：$D(\alpha)_a|1\rangle_A|\alpha\rangle_B+|\alpha\rangle_A D(\alpha)_b|1\rangle_B$，其原理如图 4-57 所示.

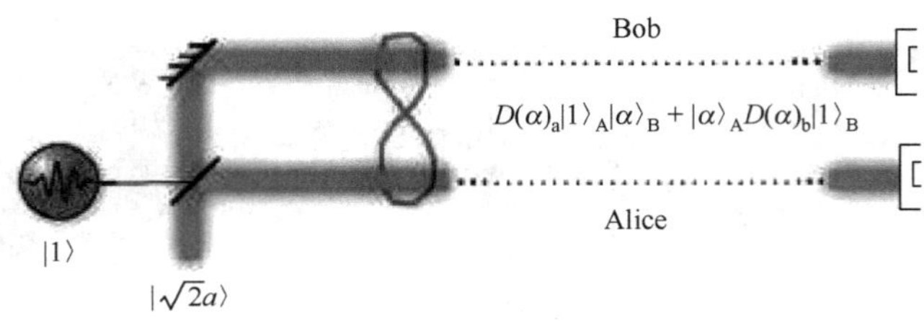

图 4-57　宏观-宏观纠缠态制备[62]

微观-宏观纠缠态和宏观-宏观纠缠态光场不仅对于量子信息过程具有重要意义，而且在精密测量、微观量子态到宏观态的探索上具有重要作用，因此近年来受到了广泛关注.

思　考　题

(1) 连续变量和分离变量量子态有什么特点？
(2) 简述压缩态光场的边带关联特性.
(3) 偏振压缩态的制备方法有哪些？如何测量？

参 考 文 献

[1] Andersen U L, Leuchs G, Silberhorn C. Continuous-variable quantum information processing. Laser & Photonics Reviews, 2010, 4: 337-354.

[2] Darquie B, Jones M P A, Dingjan J, et al. Controlled s ingle p hoton e mission from a single trapped two level atom. Science, 2005, 309: 454.

[3] Liu B, Jin G, He J, et al. Suppression of single-cesium-atom heating in a microscopic optical dipole trap for demonstration of an 852-nm triggered single-photon source. Phys. Rev. A, 2016, 94: 013409.

[4] McKeever J, Boca A, Boozer A D, et al. Experimental realization of a one-atom laser in the regime of strong coupling. Nature, 2003, 425(6955): 268-271.

[5] Kuhn A, Hennrich M, Rempe G. Deterministic single-photon source for distributed quantum networking. Phys. Rev. Lett., 2002, 89: 067901.

[6] Birnbaum K M, Boca A, Miller R, et al. Photon blockade in an optical cavity with one trapped atom. Nature, 2005, 436: 87-90.

[7] Hamsen C, Tolazzi K N, Wilk T, et al. Two-photon blockade in an atom-driven cavity QED system. Phys. Rev. Lett., 2017, 118: 133604.

[8] Toninelli C, Gerhardt I, Clark A S, et al. Single organic molecules for photonic quantum technologies. Nature Materials, 2021, 20: 1615-1628.

[9] Senellart P, Solomon G, White A. High-performance semiconductor quantum-dot single-photon sources. Nature Nanotechnology, 2017, 12: 1026-1039.

[10] Somaschi N, Giesz V, de Santis L, et al. Near-optimal single-photon sources in the solid state. Nature Photonics, 2016, 10(5): 340-345.

[11] Lin X, Dai X L, Pu C D, et al. Electrically-driven single-photon sources based on colloidal quantum dots with near-optimal antibunching at room temperature. Nature Communications, 2017, 8: 1132.

[12] Duan L M, Lukin M D, Cirac J I, et al. Long-distance quantum communication with atomic ensembles and linear optics. Nature, 2001, 414: 413-418.

[13] Chou C W, Polyakov S V, Kuzmich A, et al. Single-photon generation from stored excitation in an atomic ensemble. Phys. Rev. Lett., 2004, 92: 213601.

[14] Yang C W, Li J, Zhou M T, et al. Deterministic measurement of a Rydberg superatom qubit via cavity-enhanced single-photon emission. Optica, 2022, 9: 853-858.

[15] Burnham D C, Weinberg D L. Observation of simultaneity in parametric production of optical photon pair. Phys. Rev. Lett., 1970, 25: 84.

[16] MacRae A, Brannan T, Achal R, et al. Tomography of a high-purity narrowband photon from a transient atomic collective excitation. Phys. Rev. Lett., 2012, 109: 033601.

[17] Kurtsiefer C, Oberparleiter M, Weinfurter H. Generation of correlated photon pairs in type-II parametric down conversion-revisited. Mod. Opt., 2001, 48: 1997-2007.

[18] Kim Y H. Quantum interference with beamlike type-Ⅱ spontaneous parametric down-conversion. Phys. Rev. A, 2003, 68: 013804.

[19] Wang X L, Chen L K, Li W, et al. Experimental ten-photon entanglement. Physical Review Letters, 2016, 117: 210502.

[20] Qin Z Z, Prasad A, Brannan T, et al. Complete temporal characterization of a single photon. Light Science & Applications, 2015, 4: e298.

[21] Glauber R J. Nobel lecture: one hundred years of light quanta. Rev. Mod. Phys., 2006, 78: 1267.

[22] Slusher R E, Hollberg L W, Yurke B, et al. Observation of squeezed states generated by four-wave mixing in an optical cavity. Phys. Rev. Lett., 1985, 55: 2409-2412.

[23] Wu L A, Kimble H J, Hall J L, et al. Generation of squeezed states by parametric down conversion. Phys. Rev. Lett., 1986, 57: 2520-2523.

[24] Vahlbruch H, Mehmet M, Chelkowski S, et al. Observation of squeezed light with 10-dB quantum-noise reduction. Phys. Rev. Lett., 2008, 100: 033602.

[25] Vahlbruch H, Mehmet M, Danzmann K, et al. Detection of 15 dB squeezed states of light and

their application for the absolute calibration of photoelectric quantum efficiency. Phys. Rev. Lett., 2016, 117: 110801.

[26] Heidmann A, Horowicz R J, Reynaud S, et al. Observation of quantum noise reduction on twin laser beams. Phys. Rev. Lett., 1987, 59: 2555-2557.

[27] Machida S, Yamamoto Y, Itaya Y. Observation of amplitude squeezing in a constant- current-driven semiconductor laser. Phys. Rev. Lett., 1987, 58: 1000-1003.

[28] Gao J R, Cui F Y, Xue C Y, et al. Generation and application of twin beams from an optical parametric oscillator including an α-cut KTP crystal. Opt. Lett., 1998, 23: 870-872.

[29] Sun X C, Wang Y J, Tian L, et al. Detection of 13.8 dB squeezed vacuum states by optimizing the interference efficiency and gain of balanced homodyne detection. Chin. Opt. Lett., 2019, 17(7): 072701.

[30] Armstrong J A, Bloembergen N, Ducuing J, et al. Interactions between light waves in a nonlinear dielectric. Phys.Rev., 1962, 127: 1918.

[31] 叶晨光. 压缩态光场的实验研究以及相位敏感光学参量放大器中类 EIT 现象的实现. 太原: 山西大学, 2009.

[32] Vahlbruch H. Squeezed light for gravitational wave astronomy. Hannover: University Hannover, 2008.

[33] Chelkowski S. Squeezed light and laser interferometric gravitational wave detectors. Hannover: University Hannover, 2007.

[34] 张云. 强度差压缩光的应用及量子信息中非经典光场的产生. 太原: 山西大学, 2000.

[35] Wang Y, Shen H, Jin X L, et al. Experimental generation of 6 dB continuous variable entanglement from a nondegenerate optical parametric amplifier. Opt. Express, 2010, 18: 6149-6155.

[36] Bowen W P. Experiments towards a quantum information network with squeezed light and entanglement. Canberra: Australian National University, 2003.

[37] Guo J, Cai C X, Ma L, et al. Higher order mode entanglement in a type II optical parametric oscillator. Optics Express, 2017: 25(5): 4985-4993.

[38] Li Z, Guo H, Liu H B, et al. Higher-order spatially squeezed beam for enhanced spatial measurements. Adv. Quantum Technol., 2022, 5(11): 2200055.

[39] 刘奎, 李治, 郭辉, 等. 使用空间光调制器产生高阶厄米高斯光束. 中国激光, 2020, 47(9): 0905004.

[40] Heinze J, Willke B, Vahlbruch H. Observation of squeezed states of light in higher-order hermite-gaussian modes with a quantum noise reduction of up to 10 dB. Phys. Rev. Lett., 2022, 128: 083606.

[41] Liu K, Guo J, Cai C X, et al. Direct generation of spatial quadripartite continuous variable

entanglement in an optical parametric oscillator. Optics Letters, 2016, 41(22): 5178-5181.

[42] Cai C X, Ma L, Li J, et al. Generation of a continuous-variable quadripartite cluster state multiplexed in the spatial domain. Photonics Research, 2018, 6(5): 479.

[43] Guo H, Liu N, Sun H X, et al. Continuous variable spin-orbit total angular momentum entanglement on the higher-order Poincaré sphere. Opt. Lett., 2023, 48: 1774-1777.

[44] Morizur J F, Armstrong S, Treps N, et al. Spatial reshaping of a squeezed state of light. Eur. Phys. J. D, 2011, 61: 237-239.

[45] Semmler M, Berg-Johansen S, Chille V, et al. Single-mode squeezing in arbitrary spatial modes. Opt. Express, 2016, 24: 7633-7642.

[46] Ma L, Guo H, Sun H X, et al. Generation of squeezed states of light in arbitrary complex amplitude transverse distribution. Photonics Research, 2020, 8(9): 1422.

[47] Delaubert V. Quantum imaging with a small number of transverse modes. Canberra: Australian National University, 2007.

[48] Treps N, Grosse N, Bowen W P, et al. A quantum laser pointer. Science, 2003, 301: 940-943.

[49] Padgett M J, Courtial J. Poincaré-sphere equivalent for light beams containing orbital angular momentum. Opt. Lett., 1999, 24: 430-432.

[50] Hsu M T L, Bowen W P, Lam P K. Spatial-state Stokes-operator squeezing and entanglement for optical beams. Phys. Rev. A, 2009, 79: 043825.

[51] Guo J, Cai C X, Ma L, et al. Measurement of Stokes-operator squeezing for continuous-variable orbital angular momentum. Sci. Rep., 2017, 7: 4434.

[52] Cai C X, Ma L, Li J, et al. Experimental characterization of continuous-variable orbital angular momentum entanglement using Stokes-operator basis. Optics Express, 2018, 26(5): 5724-5732.

[53] Liu K, Guo J, Cai C X, et al. Experimental generation of continuous-variable hyperentanglement in an optical parametric oscillator. Phys. Rev. Lett., 2014, 113: 170501.

[54] Guo H, Liu N, Li Z, et al. Generation of continuous-variable high-dimensional entanglement with three degrees of freedom and multiplexing quantum dense coding. Photon. Res., 2011, 10: 2828-2835.

[55] Dakna M, Anhut T, Opatrný T, et al. Generating Schrödinger-cat-like states by means of conditional measurements on a beam splitter. Phys. Rev. A, 1997, 55: 3184-3194.

[56] Ourjoumtsev A, Tualle-Brouri R, Laurat J, et al. Generating optical Schrödinger kittens for quantum information processing. Science, 2006, 312: 83-86.

[57] Neergaard-Nielsen J S, Nielsen B M, Hettich C, et al. Generation of a superposition of odd photon number states for quantum information networks. Phys. Rev. Lett., 2006, 97: 083604.

[58] Lee N, Benichi H, Takeno Y, et al. Teleportation of nonclassical wave packets of light. Science, 2011, 332: 330-333.

[59] 王美红. 光学薛定谔猫态幅度操控和量子导引交换. 太原: 山西大学, 2018.

[60] Morin O, Huang K, Liu J L, et al. Remote creation of hybrid entanglement between particle-like and wave-like optical qubits. Nature Photonics, 2014, 8: 570-574.

[61] Lvovsky A I, Ghobadi R, Chandra A, et al. Observation of micro-macro entanglement of light. Nature Physics, 2013, 9: 541-544.

[62] Sekatski P, Sangouard N, Stobińska M, et al. Proposal for exploring macroscopic entanglement with a single photon and coherent states. Phys. Rev. A, 2012, 86: 060301(R).

第 5 章　量子光源的应用

与经典光源相对，量子光源指具有特殊量子特性的非经典光场，在前面章节里已经介绍过一些区分经典光源与量子光源的判定指标，如相空间的准概率分布函数(P 函数、W 函数)、二阶以及高阶关联函数、压缩度、纠缠不可分度等，正是由于这些量子特性，使量子光源在一些重要领域有实际应用价值. 本章将从量子精密测量、量子计算和量子通信三个领域介绍量子光源的应用.

5.1　量子精密测量

精密测量物理是物理学与计量学、信息科学、地球科学及其他学科交叉、融合发展的前沿领域. 它提供了新的测试手段和新的研究方法，揭示了一些新的物理现象和规律，推动着新的精密测量器件、测量系统和测量概念的产生，促进了前沿学科的快速发展.

由于各种因素的影响，测量值与真实值之间总存在一些偏差，因此需要多次重复测量给出统计误差，以衡量测量结果的好坏. 统计误差源自两个方面：技术性和原理性. 技术性误差主要是指由于测量过程的不完善产生的偶然性偏差. 与之相对，原理性误差则来源于一些基本理论(如量子力学的海森伯不确定原理)的限制.

如何提高测量精度一直是人们关注的重要问题之一. 受统计误差的限制，待测物理量的测量精度受限于标准量子极限(SQL) $1/\sqrt{N}$，也称散粒噪声极限(SNL)，在基于光场的测量中，N 为探针光的光子数[1]. 借助量子技术手段，这个测量限制可以被打破，如利用量子压缩、纠缠等非经典特性，结合经典计量学的方法与量子力学的特性，使测量精度和灵敏度超越散粒噪声极限，在某些情况下甚至逼近“海森伯极限”(Heisenberg limit) $1/N$，如采用路径纠缠的 NOON 态可达到 λ/N 的量子成像精度[2]. 此外，利用多体量子系统的相互作用，实验已实现了超越海森伯极限的测量精度[3-5].

目前，量子测量技术已经被应用到许多领域，如引力波探测、原子钟、原子干涉仪、等离子体探测、磁力计、光刻、显微与超分辨成像、哈密顿量估计、基础物理效应验证、时钟同步和导航以及通用传感技术等. 光场由于与环境相互作用弱，以及其成熟的制备、测量及操控技术，使它成为重要的量子测量手段，例如，基于 NOON 态的超越散粒噪声极限的超分辨率相位测量、超越散粒噪声极限的任意未知相位测量以及超越散粒噪声极限的显微成像，基于单光子态的海森伯极限的相位估计，基于抗损耗的 Holland-Burnett 纠缠态的量子相位测量，基于双模压缩态及纠缠态的海森伯极限的量子相位测量，基于空间关联光场实现超越散粒噪声极限的量子成像及量子照明以及基于频率纠缠脉冲的光时间同步测量等.

5.1.1 量子计量基本原理

1. 估计测量过程

一个估计过程是指对待测物理系统中的未知参量的测量过程. 通过探针场与系统的相互作用，参量信息被加载到探针态上，然后提取态的信息，最终使估计值收敛到参数的真实值. 如图 5-1 所示，测量过程可以被分为以下四步[6].

(1) 态制备：制备探针态 ρ_0，其敏感于被测参量 λ 的变化.

(2) 参数编码：探针态通过幺正演化 U_λ 与系统相互作用(一般考虑变化过程为幺正的，但可以推广到非幺正情况)；经过相互作用后，探针态变为 $\rho_\lambda = U_\lambda \rho_0 U_\lambda^\dagger$.

(3) 最佳测量：对输出态实施最佳的 POVM 测量 E_x.

(4) 参数估计：最后，根据测量结果 x 给出参量的最佳估计量(estimator) $\Lambda(x)$.

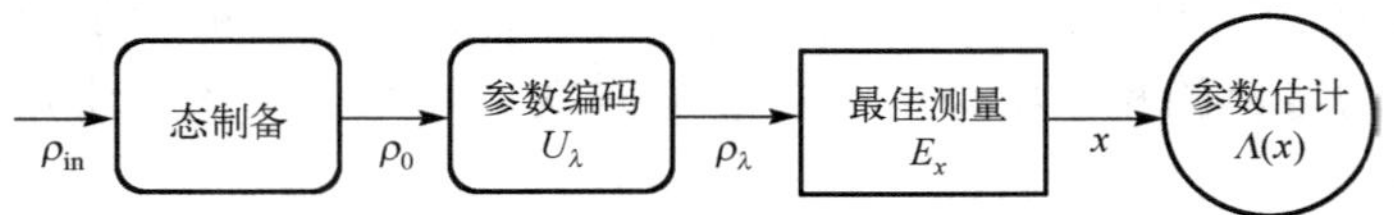

图 5-1 量子测量过程图[6]

独立重复测量过程，最终的估计量 $\Lambda(x)$ 依赖于完整的测量结果序列 $x=(x_1,x_2,\cdots,x_n)$. 一致估计量渐进收敛于参量真实值. 如果估计量的平均值与参量真实值相同，则为无偏估计，即

$$\bar{\Lambda} = \sum_x P(x/\lambda)\Lambda(x) = \lambda, \quad \forall\lambda \tag{5.1.1}$$

其中 $P(x/\lambda) = \prod\limits_{i=1} \mathrm{Tr}[E_x \rho_\lambda]$ 表示对于特定的参量 λ，测量结果为 x 的条件概率.

其测量精度通过其均方差定义为

$$\mathrm{MSE}(\lambda) = \sum_x P(x/\lambda)[\Lambda(x) - \lambda]^2 \tag{5.1.2}$$

对于无偏估计

$$\mathrm{MSE}(\lambda) = \sum_x P(x/\lambda)[\Lambda(x) - \bar{\Lambda}]^2 \tag{5.1.3}$$

一般来说，估计量 $\Lambda(x)$ 可以是非确定的. 这时，可以通过概率 $P^{\exp}(\Lambda/x)$ 去推断估计量 $\Lambda(x)$，其中，$P^{\exp}(\Lambda/x) = \sum\limits_x P^{\exp}(\Lambda/x)P(x/\lambda)$. 量子资源和技术可以用于估计连续

的未知参量以及分离值的未知参量的区分，后者对应于量子信道分辨问题.

2. 经典费希尔信息及克拉默-拉奥界

在经典测量过程中，当探针场及测量方式确定时，其测量精度由费希尔信息(Fisher information，FI)决定，它给出测量过程中可观测量携带的未知参量的信息量，其定义为

$$F(\lambda)=\sum_x P(x/\lambda)\left[\frac{\partial \log(P(x/\lambda))}{\partial \lambda}\right]^2 \tag{5.1.4}$$

如果测量结果为连续值时，公式中求和变为积分形式. 从公式可以看出，F 正比于输出概率函数对于待测参量的导数，用以衡量系统待测参量的敏感程度. 更确切地说，大的信息量 F 对应大的输出概率变化. 这个直觉可以被公式化为克拉默-拉奥界(Cramér-Rao bound，CRB)，其给出了系统的测量(估计)极限，表达式为

$$\Delta\lambda^2=\sum_x P(x/\lambda)(\Lambda(x)-\bar{\Lambda})^2 \geqslant \frac{\partial\bar{\Lambda}/\partial\lambda}{mF(\lambda)} \tag{5.1.5}$$

其中 m 为相同但独立的测量次数. 在无偏估计情况下($\partial\bar{\Lambda}/\partial\lambda=1$)，其 CRB 为

$$\Delta\lambda^2 \geqslant \frac{1}{mF(\lambda)} \tag{5.1.6}$$

采用有效的参数估计方法，可以使不等式取等号，即测量精度达到 CRB.

实验测量数据的后处理过程中，采用最佳的方法可以提供未知参量的最佳的估计. 其中最为常用的方法有极大似然估计(MLE)和贝叶斯估计(Bayes estimate). 其中 MLE 基于概率论方法，其适用于大量的测量样本数据，并且在渐进极限情况下，MLE 收敛于 CRB. 当测量样本数据有限时，需要通过贝叶斯估计方法对未知参量进行最佳估计.

3. 量子费希尔信息及量子 CRB

对于量子测量过程，量子费希尔信息及量子 CRB 不依赖于测量方式. 携带待测参量 λ 信息的量子态 ρ_x，可以通过选取最优的 POVM 测量方式 E_x 使费希尔信息最大化，从而得到量子费希尔信息，即

$$F_{\mathrm{Q}}(\hat{\rho}_\lambda)=\max_{\{E_x\}} F(\lambda) \tag{5.1.7}$$

同样，经典的 CRB 可以扩展到量子 CRB(quantum CRB，QCRB)，在无偏估计情况下，式(5.1.6)变为

$$\Delta\lambda^2 \geqslant \frac{1}{mF(\lambda)} \geqslant \frac{1}{mF_{\mathrm{Q}}(\lambda)} \tag{5.1.8}$$

从公式可知，对于确定的探针场，量子费希尔信息及 QCRB 给出了最终的测量

极限，其不依赖于测量方式，而只依赖于探针场的性质. 因此，量子计量学的目标之一就是找到最佳的测量方法，使在给定探针场的状态下，能够达到最终的精度，使其达到 QCRB. 这个任务相当于寻找最佳 POVM，使经典的费希尔信息等于与探针相关的量子费希尔信息.

数学上，可以通过对称对数倒数算符 L_λ 求得量子费希尔信息 F_{Q}，其表达式为

$$F_{\mathrm{Q}}(\hat{\rho}_\lambda)=(\Delta L_\lambda)^2=\mathrm{Tr}[\rho_\lambda L_\lambda^2] \tag{5.1.9}$$

如果 $\hat{\rho}_\lambda=\sum_n a_n|\psi_n\rangle\langle\psi_n|$，则 F_{Q} 可以写为

$$F_{\mathrm{Q}}(\hat{\rho}_\lambda)=\sum_n\frac{(\partial_\lambda a_n)^2}{a_n}+2\sum_{i\neq j}\frac{(a_i-a_j)^2}{a_i+a_j}\left|\langle\psi_i|\partial_\lambda\psi_j\rangle\right|^2 \tag{5.1.10}$$

4. 标准量子极限及海森伯极限

为了达到测量极限，还需要对探针态进行优化，即寻找最佳探针场以最优化量子费希尔信息 F_{Q}.

考虑并行测量方案，如图 5-2 所示. n 个探针独立地与系统发生相互作用 $\hat{U}=\otimes_{i=1}^n\hat{U}_\lambda^i$，其中 $\hat{U}_\lambda^i$ 为第 i 个探针与系统的相互作用. 首先根据量子费希尔信息 F_{Q} 的凸性，当输入态为纯态时，系统具有最大的 F_{Q}. 由于 n 个探针独立，因此其输入态可写为 $\hat{\rho}^{\mathrm{tot}}=\hat{\rho}_1\otimes\hat{\rho}_2\otimes,\cdots,\otimes\hat{\rho}_n$. 此时系统量子费希尔信息 F_{Q} 为

$$F_{\mathrm{Q}}\left(\hat{\rho}_1\otimes\hat{\rho}_2\otimes,\cdots,\otimes\hat{\rho}_n\right)=\sum_n F_{\mathrm{Q}}(\hat{\rho}_i)\leqslant nF_{\mathrm{Q}}^{\max} \tag{5.1.11}$$

当对这 n 个独立探针组成的系统进行 m 次测量，测量也相互对立，则对应最小的测量不确定度为

$$\Delta\lambda\geqslant\frac{1}{\sqrt{mnF_{\mathrm{Q}}^{\max}}} \tag{5.1.12}$$

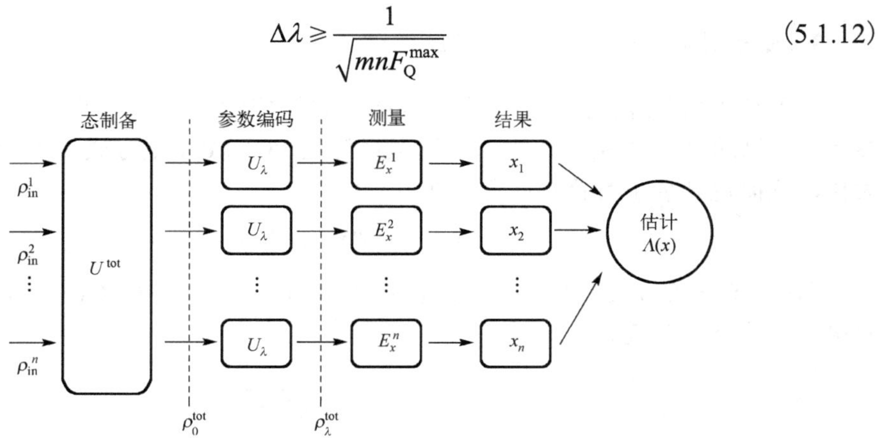

图 5-2 并行测量方案. 通过使并行探针场之间产生纠缠，可以实现测量的量子增强[6]

因此，可以看出测量误差与 n 的关系为 $\Delta\lambda \propto 1/\sqrt{n}$，也就是通常意义上的统计误差，是概率论中心极限定理的体现，即标准量子极限，此极限对应于采用经典探针时的系统 QCRB.

如果考虑 n 个探针场之间存在量子纠缠，那么此时的量子费希尔信息 F_{Q} 将增加，测量精度将会超越标准量子极限，甚至达到海森伯极限 $\Delta\lambda \propto 1/n$，这是量子纠缠带来的优势. 因此可以通过捕捉量子测量与量子纠缠的关系，判断系统是否存在纠缠，虽然这不是判断纠缠的必要判据，但是可作为充分判据.

综上，为了实现最佳的量子测量和参数估计，需要对测量过程中每个环节进行优化，每个环节的优化对应不同的测量精度，如表 5-1 所示，当同时采用量子探针场、最佳 POVM 测量以及最佳的数据处理或参数估计方法时，系统才能获得最优的量子测量精度，逼近或达到海森伯极限.

表 5-1　测量精度与测量过程中优化的关系

估计量	探针 ρ_0	POVM E_x	估计 $\Lambda(x)$
均方差 (λ)	确定的	确定的	确定的
经典费希尔信息 $F(\lambda)$	确定的	确定的	优化的
量子费希尔信息 $F_{\mathrm{Q}}(\lambda)$	确定的	优化的	优化的
标准量子极限	可经典优化的	优化的	优化的
海森伯极限	可量子优化的	优化的	优化的

5.1.2　压缩态量子增强的相位测量

光学相位测量是最基本的物理测量之一，由于其较高的灵敏度，广泛应用于距离、位置、速度和加速度等物理量的测量中.

Caves 最早提出基于压缩光的马赫-曾德尔干涉仪增强相位测量方案[7]，用于探测极为微弱的引力波信号. 如图 5-3 所示，相干幅度为 α 的相干光经分束器 BS1 分开后在另一分束器 BS2 上干涉，BS2 的两个输出端口光强与干涉仪两臂的光程差或相位差 ϕ 有关，表达式为

$$
\begin{aligned}
I_e &= I_a \cos^2(\phi/2) \\
I_f &= I_a \sin^2(\phi/2)
\end{aligned}
\tag{5.1.13}
$$

因此，通过测量干涉仪输出端口的光强就可以判定相位差.

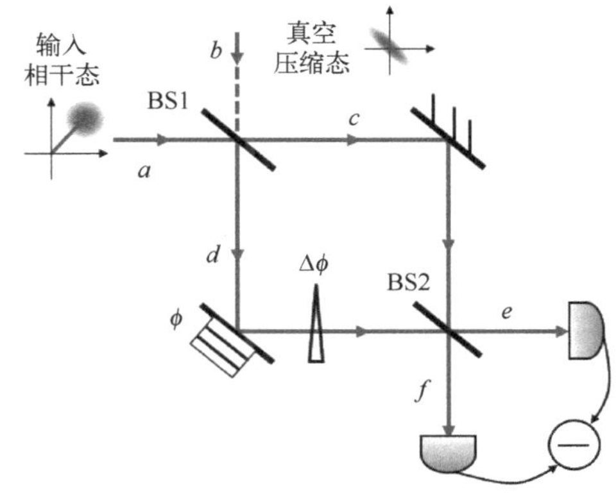

图 5-3　马赫-曾德尔干涉仪测量相位

干涉仪输入相干场和真空场算符分别用 $\hat{a}$ 和 $\hat{b}$ 表示，干涉仪内部场算符用 $\hat{c}$ 和 $\hat{d}$ 表示，

输出场算符用$\hat{e}$和$\hat{f}$表示[8]，则

$$\begin{aligned}\hat{c}&=(\hat{a}+\hat{b}\mathrm{e}^{\mathrm{i}\theta})/\sqrt{2}\\ \hat{d}&=(\hat{a}-\hat{b}\mathrm{e}^{\mathrm{i}\theta})/\sqrt{2}\end{aligned}\tag{5.1.14}$$

$$\begin{aligned}\hat{e}&=(\hat{c}+\hat{d}\mathrm{e}^{\mathrm{i}(\phi+\Delta\phi)})/\sqrt{2}\\ \hat{f}&=(\hat{c}-\hat{d}\mathrm{e}^{\mathrm{i}(\phi+\Delta\phi)})/\sqrt{2}\end{aligned}\tag{5.1.15}$$

其中，θ和ϕ分别表示两个输入场在BS1的相位差和干涉仪两臂的初始相位差，$\Delta\phi$为初始相位附近的待测的微小相位变化.

干涉仪输出的两束光的光子数差算符为

$$\begin{aligned}\hat{n}_-&=\hat{e}^\dagger\hat{e}-\hat{f}^\dagger\hat{f}\\ &=(\hat{a}^\dagger\hat{a}-\hat{b}^\dagger\hat{b})\Delta\phi-\mathrm{i}(\hat{a}^\dagger\hat{b}\mathrm{e}^{\mathrm{i}\theta}-\hat{b}^\dagger\hat{a}\mathrm{e}^{-\mathrm{i}\theta})\end{aligned}\tag{5.1.16}$$

上式中已令初始相位$\phi=\pi/2$，$\Delta\phi\ll1$，$\sin\Delta\phi\approx\Delta\phi$，第一项代表待测相位信号，第二项是由分束器BS1另一输入口引入的真空噪声. 因为真空场的平均光子数为零，即$\left\langle\hat{b}^\dagger\hat{b}\right\rangle=0$，则有光子数差平均值$\langle\hat{n}_-\rangle=N\Delta\phi$和噪声起伏$\left\langle\Delta\hat{n}_-^2\right\rangle=N$，其中$N=|\alpha|^2$为输入光的平均光子数. 测量的信噪比(SNR)和最小可测量(信噪比为1时的待测信号)可表示为

$$\mathrm{SNR}=|\alpha|\Delta\phi=\sqrt{N}\Delta\phi\tag{5.1.17}$$

$$\Delta\phi_{\min}=1/\sqrt{N}\tag{5.1.18}$$

可以看出，最小可测相位达到了标准量子极限$1/\sqrt{N}$. 若用压缩真空态代替真空场，即用压缩态填补BS1的真空通道，可以提高信噪比. 对于压缩态，其平均光子数不再为0，而是$\left\langle\hat{b}^\dagger\hat{b}\right\rangle=\sinh^2 r$，$r\geqslant0$，为压缩因子，反映了压缩态的压缩度，$r=0$对应于相干态. 压缩态情况下光子数差算符的平均值$\langle\hat{n}_-\rangle=(|\alpha|^2-\sinh^2 r)\Delta\phi$，相应的噪声起伏可表示为

$$\left\langle\Delta\hat{n}_-^2\right\rangle=|\alpha|^2\left\langle[\hat{X}_b(\pi/2-\theta)]^2\right\rangle+\left\langle\hat{b}^\dagger\hat{b}\right\rangle=|\alpha|^2\mathrm{e}^{-2r}+\sinh^2 r\tag{5.1.19}$$

式中，$\hat{X}_b(\pi/2-\theta)=\hat{b}\mathrm{e}^{-\mathrm{i}(\pi/2-\theta)}+\hat{b}^\dagger\mathrm{e}^{\mathrm{i}(\pi/2-\theta)}$表示正交压缩真空态算符，压缩方向为$(\pi/2-\theta)$，当$\theta=0$时，对应正交相位压缩态. 相应地，基于压缩态的相位测量信噪比和最小可测量为

$$\mathrm{SNR}^{\mathrm{sqz}}=\frac{(|\alpha|^2-\sinh^2 r)\Delta\phi}{(|\alpha|^2\mathrm{e}^{-2r}+\sinh^2 r)^{1/2}}\tag{5.1.20}$$

$$\Delta\phi_{\min}^{\mathrm{sqz}}=\frac{(|\alpha|^2\mathrm{e}^{-2r}+\sinh^2 r)^{1/2}}{\left||\alpha|^2-\sinh^2 r\right|}\tag{5.1.21}$$

通常情况下，受实验条件限制，压缩因子有限，相干光光子数远大于压缩态光子数，也即$|\alpha|^2 \gg \sinh^2 r$，相位测量的最小可测量近似为$\Delta\phi \approx \dfrac{1}{N^{1/2}\mathrm{e}^r}$. 相位测量灵敏度随压缩因子$r$的增大而提高. 然而，压缩因子的增加导致压缩光光子数$\sinh^2 r$变大，理论上，当满足条件$\sinh^2 r \approx \sqrt{N}/2$时，可得到最优化的相位测量灵敏度$\Delta\phi \approx N^{-3/4}$.

上述测量方案中$\phi = \pi/2$，直接测量输出端的光电流差即可提取相位信息. 另外，当$\phi = 0$或π时，在干涉仪暗端口可利用平衡零拍探测装置进行测量. 当相干光光子数远大于压缩态光子数，也即$|\alpha|^2 \gg \sinh^2 r$时，相位测量的最小可测量也趋向于$\Delta\phi \approx 1/(N^{1/2}\mathrm{e}^r)$.

此外，若不考虑具体测量方案，采用 CRB 给出的优化相位测量精度[1]：

$$\Delta\phi^{\mathrm{opt}} = \frac{1}{\sqrt{p}} \frac{1}{\sqrt{|\alpha|^2 \mathrm{e}^{2r} + \sinh^2 r}}, \qquad 0 \leqslant \phi \leqslant \pi \tag{5.1.22}$$

其中，p为独立测量次数. 优化的测量精度不依赖于相位ϕ，且当满足条件$|\alpha|^2 \approx \sinh^2 r \approx N_{\mathrm{t}}/2$时（$N_{\mathrm{t}}$为干涉仪输入的总光子数），测量精度$\Delta\phi = 1/(\sqrt{p}N_{\mathrm{t}})$达到海森伯极限.

Xiao 和 Grangier 等于 1987 年各自完成了突破标准量子极限的相位测量，前者利用压缩光填补马赫-曾德尔干涉仪真空通道获得 3 dB 的信噪比增强[9]，后者利用压缩光填补偏振干涉仪真空通道获得 2 dB 的信噪比增强[10]. 近年来基于压缩光的相位测量已应用于引力波测量，2008 年，LIGO 实验室的 Goda 等进行了压缩光用于引力波探测的原理性验证，通过向迈克耳孙干涉仪中注入压缩光使测量灵敏度提高了 44%[11]. 2019 年，LIGO 第一次将压缩光用于引力波探测的常规运行中，实现了 3 dB 的灵敏度增强[12]，如图 5-4 所示. 几乎同时，欧洲引力波探测器 VIRGO 也进行了类似的实验[13]. 2021 年，GEO600 实现了 6 dB 的灵敏度增强[14].

除了采用传统的正交振幅(或正交相位)压缩光外，引力波探测可用频率依赖的压缩光来提高宽频段的测量灵敏度. 这种光场在低频处为正交振幅压缩，在高频处为正交相位压缩，压缩角随频率旋转，如图 5-5 所示. 在引力波探测中，激光的散粒噪声对镜面的随机辐射压力噪声在低频处占主导，激光场的散粒噪声在高频处占主导，为了抑制从低频到高频的整个宽频噪声，所以需要采用频率依赖的压缩光. 频率依赖的压缩通常采用滤波腔对压缩真空态光场进行滤波的方式产生，2020 年，日本 TAMA300 用 300 m 的滤波腔和 LIGO 用 16 m 的滤波腔都产生了这种光场[15].

此外，采用纠缠或量子关联也可以提高引力波探测灵敏度. 2017 年，Ma 等提出了将纠缠光束注入到干涉仪实现频率依赖的量子噪声抑制方案，可以避免使用很长的滤波腔(用于产生频率依赖压缩态光场)[16]. 2020 年，Yu 等在 LIGO 干涉仪中测量

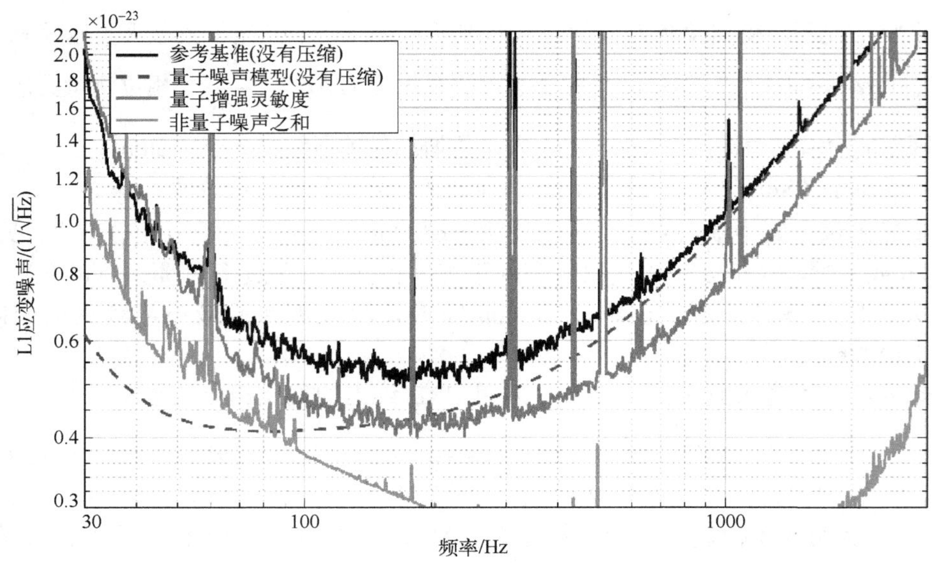

图 5-4 压缩光增强的引力波探测灵敏度(美国 LIGO)[12]

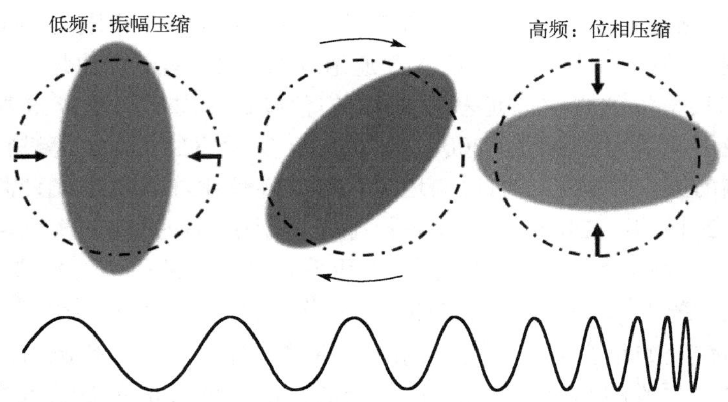

图 5-5 依赖频率的压缩光噪声椭圆与频率的关系

了光场与反射镜位置的量子关联，有望用于超越标准量子极限的引力波探测[17]，这种光场与宏观物体的量子关联/纠缠在近几年受到广泛关注.

除了直接注入压缩光的方案外，基于参量放大过程的非线性干涉仪也可显著提高相位测量精度，并在近几年得到迅速发展. 分别用参量放大器替代传统马赫-曾德尔干涉仪中的两个 50/50 分束器，对干涉仪暗端口输出光进行平衡零拍探测. 与传统马赫-曾德尔干涉仪相比，其输出噪声功率不变，信号功率增大了 $2G^2$ 倍(G 为参量放大器增益)，因此相位测量精度提高了 $\sqrt{2}G$ 倍. 该方案最早由 Yurke 等于 1986 年提出[18]，2014 年，华东师范大学利用四波混频过程的参量放大器代替了传统 50/50

分束器，完成了非线性干涉仪相位测量，获得了 4 dB 的信噪比增强，相位测量精度超越标准量子极限 1.6 倍[19]. 2020 年，山西大学采用两个光学参量放大器构成的量子干涉仪实现了 4.86 dB 的相位灵敏度提高[20].

5.1.3　光束的横向位移和倾斜测量

位移测量是最基础的测量技术之一，它可应用于许多领域，如原子力显微镜、光学成像、光镊、生物测量以及引力波探测等. 位移信息可以传递到激光束的横向位移上来测量. 光束的横向位移和倾斜是一对共轭量，分别对应光场的横向位置和动量. 常用探针光的模式为基模高斯光束，采用分束探测器测量光束横向位移，即测量光束平移后分束器两部分的光电流差来获取位移信息，其最小可测量为 $d_{\min}^{u_0,\mathrm{SD}} = \sqrt{\pi}w_0\big/(2\sqrt{2N})$，$w_0$ 为高斯光束的腰斑，N 为探针光的光子数. 采用 TEM_{10} 模的平衡零拍探测，其最小可测量为 $d_{\min}^{u_0,\mathrm{HD}} = w_0\big/(2\sqrt{N})$，测量效率较分束探测器提高了 25%，下面以平衡零拍探测为例，讨论如何进行突破标准量子极限的位移和倾斜测量.

如图 5-6 所示，一束沿参考轴传播的基模高斯光束经横向(此处为 x 方向)位移 d 和沿束腰角向倾斜 θ 后，其光场在原坐标基下将激发出 TEM_{10} 模式，此时光场的正频部分的表达式为[21]

$$\hat{E}_z^{(+)}(x) = \mathrm{i}\sqrt{\frac{\hbar\omega}{2\varepsilon_0 cT}}\left\{(\sqrt{N}+\delta\hat{a}_0)\left[u_0(x)+\left(\frac{d}{w_0}+\frac{\mathrm{i}\theta}{\theta_D}\right)u_1(x)\right]+\sum_{n\geqslant 1}^{\infty}\delta\hat{a}_n u_n^{\theta}(x+d)\right\} \tag{5.1.23}$$

其中，$\hbar$ 为约化普朗克常量，ω 为光场角频率，ε_0 为真空电容率，c 为光速，T 为探测时间，$u_n(x)$ 为第 n 阶厄米高斯模的一维横向复振幅分布，N 为信号光的平均光子数，w_0 为基模高斯光束的腰斑，$\theta_D = \lambda/(\pi w_0)$ 是 TEM_{00} 模的发散角.

位移测量如图 5-7 所示，采用 TEM_{10} 模做本振光进行平衡零拍探测，其光场算符为

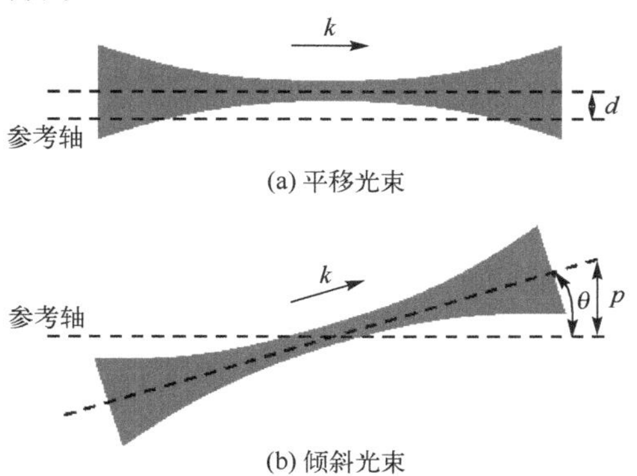

图 5-6　光束的横向平移和角向倾斜

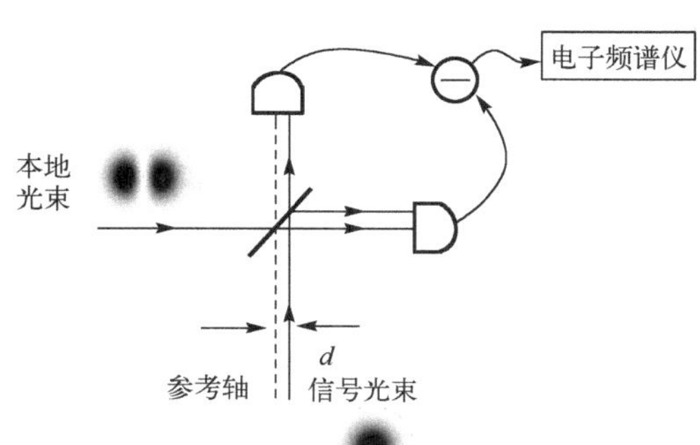

图 5-7　平衡零拍探测测量光束横向位移

$$\hat{E}_{\text{Lo}}^{(+)}(x)=\mathrm{i}\sqrt{\frac{\hbar\omega}{2\varepsilon_0 cT}}\left[\sqrt{N_{\text{Lo}}}u_1(x)+\sum_{n=0}^{\infty}\delta\hat{a}_n^{\text{Lo}}u_n(x)\right]\mathrm{e}^{\mathrm{i}\phi^{\text{Lo}}} \tag{5.1.24}$$

其中，N_{Lo} 为本振光的平均光子数，$\delta\hat{a}_n^{\text{Lo}}$ 为本振光的第 n 阶模式的湮灭算符的起伏，ϕ^{Lo} 为本振光与信号光的相对相位.

探测器光子数差算符为

$$\hat{n}_-^{\text{BHD}}=2\sqrt{NN_{\text{Lo}}}\left(\frac{d}{w_0}\cos\phi^{\text{Lo}}+\frac{\theta}{\theta_D}\sin\phi^{\text{Lo}}\right)+\sqrt{N_{\text{Lo}}}\delta\hat{X}_1^{\phi^{\text{Lo}}} \tag{5.1.25}$$

其中，$\delta\hat{X}_1^{\phi^{\text{Lo}}}$ 为信号光中 TEM_{10} 模的正交起伏，当 $\phi^{\text{Lo}}=0$ 时，为正交振幅 $\delta\hat{X}_1$，当 $\phi^{\text{Lo}}=\pi/2$ 时为正交相位 $\delta\hat{P}_1$．定义光场的正交振幅和正交相位噪声为 $\Delta\hat{X}_1=\sqrt{\langle\delta^2\hat{X}_1\rangle}$ 和 $\Delta\hat{P}_1=\sqrt{\langle\delta^2\hat{P}_1\rangle}$.

令 $\phi^{\text{Lo}}=0$，得到平移测量的信噪比和最小可测量为

$$\text{SNR}_d=2\sqrt{N}d/(w_0\Delta\hat{X}_1) \tag{5.1.26}$$

$$d_{\min}=\frac{w_0\Delta\hat{X}_1}{2\sqrt{N}} \tag{5.1.27}$$

再令 $\phi^{\text{Lo}}=\pi/2$，得到倾斜测量的信噪比和最小可测量为

$$\text{SNR}_\theta=2\sqrt{N}\theta/(\theta_D\Delta\hat{P}_1) \tag{5.1.28}$$

$$\theta_{\min}=\frac{\theta_D\Delta\hat{P}_1}{2\sqrt{N}} \tag{5.1.29}$$

可见，位移噪声和倾斜噪声分别取决于信号光束的 TEM_{10} 模的正交振幅和正交相位真空噪声. 如图 5-8 所示，将 TEM_{10} 模的真空压缩噪声填补到 TEM_{00} 相干光的 TEM_{10} 模真空通道，即得到一束空间压缩光. 根据耦合相位不同，可以分为位移压缩光或倾斜压缩光，相应物理量的测量精度将超越标准量子极限. 例如，采用位移压缩光

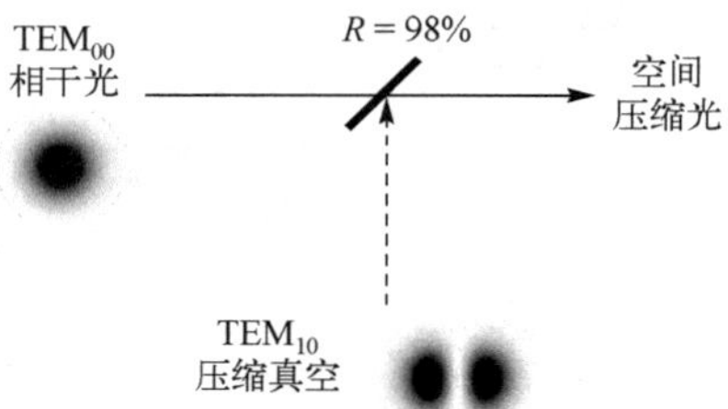

图 5-8 空间压缩光的产生

TEM_{10} 模压缩真空态与 TEM_{00} 模相干态在 98/2 分束器上耦合，耦合后的光场，其 TEM_{10} 模的真空部分被压缩态填补，与 TEM_{00} 模式强相干光一起构成空间位移压缩态

后，最小可测平移量为 $d_{\min}=(w_0\Delta\hat{X}_{1,\mathrm{sqz}})\big/(2\sqrt{N})$，其中 $\Delta\hat{X}_{1,\mathrm{sqz}}<1$ 为压缩的 TEM_{10} 模的正交振幅噪声. 同理，采用倾斜压缩光最小可测倾斜量为 $\theta_{\min}=(\theta_D\Delta\hat{P}_{1,\mathrm{sqz}})\big/(2\sqrt{N})$，其中 $\Delta\hat{P}_{1,\mathrm{sqz}}<1$ 为压缩的 TEM_{10} 模的正交相位噪声.

1999 年 Kolobov 首先将光子的时域分布特性扩展到时空域[22]. 2002 年，澳大利亚国立大学和法国 LKB 实验室实验获得了空间压缩态，位移测量信噪比超越标准量子极限 2.4 dB，并于 2003 年获得水平竖直同时压缩的二维空间压缩态，分别实现 3 dB 和 2 dB 的噪声压缩，水平位移最小可测量从 2.3 Å 减小到 1.6 Å[23]. 山西大学也利用空间压缩光实现了突破标准量子极限的位移测量，测量信噪比较相干光提高了 2 dB，最小可测位移量从 1.17 Å 减小到 0.99 Å[24].

此外，山西大学还提出了基于高阶模式的位移测量方案[25,26]，更高阶的空间模式能更有效地提取位移信息，采用 n 阶厄米高斯模做探针光，本振光用 $(n+1)$ 和 $(n-1)$ 两阶模式的叠加模式，即

$$u_n^{\mathrm{Lo}}(x)=\sqrt{2/(2n+1)}\left[\sqrt{n/2}u_{n-1}(x)-\sqrt{n+1/2}u_{n+1}(x)\right] \tag{5.1.30}$$

可得位移最小可测量为

$$d_{\min}^{u_n}=w_0\,/\left[2\sqrt{(2n+1)N}\right] \tag{5.1.31}$$

可以看出，随着模式阶数的增加，测量精度逐渐提高. 若只用 $(n+1)$ 阶模式做本振光，测量精度为 $\omega_0\big/\left[2\sqrt{(n+1)N}\right]$.

由 5.1.1 节可知，从信息的角度，量子测量的精度在只考虑光源特性，不考虑探测方式的情况下，测量值确定本身就是一个参数估计的过程，根据 CRB 理论，对某个参数的估计，其误差有一个下限，它等于费希尔信息的倒数. 测量过程就是一个提取信息的过程，由于噪声的存在，提取到的信息量会减少，而费希尔信息就是所能提取到的最大信息量. 基于费希尔信息和 CRB 理论可以得到任意参数的测量误差下限[25,26]，可得

$$\delta\theta\geqslant\delta\theta_{\min}=\frac{\sigma_{\min}}{\sqrt{QN_\theta}}\left[4\left\|u'_{\theta=0}\right\|^2+\left(\frac{N'_\theta}{N_\theta}\right)\right]^{-1/2} \tag{5.1.32}$$

其中，$\delta\theta$ 是对 θ 的估计误差，$\delta\theta_{\min}$ 表示误差下限，$\sigma_{\min}$ 为量子噪声，Q 为测量重复次数，N_θ 为一次测量的平均光子数，N'_θ 为 N_θ 对 θ 的导数，u_θ 为调制后的光场分布，$u'_{\theta=0}$ 为光场分布 u_θ 在 $\theta=0$ 处对 θ 的导数值，$\left\|u'_{\theta=0}\right\|^2=\int\left|u'_{\theta=0}\right|^2\mathrm{d}x$.

基于费希尔信息理论得到高阶模式的量子光场位移测量的极限精度

$$\delta d_{\min}=\frac{w_0}{2\sqrt{2n+1}\sqrt{N}}\Delta X_{n,\mathrm{opt}} \tag{5.1.33}$$

其中，$\Delta X_{n,\mathrm{opt}}$ 表示第 n 阶信号模式对应的最优的本振光模式的正交振幅噪声，当采用压缩态光场时，有 $\Delta X_{n,\mathrm{opt}}<1$，而且测量精度随着模式阶数的增加而提高.

5.1.4 旋转角测量

光场的横向旋转角测量可用于测量磁场或其他物体的旋转角、旋转速度或加速度，如基于法拉第磁致旋光效应可测磁场，基于光学轨道角动量模式旋转测量可以反推物体的旋转. 下面对这两种方案分别讨论.

1. *磁场测量*

根据法拉第磁致旋光效应，一束线偏振探针光经过旋光晶体时，其偏振方向将在光的横截面内发生旋转，且旋转角度 θ 与加在晶体上的磁场强度 B 成正比(通常有 $\theta=V\times B\times L$，V 为韦尔代(Verdet)常数，B 为磁场强度，L 为晶体长度)，因此通过测量出射光与入射光的偏振角度差，就能反推出磁场强度. 由量子力学不确定原理，测量结果中会不可避免地引入探针光的量子噪声，从而使测量精度受限. 为降低测量噪声，可以利用偏振压缩光代替普通相干光作为探针，以突破散粒噪声极限，提高测量信噪比.

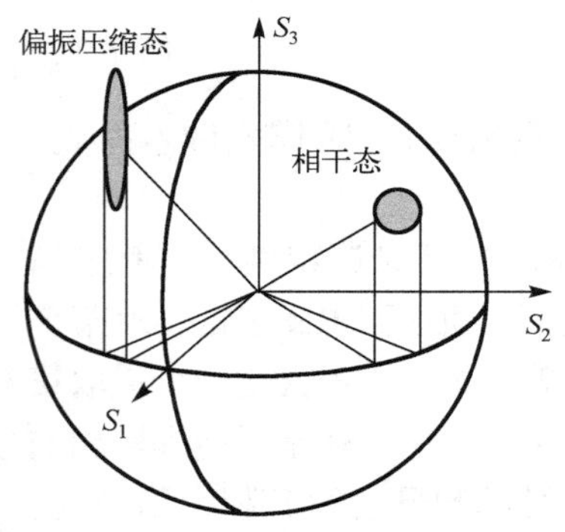

图 5-9 相干态和偏振压缩态在庞加莱球上的表示

光的偏振态可以在庞加莱球上表示，如图 5-9 所示，S_0 表示总光强，x 轴正向(负向)表示水平(垂直)偏振分量，用 S_1 表示；y 轴正向(负向)表示 45°(135°)偏振分量，用 S_2 表示；z 轴正向(负向)表示右旋(左旋)偏振分量，用 S_3 表示；$S=(S_1^2+S_2^2+S_3^2)^{1/2}$ 为球的半径，代表了线偏光的总光强，S/S_0 为偏振度. 根据量子力学，偏振态都有一定的起伏，相干态是庞加莱球面上的一个小球，而偏振压缩态则是球面上的一个小椭球，在椭球的某个直径上，起伏小于相干态起伏，而另一个(或两个)正交直径上起伏大于相干态起伏. 如图 5-9 中所示的偏振压缩态，S_1 和 S_2 两个参量压缩，S_3 为反压缩.

利用偏振压缩光可增强磁场测量，如图 5-10 所示一束水平偏振相干光与一束垂直偏振的压缩真空场在偏振分束器(PBS1)上耦合，然后通过待测磁场中的偏振旋光器(PR)，再经半波片(半波片旋转 22.5°)和偏振分束器(PBS2)后分开，分别进入两个光电平衡探测器(PD1 和 PD2)，并将相减后的信号输入到频谱仪(SA)进行分析.

定义输入相干场和压缩场算符分别为 $\hat{a}$ 和 $\hat{b}$，在 PBS1 上耦合后可得琼斯矢量为

$$\boldsymbol{M}_c=\begin{bmatrix}\hat{a}\\ \hat{b}\mathrm{e}^{\mathrm{i}\varphi}\end{bmatrix} \tag{5.1.34}$$

其中，φ 为两束光的相对相位.

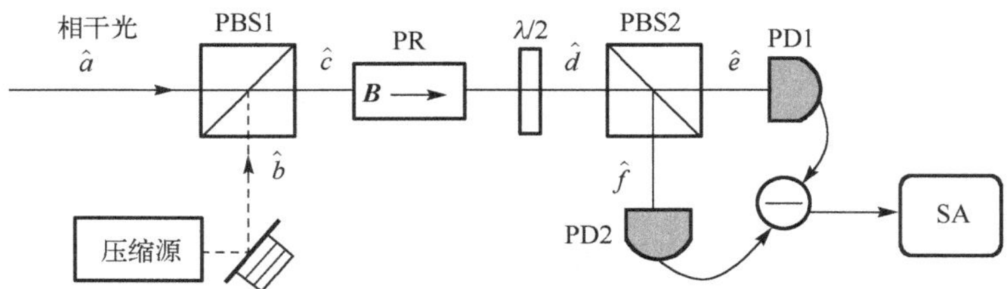

图 5-10　基于偏振压缩的磁场测量

假设光束经旋光器后偏振旋转了 θ，半波片的放置角度为 $\phi=22.5°$，则旋光器和半波片的琼斯矩阵为

$$\boldsymbol{M}=\begin{bmatrix}\cos(2\phi-\theta) & \sin(2\phi-\theta)\\ \sin(2\phi-\theta) & -\cos(2\phi-\theta)\end{bmatrix} \tag{5.1.35}$$

经旋光器和半波片后的琼斯矢量为 $M_d=MM_c$，再经 PBS2 后得到算符 $\hat{e}$ 和 $\hat{f}$，并计算探测器的光子数差得

$$\hat{n}_-=\hat{e}^\dagger\hat{e}-\hat{f}^\dagger\hat{f}\approx 2|\alpha|^2\theta+|\alpha|\delta\hat{X}_b^\varphi \tag{5.1.36}$$

上式利用了 $\sin\theta\approx\theta$ 和线性化关系 $\hat{a}=\alpha+\delta\hat{a}$，$\hat{b}=\delta\hat{b}$（假设压缩真空场的平均值 β 远小于相干态 α），并令二阶小量为 0. $\delta\hat{X}_b^\varphi=\delta\hat{b}\mathrm{e}^{\mathrm{i}\varphi}+\delta\hat{b}^\dagger\mathrm{e}^{-\mathrm{i}\varphi}$ 为压缩场的正交算符.

可以看出，公式中包含了信号项和噪声项，令 $\delta^2\hat{X}_b^\varphi=\mathrm{e}^{-2r}$，则信噪比为

$$\mathrm{SNR}=2\theta\sqrt{N}/\mathrm{e}^{-r} \tag{5.1.37}$$

当 $r=0$ 即真空态时，为散粒噪声基准；当 $r>0$ 时，测量信噪比超越了散粒噪声基准，且随着压缩因子 r 的增大而提高.

Grangier 等最早在实验上产生偏振压缩并应用于偏振测量，信噪比高于散粒噪声 2 dB[10]. 2010 年，Wolfgramm 等利用光学参量振荡器产生的正交压缩光与一束正交偏振的强相干光在一个偏振分束器上耦合，获得了 3.6 dB 的偏振压缩态，并用它测量磁场，得到了低于散粒噪声 3.2 dB 的测量灵敏度，测量灵敏度从 $4.6\times10^{-8}\ \mathrm{T}/\sqrt{\mathrm{Hz}}$ 提高到 $3.2\times10^{-8}\ \mathrm{T}/\sqrt{\mathrm{Hz}}$ [27]. 2012 年，Horrom 等利用基于偏振自旋效应的原子压缩器产生了 2 dB 的低频压缩(几个 mHz 到 100 Hz)，用偏振分束耦合得到的偏振压缩态作为探针光，进行了低于散粒噪声的低频磁场测量，磁场测量灵敏度达 $1\ \mathrm{pT}/\sqrt{\mathrm{Hz}}$ [28]. 2014 年，Otterstrom 等在原子气室中通过四波混频获得了 4.7 dB 的噪声压缩，实现了超越散粒噪声极限的磁场测量，磁场测量灵敏度从 $33.2\ \mathrm{pT}/\sqrt{\mathrm{Hz}}$ 提高到 $19.3\ \mathrm{pT}/\sqrt{\mathrm{Hz}}$ [29]. 2021 年，山西大学采用偏振压缩，磁场灵敏度从 $28.3\ \mathrm{pT}/\sqrt{\mathrm{Hz}}$ 提高到 $19.5\ \mathrm{pT}/\sqrt{\mathrm{Hz}}$ [30]. 同年，Troullinou 等通过反作用逃逸(backaction evasion)结合压缩光，磁场灵敏度达到了亚 $\mathrm{pT}/\sqrt{\mathrm{Hz}}$ [31]. 此外，2018 年，基于光机系统，Li 等实现了 20%的磁场测量灵敏度增强[32].

2. 轨道角动量压缩光与旋转测量

一般而言，对于旋转角度测量系统，考虑探针光是一个空间多模场，其量子力学描述为

$$\hat{E}^{(+)}(r,t)=\mathrm{i}\sqrt{\frac{\hbar\omega}{2\varepsilon_0 cT}}\sum_{p=0}^{\infty}\sum_{l=-\infty}^{\infty}\hat{a}_{p,l}(t)u_{p,l}^{\sin}(r) \tag{5.1.38}$$

其中ω是光场角频率，T是积分时间，ε_0为介电常量，c为光速，$u_{p,l}^{\sin}(r)$为正弦LG模式的横向分布函数，这里p是径向模式指数，l是方位角指数，表示轨道角动量量子数. 正弦LG模是LG模的另一种形式，在方位角上具有正弦幅度依赖性. 其中$l=\pm1$和$p=0$的正弦LG模也是一阶厄米高斯模. 对湮灭算符$\hat{a}_{p,l}=\hat{X}_{p,l}+\mathrm{i}\hat{P}_{p,l}$进行线性化处理，有$\hat{a}_{p,l}=\langle\hat{a}_{p,l}\rangle+\delta\hat{a}_{p,l}$，其中$\langle\hat{a}_{p,l}\rangle$和$\delta\hat{a}_{p,l}$分别描述平均值和量子起伏，$\hat{X}_{p,l}$和$\hat{P}_{p,l}$分别为正交振幅和正交相位.

如果探针光只有明亮的模式$\mathrm{LG}_{0,n}^{\sin}$（$p=0,l=n$），那么$\langle\hat{a}_{0,n}\rangle=\sqrt{N}$，则对于其他所有模式，平均振幅为零，$\langle\hat{a}_{p\neq0,l\neq n}\rangle=0$. 探针光可以表达为

$$\hat{E}^{(+)}=\mathrm{i}\sqrt{\frac{\hbar\omega}{2\varepsilon_0 \mathrm{cT}}}\left\{\sqrt{N}u_{0,n}^{\sin}(r)+\sum_{p=0}^{\infty}\sum_{l=-\infty}^{\infty}\delta\hat{a}_{p,l}(t)u_{p,l}^{\sin}(r)\right\} \tag{5.1.39}$$

当探针光沿其传播方向 z 旋转一个小角度θ时(这里θ满足$\theta\ll1$)，旋转场$\hat{E}^{(+)}(\theta)$可以按泰勒级数展开

$$\hat{E}_s^{(+)}(r)=\mathrm{i}\sqrt{\frac{\hbar\omega}{2\varepsilon_0 \mathrm{cT}}}\left\{\sqrt{N}\left[u_{0,n}^{\sin}(r)+n\theta u_{0,-n}^{\sin}(r)\right]+\sum_{p=0}^{\infty}\sum_{l=-\infty}^{\infty}\delta\hat{a}_{p,l}(t)u_{p,l}^{\sin}(r)\right\} \tag{5.1.40}$$

如图 5-11 所示$\mathrm{LG}_{0,n}^{\sin}$模光束发生小的旋转后会激发出一个与之空间正交的$\mathrm{LG}_{0,-n}^{\sin}$模，且转角信息被转换为$\mathrm{LG}_{0,-n}^{\sin}$模的振幅分量，就可以通过测量旋转场的$\mathrm{LG}_{0,-n}^{\sin}$模组分的正交振幅信息提取旋转角$\theta$. 根据上面的等式，引入一个轨道角位置(OAP)算符：

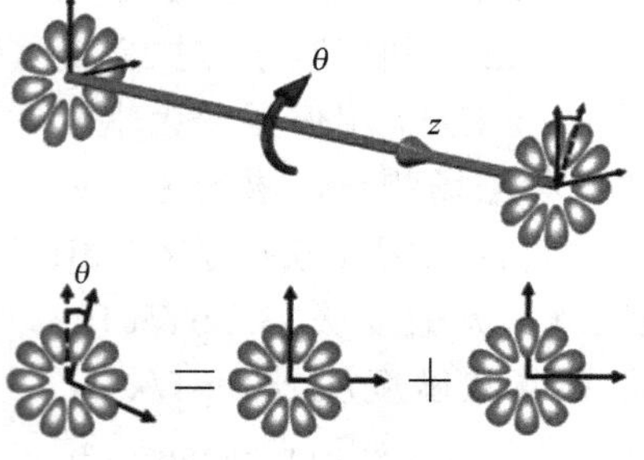

图 5-11 n 阶正弦 LG 光束的转动

$$\hat{\theta}=\frac{1}{n\sqrt{N}}\hat{X}_{0,-n} \tag{5.1.41}$$

其中$\theta=\langle\hat{\theta}\rangle$，$\hat{X}_{0,-n}$为$\mathrm{LG}_{0,-n}^{\sin}$模组分的正交振幅分量. 那么轨道角位置算符的起伏可以表达为$\Delta\hat{\theta}=\Delta\hat{X}_{0,-n}/(n\sqrt{N})$.

此外，根据连续变量轨道角动量态的定义，$\hat{O}$表示围绕z轴旋转的轨道角动量，可以表达为

$$\hat{O}=|l|(\hat{a}_{\mathrm{LG}_0^{+l}}^{\dagger}\hat{a}_{\mathrm{LG}_0^{+l}}-\hat{a}_{\mathrm{LG}_0^{-l}}^{\dagger}\hat{a}_{\mathrm{LG}_0^{-l}})=2n\sqrt{N}\hat{P}_{0,-n} \tag{5.1.42}$$

这里 $\hat{a}_{\mathrm{LG}_0^{\pm l}}$ 为 l 阶螺旋 LG 模的湮灭算符，轨道角动量的起伏为 $\Delta\hat{O}=2n\sqrt{N}\Delta\hat{P}_{0,-n}$. 因此，轨道角动量算符和轨道角位置算符是一对共轭量，属可观测量，并且满足对易关系 $[\hat{\theta},\hat{O}]=\mathrm{i}$ 和不确定原理 $\Delta\hat{\theta}\Delta\hat{O}\geqslant 1$.

从以上的式子可以看出，当探针光是相干态（$\Delta\hat{X}_{0,-n}=1$，$\Delta\hat{P}_{0,-n}=1$）时，对应轨道角动量算符和轨道角位置算符的散粒噪声极限 $\Delta\hat{\theta}_{\mathrm{SNL}}=1/(n\sqrt{N})$ 和 $\Delta\hat{O}_{\mathrm{SNL}}=n\sqrt{N}$. 当用压缩光填补探针光中的真空通道的正交振幅分量或相位分量（$\Delta\hat{X}_{0,-n}<1$ 或 $\Delta\hat{P}_{0,-n}<1$）时，轨道角动量算符和轨道角位置算符的噪声起伏低于散粒噪声极限. 将探针光束定义为由明亮 $\mathrm{LG}_{0,n}^{\sin}$ 模相干光与 $\mathrm{LG}_{0,-n}^{\sin}$ 模真空压缩光的耦合模，实验上可以通过 98/2 分束器实现，如图 5-12 所示. 在计量中，通过使用轨道角位置压缩态作为探针光，可以获得超越散粒噪声极限的转角测量 $\Delta\hat{\theta}=\mathrm{e}^{-r}/\left(n\sqrt{N}\right)$，其中 r 是压缩因子.

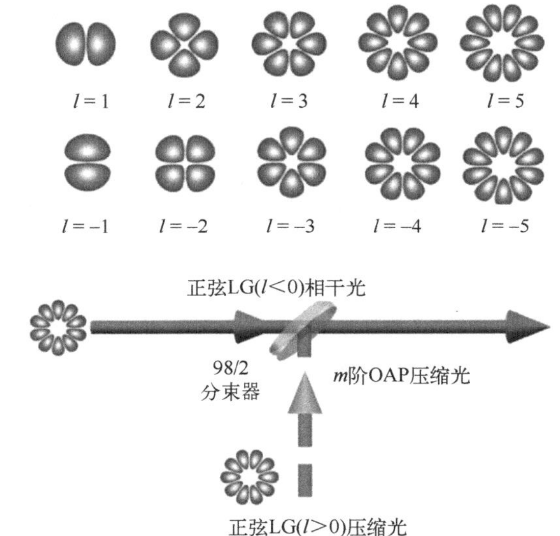

图 5-12　高阶正弦 LG 光束以及高阶轨道角位置压缩光产生方案

为了更好地理解轨道角位置压缩光与转角之间的关系，以一阶的轨道角位置压缩光为例，在庞加莱球上对其进行表征. 通过明亮 $\mathrm{LG}_{0,1}^{\sin}$ 模相干光与 $\mathrm{LG}_{0,-1}^{\sin}$ 模真空压缩光耦合而成的轨道角位置压缩光在庞加莱球上呈现雪茄状. 还可以看到，转角的噪声起伏 $\hat{\theta}$ 处于 $\hat{O}_1$-$\hat{O}_2$ 平面，垂直于 $\hat{O}_3$. 图 5-13(b) 为轨道角位置压缩光在平面 $\hat{O}_1$-$\hat{O}_2$ 和 $\hat{O}_2$-$\hat{O}_3$ 的噪声投影. 虚线椭圆表示散粒噪声极限，实线椭圆表示噪声起伏投影，可以看到，转角的噪声起伏低于散粒噪声极限，$\hat{O}_2$ 参量被压缩，该分量对应于转角. 根据海森伯不确定关系，$\hat{O}_3$ 参量被反压缩.

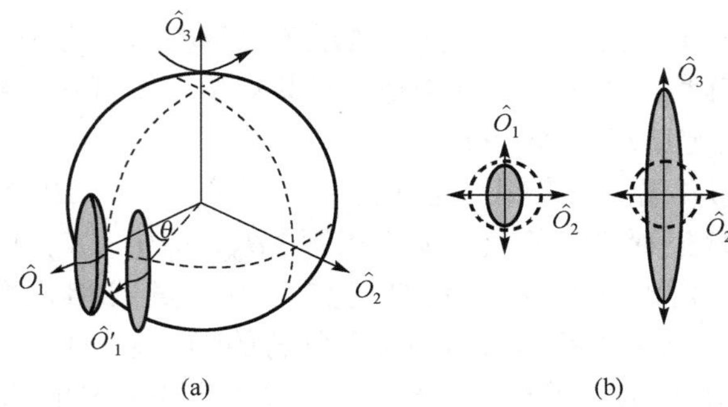

图 5-13 轨道角位置压缩光的轨道庞加莱球表征

对转角的测量可用特殊本振光场的平衡零拍探测来实现，通常本振光不是处于纯的 $\mathrm{LG}_{0,-n}^{\sin}$ 模，而是一个空间多模场$\left(这里 u_{\mathrm{L}}(r)=\sum_{p=0}^{\infty}\sum_{l=-\infty}^{\infty}\Gamma_{p,l}u_{p,l}^{\sin}(r)，并且满足 \sum_{p=0}^{\infty}\sum_{l=-\infty}^{\infty}\Gamma_{p,l}^{2}=1\right)$，本振光可以表示为

$$\hat{E}_{\mathrm{L}}^{(+)}(r)=\mathrm{i}\sqrt{\frac{\hbar\omega}{2\varepsilon_0 cT}}\left(\sqrt{N_{\mathrm{L}}}u_{\mathrm{L}}(r)+\sum_{p=0}^{\infty}\sum_{l=-\infty}^{\infty}\delta\hat{a}_{p,l}^{\mathrm{L}}(t)u_{p,l}^{\sin}(r)\right)\exp(\mathrm{i}\varphi_{\mathrm{L}}) \tag{5.1.43}$$

其中 φ_{L} 是本振光和信号光之间的相对相位. 为简化起见，令 $\hat{E}^{(+)}=\hat{E}$；$(\hat{E}^{(+)})^{\dagger}=\hat{E}^{\dagger}$，那么平衡零拍探测系统的输出信号为

$$\begin{aligned}\hat{i}_{-}&\propto\int\mathrm{d}r[\hat{E}_{\mathrm{L}}^{\dagger}(r)\hat{E}_{s}(r)-\hat{E}_{s}^{\dagger}(r)\hat{E}_{\mathrm{L}}(r)]\\&=2\sqrt{N_{\mathrm{L}}N}[\Gamma_{0,n}+n\Gamma_{0,-n}\theta(\Omega)]\cos(\varphi_{\mathrm{L}})\\&\quad+2\sqrt{N_{\mathrm{L}}}\sum_{p=0}^{\infty}\sum_{l=-\infty}^{\infty}\Gamma_{p,l}\delta\hat{X}_{p,l}^{\varphi_{\mathrm{L}}}(\Omega)\end{aligned} \tag{5.1.44}$$

从中可以推断出转角测量的信噪比为

$$\mathrm{SNR}=\left|\frac{\sqrt{N}\Gamma_{0,-n}\hat{\theta}(\Omega)\cos\varphi_{\mathrm{L}}}{\sqrt{\sum_{p=0}^{\infty}\sum_{l=-\infty}^{\infty}\Gamma_{p,l}^{2}\delta^{2}\hat{X}_{p,l}^{\varphi_{\mathrm{L}}}(\Omega)}}\right| \tag{5.1.45}$$

其中 Ω 是转角信号的调制频率. 当 $\varphi_{\mathrm{L}}=m\pi(m=0,1,2,\cdots)$ 时，获得最大信噪比. 当探针光为相干光时，有 $\Delta\hat{X}_{p,l}^{\varphi_{\mathrm{L}}}(\Omega)=1$，转角测量信噪比为 $\mathrm{SNR}=\sqrt{N}\Gamma_{0,-n}\hat{\theta}(\Omega)$，当探针光为压缩光时，有 $\Delta\hat{X}_{p,l\neq0,1}(\Omega)=1$ 和 $\Delta\hat{X}_{0,-n}(\Omega)=\mathrm{e}^{-r}$，转角测量的信噪比为

$$\mathrm{SNR}=\frac{n\sqrt{N}\Gamma_{0,-n}\hat{\theta}(\Omega)}{\sqrt{1-\Gamma_{0,-n}^{2}(1-\mathrm{e}^{-2r})}} \tag{5.1.46}$$

如果本振光是完美的 $LG_{0,-n}^{\sin}$ 模，则测量精度可以达到最佳理论值.

2018 年，山西大学基于轨道角动量压缩光完成了超越标准量子极限的空间转角测量[33]. 在信噪比等于 1，对应置信度为 68%的情况下，使用压缩光和相干光的最小可测量分别为 4.60 μrad 和 6.50 μrad，分别对应于测量精度 $17.7\ \mathrm{nrad}/\sqrt{\mathrm{Hz}}$ 和 $24.9\ \mathrm{nrad}/\sqrt{\mathrm{Hz}}$，如图 5-14 所示. 相比于相干光，利用压缩光进行转角测量，信噪比提高 1.4 倍.

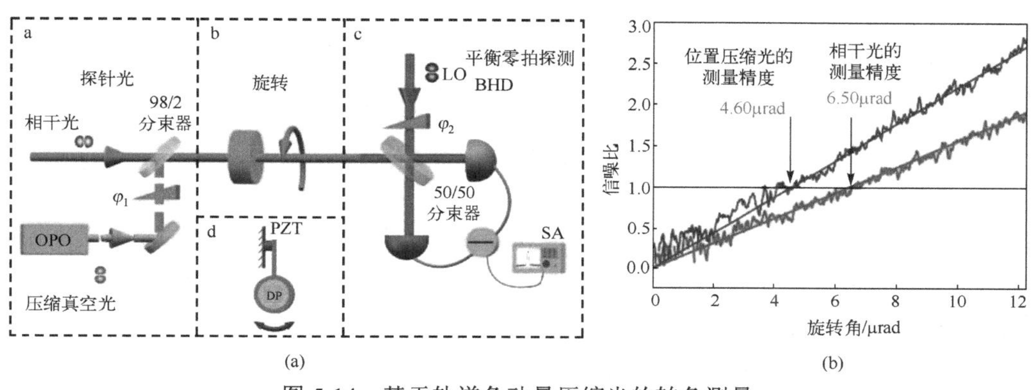

图 5-14　基于轨道角动量压缩光的转角测量

5.1.5　频率梳压缩态与时钟同步

时钟同步是通过时间延时测量来实现的，采用 GPS 卫星定位系统，发射者和接收者同时与同一颗卫星比对时间，利用他们与卫星之间的距离得出时间延时，就可与标准时钟同步. 然而由于传输距离起伏导致的时间起伏，大大限制了时钟同步的精度，且由于需要长时间的平均，不能获得实时的时间比对. 基于光学频率梳的时钟同步由于精度高、稳定性好等优点受到人们越来越多的关注. 2008 年，Lamine 等理论上提出了通过产生多模压缩光进一步提高时间测量精度的方案[34].

如图 5-15 所示，与 A 地时钟同步的超短脉冲激光器发出的信号脉冲光传输到 B 地，B 地观察者采用与 B 地时钟同步的本地脉冲光束作为本振光对信号脉冲进行平衡零拍

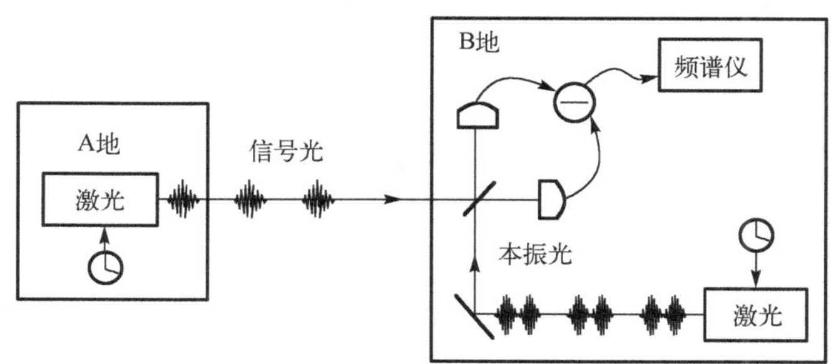

图 5-15　时间传递与同步装置

探测以获得时间信息. 值得注意的是，本地脉冲所采用的模式与信号脉冲不同，因此区别于普通的平衡零拍结果，此处输出为时域的脉冲移动信号. 对一束时域的基模信号脉冲，其电场正频表达式为 $\hat{E}_{(0)}^{(+)}(u)=\varepsilon\sum_n \hat{a}_n v_n(u)$，其中，$\varepsilon=\mathrm{i}\sqrt{h\omega_0/(2\varepsilon_0 cT)}$ 为常数，$v_n(u)=g_n(u)\mathrm{e}^{-\mathrm{i}\omega_0 u}$ 为时域的正交归一函数，对于基模，其电场平均值为 $\left\langle \hat{E}_{(0)}^{(+)}(u)\right\rangle=\varepsilon\sqrt{N}\mathrm{e}^{\mathrm{i}\theta}v_0(u)$，$N$ 为平均光子数，θ 为总相位，基模场的平均强度不为 0，其他场只有真空起伏.

信号脉冲的任何时间起伏 δu（如 A 和 B 之间距离的起伏），都会造成 B 处测量的变化，即 $v_0(u)$ 变成 $v_0(u-\delta u)$，当 Δu 非常小时，此式可以泰勒展开如下：

$$v_0(u-\delta u)\approx v_0(u)-\delta u\left.\frac{\mathrm{d}v_0(u)}{\mathrm{d}u}\right|_{u=0}=v_0(u)+\frac{\delta u}{u_0}w_1(u) \tag{5.1.47}$$

其中，$u_0=\sqrt{\omega_0{}^2+\delta\omega^2}$ 是为保证新模式 $w_1(u)$ 归一化引入的常数，ω_0 为中心频率，$\Delta\omega$ 为频带宽度. 公式第二项包含有信号 δu，因此称新模式为信号模式，其表达式为 $w_1(u)=(\mathrm{i}\alpha v_0(u)+v_1(u))\big/\sqrt{\alpha^2+1}$，$\alpha=\omega_0/\Delta\omega$，信号光模式即为 $w_1(u)$，由平衡零拍测量输出电流平均值和电流起伏分别为

$$I^{\mathrm{BHD}}=2|\varepsilon|^2\sqrt{NN_{\mathrm{LO}}}\left[\frac{\delta u}{u_0}\cos(\theta-\theta_{\mathrm{LO}})+\frac{\alpha}{\sqrt{\alpha^2+1}}\sin(\theta-\theta_{\mathrm{LO}})\right] \tag{5.1.48}$$

$$\delta^2 I^{\mathrm{BHD}}=\frac{|\varepsilon|^4 N_{\mathrm{LO}}}{\alpha^2+1}(\alpha^2\delta^2\hat{P}_0+\delta^2\hat{X}_1) \tag{5.1.49}$$

其中 $\delta^2\hat{P}_0$ 和 $\delta^2\hat{X}_1$ 分别表示信号光 $v_0(u)$ 模式的正交相位起伏和 $v_1(u)$ 模式的正交振幅起伏. 令信噪比等于 1 且信号模式为相干光（$\delta^2\hat{P}_0=1$，$\delta^2\hat{X}_1=1$），可得信号起伏的标准量子极限

$$\Delta u_{\mathrm{SQL}}=\sqrt{\left\langle \delta^2 u\right\rangle}=\frac{1}{2\sqrt{N}\sqrt{\omega_0{}^2+\Delta\omega^2}} \tag{5.1.50}$$

可以看出，标准量子极限除了与信号光平均光子数有关外，还与信号光的中心频率和频带宽度有关. 若压缩信号场中时域基模的正交相位和一阶模式的正交振幅均为压缩光且压缩度相等，即 $\delta^2\hat{P}_0=\delta^2\hat{X}_1=\mathrm{e}^{-2r}$，测量信号的起伏变成 $\Delta u_{\mathrm{SQZ}}=\mathrm{e}^{-r}/(2\sqrt{N}\sqrt{\omega_0{}^2+\Delta\omega^2})<\Delta u_{\mathrm{SQL}}$，从而测量噪声降低，精度提高.

Pinel 等于 2012 年通过同步泵浦光学参量振荡器，在实验上产生超短脉冲压缩光，在 1.5 MHz 处获得了 1.2 dB 的飞秒脉冲正交振幅压缩[35]. 2013 年山西大学也利用同步泵浦的参量振荡器得到了 2.5 dB 的飞秒脉冲正交相位压缩[36]. 2018 年，国家授时中心与法国 LKB 实验室合作，利用超短脉冲压缩态进行了亚散粒噪声的时间测量，在 2 MHz 处，时间测量精度从 $(2.8\pm0.1)\times10^{-20}$ s 提高到 $(2.4\pm0.1)\times10^{-20}$ s，有望应用于未来的时钟同步[37].

5.2 量子计算

量子计算通常指分离本征值为主的分离变量量子系统，但实际上，它可以利用任意以量子力学基本原理为基础的系统，包括连续本征值的连续变量系统. 与以传统计算机为代表的经典计算不同，量子计算利用了量子力学特有的量子态叠加原理和量子纠缠等构造量子计算机的硬件、软件、算法等，在某些应用特别是牵涉大尺度量子系统的计算中，显示了远超经典计算机(甚至目前最快的超级计算机)的计算速度，也因此被称为量子霸权(quantum supremacy)[38]. 量子态是构造量子计算机的基本单元，也是量子计算发展的关键. 目前，如何构造更大尺度的量子态是量子计算机发展亟须解决的关键问题. 本节主要介绍连续变量量子态在量子计算中所起的关键作用及发展趋势.

5.2.1 量子比特和量子模式

为了便于理解，从分离变量出发介绍量子计算的原理. 经典计算机以比特为单元进行信息编码，每一个比特对应于两个可能的数字“0”和“1”，此即为数字编码，因此又称数字计算机. 通过增加比特数来增加信息编码的容量，例如，10 个比特可以编码的信息数为 10，n 个比特则对应 n 个经典信息. 与此对应，量子计算机的信息单元为量子比特(qubits)，一般采用二能级系统作为量子计算机的信息载体，其本征值可以是 0 或 1，以及 0 和 1 的任意叠加态，其状态基矢写成$|0\rangle$和$|1\rangle$，则一般量子比特的状态写成它们的叠加态形式[39]

$$|\psi\rangle_1 = c_0|0\rangle + c_1|1\rangle \tag{5.2.1}$$

其中，系统所处的状态$|0\rangle$和$|1\rangle$的概率分别为$|c_0|^2$和$|c_1|^2$，且有概率归一化条件$|c_0|^2+|c_1|^2=1$，于是该量子比特的信息可用任意的数的组合(c_0,c_1)来编码，包含了两个信息.

下面扩展到两个量子比特的系统，其状态基矢为$|00\rangle$、$|01\rangle$、$|10\rangle$和$|11\rangle$四个状态，其一般量子比特写成

$$|\psi\rangle_2 = c_{00}|00\rangle + c_{01}|01\rangle + c_{10}|10\rangle + c_{11}|11\rangle \tag{5.2.2}$$

仍需满足概率归一化条件$|c_{00}|^2+|c_{01}|^2+|c_{10}|^2+|c_{11}|^2=1$，其总的比特信息为$2^2=4$个. 当有 n 个量子比特时，系统的比特信息将有 2^n 个，这远大于包含 n 个经典比特的系统的信息量 n，因此以量子比特为信息单元的量子计算机理论上要优于经典计算机，这也是人们近年来大力发展量子计算机的原动力.

与分离变量量子计算的量子比特不同，连续变量量子计算采用量子模式(qumodes)作为基本信息单元，它以无限希尔伯特空间的量子态作为基矢进行信息

的编码、存储和操作.

将信息编码到位置或动量上，可以实现连续变量的量子计算. 与分离变量的量子比特$|0\rangle$和$|1\rangle$对应，连续变量的基矢称为量子模式，写成$\left\{|s\rangle_x\right\}_{s\in\mathbb{R}}$，其中$x$表示$|s\rangle$态是$x$空间下本征值为$s$的本征态.

单个量子模式的位置和动量本征方程为

$$\hat{x}|x\rangle = x|x\rangle, \quad \hat{p}|p\rangle = p|p\rangle \tag{5.2.3}$$

满足正交性

$$\langle x|x'\rangle = \delta(x-x'), \quad \langle p|p'\rangle = \delta(p-p') \tag{5.2.4}$$

和完备性

$$\int_{-\infty}^{+\infty}\mathrm{d}x|x\rangle\langle x| = \boldsymbol{I}, \quad \int_{-\infty}^{+\infty}\mathrm{d}p|p\rangle\langle p| = \boldsymbol{I} \tag{5.2.5}$$

其中$\boldsymbol{I}$表示单位矢量. 位置和动量互为傅里叶变换

$$|x\rangle = \frac{1}{\sqrt{\pi}}\int_{-\infty}^{+\infty}\mathrm{d}p\mathrm{e}^{-2\mathrm{i}xp}|p\rangle, \quad |p\rangle = \frac{1}{\sqrt{\pi}}\int_{-\infty}^{+\infty}\mathrm{d}x\mathrm{e}^{2\mathrm{i}xp}|x\rangle \tag{5.2.6}$$

该变换相当于离散变量的阿达玛(Hadamard)门，$|x\rangle$和$|p\rangle$分别代表位置和动量基矢.

5.2.2 连续变量量子计算基本原理

通用的量子计算要求通用的量子门集合，连续变量通用量子计算需要高斯门和非高斯门，高斯门(非高斯门)集合对应分离变量量子计算中的克利福德(Clifford)门集合(非克利福德门集合)[40]. 如果所有的初态、门和测量都是高斯的，量子计算机就无法超越经典计算机. 高斯门通过与正交算符的二阶或者更低阶次幂的哈密顿量进行线性变换，非高斯门则需要正交算符的三阶及以上进行非线性变换，这需要光学二阶及更高阶的非线性过程. 下面依次介绍高斯门和非高斯门.

1. 高斯门

与经典逻辑电路对应的通用逻辑门集合(如与门、或门和非门组成的集合)类似，连续变量量子计算也需要通用的高斯门集合来实现任意的高斯门操作. 一个典型的通用集合为$\{\hat{Z}(t),\hat{P}(\eta),\hat{R}(\theta),\hat{\mathrm{CZ}}\}$，$\hat{Z}(t)$为正交相位$p$方向的平移操作，$\hat{P}(\eta)$为剪切(sheering)操作，或称相位门，$\hat{R}(\theta)$为旋转操作，或称相移，$\hat{\mathrm{CZ}}$为可控相位门. 上述集合中的一部分门可以用其他门代换，如从光学实验实现方便的角度，该集合可换成$\{\hat{S}(r),\hat{Z}(t)\ (或\hat{X}(t)),\hat{R}(\theta),\hat{\mathrm{BS}}(\theta)\}$，其中$\hat{S}(r)$为压缩，$\hat{X}(t)$为正交振幅$x$方向的平移，$\hat{\mathrm{BS}}(\theta)$为分束器耦合. 下面介绍一些常见的高斯门操作的表达式以及含义[41,42]，其线路符号如图5-16所示.

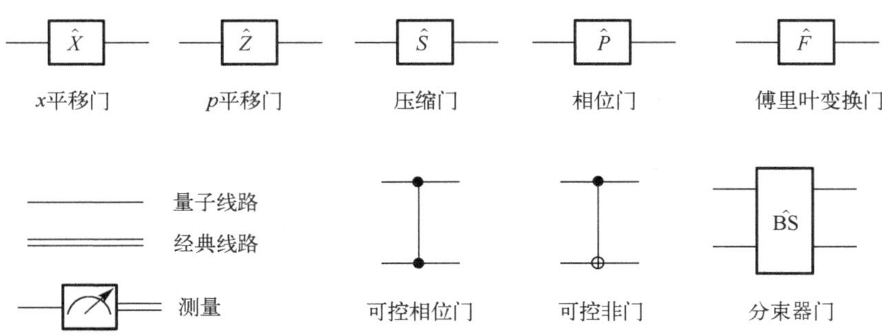

图 5-16 一些常见的量子线路符号表示

1) 平移门

量子光学中相空间的平移算符为 $\hat{D}(\alpha)=\exp(\alpha\hat{a}^{\dagger}-\alpha^{*}\hat{a})$，可表示相空间任意方向的任意距离的平移. 在量子计算中，一般只考虑相空间 x 或 p 方向的平移，因此可分别简化成 $\hat{X}(v)=\mathrm{e}^{-\mathrm{i}v\hat{p}}$ 和 $\hat{Z}(u)=\mathrm{e}^{\mathrm{i}u\hat{x}}$，其中 v 和 u 都为实数. 在海森伯绘景下，经历 $\hat{X}(v)$ 的幺正变换，$\hat{x}$ 变成 $\hat{X}^{\dagger}(v)\hat{x}\hat{X}(v)$，$\hat{p}$ 变成 $\hat{X}^{\dagger}(v)\hat{p}\hat{X}(v)$，对于 $\hat{Z}(u)$ 变换以及后文中的幺正变换，也做如此计算，则两个平移变换操作结果为

$$\begin{aligned}&\hat{X}(v):\quad \hat{x}\to\hat{x}+v,\quad \hat{p}\to\hat{p}\\&\hat{Z}(u):\quad \hat{x}\to\hat{x},\quad \hat{p}\to\hat{p}+u\end{aligned}\tag{5.2.7}$$

2) 压缩门

定义为 $\hat{S}(r)=\exp\left[\mathrm{i}\frac{r}{2}(\hat{x}\hat{p}+\hat{p}\hat{x})\right]$，$r$ 为实数，变换操作为

$$\hat{S}(r):\quad \hat{x}\to\mathrm{e}^{-r}\hat{x},\quad \hat{p}\to\mathrm{e}^{r}\hat{p}\tag{5.2.8}$$

当 r 大于 0 时，正交振幅压缩，正交相位反压缩.

目前压缩门的保真度是制约高斯量子操作保真度的关键因素，高保真压缩门的实现是国际上的关注热点. 2020 年澳大利亚国立大学与山西大学，基于测量的量子无噪声放大技术，利用有限的压缩资源实现了高保真的压缩门操作，为未来容错量子计算提供了思路[43].

3) 相位门

定义为 $\hat{P}(\eta)=\exp\left(\mathrm{i}\frac{\eta}{2}\hat{x}^{2}\right)$，$\eta$ 为实数. 变换操作为

$$\hat{P}(\eta):\quad \hat{x}\to\hat{x},\quad \hat{p}\to\hat{p}+\eta\hat{x}\tag{5.2.9}$$

x 算符没变，p 算符增加了 x 算符的分量，从而部分 x 分量耦合进入 p 分量，原本正交的两个分量不再正交，因此具有“剪切”的效果，也称剪切门(shearing gate).

4) 旋转门

定义为 $\hat{R}(\theta)=\exp\left[\mathrm{i}\frac{\theta}{2}(\hat{x}^2+\hat{p}^2)\right]$，变换操作为

$$\hat{R}(\theta):\ \ \hat{x}\to\hat{x}\cos\theta-\hat{p}\sin\theta,\quad \hat{p}\to\hat{x}\sin\theta+\hat{p}\cos\theta \tag{5.2.10}$$

该变换类似于琼斯矩阵中的矢量旋转，将相空间中的态矢量方向逆时针旋转 θ 角度. 当 $\theta=\pi/2$ 时，变换操作为 $\hat{x}\to-\hat{p}$，$\hat{p}\to\hat{x}$，实际为傅里叶变换操作，对应分离变量中的阿达玛门.

上述四种量子门都是单模高斯操作，下面引入几个双模量子门.

5) 可控相位门

可控相位门定义为 $\hat{\mathrm{CZ}}=\exp(\mathrm{i}\hat{x}_1\hat{x}_2)$，变换操作为

$$\hat{\mathrm{CZ}}:\ \ \hat{x}_1\to\hat{x}_1,\quad \hat{p}_1\to\hat{p}_1+\hat{x}_2,\quad \hat{x}_2\to\hat{x}_2,\quad \hat{p}_2\to\hat{p}_2+\hat{x}_1 \tag{5.2.11}$$

可以看出它是对单模相位门 $\hat{P}(\eta=1)$ 的扩展，并且还将两个模式纠缠在一起.

6) 可控非门

可控非门定义为 $\hat{\mathrm{CX}}=\exp(-\mathrm{i}\hat{x}_1\hat{p}_2)$，变换操作为

$$\hat{\mathrm{CX}}:\ \ \hat{x}_1\to\hat{x}_1,\quad \hat{p}_1\to\hat{p}_1-\hat{p}_2,\quad \hat{x}_2\to\hat{x}_2+\hat{x}_1,\quad \hat{p}_2\to\hat{p}_2 \tag{5.2.12}$$

有时也称为非破坏门或加法门.

7) 分束器门

分束器门定义为 $\hat{\mathrm{BS}}(\theta)=\exp\left[\mathrm{i}\frac{\theta}{2}\left(\hat{x}_1\hat{p}_2-\hat{p}_1\hat{x}_2\right)\right]=\exp\left[\frac{\theta}{2}\left(\hat{a}_1^\dagger\hat{a}_2-\hat{a}_1\hat{a}_2^\dagger\right)\right]$，定义分束器的光强透射率和反射率分别为 $T=\cos^2(\theta/2)$ 和 $R=1-T$，变换操作为

$$\begin{aligned}\hat{\mathrm{BS}}(\theta):\ \ &\hat{x}_1\to\sqrt{T}\hat{x}_1+\sqrt{R}\hat{x}_2,\quad \hat{p}_1\to\sqrt{T}\hat{p}_1+\sqrt{R}\hat{p}_2\\ &\hat{x}_2\to-\sqrt{R}\hat{x}_1+\sqrt{T}\hat{x}_2,\quad \hat{p}_2\to-\sqrt{R}\hat{p}_1+\sqrt{T}\hat{p}_2\end{aligned} \tag{5.2.13}$$

这是量子光学实验中常用的一种操作，表示两束光场从一个功率反射率为 T 的分束器的两个口输入，从另外两个口输出的一种光场耦合，广泛应用于干涉仪、压缩纠缠态的制备和平衡零拍探测中.

上述量子门都是高斯门，通过一定的组合可以实现任意的高斯门操作，并且可以看出，所有的高斯门操作都是对 x 和(或) p 的线性操作，不能进行量子计算所要求的任意幺正门操作，也就是通用量子计算的基本条件无法满足. 为了实现任意幺正门操作，需要加入非高斯门.

2. 非高斯门

利用有限数目的高斯门和非高斯门组合可以实现任意的幺正门，从而满足量子

计算的通用性要求. 典型的非高斯门形式为[41]

$$\hat{U}_n(t)=\exp\left(\mathrm{i}\frac{t}{n}\hat{q}^n\right),\quad n\geqslant 3 \tag{5.2.14}$$

其中 n 为自然数，t 为非线性相互作用强度. 当 $n=3$ 时，$\hat{U}_3(t)$ 称为立方相位门. 另外，注意 $\hat{U}_1(t)$ 和 $\hat{U}_2(t)$ 分别对应 $\hat{Z}(t)$ 和 $\hat{P}(t)$，小于 3 的 $\hat{U}_n(t)$ 对应高斯门. 在海森伯绘景下，$n\geqslant 3$ 的 $\hat{U}_n(t)$ 实现的非线性变换为

$$\hat{x}\to\hat{x},\quad \hat{p}\to\hat{p}+t\hat{x}^n \tag{5.2.15}$$

研究表明，任意的幺正操作可以通过高斯门和 $\hat{U}_3(t)$ 的组合来实现. 例如，一个通用的光学幺正门集合为 $\{\hat{S}(r),\hat{Z}(t)(或\hat{X}(t)),\hat{R}(\theta),\hat{\mathrm{BS}}(\theta),\hat{U}_3(t)\}$.

非高斯门的实验实现是通用量子计算必须克服的问题，光学非高斯门需要三阶以及更高阶的非线性效应，而一般情况下，高阶非线性效应都较弱，难以实现. Gottesman、Kitaev 和 Preskill 三位科学家提出了一种基于测量的确定性实现非高斯门的方案[44]，如图 5-17 所示为制备立方相位门 $\hat{V}(\gamma)=\exp\left(\mathrm{i}\frac{\gamma}{3}\hat{x}^3\right)$ 的线路图，先制备出立方相位态 $|\gamma\rangle=\hat{V}(\gamma)|0\rangle_p\propto\int\mathrm{d}s\left(\mathrm{i}\frac{\gamma}{3}s^3\right)|s\rangle_x$，再将立方相位态作为辅助态与输入态经过可控非门操作，在 x 基矢下测量上面的模式，再将测量结果前馈给输入态，就完成了对输入态的立方相位门操作. 该方案使通用连续变量量子计算成为可能.

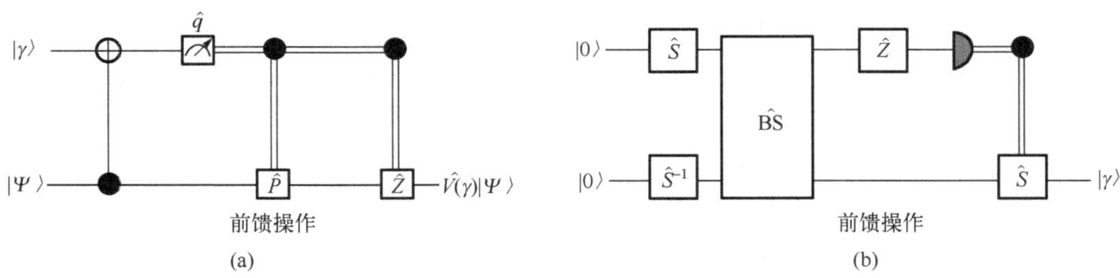

图 5-17 立方相位门

(a) 用立方相位态测量诱导的立方相位门；(b) 立方相位态制备

其中，$\hat{P}$、$\hat{Z}$、$\hat{S}$、$\hat{S}^{-1}$ 以及 $\hat{\mathrm{BS}}$ 分别对应前文定义的高斯门，$|\Psi\rangle$ 为输入态 [41,42]

前面总结了量子计算的一个要求——通用性，实际上，完成量子计算至少还有另外两个要求：可扩展性和容错性. 下面简单介绍.

与经典计算类似的量子计算模型称为量子线路模型，该模型下，幺正变换的量子门作用于量子寄存器的输入量子态，经过一些算法操作后，在寄存器中被测量. 该模型需要一定数量的独立量子比特的相干控制的确定性幺正量子门，使得实现起来有一定难度. Raussendorf 和 Briegel 提出了一种替代的单向(one-way)量子计算，也

称基于测量的量子计算[45]. 通过依次测量组成多组分纠缠态(或者簇态)的一系列单个量子比特，能实现任意算法的通用量子计算. 光学实验中，单个量子比特的测量实现起来比量子线路模型中要求量子比特相干控制的量子门测量要容易，基于簇态测量的连续变量量子计算具有类似的优点[46,47].

簇态(cluster state)是可以实现大规模多组分纠缠态的一种纠缠形式，将在 5.2.3 节中详细介绍. 为了实现通用量子计算，需要利用簇态组成各种通用量子门，正如前文介绍，至少需要有限个高斯操作以及至少一个非高斯操作的量子门组成的通用门集合. 簇态的实现可以有不同的实现方法和物理机制，但其都要满足可扩展性，即其相互纠缠的组分可以不断增加以实现更多量子模式的量子计算，量子计算的速度随量子模式数目增加而提高.

另外，连续变量的一些通用量子门的物理实现可以由一些特殊的光源、光电器件等组成. 例如，两光束在一个光学分束器上耦合可以实现分束器操作，输入光束和经过电光相位调制器的辅助光束在高反射率的分束器上耦合可以实现输入光束的量子态平移操作. 当然还有更复杂的压缩门操作以及立方相位门操作等. 这些门操作需要大体积的光束、光学元件以及光电器件组合起来. 若仅完成一个或几个操作是容易的，但是随着门操作的增加，以及计算位数的增加，必须要求这些门操作是可以扩展的，而且在体积上最好不要过于庞大. 例如，有人预测，要分解 2048 位整数需要的物理门数和模式数分别达到约 10^9 和 2×10^7，如此庞大的物理系统，若没有很好的扩展性，几乎是不实际的.

最后，在执行量子计算时，由于量子系统并非完全封闭，加上有限的量子测量效率，系统与环境相互作用导致退相干，从而引起门操作的误差，在顺序执行大规模量子比特(或量子模式)的量子门操作过程中，即使单个操作的小误差也可以积累到足够大并导致量子信息的破坏. 为解决此问题，量子纠错发展起来.

然而，量子纠错理论发展的初期并不被人看好，主要因为两点：第一，就像经典计算中纠错一样，保护信息的一种方法是采用冗余(redundancy)，即通过复制更多的信息实现纠错，这明显违背量子不可克隆定理，因为量子比特不可复制；第二，量子信息的编码采用了叠加态，叠加系数可以是任意连续的复数，这与经典计算中的数字编码十分不同.

尽管如此，量子纠错的发展，尤其是 Shor 的发现及其后的结果[48]，表明上述问题得到了解决. 通过编码量子信息到比初始信息所在的希尔伯特空间更大的空间的纠缠态里面，冗余以一种量子的形式实现，它本质上不是初始信息的简单多份复制，因此也就不违背量子不可克隆定理. 而且，量子信息的编码操作出现的错误可以通过冗余的量子比特测量得以发现和纠正. 实际上，这种测量可以纠正任意的、即使是连续值的误差，这种效应称为误差的离散化.

量子纠错通常采用一种纠错编码的形式来实现，玻色子码是连续变量中比较常用的纠错码，它将离散信息编码到玻色模式上，可以保护量子信息不受环境的影响，降低了如损耗等引起的误差发生的概率，提高信息编码的长度. 连续变量玻色码可分为几种：相干叠加态(或称薛定谔猫态)、福克叠加态以及它们的混合. 玻色子码又包括九波包编码、五波包编码、纠缠辅助编码、量子擦除以及 GKP 编码等. 除玻色子码外，还有拓扑纠错码，可以在高误差阈值和容错率下执行量子计算，基于簇态的拓扑性质，可实现拓扑量子计算和拓扑纠错[49,50].

此外，研究表明，高斯误差不能仅通过高斯操作来消除误差，需要引入非高斯操作，这与量子计算的通用性门操作要求对应(高斯门和非高斯门都需要). 连续变量中，利用分束器网络对输入模式进行编码，并耦合进入适当的辅助模式来纠错，目前实验上已经实现了纠正非高斯误差的九波包、五波包、量子擦除和关联信道等多种纠错方案. GKP 码是近年来发展较快、潜力较大的量子纠错码[44]，通过 GKP magic state 结合高斯操作与测量可实现通用量子计算. 超导系统和离子阱系统已实现 GKP 量子比特制备，光学系统中的 GKP 码制备方案也已提出，但在实验方面仍是一个挑战.

5.2.3 量子态在量子计算中的应用

压缩态是量子光学里的重要量子态，它可直接用于量子精密测量如引力波探测中. 同时，它也是构成纠缠态的基本元素，如两个同频率的压缩态经过 50/50 分束器耦合可得到一对纠缠态，反过来，纠缠态也可以通过 50/50 分束器耦合转变成两个压缩态. 量子计算中的簇态纠缠可以通过类似的分束器耦合方式得到. 大尺度的簇态纠缠则一般可以先通过两个压缩产生的一对纠缠态作为起始源，而后经过一系列的操作得到大尺度的簇态纠缠. 压缩态和纠缠态的概念、产生测量方案在前文已有介绍，这里重点关注其在量子计算中的应用.

压缩态是组成许多量子门操作如压缩门、用于簇态纠缠的可控相位门等的基本单元. 在容错量子计算中，压缩态是实现纠错的前提和保障，通常用压缩度来作为量子纠错能否实现的指标，又称阈值理论. 采用 GKP 编码的早期方案中，实现容错的压缩阈值达到20.5 dB. 而目前最好的压缩指标为 15 dB[51]. 在后来改进的方案中，压缩阈值已经降到 10 dB[52]，这是目前实验室相对容易实现的指标.

纠缠是量子力学的奇异特性之一，在分离变量量子计算中，单比特的叠加态构成了一个量子位信息. 对于多比特量子计算，相邻比特之间必须建立纠缠，才能实现指数级的信息增加(即 2^n 个信息). 大尺度的簇态纠缠是量子计算实际应用的必要条件，实现大尺度簇态纠缠要求参与逻辑门操作的量子系统能不断扩展，增加参与的组分数目.

簇态纠缠一般可用 G 表示，如图 5-18 所示，形式为 $G=(V,E)$，其中 V 和 E 分别代表顶点和连线，V 表示量子比特或量子模式，E 表示 CZ 操作. 将 CZ 操作作用于相邻比特初始制备的叠加态 $|+\rangle_L=\left(|0\rangle_L+|1\rangle_L\right)/\sqrt{2}$，可得到量子比特的簇态. 将 CZ

操作作用于相邻模式初始制备的动量压缩真空态上，可得到量子模式的簇态. 通用连续变量单向量子计算要求二维簇态纠缠，而且，三维的簇态纠缠也可用于容错单向量子计算，因此增加并利用量子系统的维度也是簇态纠缠的发展方向.

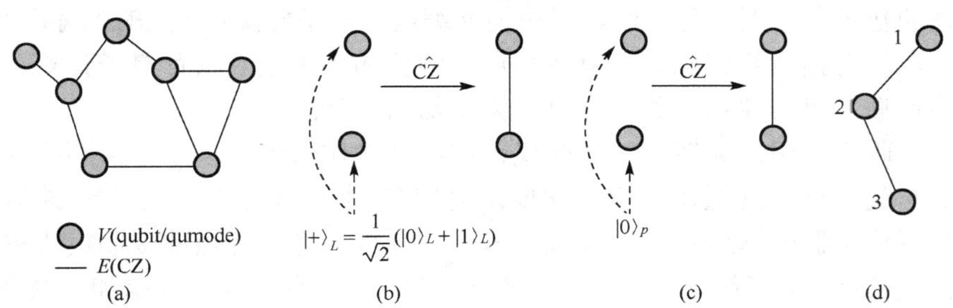

图 5-18 簇态纠缠

(a) 图表示 $G=(V,E)$；(b) 量子比特簇态；(c) 量子模式簇态；(d) 三模簇态

由于光场本身的特性，光量子计算在构建大尺度的簇态纠缠方面具有明显的优势. 例如，基于光场的丰富自由度，可以充分利用复用技术增大纠缠的维数；基于光场的高带宽特性，提高纠缠的可操作带宽；基于近年来迅速发展的光学芯片，可以集成更多的光学元器件并使量子计算系统小型化.

近年来，基于光场的大尺度簇态纠缠态实验进展很快. 在复用技术方面，可以充分利用光场的几个自由度如频率、时间、空间模式等进行编码. 利用光学参量振荡器的二阶非线性(或原子四波混频效应)和空间模式的正交性，可以制备空间正交的多组分簇态纠缠. 这种模式可以是通过空间相位编程人为划分的正交模式(图 5-19)[53]，也可以是振荡器内同时共振的光学空间模式[54]，以及原子四波混频中理论上可以实现的多个轨道角动量模式[55]等，但是由于不同模式的空间分离还存在一定的难度，技术方案还有待发展.

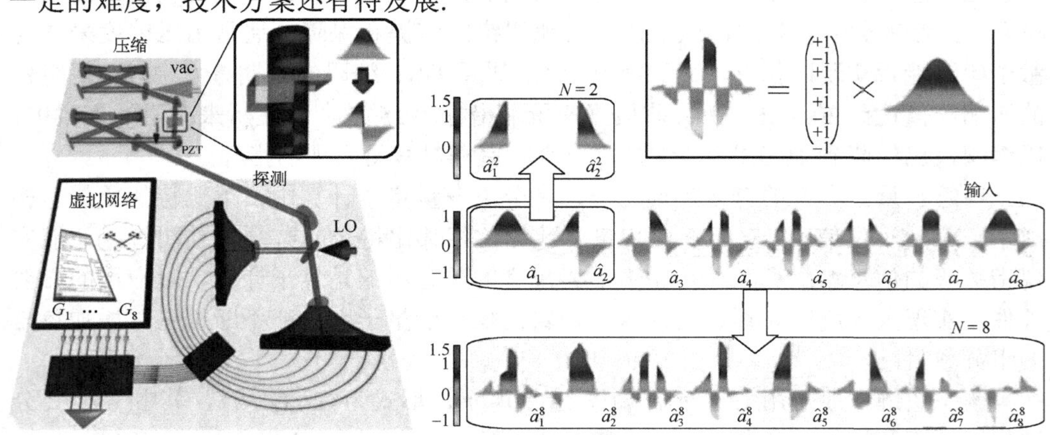

图 5-19 基于空间模式的模分复用的簇态纠缠[53]

在频率复用方面，光学参量振荡器的间隔自由光谱区的频率模式(光学频率梳)本身就是多频率组分的大尺度纠缠态，实验上已实现 60 个模式的纠缠[56]，如图 5-20 所示. 另外，基于飞秒脉冲的同步泵浦光学参量振荡器，也可实现不同频率的大尺度纠缠. 然而，由于相位匹配带宽的限制，加上不同频率模式区分的难度较大，限制了纠缠的模式数目.

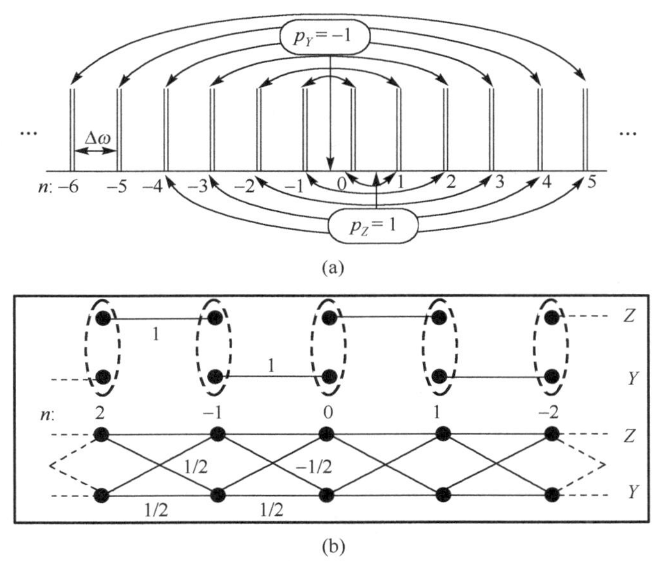

图 5-20　频率梳簇态纠缠[56]

在时间复用方面，日本 Furusawa 小组将光束分成时间上不重合的堆栈，每一个堆栈都是一个波包模式，则理论上可以达到无限数目的波包，这种时间复用是目前连续变量量子计算的主流方案之一，它可以实现大尺度簇态纠缠和单向量子计算. 它的实验方案如图 5-21 所示，两个压缩源产生的压缩光被分成等间隔为 T 的压缩波包，经过第一个 50/50 分束器后转换成纠缠波包，其中一臂经过 T 的延迟，与不延迟的另一臂在第二个 50/50 分束器耦合后形成簇态纠缠，纠缠的模式数目达到一百万，是目前各种物理系统中产生纠缠数目最大的[57]. 后来，研究人员加入了另外一个延迟线，实现了二维的簇态纠缠，可用于多输入多输出的单向量子计算[58]. 时间复用也面临一些挑战. 首先，光延迟线一般由光纤构成，而光纤的最低损耗约 0.2 dB/km，这种损耗限制了容错量子计算的量子模式的数目大约在 100 个；其次，有些非高斯的元器件方案提出了但还未在实验上实现；最后，如何在时间复用上实现容错量子计算还有待研究.

除了复用技术外，第二个可扩展性来自可增加的带宽. 光的频率可以达到数百 THz，这么高的频率意味着可用于频率复用的频带宽度很宽，然而受到电子频带宽

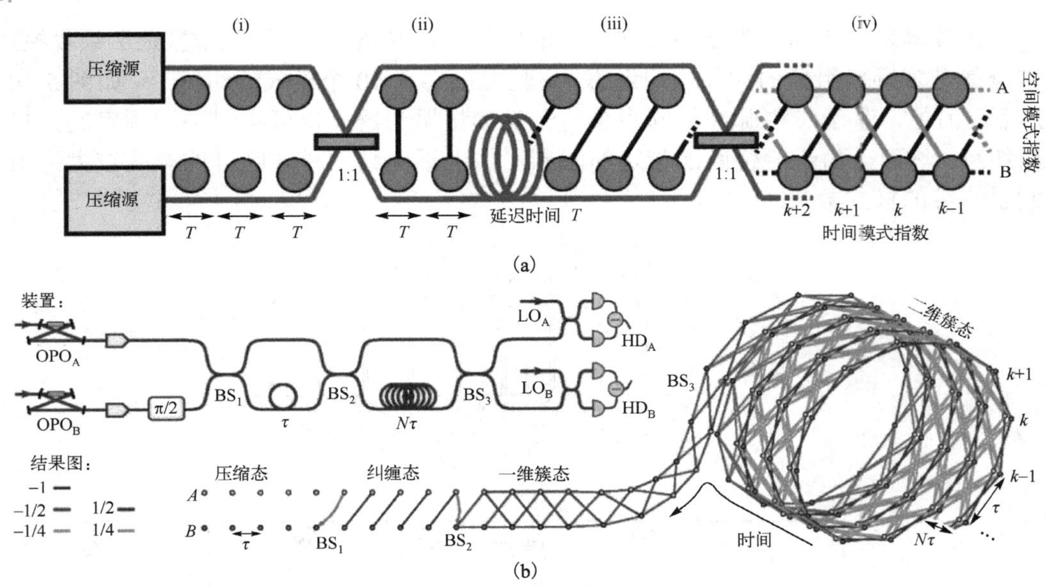

图 5-21　时分和空分复用的大规模簇态纠缠

(a) 一维方案[57]；(b) 改进的二维方案[58]

度的限制，一般可用加载量子信息的频率限制在 MHz 到 GHz 的范围. 再加上产生纠缠的装置如光学参量振荡器的带宽限制，实际可用的带宽与光本身理论可用的带宽相差甚远. 如何提高可用带宽是提高频分复用带宽的关键.

提高压缩纠缠源的带宽可以提高复用带宽. 目前产生压缩纠缠源的最常用方法是光学参量振荡器，其腔带宽通常在数十 MHz，在其他参数不变情况下，减小腔长可以有效提高腔带宽，但是即使用单个晶体组成光学参量振荡器整体腔(晶体端面镀膜和加工成凸面代替传统腔镜)，带宽也仅能提高到 2 GHz 左右. 提高带宽的另一个方法是去掉腔镜，理论上的带宽可达 THz，仅受限于非线性晶体的色散或相位匹配带宽. 可惜，没有腔增强的光学参量振荡器，非线性作用很弱，难以产生高水平的压缩或纠缠. 还可用另一种方法，即采用脉冲光，增大峰值功率，提高非线性，但会增加空间和时间两个维度的模式匹配难度(原来只需要空间模式匹配). 另外，有人用波导非线性晶体，将泵浦光场限制在很小的横截面积里，同时增加相互作用的长度，可以有效提高非线性，而且不会降低带宽. 此方案已经在几个实验中实现，包括 2020 年采用的铌酸锂波导的光学参量放大器实现了 6.3 dB 的带宽达 2.5 THz 的压缩[59]. 另外，还可以通过提高测量带宽提高复用带宽，下面是两种提高测量带宽的方法：①优化电子线路提高探测器的带宽，可从传统的百 MHz 提高到数 GHz；②采用高增益光学参量放大器放大待测信号到电子学噪声以上，该方案可实现 THz 以上带宽的压缩测量[60]. 最后，可以采用全光方法达到超宽带的压缩纠缠产生与测量. 由于采用相应的光学元件代替了受带宽限制的电子元件，打破了电子带宽极限，可达光的整个 THz 频段.

最后，可扩展性可以通过集成光学实现. 传统光学实验采用了大体积的光机电元器件，限制了其可扩展性. 随着近年来集成光学芯片的发展，庞大的光学实验可集成到小体积的光学芯片中，大大提高了可扩展性，如图 5-22 所示. 目前可选择的集成光学芯片材料有二氧化硅、硅或氮化硅、铌酸锂等，它们各有优缺点. 在选择时需要考虑的因素可能有：较低的光学损耗、较高的折射率对比度(可提高集成度)、有一定的二阶或三阶非线性(用于压缩纠缠光的产生)、大的电光系数(用于振幅相位调制)和较高的兼容性(甚至可以集成现有的探测器和反馈环路)等. 目前还看不出有哪种材料能占据主导.

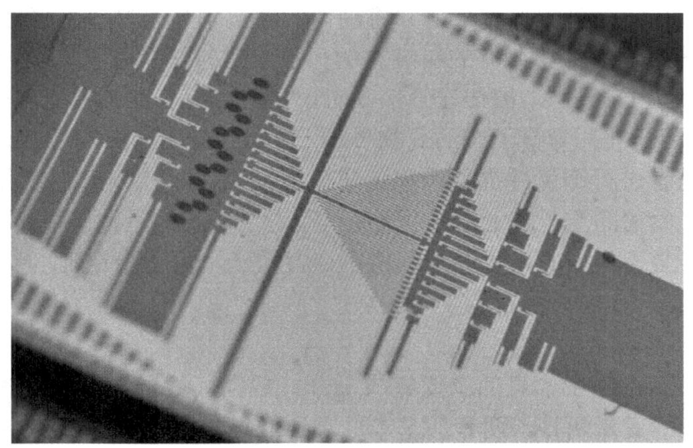

图 5-22　用于产生多维量子纠缠的硅基量子光子集成线路[61]

除了基于簇态的量子计算方案，还有基于薛定谔猫态(以下简称“猫态”)的方案. 猫态是相位相反的相干态的叠加，两个态之间不是正交的，其重叠度(以内积的模平方定义)为 $\left|\langle\alpha|-\alpha\rangle\right|^2=\mathrm{e}^{-4|\alpha|^2}$ ，可以看出它随着相干态的幅度平方(或平均光子数) $|\alpha|^2\equiv\bar{n}$ 增大而指数下降，$|\alpha|=2$ 的重叠度约 10^{-7}，接近于 0，几乎正交. 这与分离变量的两个正交态 $|0\rangle$ 和 $|1\rangle$ 的叠加态十分类似，以这两个相干态 $|\alpha\rangle$ 和 $|-\alpha\rangle$ 为基矢进行量子信息编码，薛定谔猫态可用于量子计算.

Ralph 等于 2003 年理论提出了基于猫态的量子计算方案，并给出单模和双模逻辑门实现方式[62]. 随后，有人提出了单模和双模相位门、可控相位门和阿达玛门的实验方案. 此外，猫态还可用于容错的量子计算. 在实验方面，2011 年，丹麦 Anderson 小组实现了猫态的阿达玛门. 次年，法国 Grangier 小组通过减光子操作将奇猫态转化为偶猫态，完成了 π 相移逻辑门. 猫态的单模逻辑门已在实验上实现，而双模逻辑门的实现需要纠缠猫态的制备.

5.3 量子通信

5.3.1 量子离物传态

量子离物传态是量子信息领域的重要协议，它利用纠缠态资源实现任意量子态的远程传送，是构建量子计算、量子通信以及量子网络的重要单元. 1993 年，Bennett 等发表了题为“经由经典和 EPR 信道传送未知量子态”的开创性文章[63]，提出量子离物传态的方案，其目标是利用经典比特传输量子态，并且在接收方重构量子态. 基本思想是，信息发送者和接收者共享一对纠缠态，发送者对其拥有的纠缠态的一半和要传递的原物量子态进行联合贝尔态测量，并将测得的经典信息通过经典通道发送给接收者. 接收者得到经典信息后对其拥有的纠缠态的另一半进行平移变换，就可重构出原物的量子态. 在此过程中，原物未被传送给接收者，它始终留在发送者处，被传送的仅仅是原物的量子态，因此被称为量子态的离物传送. 原物的量子态对发送者来说甚至可以一无所知，在发送者进行测量并提取经典信息时已遭破坏，接收者在恢复原物量子态时将别的物体置于原物的量子态上，因此恢复过程是量子态的重构. 由于量子信息对量子态的离物传送是必不可少的，所以过程将不违背量子不可克隆定理.

1. 基本原理

量子离物传态是量子信息的重要组成部分，根据其待测物理量的本征值特性，分为分离变量和连续变量两种，两者的基本原理类似，如图 5-23 所示，Alice 和 Bob 分享一对 EPR 纠缠光束. Alice 对其所要传输的量子态和 EPR 纠缠光束中的一束 1 进行联合贝尔态测量，并将测量结果通过经典通道传递给 Bob. Bob 在接收到这部分经典信息后，利用它对 EPR 纠缠光束的另一束 2 进行平移变换，则输出光场处于 Alice 所输入的量子态.

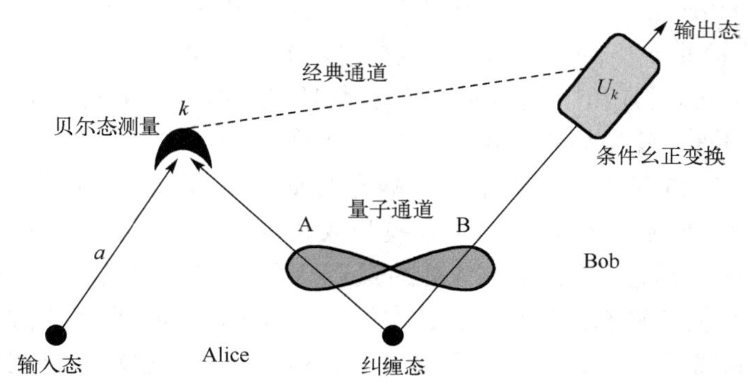

图 5-23 量子离物传态的原理[64]

1) 分离变量量子离物传态

假定初始有一个电子自旋量子态 $|\psi\rangle_{\text{in}}=a|\uparrow\rangle_1+b|\downarrow\rangle_1$，对其直接测量，只能使电子塌缩到 $|\uparrow\rangle$ 或 $|\downarrow\rangle$，不可能恢复出 $a|\uparrow\rangle_1+b|\downarrow\rangle_1$. 为了能远程恢复这样一个量子态，需要借助 EPR 纠缠态，表示如下：

$$|\psi\rangle_{23}=\frac{1}{\sqrt{2}}\left(|\uparrow\rangle_2|\downarrow\rangle_3-|\downarrow\rangle_2|\uparrow\rangle_3\right) \tag{5.3.1}$$

其中的下标 2 和 3 表示实际纠缠的为两个电子，它们与初始电子 1 形成直积态

$$\begin{aligned}|\psi\rangle_{\text{in}}\otimes|\psi\rangle_{23}&=\left(a|\uparrow\rangle_1+b|\downarrow\rangle_1\right)\otimes\frac{1}{\sqrt{2}}\left(|\uparrow\rangle_2|\downarrow\rangle_3-|\downarrow\rangle_2|\uparrow\rangle_3\right)\\&=\frac{1}{\sqrt{2}}\left(a|\uparrow\rangle_1|\uparrow\rangle_2|\downarrow\rangle_3-a|\uparrow\rangle_1|\downarrow\rangle_2|\uparrow\rangle_3+b|\downarrow\rangle_1|\uparrow\rangle_2|\downarrow\rangle_3-b|\downarrow\rangle_1|\downarrow\rangle_2|\uparrow\rangle_3\right)\end{aligned} \tag{5.3.2}$$

对于 1 和 2 两个电子构成的贝尔态基矢有以下四种：

$$\begin{aligned}&|\varphi\rangle_1=\frac{1}{\sqrt{2}}\left(|\uparrow\rangle_1|\downarrow\rangle_2-|\downarrow\rangle_1|\uparrow\rangle_2\right),\quad |\varphi\rangle_2=\frac{1}{\sqrt{2}}\left(|\uparrow\rangle_1|\downarrow\rangle_2+|\downarrow\rangle_1|\uparrow\rangle_2\right)\\&|\varphi\rangle_3=\frac{1}{\sqrt{2}}\left(|\uparrow\rangle_1|\uparrow\rangle_2+|\downarrow\rangle_1|\downarrow\rangle_2\right),\quad |\varphi\rangle_4=\frac{1}{\sqrt{2}}\left(|\uparrow\rangle_1|\uparrow\rangle_2-|\downarrow\rangle_1|\downarrow\rangle_2\right)\end{aligned} \tag{5.3.3}$$

因此有

$$\begin{aligned}&|\uparrow\rangle_1|\downarrow\rangle_2=\frac{1}{\sqrt{2}}\left(|\varphi\rangle_1+|\varphi\rangle_2\right),\quad |\downarrow\rangle_1|\uparrow\rangle_2=\frac{1}{\sqrt{2}}\left(|\varphi\rangle_2-|\varphi\rangle_1\right)\\&|\uparrow\rangle_1|\uparrow\rangle_2=\frac{1}{\sqrt{2}}\left(|\varphi\rangle_3+|\varphi\rangle_4\right),\quad |\downarrow\rangle_1|\downarrow\rangle_2=\frac{1}{\sqrt{2}}\left(|\varphi\rangle_3-|\varphi\rangle_4\right)\end{aligned} \tag{5.3.4}$$

所以有

$$\begin{aligned}|\psi\rangle_{\text{in}}\otimes|\psi\rangle_{23}&=\frac{1}{\sqrt{2}}\Big[\frac{a}{\sqrt{2}}\left(|\varphi\rangle_3+|\varphi\rangle_4\right)|\downarrow\rangle_3-\frac{a}{\sqrt{2}}\left(|\varphi\rangle_1+|\varphi\rangle_2\right)|\uparrow\rangle_3\\&\quad+\frac{b}{\sqrt{2}}\left(|\varphi\rangle_2-|\varphi\rangle_1\right)|\downarrow\rangle_3-\frac{b}{\sqrt{2}}\left(|\varphi\rangle_3-|\varphi\rangle_4\right)|\uparrow\rangle_3\Big]\\&=\frac{1}{2}|\varphi\rangle_3\left(a|\downarrow\rangle_3-b|\uparrow\rangle_3\right)+\frac{1}{2}|\varphi\rangle_4\left(a|\downarrow\rangle_3+b|\uparrow\rangle_3\right)\\&\quad+\frac{1}{2}|\varphi\rangle_1\left(-a|\uparrow\rangle_3-b|\downarrow\rangle_3\right)+\frac{1}{2}|\varphi\rangle_2\left(-a|\uparrow\rangle_3+b|\downarrow\rangle_3\right)\end{aligned} \tag{5.3.5}$$

此时，对整个系统进行贝尔基投影测量，如果测得

$$\begin{aligned}&|\varphi\rangle_3\to\frac{1}{2}\left(a|\downarrow\rangle_3-b|\uparrow\rangle_3\right)\\&|\varphi\rangle_4\to\frac{1}{2}\left(a|\downarrow\rangle_3+b|\uparrow\rangle_3\right)\end{aligned} \tag{5.3.6}$$

$$|\varphi\rangle_1 \to \frac{1}{2}\left(-a|\uparrow\rangle_3 - b|\downarrow\rangle_3\right)$$

$$|\varphi\rangle_2 \to \frac{1}{2}\left(-a|\uparrow\rangle_3 + b|\downarrow\rangle_3\right)$$

那么相比输入态 $a|\uparrow\rangle_1 + b|\downarrow\rangle_1$，此时的 3 粒子态，与 1 粒子有类似的形式. 对上面四种可能进行变换(幺正变换)

$$|\varphi\rangle_3 \to \frac{1}{2}\begin{pmatrix} a|\downarrow\rangle_3 \\ -b|\uparrow\rangle_3 \end{pmatrix} \leftarrow \begin{pmatrix} 0 & 1 \\ -1 & 0 \end{pmatrix}\begin{pmatrix} -b \\ a \end{pmatrix} \tag{5.3.7}$$

$$|\varphi\rangle_4 \to \frac{1}{2}\begin{pmatrix} a|\downarrow\rangle_3 \\ b|\uparrow\rangle_3 \end{pmatrix} \leftarrow \begin{pmatrix} 0 & 1 \\ 1 & 0 \end{pmatrix}\begin{pmatrix} b \\ a \end{pmatrix}$$

$$|\varphi\rangle_1 \to \frac{1}{2}\begin{pmatrix} -a|\uparrow\rangle_3 \\ -b|\downarrow\rangle_3 \end{pmatrix} \leftarrow \begin{pmatrix} -1 & 0 \\ 0 & -1 \end{pmatrix}\begin{pmatrix} -a \\ -b \end{pmatrix} \tag{5.3.8}$$

$$|\varphi\rangle_2 \to \frac{1}{2}\begin{pmatrix} -a|\uparrow\rangle_3 \\ b|\downarrow\rangle_3 \end{pmatrix} \leftarrow \begin{pmatrix} -1 & 0 \\ 0 & 1 \end{pmatrix}\begin{pmatrix} -a \\ b \end{pmatrix}$$

结果对 3 粒子幺正变换恢复 1 粒子的信息.

2) 连续变量量子离物传态

连续变量量子离物传态的主要过程为：①EPR 纠缠态制备；②与 EPR 纠缠态的其中一束光进行联合贝尔态测量；③测量结果用于对 EPR 的另一束进行平移变换.

在这里采用海森伯绘景，用算符代替系统信息，系统的演化也变为算符的演化. 那么，比如对相干输入态 $|\alpha\rangle$，α 的信息就是算符 $\hat{a}$ 的本征值，用 $\hat{a}$ 表示量子态，其中 $\hat{a} = \hat{X} + \mathrm{i}\hat{P}$，$\hat{X} = \sqrt{\frac{\omega}{2\hbar}}\hat{q}$，$\hat{P} = \sqrt{\frac{1}{2\hbar\omega}}\hat{p}$，所以 $\hat{a}$ 算符就能代表 $\hat{q}$、$\hat{p}$ 的全部信息也即系统的信息.

以图 5-24 的实验装置为例，设要传输的光场用 $\hat{a}_1$ 表示，EPR 对分别用 $\hat{a}_2$、$\hat{a}_3$ 表示.

(1) 制备 EPR，也即 $\hat{a}_2$ 与 $\hat{a}_3$ 之间的纠缠，例如

$$\delta^2(\hat{X}_2 + \hat{X}_3) \sim 0, \quad \delta^2(\hat{P}_2 - \hat{P}_3) \sim 0 \tag{5.3.9}$$

或

$$\delta^2(\hat{X}_2 - \hat{X}_3) \sim 0, \quad \delta^2(\hat{P}_2 + \hat{P}_3) \sim 0 \tag{5.3.10}$$

也即 $\hat{X}_2 = -\hat{X}_3 + a,\ \hat{P}_2 = \hat{P}_3 + b$，或 $\hat{X}_2 = \hat{X}_3 + a,\ \hat{P}_2 = -\hat{P}_3 + b$.

可以设 $a = 0,\ b = 0$.

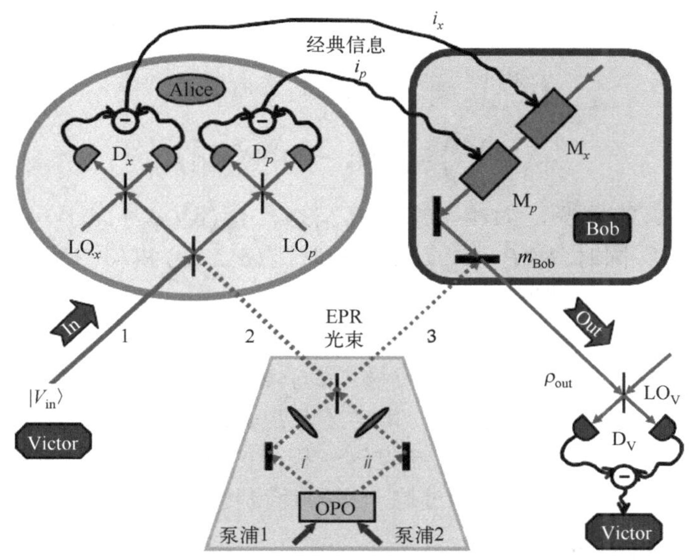

图 5-24　连续变量量子离物传态的实验装置[65]

Alice 端的输入态 $|V_{\text{in}}\rangle$ 由经典通道 (i_x, i_p) 和量子通道 EPR(2, 3) 传递到 Bob 端.

D$_x$、D$_p$：平衡零拍探测器；M$_x$、M$_p$：振幅/相位调制器；m_{Bob}：用于平移的分束器

(2) 对 1、2 粒子进行联合测量.

将 $\hat{a}_1$、$\hat{a}_2$ 在分束器上耦合，对分束器的输出场分别进行正交相位、振幅分量测量，一般采用平衡零拍测量，所以分束器的输出为

$$\hat{d}_1 = \frac{1}{\sqrt{2}}(\hat{a}_1 + \hat{a}_2) = \hat{X}_{d1} + \mathrm{i}\hat{P}_{d1} \tag{5.3.11}$$

$$\hat{d}_2 = \frac{1}{\sqrt{2}}(\hat{a}_1 - \hat{a}_2) = \hat{X}_{d2} + \mathrm{i}\hat{P}_{d2} \tag{5.3.12}$$

测量 $\hat{d}_1$ 的 $\hat{X}$ 分量和 $\hat{d}_2$ 的 $\hat{P}$ 分量，有

$$\hat{X}_{d1} = \mathrm{Re}\hat{d}_1 = \frac{1}{\sqrt{2}}(\hat{X}_1 + \hat{X}_2) \tag{5.3.13}$$

$$\hat{P}_{d2} = \mathrm{Im}\hat{d}_2 = \frac{1}{\sqrt{2}}(\hat{P}_1 - \hat{P}_2) \tag{5.3.14}$$

利用对 1、2 粒子联合测量的结果 $\hat{X}_{d1}$ 和 $\hat{P}_{d2}$，对 3 粒子平移，并利用 EPR 纠缠特性，可得

$$\begin{aligned}\hat{a}_3^{\text{out}} &= \hat{X}_3^{\text{out}} + \mathrm{i}\hat{P}_3^{\text{out}} = \hat{X}_3 + \mathrm{i}\hat{P}_3 + \sqrt{2}\hat{X}_{d1} + \mathrm{i}\sqrt{2}\hat{P}_{d2} \\ &= \hat{X}_3 + (\hat{X}_1 + \hat{X}_2) + \mathrm{i}(\hat{P}_3 + \hat{P}_1 - \hat{P}_2) \\ &= (\hat{X}_3 + \hat{X}_2) + \hat{X}_1 + \mathrm{i}\hat{P}_1 + \mathrm{i}(\hat{P}_3 - \hat{P}_2) \\ &= \hat{X}_1 + \mathrm{i}\hat{P}_1 = \hat{a}_1\end{aligned} \tag{5.3.15}$$

普适情况(不考虑纠缠)下，对平移后的分量测噪声，同时测定的 $\hat{X}_3$ 和 $\hat{P}_3$ 的起伏

$$\left\langle \delta^2 \hat{X}_3^{\text{out}} \right\rangle = \left\langle \delta^2 (\hat{X}_3 + \hat{X}_2) \right\rangle + \left\langle \delta^2 \hat{X}_1 \right\rangle \tag{5.3.16}$$

$$\left\langle \delta^2 \hat{P}_3^{\text{out}} \right\rangle = \left\langle \delta^2 (\hat{P}_3 - \hat{P}_2) \right\rangle + \left\langle \delta^2 \hat{P}_1 \right\rangle \tag{5.3.17}$$

对不是 EPR 的情况，如相干态或真空态，有 $\left\langle \delta^2 (\hat{X}_3 + \hat{X}_2) \right\rangle = 2$. EPR 情况有 $\left\langle \delta^2 (\hat{X}_3 + \hat{X}_2) \right\rangle < 2$，同时 $\left\langle \delta^2 (\hat{P}_3 - \hat{P}_2) \right\rangle < 2$，同时测 $\left\langle \delta^2 \hat{X}_3^{\text{out}} \right\rangle$ 和 $\left\langle \delta^2 \hat{P}_3^{\text{out}} \right\rangle$，要使噪声低于将 EPR 光束挡掉以后的情况.

在理想纠缠情况下，输出态完全等于输入态. 然而在实验中由于纠缠度的限制，采用保真度来衡量量子离物传态的质量. 量子离物传态的保真度描述的是输出态 $\hat{\rho}_{\text{out}}$ 和输入态 $|\psi_{\text{in}}\rangle$ 之间的相似程度，其定义为 $F = \langle \psi_{\text{in}} | \hat{\rho}_{\text{out}} | \psi_{\text{in}} \rangle$.

保真度的经典极限为 $F = 1/2$，超过这一极限的则为量子离物传态. 量子离物传态的不可克隆极限为 $F = 2/3$，超过这一极限使得传送量子态的非经典性成为可能.

2. *扩展形式及应用*

量子离物传态从最初的类型又扩展出几种不同的类型，如纠缠交换和量子中继器、量子离物传态网络、量子计算以及基于端口的离物传态等. 这些不同类型本质上都是基于离物传态的架构延伸而来，但又瞄准了不同的应用场景.

纠缠交换是较早从离物传态扩展的技术，前文所述，被传送的输入态为相干态或单光子态，同样输入态也可以为纠缠态的一臂，这样通过同样的过程，可以实现远程的两个节点的纠缠，此协议称为纠缠交换. 如图 5-25 所示[66]，初始产生了 A 与 B 之间以及 C 于 D 之间的纠缠，将 B 输入到以 C、D 纠缠态作为辅助态的离物传态系统中，实现 B 到 D 端的量子隐形传态，从而完成了 A 和 D 端的纠缠建立.

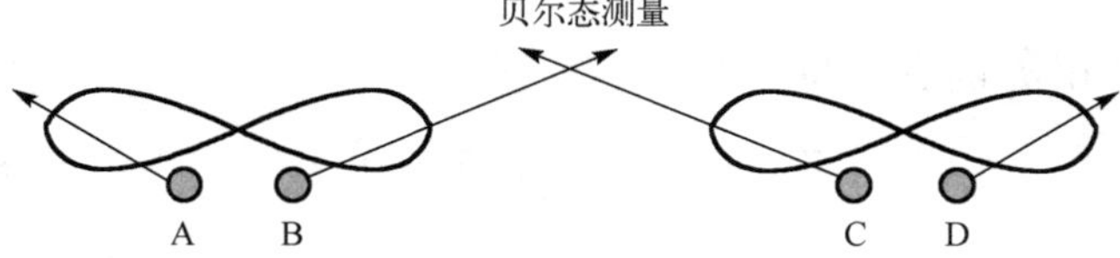

图 5-25 量子纠缠交换协议[66]

通过纠缠交换和蒸馏协议，可以构建量子中继，克服量子态由于通道损耗的指数衰减问题，实现量子纠缠的长距离分发，从而扩展量子通信距离，构建长距离的量子网络. 如图 5-26 所示，Alice 和 Bob 之间划分为 3 个节点，首先建立邻近节点的纠缠；其次通过纠缠蒸馏协议，纯化节点间纠缠，提高纠缠度；然后通过纠缠交换，实现 Alice 和节点 2 以及节点 2 与 Bob 间纠缠；重复此过程，最后实现 Alice 与 Bob 间纠缠.

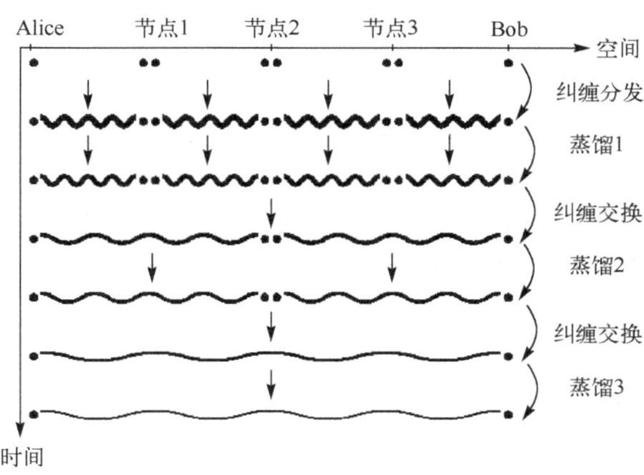

图 5-26　量子中继协议[67]

一般的两组分纠缠建立了两个参与者之间的离物传态通道，扩展到多组分纠缠则可以实现任意两个参与者之间进行离物传态，从而构造量子离物传态网络. 例如，利用 GHZ 纠缠态构建的量子网络，Alice 和 Bob 可以实现量子秘密共享，即有且只有在第三方 Charlie 的帮助下 Alice 的信息才可以被 Bob 复制. 该方案的另一个版本是量子远程克隆，即 Alice 同时传递量子信息给 Bob 和 Charlie，这已经被实验证实.

量子离物传态可扩展到量子计算中，实现量子门操作. 其基本思想是幺正态操作，通过制备辅助纠缠态、进行本地测量和单比特操作来实现. 这是线性光学量子计算的核心，且在容错量子计算中起着重要作用，是单向量子计算以及其他基于测量的量子计算的核心内容，利用同时的量子操作，在一个节点的适当测量把量子态传递到另一个节点，为量子计算和量子网络提供了关键资源.

3. 实验进展与挑战

量子离物传态最初利用了光场的纠缠态实现，后来又扩展到多种系统，如核磁共振、光学模式、原子系综、囚禁原子、固态系统甚至到最近实现的光机系统. 结合分离变量(如光子比特)和连续变量(如光学模式)的混合型离物传态利用了各自的优点，在实验方面有了快速进展. 此外，城域、跨城域甚至基于卫星的远距离离物传态在近 10 年来发展迅速，实现了数百公里的离物传态. 原则上来说，实现量子离物传态需要满足如下条件[64]：

(1) 输入态是任意的；

(2) 需要第三方 Victor 提供输入态给 Alice，并独立验证 Bob 的输出态；

(3) Alice 要完成所有的贝尔态测量，以区分整个纠缠态基矢；

(4) Bob 在 Victor 验证之前进行条件幺正变换；

(5) 保真度超过经典阈值.

在实际的实验中，上述条件并不是总能满足. 尤其是，条件(3)若不满足，即只能进行部分的贝尔态测量，则导致概率性的离物传态，条件(3)若能满足，则称为确定性的离物传态. 另外，条件(4)要求将贝尔态探测的结果通过主动前馈实时传送给 Bob 和进行条件幺正变换. 若是被动实验，则可能不进行前馈或者通过后处理方式模拟前馈. 对于最完整的量子离物传态实验，必须是确定性和主动的. 下面介绍几类量子离物传态的实验方案.

1) 光子比特

最早的量子离物传态实验就是基于光子的偏振比特，随着实验技术的不断发展，光子比特离物传态发展迅速，部分原因可能归功于光子比特的确定性纠缠特性，使得传输信道损耗随传输距离不断增加的情况下，通过后选择等方法仍可实现较高的保真度. 然而，它也有一些问题，如贝尔探测效率一般限制在 50%. 下面介绍相关进展.

首先，对于长距离传输，光子比特是长距离量子通信的良好载体，一般长距离通信可以通过自由空间或光纤来实现，随着传输距离增加，光能量指数级衰减. 一般标准单模光纤的传输损耗大约为 0.2 dB/km，比自由空间传输损耗大，但是在城市内的近距离传输比自由空间方便，因此在城域量子信息传输中光纤通道具有明显优势，光纤中已经实现了超过一百公里的量子离物传态. 相比光纤，自由空间通道具有更低的光子吸收率和更弱的双折射效应，因此具有较低单位距离损耗. 接近或超过 100 km 的地面上自由空间量子离物传态在 2012 年实现. 随着中国"墨子号"量子卫星的发射，在低轨卫星与地面相距 1400 km 的距离实现了自由空间的量子离物传态，如图 5-27 所示[68]. 基于卫星的长距离量子离物传态对于构建地球量子信息网络具有重要意义.

其次，对于贝尔探测效率，如前所述量子离物传态的条件(3)中规定了 Alice 要实现完全的贝尔态测量，如对于两比特信息，要实现四个贝尔态基矢测量，而一般的贝尔态测量只能区分两个贝尔基矢，即贝尔效率为 50%. 为了实现更高效率的贝尔态测量，有人提出了利用线性光学和 n 个辅助量子比特的方法，理论上当 n 趋向于无穷时，贝尔效率接近于 100%，代价是大幅增加量子资源，使实用性大打折扣. 目前提高贝尔效率是一个活跃的研究方向.

此外，光子比特还有其他特点. 光子比特可以借助空间模式组成单轨、双轨量子比特的多维度信息编码，以及通过时间分割形成时间堆栈式量子比特. 光子比特的量子离物传态在光子芯片里也得以实现，但是贝尔效率降到了 1/27，而且实现光子芯片上的主动反馈仍是一个问题.

2) 光学模式

贝尔探测效率问题在光学模式的量子离物传态得到了有效解决，利用分束器和

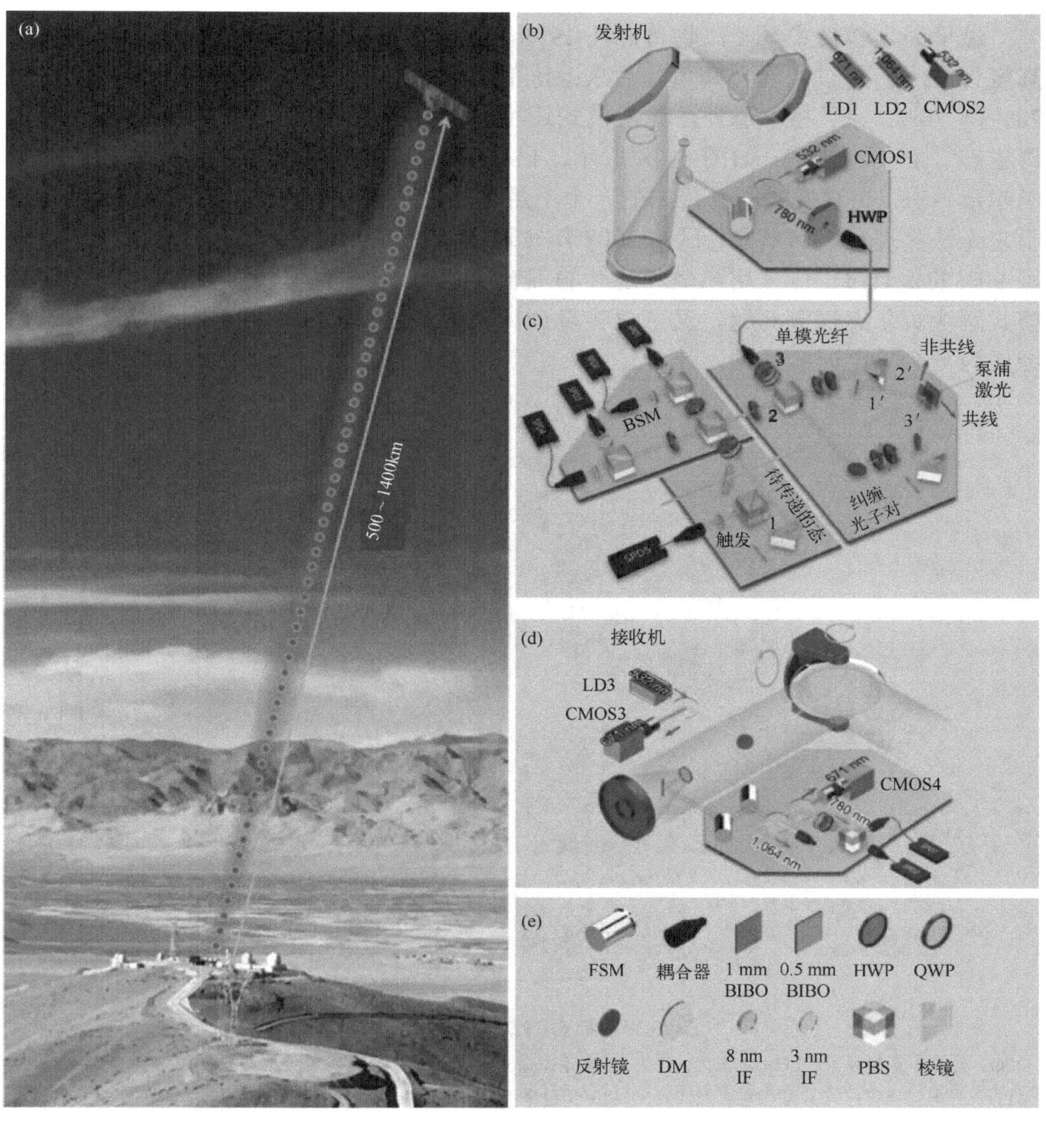

图 5-27 中国“墨子号”量子卫星 2017 年完成了长达 1400 km 的光子比特远距离量子离物传态[68]

BIBO：BIBO 非线性晶体，用于产生纠缠态；BSM: 贝尔态测量；SPD: 单光子探测器；PBS：偏振分束器；HWP：半波片；QWP：1/4 波片；DM：双色镜；CMOS：相机；IF：干涉滤波片；LD：激光二极管；FSM：快速调节反射镜

平衡零拍探测，理论上其探测效率可以接近 100%. 而且，光学模式的实时前馈很容易通过电光调制器实现. 这使得前述的量子离物传态的 5 个条件都能得到满足.

最早的光学模式量子离物传态在 1998 年实现，完成了相干态的确定性传输，保真度为 58%，超过了经典阈值，后来改进的实验超过了不可克隆阈值，保真度达到 70%和 76%. 除了相干态外，光学模式还可以传递其他的量子态，如压缩态、薛定谔猫态[69]和纠缠态等. 如图 5-28 所示，日本 Furusawa 小组实现了薛定谔猫态的量子隐形传态. 光学模式离物传态的一个不足之处是它的保真度达不到 100%，这是由于它无法实现最大纠缠态. 日本 2008 年实现了 83%的保真度，近年，山西大学实现了 90%的保真度[70]. 采用离散和连续的混合形式可以提高保真度，既可以通过连续模式解决贝尔态探测问题，又可以实现分离变量的高保真度，混合型的量子信息已经成为一个重要研究方向.

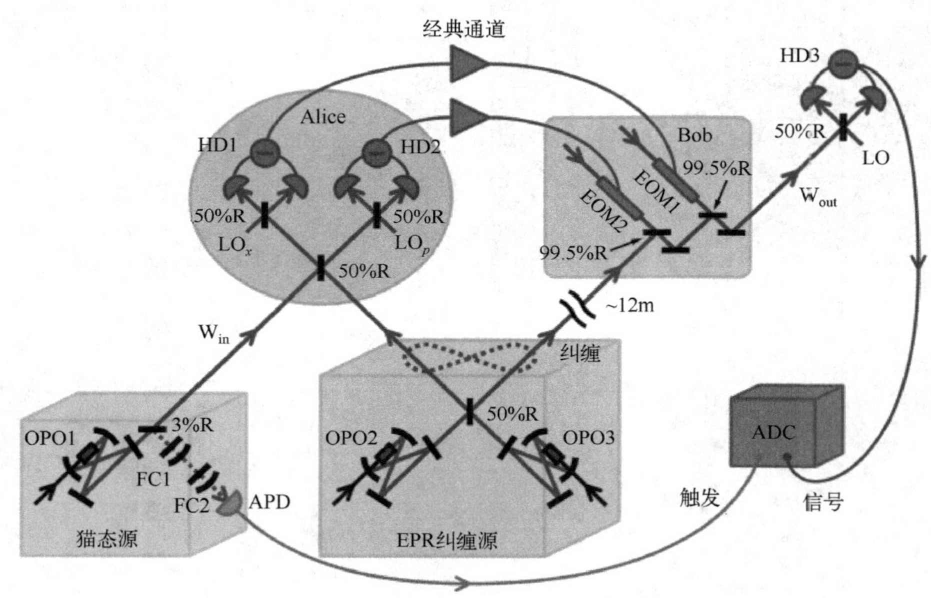

图 5-28 猫态的量子离物传态[69]

OPO：光学参量振荡器；LO：本振光；HD：平衡零拍探测器；EOM：电光调制器；W_{in}/W_{out}：输入态/输出态；APD：光电倍增管；FC：滤波腔；3%R：3%功率反射率的分束镜，其他反射率镜表示类同；ADC：模数转换器

光学模式的纠缠态相比光子比特对损耗更敏感脆弱，导致它至今还限制在中等距离的量子离物传态，但是它在高宽带和高速率方面具有明显的优势，在城域光纤量子网络方面具有潜在价值，山西大学分别于 2018 年和 2022 年，在 6km 的光纤中实现了保真度为 0.62(图 5-29)[71]和在 10km 光纤保真度为 0.51 的连续变量量子离物传态[72].

3) 其他系统

除光子比特和光学模式外，还有许多系统可以实现量子离物传态. 早在 1998 年，

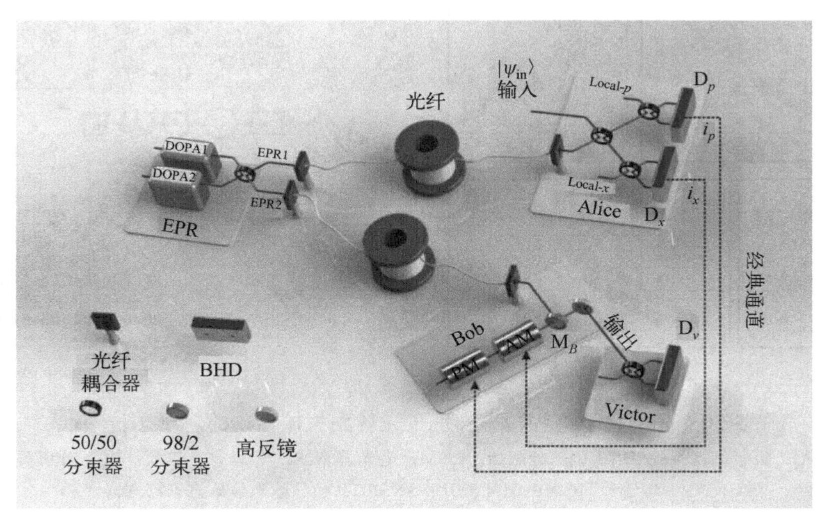

图 5-29　连续变量量子离物传态在光纤中实现[71]

DOPA：简并光学参量放大器；BHD：平衡零拍探测器；$D_x/D_p/D_v$：测量正交振幅/正交相位/任意角度正交分量的平衡零拍探测器；PM/AM：相位/振幅调制器；M_B：用于平移的分束器

美国的 Nielsen 等就采用核磁共振实现了量子离物传态，然而由于传输距离局限于原子间尺度，不能长距离传输，限制了后续的发展. 量子离物传态并不局限于两个同类系统之间，不同系统间如果满足前述条件，也可以实现离物传态. 例如 2006 年，丹麦在光的正交分量与原子系综的集体原子自旋(连续变量)之间建立纠缠，并实现了保真度为 0.6 的量子离物传态，后来又扩展到两个原子系综之间的离物传态. 基于离散变量的光与冷原子系综以及冷原子系综之间的量子离物传态也已实现，相比连续变量，提高了保真度和传输距离，然而是被动的，并降低了贝尔探测效率. 原子系综具有亚秒级相干时间和毫秒级存储时间，可能实现很好的量子存储器. 此外，在两个间隔 1 m 的俘获离子之间以及两个光纤连接、间隔 21 m 的光学腔俘获中性原子之间也分别实现了量子离物传态. 另外，在固态系统之间，如量子点、NV 色心等，也实现了量子离物传态.

近几年，实验上的量子离物传态还扩展到了微波频段和宏观物体. 2021 年，德国、芬兰和日本合作，通过约瑟夫森参量放大产生微波双模压缩和纠缠，实现了无条件的相干微波态的量子离物传态，为微波量子通信开启了新篇章[74]. 同年，荷兰、巴西和中国科研人员合作，实现了光场偏振态到光机振子的量子离物传态[73]，如图 5-30 所示. 光机振子具有很长的机械寿命，在量子网络中可以扮演具有量子存储功能的量子中继器节点.

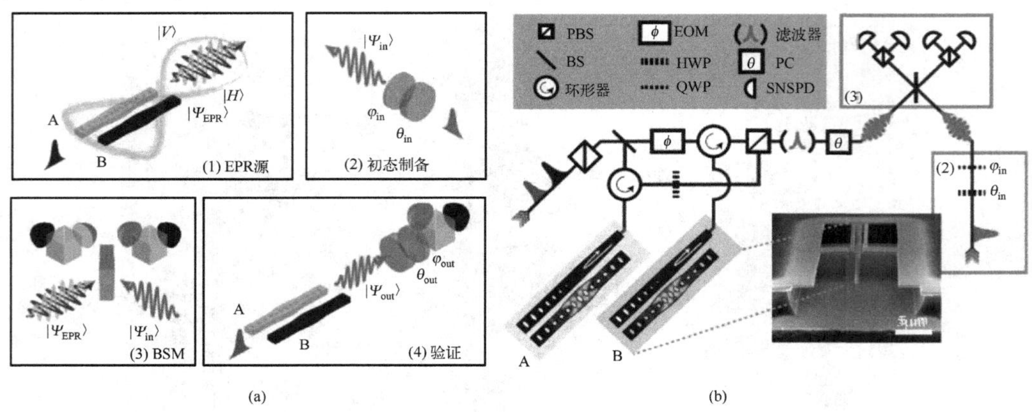

图 5-30 光机量子离物传态实现了光场到机械运动的量子态传递[73]

BSM：贝尔态测量；PBS：偏振分束器；EOM：电光调制器；PC：普克尔盒；BS：分束器；HWP：半波片；QWP：1/4 波片；SNSPD：超导纳米线单光子探测器

5.3.2 量子密码

量子密码学是最近三十几年发展起来的交叉学科，是量子力学、经典信息以及计算机科学相结合的产物. 与经典密码学对应，量子密码的安全性由量子力学的基本原理所保证，并不依赖于密码本身的数学复杂性. 量子密码包括量子密钥分发(QKD)、量子密集编码(QDC)和量子秘密共享(QSS)等方案.

1. 量子密钥分发

保密通信的一般过程是，信息的发送者(设为 Alice)利用密钥对要传递的信息(明文)进行加密(成为密文)，通过信道传递给信息的接收者(设为 Bob)，Bob 利用与 Alice 同样的密钥对密文进行解密，获得所传递的信息. 但问题是：Alice 怎样将密钥安全地传递给 Bob. 传递密钥的问题称为密钥分发，是保密通信中的一个核心问题. 传统密钥分发的安全性基于一些数学上难解(而非原则上不可解)的问题(如大数分解)，例如，目前广泛使用的公钥密码 RSA 就是建立在大素数难以分解的基础上. 但随着将来量子计算机的出现，这些数学上难解的问题将不再难解，从而传统密钥分发不再安全. 幸运的是，基于量子力学基本原理——测不准原理和不可克隆定律的 QKD 协议的提出解决了安全性问题. 在实验研究方面，利用光纤或者自由空间作为量子信道，已经实现数百公里的 QKD. 基于外场环境的量子保密通信演示验证网络相继搭建；中国的量子科学实验卫星“墨子号”成功发射并完成了 1200 km 的卫星地面 QKD 实验[75].

QKD 过程一般有三个步骤：①量子态制备、分发和测量；②数据筛选和参数估计；③后处理. 目前研究人员已经提出多种 QKD 协议，大致可以归为三类：离散变量编码、连续变量编码、分布式相位参考编码. 离散变量 QKD 编码信息的物理量是有限维的，如单光子的偏振等，具有后处理过程简单、传输距离远等优点，但一般需要单光子探测，量子效率较低，探测装置复杂. 连续变量编码到具有无限的希尔伯特空间维度即量子态的正交分量上，采用平衡零拍或差拍探测，装置简单，探测效率高，与现有光通信的标准技术和器件具有较好的兼容性，但后处理过程复杂，传输距离短. 另外，平衡零拍探测的本振光可以过滤信号光场背景噪声，有利于与经典光通信信号的密集波分复用，而且连续变量 QKD 利用多光子量子态作为编码信息的载体，具有高安全密钥率的优点，特别适合城域量子保密通信.

相比离散变量 QKD，连续变量 QKD 发展还不够成熟，目前的传输距离在百公里量级. 近几年参与的研究单位逐步增多，呈现加速发展态势. 国际上，法国、英国、德国、澳大利亚、加拿大和日本等国均有从事连续变量 QKD 研究；在国内，包括山西大学在内的多家科研单位均开展了连续变量 QKD 的理论与关键技术研究，如上海交通大学、北京大学、北京邮电大学、国防科技大学等，与国际上该领域的研究基本保持同步.

1) 连续变量 QKD 基本原理

连续变量 QKD 也分为相干态、压缩态、纠缠态以及测量设备无关类等不同的协议，下面以高斯调制相干态为例，介绍其基本原理.

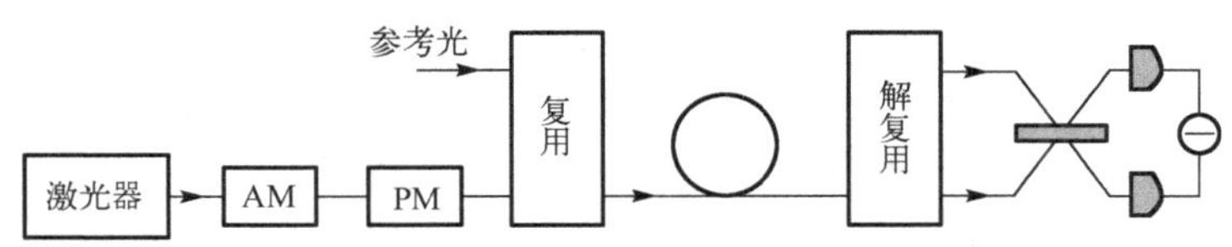

图 5-31　连续变量量子密钥分发原理装置

2002 年，法国研究人员 Grosshans 和 Grangier 首次提出了高斯调制相干态协议，简称为 GG02 协议，主要包括以下四个步骤[76].

(1) 量子态的制备、分发和测量.

密钥发送方 Alice 对相干态光场进行随机的正交振幅和正交相位进行调制，制备出一系列微弱相干态光场，在相空间呈二维高斯分布制备的量子态通过量子通道(被窃听者 Eve 控制) 发送给接收方 Bob，Bob 接收到量子态后随机选择正交分量进行测量(平衡零拍测量)，或者同时测量两个分量(差拍测量).

(2) 数据筛选与参数估计.

若 Bob 采用平衡零拍测量，则他需要通过经典认证信道告知 Alice 每次测得的正交分量结果，双方只保留制备基和测量基一致的数据，该过程称为数据筛选；如果 Bob 采用的是差拍测量，无需数据筛选. 经过数据筛选，通信双方各自拥有一组相互关联的高斯变量(通常称为裸码). 此时，双方随机公开裸码中的一部分数据来估计量子通道的参数(通道透射率和额外噪声)，结合系统的其他已校准参数(调制方差、探测效率以及探测器的暗噪声)，就可以计算出安全密钥率，如果密钥率为 0，则本次通信失败，重新上一步开始新一轮密钥分发.

(3) 数据协调(数据纠错).

即使密钥分发过程中没有窃听者存在，并且量子态的制备也是完美的，由于相子态的量子起伏噪声以及探测器的暗噪声等，Alice 和 Bob 之间的裸码也不可能完全一致. 通信双方为了共享完全一致的二进制比特序列，需要利用经典纠错算法(如低密度奇偶校验码)对双方关联的裸码进行纠错. 为此，Bob 将自己的数据所生成的校验子经由经典信道发送给 Alice(逆向协调)，利用该校验子信息，Alice 就可以对自己的数据进行纠错以使其与 Bob 的数据完全一致.

(4) 私密放大.

Alice 和 Bob 利用私密放大操作来消除 Eve 所有可能窃听到的信息，从而提取出共享的安全密钥. 私密放大的实现可以通过将通用类哈希(Hash)函数作用于双方的数据，即双方将各自的二进制数据序列与随机托普利茨矩阵(Toeplitz matrix)相乘来实现.

2) 连续变量 QKD 研究进展

相比离散变量 QKD，连续变量 QKD 协议提出时间较晚，1999 年，澳大利亚 Ralph 等提出了连续变量 QKD 分发协议的设想[77]，之后出现了多种压缩态或纠缠态的协议. 2002 年法国 Grosshans 和 Grangier 提出了相干态协议[76]. 2004 年，Weedbrook 等提出无切换基协议，采用差拍探测，可以同时使用量子态的两个正交分量获取密钥[78]. 2009 年，法国 Leverrier 提出离散调制相干态协议，简化了调制方案，在低信噪比下也能完成数据协调，增大了传输距离[79]. 2015 年，Usenko 和 Grosshans 提出了一维协议，有效降低了实验复杂度. 此外，测量设备无关协议也扩展到连续变量 QKD[80].

实验上在几个不同的方面，进展如下. ①传输距离和密钥率方面，2007 年，法国 Lodewyck 等实现了高斯调制相干态 QKD，传输距离 25 km，密钥率 2.2 kb/s；2013 年，法国 Jouguet 等将传输距离提高到 80 km；2020 年，日本 NICT 采用波分复用在 25 km 的单模光纤中实现了 172.6 Mbit/s. 国内，上海交通大学 2015 年采用稀疏波分复用传输 25 km，密钥率 1 Mbps，2016 年，他们又延长至 100 km，密钥率 400 bps；2018 年，山西大学实现了 50 km 的纠缠态密钥分发，密钥率 0.03 bit 每脉冲；2020 年，北京邮电大学采用超低损耗光纤，传输距离达到 202.81 km，信道损耗 32.45 dB. ②安全性方面，采用设备无关协议，英国约克大学 2015 年实现了高码率 QKD，2018 年，上海交通大学使用本地本振光技术，有效消除了本振光的相位波动引起的信息泄露. 2022 年，山西大学提出了实现远距离独立量子态连续变量贝尔态测量的可靠方法，研制了高量子效率的时域平衡零拍探测器，结合低损耗的自由空间光学元件，首次演示了基于长距离光纤信道的高成码率连续变量测量设备无关 QKD[81]，如图 5-32 所示. ③系统优化方面，小型化、集成化和实用化等要求，决定了最终的应用价值. 2015 年，法国巴黎高科电信学院在实验上验证了密集波分复用网络(DWDM)中实现 CV-QKD 的可行性. 2017 年，山西大学验证了一维协议，有效简化了实验系统. 2019 年，新加坡南洋理工大学将 QKD 系统集成到光子芯片上，验证了 100 km 光纤信道下密钥率可达 0.14 kbps. ④现场测试方面，直接接入到现有商用网络是实际应用的进一步验证，奥地利、法国以及中国的上海交通大学、北京邮电大学和山西大学都进行了初步的测试. ⑤扩展到自由空间或卫星通道方面，2014 年 Heim 等在自由空间完成了基本测试. 2019 年，Hosseinidehaj 等对使用卫星来实现 CV-QKD 进行了论述. 上述实验进展表明，连续变量 QKD 在十多年来受到越来越多的关注并实现了一些突破性进展.

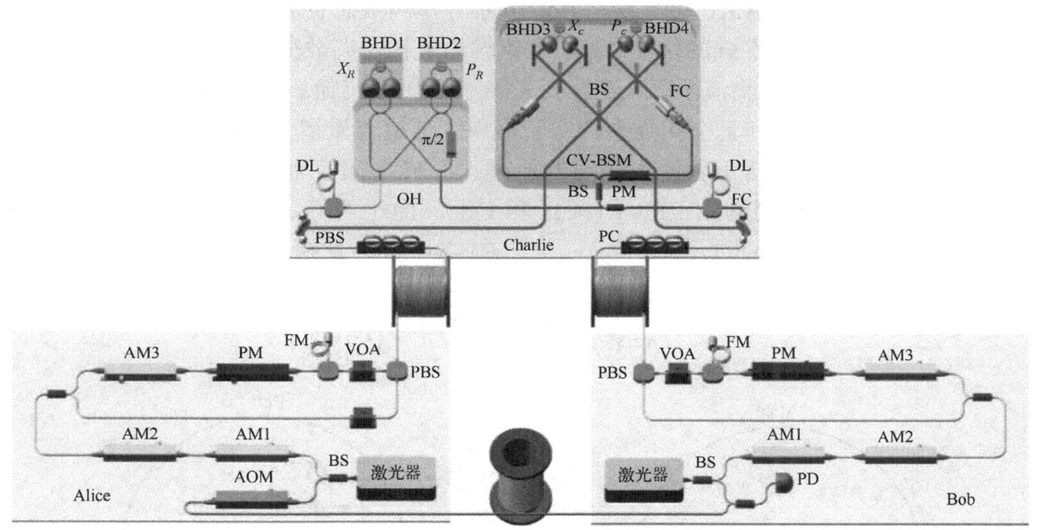

图 5-32 测量设备无关的光纤通道连续变量量子密钥分发[81]

BS：分束器；AM/PM：振幅/相位调制器；AOM：声光调制器；FM：法拉第旋转镜；VOA：可变光学衰减器；PBS：偏振分束器；PD：光电探测器；PC：偏振控制器；FC：光纤准直器；DL：延迟线；OH：光混频器；CV-BSM：连续变量贝尔态测量

连续变量 QKD 目前主要采用了相干态协议，并集中在原理性演示，分发距离和密钥速率还有待提升. 相干态是介于经典态与非经典态之间的量子态，基于测不准原理和不可克隆定理，其安全性得到了一定的保证. 若采用压缩态或者纠缠态代替相干态，以及采用线性无噪声放大器以及非高斯后选择，都可以有效提高系统对噪声的容忍度，扩展安全分发距离和提高密钥速率. 由于连续变量 QKD 可以兼容目前的光纤通信网络，与已有网络共同光纤，分别实现经典和量子光通信，可以大大节约成本. 集成化、小型化的片上系统也是未来连续变量 QKD 的重要发展方向. 另外，基于自由空间或卫星的远程通信，将建设全球的量子网络，实现长距离安全通信，也是不可忽视的趋势.

2. 量子密集编码

1) QDC 基本原理

QDC 源于使用量子资源来提高通信能力的想法，现在作为各种量子信息协议的关键部分. 在语言出现之前，人类就以各种方式尝试相互交流信息和思想. 通过大量的信息载体，将信号从一个站点传送到另一个站点，提高通信效率，用更少载体传递更多信息，是在有限通道资源下增加通信能力的一个方法. 在量子资源的帮助下，这样的任务是可能的. 事实上，量子密集编码可以看作是一种协议，它展示了量子纠缠资源的优势. 如果发送端 Alice 和接收端 Bob 分别分享纠缠态资源，通信信道容量不仅可以被增强，还具有保密性强的优点. 量子密集编码最初在离散变量背景下提出，并使用偏振纠缠光子进行了实验演示[82]. 连续变量量子密集编码随后基于双模压缩态纠缠提出. 使用明亮纠缠光束和真空纠缠态的实验展现了信道容量增强和抗非法窃听的能力.

图 5-33 演示了连续变量密集编码的原理，经典振幅信号 X_S 和相位信号 P_S 分别由振幅和相位调制器调制到 EPR 纠缠光束 1 上，由于纠缠 EPR 光束在正交振幅和相位分量上有很大的噪声 $\langle\Delta^2\hat{X}_1\rangle\to\infty$，$\langle\Delta^2\hat{P}_1\rangle\to\infty$，因此探测可得的信噪比为

$$\mathrm{SNR}_X=\frac{\langle\Delta^2\tilde{X}_1\rangle}{\langle\Delta^2\hat{X}_1\rangle}\to 0,\quad \mathrm{SNR}_Y=\frac{\langle\Delta^2\tilde{P}_1\rangle}{\langle\Delta^2\hat{P}_1\rangle}\to 0 \tag{5.3.18}$$

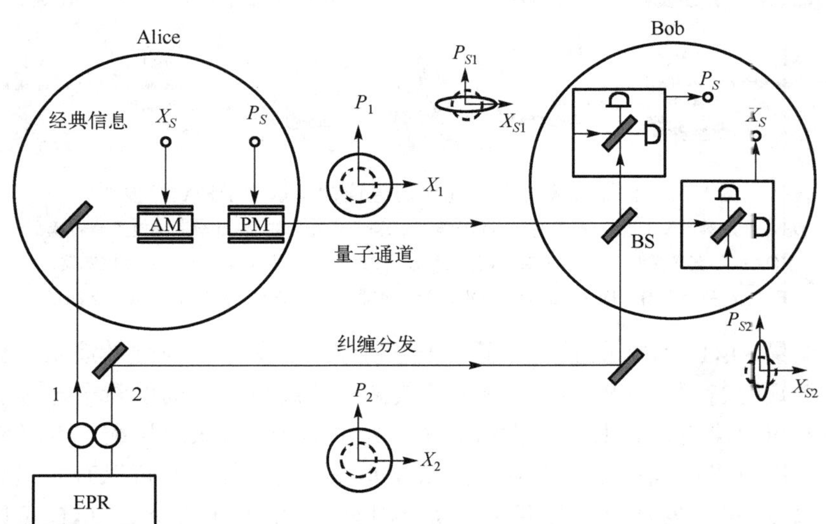

图 5-33 连续变量密集编码原理

在理想条件下，除 Bob 外的第三方无法从带有信号的 EPR 纠缠光束中获得任何信息. 因此量子密集编码具有保密性强的特点，可防止窃听者进行窃听. Alice 将带有信号的 EPR 纠缠光束传送给 Bob，结合另一束 EPR 纠缠光束，Bob 在平衡零拍探测系统中测量光束的正交振幅和正交相位信息. 在理想条件下，EPR 纠缠光束有 $\langle\Delta^2(\hat{X}_1-\hat{X}_2)\rangle\to 0$，$\langle\Delta^2(\hat{P}_1-\hat{P}_2)\rangle\to 0$，因此 Bob 探测得到的信噪比

$$\mathrm{SNR}_X=\frac{\langle\Delta^2\hat{X}_S\rangle}{\langle\Delta^2(\hat{X}_1-\hat{X}_2)\rangle}\to\infty,\quad \mathrm{SNR}_Y=\frac{\langle\Delta^2\hat{P}_S\rangle}{\langle\Delta^2(\hat{P}_1-\hat{P}_2)\rangle}\to\infty \tag{5.3.19}$$

Bob 获得了振幅和相位同时低于量子噪声极限的经典信号.

通信方案的信道容量通常使用香农(Shannon)信道容量表示

$$C=\frac{1}{2}\log_2\left(1+\frac{S}{N}\right) \tag{5.3.20}$$

其中 N 为信道噪声，S 为信号功率. 对于单模密集编码方案，在通信通道光子数 m 一定的条件下，存在最优的 EPR 纠缠使得光束的正交分量噪声 $V_{ne}=1/(1+2m)$，可以实现最佳的信道容量

$$C_{sd}^{\mathrm{opt}}=\frac{1}{2}\log_2\left(1+\frac{V_s}{2V_{ne}}\right)+\frac{1}{2}\log_2\left(1+\frac{V_s}{2V_{ne}}\right)=\log_2(1+m+m^2) \tag{5.3.21}$$

其中 $V_s/2$ 为探测系统测量正交振幅或相位得到的信号功率. 这是使用单模通信量子密集编码方案达到的最优信道容量，它显著优于经典光通信的最大信道容量.

2) QDC 最新进展

通信信道容量的进一步扩展可以通过使用多模纠缠光束的方式实现. 目前已经有学者研究了基于几个物理属性的高维纠缠实验制备，例如空间模式、频率或波长、时间. 并且多模信息技术也被广泛研究，如光纤和自由空间扰动通道的多模传输、高效的模式分离等. 在多模纠缠的推动下，通道复用的连续变量量子通信已经被实现.

2020 年，山西大学报道了一种频率梳式控制方案，首次实验证明了利用单压缩场的四对 EPR 纠缠边带模式的实用的通道复用量子密集编码[83]. 如图 5-34 所示，四个量子通道位于 OPO 的不同共振区，频率间隔较大，完全避免了串扰效应. 由于使用具有高纠缠度的 4 路频率边带模式复用，其取得的信道容量超过了所报道的所有经典和量子通信.

2021 年，华东师范大学聚焦于另一个重要的物理量——轨道角动量，基于四波混频过程，该小组在实验上演示了轨道角动量模式复用的量子密集编码方案，将经典信息同时编码在 $\mathrm{LG}_{+l}+\mathrm{LG}_{-l}$ 的叠加模式上，实验结果表明该方案显著增强了通道信道容量[84].

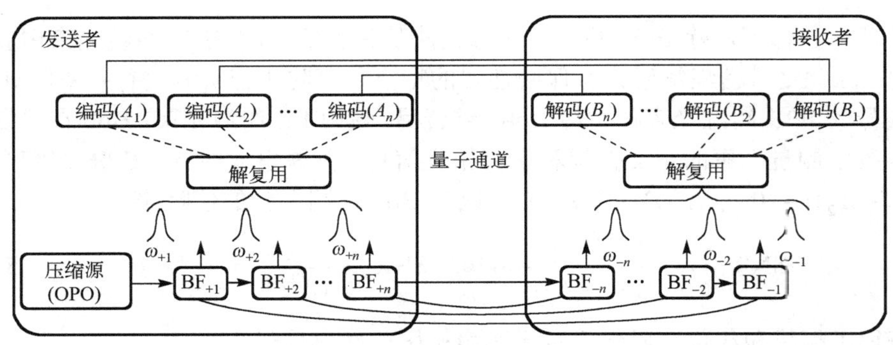

图 5-34 频分复用量子密集编码方案[83]

OPO：光学参量振荡器；BF：带通滤波器

此外还可以结合频率和轨道角动量两个自由度来提高纠缠的维度，进一步增加信道容量. 2022 年，山西大学将实验制备的连续变量三自由度高维纠缠态光场用于量子密集编码的研究[85]，如图 5-35 所示. 对于空间-频率复用的密集编码(MQDC)方案，信息同时编码在 6 个模式（$HG_{10}^{\omega-\Omega}$、HG_{10}^{ω}、$HG_{10}^{\omega+\Omega}$、$HG_{01}^{\omega-\Omega}$、HG_{01}^{ω}、$HG_{01}^{\omega+\Omega}$）上. 传统 QDC 方案的信道容量低于单模信道容量霍列沃(Holevo)界限，可以通过信道复用和优化纠缠度提高信道容量，模分复用方案和单模最优纠缠方案分别超越霍列沃界限. 增加通信模式的可用自由度，空间-频率复用方案可进一步增强信道容量.

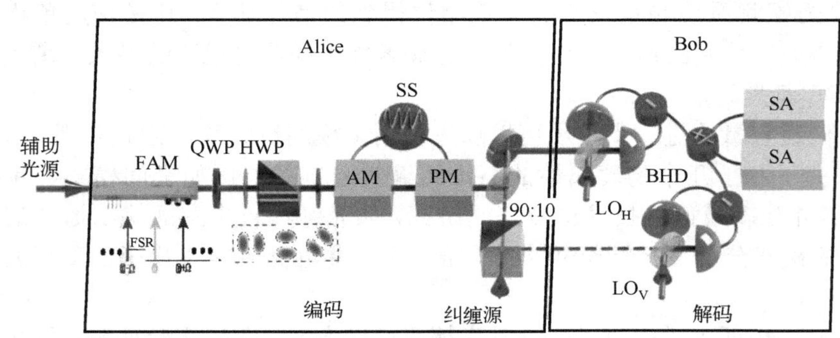

图 5-35 三自由度通道复用的密集编码[85]

FAM：光纤振幅调制器；QWP：1/4 波片；HWP：半波片；FSR：自由光谱区；
AM/PM：振幅/相位调制器；SS：信号源；LO：本振光；BHD：平衡零拍探测器；SA：频谱仪

3. 量子秘密共享

秘密共享是一种加密和共享信息的协议，利用它可以实现几个认证用户间忠实重现秘密信息，而其他未授权方无法得到任何秘密的信息，对于信息的保密和共享有重要意义. 其中，最简单的是三个用户间两个用户共享秘密信息. 为了防止三个用户中的某一个用户独立窃取信息，可将信息分成三部分，分别发送给三个参与者，他们至少要有两个参与者合作时才能得到共享信息. 1979 年，Shamir 和 Blakley 提出了经典秘密共享协议，后来秘密共享在量子机制中的扩展已经在理论上被证明. 在分离变量领域，利用四光子、五光子甚至六光子纠缠来实现量子秘密共享的实验都得到了验证. 2004 年，澳大利亚的 Lam 等几个小组合作利用连续变量三组分 GHZ 态对相干态光场进行编码，实现了三用户之间(2，3)的量子秘密共享[86].

以 Lam 等的实验为例，图 5-36 演示了秘密共享的基本原理. 把一个秘密的相干态通过分束器编码于一个三组分纠缠态上，并分配给三个参与者，在理想纠缠的情况下，任意的两个参与者合作都能恢复出秘密相干态，而单独一个参与者则无法获得任何的秘密相干态信息. {1，2}恢复量子态的过程实际上就是编码过程的逆过程，不依赖于纠缠态的纠缠度. {1，3}{2，3}恢复量子态需要利用一个 2/1 分束器和一个前馈回路，恢复出的量子态的保真度依赖于纠缠态的纠缠度.

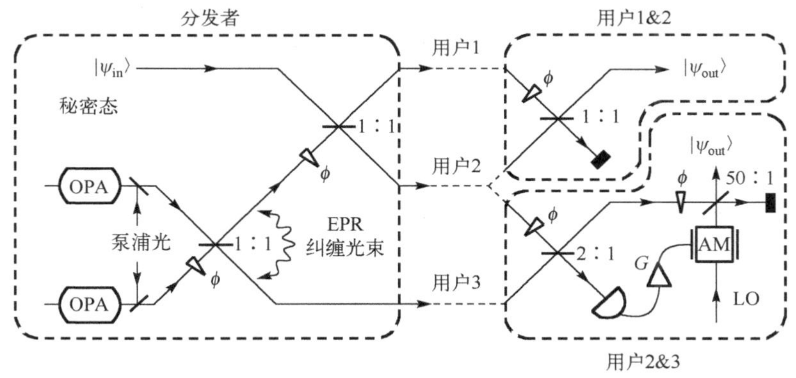

图 5-36　基于三组分纠缠的量子秘密共享[86]

OPA：光学参量放大器；AM：振幅调制器；LO：本振光

为了构建更多用户、更加复杂的量子信息网络需要制备更多组分的纠缠源. 理论上已经证明了利用不同类型的量子资源可以构建不同的量子秘密共享机制. 束缚纠缠态光场因为自身特殊的纠缠特性，可以用于 QSS 机制中来增加通信的安全性和灵活性. 2018 年，山西大学利用连续变量四组分束缚纠缠态光场，实验上实现了{4，4}和{3，4}阈值的连续变量量子秘密共享[87]，如图 5-37 所示. 相较于之前的秘密共享方案，可以通过控制分发者分发信息的强度来控制实现{4，4}还是{3，4}阈值的量子秘密共享方案. 该方案可以拓展到更多组分的束缚纠缠态，以扩展到更多用户的量子秘密共享，并且除了线下的束缚态制备外，该方案的基本通信技术与经典秘密共享兼容，为实用的量子秘密共享开启了方便之门.

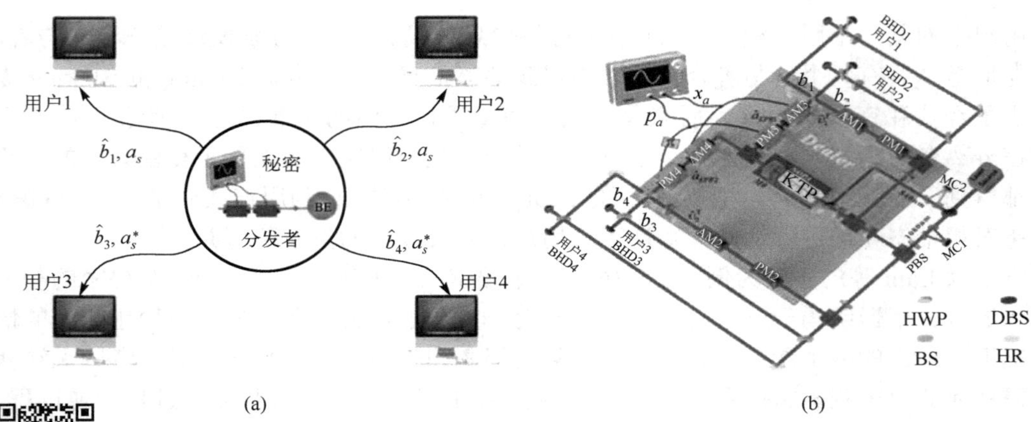

彩图

图 5-37 基于四组分束缚纠缠态的四用户量子秘密共享[87]

NOPA：非简并光学参量放大器；PBS：偏振分束器；BS：50/50 分束器；HR：高反镜；DBS：双色分束器；BHD：平衡零拍探测器；MC：模式清洁腔；HWP：半波片；AM/PM：振幅/相位调制器

思 考 题

(1)什么是量子精密测量的标准量子极限？采用什么方法可突破该极限？什么是海森伯极限？

(2)简述量子费希尔信息和克拉默-拉奥界.

(3)举例说明几种基于压缩态光场的精密测量应用，指出其待测物理量、压缩态光场构造方式以及最终测量精度，并说明压缩度与测量精度的关系.

(4)简述连续变量领域中通用量子计算的基本要求，指出高斯门和非高斯门的区别，以及如何实现任意的幺正门.

(5)简述连续变量量子离物传态的基本过程，思考 EPR 纠缠态在其中的作用以及纠缠度与保真度的关系.

(6)量子密钥分发是利用了什么原理保证其安全性的？简述高斯调制相干态协议的基本过程.

参 考 文 献

[1] Pezzé L, Smerzi A. Mach-Zehnder interferometry at the Heisenberg limit with coherent and squeezed-vacuum light. Phys. Rev. Lett., 2008, 100(7): 073601.

[2] Dowling J P. Quantum optical metrology-the lowdown on high-NOON states. Contemp. Phys.,

2008, 49(2): 125-143.

[3] Boixo S, Flammia S T, Caves C M, et al. Generalized limits for single-parameter quantum estimation. Phys. Rev. Lett., 2007, 98(9): 090401.

[4] Napolitano M, Koschorreck M, Dubost B, et al. Interaction-based quantum metrology showing scaling beyond the Heisenberg limit. Nature, 2011, 471(7339): 486-489.

[5] Barbieri M. Optical quantum metrology. PRX Quantum, 2022, 3(1): 010202.

[6] Polino E, Valeri M, Spagnolo N, et al. Photonic quantum metrology. AVS Quantum Sci., 2020, 2(2): 024703.

[7] Caves C M. Quantum-mechanical noise in an interferometer. Phys. Rev. D, 1981, 23(8): 1693-1708.

[8] 孙恒信, 刘奎, 张俊香, 等. 基于压缩光的量子精密测量. 物理学报, 2015, 64(23): 234210.

[9] Xiao M, Wu L A, Kimble H J. Precision measurement beyond the shot-noise limit. Phys. Rev. Lett., 1987, 59(3): 278-281.

[10] Grangier P, Slusher R, Yurke B, et al. Squeezed-light-enhanced polarization interferometer. Phys. Rev. Lett., 1987, 59(19): 2153-2156.

[11] Goda K, Miyakawa O, Mikhailov E E, et al. A quantum-enhanced prototype gravitational-wave detector. Nat. Phys., 2008, 4(6): 472-476.

[12] Tse M, Yu H C, Kijbunchoo N, et al. Quantum-enhanced advanced LIGO detectors in the era of gravitational-wave astronomy. Phys. Rev. Lett., 2019, 123(23): 231107.

[13] Acernese F, Agathos M, Aiello L, et al. Increasing the astrophysical reach of the advanced Virgo detector via the application of squeezed vacuum states of light. Phys. Rev. Lett., 2019, 123(23): 231108.

[14] Lough J, Schreiber E, Bergamin F, et al. First demonstration of 6 dB quantum noise reduction in a kilometer scale gravitational wave observatory. Phys. Rev. Lett., 2021, 126(4): 041102.

[15] Zhao Y H, Aritomi N, Capocasa E, et al. Frequency-dependent squeezed vacuum source for broadband quantum noise reduction in advanced gravitational-wave detectors. Phys. Rev. Lett., 2020, 124(17): 171101.

[16] Ma Y Q, Miao H X, Pang B H, et al. Proposal for gravitational-wave detection beyond the standard quantum limit through EPR entanglement. Nat. Phys., 2017, 13(8): 776-780.

[17] Yu H C, McCuller L, Tse M, et al. Quantum correlations between light and the kilogram-mass mirrors of LIGO. Nature, 2020, 583(7814): 43-47.

[18] Yurke B, McCall S L, Klauder J. SU(2) and SU(1,1) interferometers. Phys. Rev. A, 1986, 33(6): 4033-4054.

[19] Hudelist F, Kong J, Liu C J, et al. Quantum metrology with parametric amplifier-based photon correlation interferometers. Nat. Commun., 2014, 5(1): 3049.

[20] Zuo X J, Yan Z H, Feng Y N, et al. Quantum interferometer combining squeezing and parametric amplification. Phys. Rev. Lett., 2020, 124(17): 173602.

[21] Delaubert V, Treps N, Lassen M, et al. TEM10 homodyne detection as an optimal small-displacement and tilt-measurement scheme. Phys. Rev. A, 2006, 74(5): 053823.

[22] Kolobov M. The spatial behavior of nonclassical light. Rev. Mod. Phys., 1999, 71(5): 1539-1589.

[23] Treps N, Grosse N, Bowen W P, et al. A quantum laser pointer. Science, 2003, 301(5635): 940-943.

[24] Sun H X, Liu Z L, Liu K, et al. Experimental demonstration of a displacement measurement of an optical beam beyond the quantum noise limit. Chinese Phys. Lett., 2014, 31(8) 084202.

[25] Sun H X, Liu K, Liu Z L, et al. Small-displacement measurements using high-order Hermite-Gauss modes. Appl. Phys. Lett., 2014, 104(12): 121908.

[26] Li Z, Guo H, Liu H B, et al. Higher-order spatially squeezed beam for enhanced spatial measurements. Adv. Quantum Technol., 2022, 5(11): 2200055.

[27] Wolfgramm F, Cerè A, Beduini F A, et al. Squeezed-light optical magnetometry. Phys. Rev. Lett., 2010, 105(5): 053601.

[28] Horrom T, Singh R, Dowling J P, et al. Quantum-enhanced magnetometer with low-frequency squeezing. Phys. Rev. A, 2012, 86(2): 023803.

[29] Otterstrom N, Pooser R C, Lawrie B J. Nonlinear optical magnetometry with accessible in situ optical squeezing. Opt. Lett., 2014, 39(22): 6533-6536.

[30] Bai L L, Wen X, Yang Y L, et al. Quantum-enhanced rubidium atomic magnetometer based on Faraday rotation via 795 nm Stokes operator squeezed light. J. Opt., 2021, 23(8): 085202.

[31] Troullinou C, Jiménez-Martínez R, Kong J, et al. Squeezed-light enhancement and backaction evasion in a high sensitivity optically pumped magnetometer. Phys. Rev. Lett., 2021, 127(19): 193601.

[32] Li B B, Bílek J, Hoff U B, et al. Quantum enhanced optomechanical magnetometry. Optica, 2018, 5(7): 850.

[33] Liu K, Cai C X, Li J, et al. Squeezing-enhanced rotating-angle measurement beyond the quantum limit. Appl. Phys. Lett., 2018, 113(26): 261103.

[34] Lamine B, Fabre C, Treps N. Quantum improvement of time transfer between remote clocks. Phys. Rev. Lett., 2008, 101(12): 123601.

[35] Pinel O, Jian P, de Araújo R, et al. Generation and characterization of multimode quantum frequency combs. Phys. Rev. Lett., 2012, 108(8): 083601.

[36] 刘洪雨，陈立，刘灵，等. 飞秒脉冲正交位相压缩光的产生. 物理学报，2013, 62(16): 164206.

[37] Wang S F, Xiang X, Treps N, et al. Sub-shot-noise interferometric timing measurement with a squeezed frequency comb. Phys. Rev. A, 2018, 98(5): 053821.

[38] Arute F, Arya K, Babbush R, et al. Quantum supremacy using a programmable superconducting processor. Nature, 2019, 574(7779): 505-510.

[39] Furusawa A, Van Loock P. Quantum teleportation and entanglement: a hybrid approach to optical quantum information processing. Wehrheim: Wiley-VCH Verlag GmbH & Co. KgaA，2011.

[40] Bartlett S D, Sanders B C, Braunstein S L, et al. Efficient classical simulation of continuous variable quantum information processes. Phys. Rev. Lett., 2002, 88(9): 097904.

[41] Fukui K, Takeda S. Building a large-scale quantum computer with continuous-variable optical technologies. J. Phys. B At. Mol. Opt. Phys., 2022, 55(1): 012001.

[42] 王美红，郝树宏，秦忠忠，等. 连续变量量子计算和量子纠错研究进展. 物理学报，2022, 71(16): 56-68.

[43] Liu K, Li J M, Yang R G, et al. High-fidelity heralded quantum squeezing gate based on entanglement. Opt. Express, 2020, 28(16): 23628-23639.

[44] Gottesman D, Kitaev A, Preskill J. Encoding a qubit in an oscillator. Phys. Rev. A, 2001, 64(1): 012310.

[45] Raussendorf R, Briegel H J. A one-way quantum computer. Phys. Rev. Lett., 2001, 86(22): 5188-5191.

[46] Menicucci N C, van Loock P, Gu M, et al. Universal quantum computation with continuous-variable cluster states. Phys. Rev. Lett., 2006, 97(11): 110501.

[47] Gu M, Weedbrook C, Menicucci N C, et al. Quantum computing with continuous-variable clusters. Phys. Rev. A, 2009, 79(6): 062318.

[48] Shor P W. Algorithms for quantum computation: discrete logarithms and factoring//Proceedings 35th Annual Symposium on Foundations of Computer Science. IEEE Comput. Soc. Press, 1994: 124-134.

[49] Zhang J, Xie C D, Peng K C, et al. Anyon statistics with continuous variables. Phys. Rev. A, 2008, 78(5): 052121.

[50] Hao S H, Wang M H, Wang D, et al. Topological error correction with a Gaussian cluster state. Phys. Rev. A, 2021, 103(5): 052407.

[51] Vahlbruch H, Mehmet M, Danzmann K, et al. Detection of 15 dB squeezed states of light and their application for the absolute calibration of photoelectric quantum efficiency. Phys. Rev. Lett., 2016, 117(11): 110801.

[52] Fukui K, Tomita A, Okamoto A, et al. High-threshold fault-tolerant quantum computation with analog quantum error correction. Phys. Rev. X, 2018, 8(2): 021054.

[53] Armstrong S, Morizur J F, Janousek J, et al. Programmable multimode quantum networks. Nat.

Commun., 2012, 3: 1026.

[54] Cai C X, Ma L, Li J, et al. Generation of a continuous-variable quadripartite cluster state multiplexed in the spatial domain. Photonics Res., 2018, 6(5): 479.

[55] Wang W, Zhang K, Jing J T. Large-scale quantum network over 66 orbital angular momentum optical modes. Phys. Rev. Lett., 2020, 125(14): 140501.

[56] Chen M R, Menicucci N C, Pfister O. Experimental realization of multipartite entanglement of 60 modes of a quantum optical frequency comb. Phys. Rev. Lett., 2014, 112(12): 120505.

[57] Yoshikawa J, Yokoyama S, Kaji T, et al. Invited article: Generation of one-million-mode continuous-variable cluster state by unlimited time-domain multiplexing. APL Photonics, 2016, 1(6): 060801.

[58] Larsen M V, Guo X S, Breum C R, et al. Deterministic generation of a two-dimensional cluster state. Science, 2019, 366(6463): 369-372.

[59] Kashiwazaki T, Takanashi N, Yamashima T, et al. Continuous-wave 6-dB-squeezed light with 2.5-THz-bandwidth from single-mode PPLN waveguide. APL Photonics, 2020, 5(3): 036104.

[60] Frascella G, Agne S, Khalili F Y, et al. Overcoming detection loss and noise in squeezing-based optical sensing. NPJ Quantum Inf., 2021, 7(1): 72.

[61] Wang J W, Paesani S, Ding Y H, et al. Multidimensional quantum entanglement with large-scale integrated optics. Science, 2018, 360(6386): 285-291.

[62] Ralph T C, Gilchrist A, Milburn G J, et al. Quantum computation with optical coherent states. Phys. Rev. A, 2003, 68(4): 042319.

[63] Bennett C H, Brassard G, Crépeau C, et al. Teleporting an unknown quantum state via dual classical and Einstein-Podolsky-Rosen channels. Phys. Rev. Lett., 1993, 70(13): 1895-1899.

[64] Pirandola S, Eisert J, Weedbrook C, et al. Advances in quantum teleportation. Nat. Photonics, 2015, 9(10): 641-652.

[65] Furusawa A, Sørensen J L, Braunstein S L, et al. Unconditional quantum teleportation. Science, 1998, 282(5389): 706-709.

[66] Sangouard N, Sanguinetti B, Curtz N, et al. Faithful entanglement swapping based on sum-frequency generation. Phys. Rev. Lett., 2011, 106(12): 120403.

[67] Furrer F, Munro W J. Repeaters for continuous-variable quantum communication. Phys. Rev. A, 2018, 98(3): 032335.

[68] Ren J G, Xu P, Yong H L, et al. Ground-to-satellite quantum teleportation. Nature, 2017, 549(7670): 70-73.

[69] Lee N, Benichi H, Takeno Y, et al. Teleportation of nonclassical wave packets of light. Science, 2011, 332(6027): 330-333.

[70] Wang Q, Tian Y, Li W, et al. High-fidelity quantum teleportation toward cubic phase gates

beyond the no-cloning limit. Phys. Rev. A, 2021, 103(6): 062421.

[71] Huo M R, Qin J L, Cheng J L, et al. Deterministic quantum teleportation through fiber channels. Sci. Adv., 2018, 4(10): eaas9401.

[72] Zhao H, Feng J X, Sun J K, et al. Real time deterministic quantum teleportation over 10 km of single optical fiber channel. Opt. Express, 2022, 30(3): 3770-3782.

[73] Fiaschi N, Hensen B, Wallucks A, et al. Optomechanical quantum teleportation. Nat. Photonics, 2021, 15(11): 817-821.

[74] Fedorov K G, Renger M, Pogorzalek S, et al. Experimental quantum teleportation of propagating microwaves. Sci. Adv., 2021, 7(52): eabk0891.

[75] Liao S K, Cai W Q, Liu W Y, et al. Satellite-to-ground quantum key distribution. Nature, 2017, 549(7670): 43-47.

[76] Grosshans F, Grangier P. Continuous variable quantum cryptography using coherent states. Phys. Rev. Lett., 2002, 88(5): 057902.

[77] Ralph T C. Continuous variable quantum cryptography. Phys. Rev. A, 1999, 61(1): 010303.

[78] Weedbrook C, Lance A M, Bowen W P, et al. Quantum cryptography without switching. Phys. Rev. Lett., 2004, 93(17): 170504.

[79] Leverrier A, Grangier P. Unconditional security proof of long-distance continuous-variable quantum key distribution with discrete modulation. Phys. Rev. Lett., 2009, 102(18): 180504.

[80] Usenko V C, Grosshans F. Unidimensional continuous-variable quantum key distribution. Phys. Rev. A, 2015, 92(6): 062337.

[81] Tian Y, Wang P, Liu J Q, et al. Experimental demonstration of continuous-variable measurement-device-independent quantum key distribution over optical fiber. Optica, 2022, 9(5): 492.

[82] Mattle K, Weinfurter H, Kwiat P G, et al. Dense coding in experimental quantum communication. Phys. Rev. Lett., 1996, 76(25): 4656-4659.

[83] Shi S P, Tian L, Wang Y J, et al. Demonstration of channel multiplexing quantum communication exploiting entangled sideband modes. Phys. Rev. Lett., 2020, 125(7): 070502.

[84] Chen Y X, Liu S S, Lou Y B, et al. Orbital angular momentum multiplexed quantum dense coding. Phys. Rev. Lett., 2021, 127(9): 093601.

[85] Guo H, Liu N, Li Z, et al. Generation of continuous-variable high-dimensional entanglement with three degrees of freedom and multiplexing quantum dense coding. Photonics Res., 2022, 10(12): 2828-2835.

[86] Lance A M, Symul T, Bowen W P, et al. Tripartite quantum state sharing. Phys. Rev. Lett., 2004, 92(17): 177903.

[87] Zhou Y Y, Yu J, Yan Z H, et al. Quantum secret sharing among four players using multipartite bound entanglement of an optical field. Phys. Rev. Lett., 2018, 121(15): 150502.

第 6 章　光与热原子系综相互作用

量子光学实验中所使用的热原子系综一般是将原子气体密封于一个玻璃气室中，其具有造价低、体积小、使用方便等特点，因此在许多方面具有重要应用，例如，在气体激光器、激光稳频、光存储、非经典光的产生、电场和磁场的精密测量等方面. 该系统在适当条件下，原子间的相互作用可以忽略，因此原子介质可视为由多个单原子构成的无相互作用体系. 在这里主要介绍金属热原子蒸气介质.

6.1　热原子系综的一般特点

6.1.1　热原子体系速率分布

金属原子蒸气介质一般为碱金属元素和碱土金属元素，如碱金属元素锂、钠、钾、铷、铯，碱土金属元素钙、锶、钡、镭等. 这些金属元素一般放入玻璃气室中，作为光学器件在实验中使用. 这种原子气室价格较低，而且使用方便，其形状一般为圆柱形，还可以根据需求做成立方体、长方体、球形等，如图 6-1 所示为圆栏形的原子气室. 对于圆柱形的原子气室，两个圆面可作为通光面，实验中为减小光损耗，两圆形端面可以镀增透膜.

图 6-1　圆柱形原子玻璃气室实物图

原子蒸气介质中一般含有大量的原子，原子数密度为 $10^{15}\sim10^{17}/\mathrm{cm}^3$. 恒温下饱和蒸气压一定，在空间上原子数分布保持恒定；同时，原子都在做无规律的热运动，室温下的平均运动速度在百 m/s 量级，并且原子的运动方向是随机分布的，因此原子蒸气介质表现为均匀各向同性的特点. 由于原子蒸气介质中含有大量做热运动的原子，原子之间会频繁发生碰撞，其碰撞的频率在 10^{12} 次/s 以上，原子之间在不断交换动量和能量，会快速处于平衡状态. 原子在两次碰撞之间走过的平均距离，定义为平均自由程，如图 6-2 所示. 在硬球模型下，如果原子直径为 d，单位时间内发生碰撞的次数，即碰撞频率表示为 ν，当两原子之间的距离在小于或等于 d 的范围内，即可发生碰撞，碰撞截面可表示为 $\sigma = \pi d^2$. 在单位时间内，扫过的体积乘以原子数密度 n，即碰撞频率 ν. 假设原子的平均运动速度为 $\bar{v}$，此时碰撞频率为

$$\nu = \sigma \bar{v} n = n \bar{v} \pi d^2 \tag{6.1.1}$$

则平均自由程为

$$\lambda = \frac{\bar{v}}{\nu} = \frac{\bar{v}}{v_{\mathrm{r}}} \frac{1}{n \pi d^2} \tag{6.1.2}$$

这里 v_{r} 为原子相对运动速度，由于 $v_{\mathrm{r}} = \sqrt{2}\bar{v}$，所以可得平均自由程的表达式为

$$\lambda = \frac{1}{\sqrt{2} n \pi d^2} \tag{6.1.3}$$

蒸气介质中原子运动满足麦克斯韦分布，这是由麦克斯韦在 1859 年提出的. 处于平衡状态的原子气体，原子速率分布函数为

$$f(v) = 4\pi \left(\frac{m}{2\pi k T} \right)^{3/2} v^2 \exp\left(-\frac{m v^2}{2kT} \right) \tag{6.1.4}$$

其中，m 为气体原子的质量，k 为玻尔兹曼常量，T 为热力学温度，图 6-3 为不同温度条件下空气分子的速率分布.

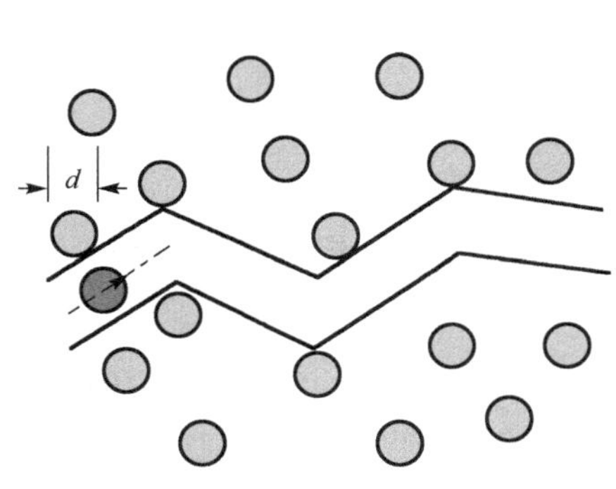

图 6-2　平均自由路径示意图

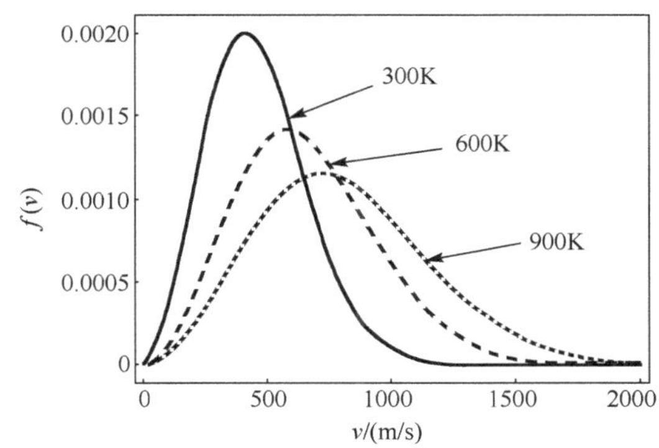

图 6-3　空气分子在不同温度下的麦克斯韦速率分布

由此可得，在$v \sim v+\mathrm{d}v$ 间的原子数占总原子 n 的比例可表示为

$$\frac{\mathrm{d}n_v}{n}=f(v)\mathrm{d}v=4\pi\left(\frac{m}{2\pi kT}\right)^{3/2}v^2\exp\left(-\frac{mv^2}{2kT}\right)\mathrm{d}v \tag{6.1.5}$$

在质量守恒条件下，根据归一化条件

$$\int_0^{\infty}f(v)\mathrm{d}v=1$$

由此，原子的平均运动速率为

$$\bar{v}=\int_0^{\infty}vf(v)\mathrm{d}v=\int_0^{\infty}v4\pi\left(\frac{m}{2\pi kT}\right)^{3/2}v^2\exp\left(-\frac{mv^2}{2kT}\right)\mathrm{d}v \tag{6.1.6}$$

原子气体运动的方均根速率

$$v_{\mathrm{rms}}=\left[\int_0^{\infty}v^2f(v)\mathrm{d}v\right]^{1/2}=\left[\int_0^{\infty}v^2 4\pi\left(\frac{m}{2\pi kT}\right)^{3/2}v^2\exp\left(-\frac{mv^2}{2kT}\right)\mathrm{d}v\right]^{1/2}=\frac{3kT}{m} \tag{6.1.7}$$

其物理意义对应能量均分定理，对于一维运动，即$(1/2)mv_{\mathrm{rms}}^2=(1/2)kT$.

6.1.2 饱和蒸气压

金属原子气体介质一般由金属原子在密闭的玻璃气室中升华得到，其饱和蒸气压经验公式可表示为[1]

$$\lg P=5.006+A+\frac{B}{T}+C\lg T+DT^3 \tag{6.1.8}$$

其中，P 为饱和蒸气压，A、B、C、D 为经验系数. 对于铷金属来说，其熔点为 38.89℃，沸点为 686～688℃. 在$T<311.89$℃时，饱和蒸气压经验公式为

$$\lg P=9.863-\frac{4215}{T} \tag{6.1.9}$$

$T>311.89$℃时

$$\lg P=9.318-\frac{4040}{T} \tag{6.1.10}$$

如果将金属饱和蒸气介质视为理想气体，则由理想气体状态方程，可以得到蒸气介质的原子密度为

$$n(T)=\frac{P}{kT} \tag{6.1.11}$$

部分金属蒸气压和温度的关系如图 6-4 所示.

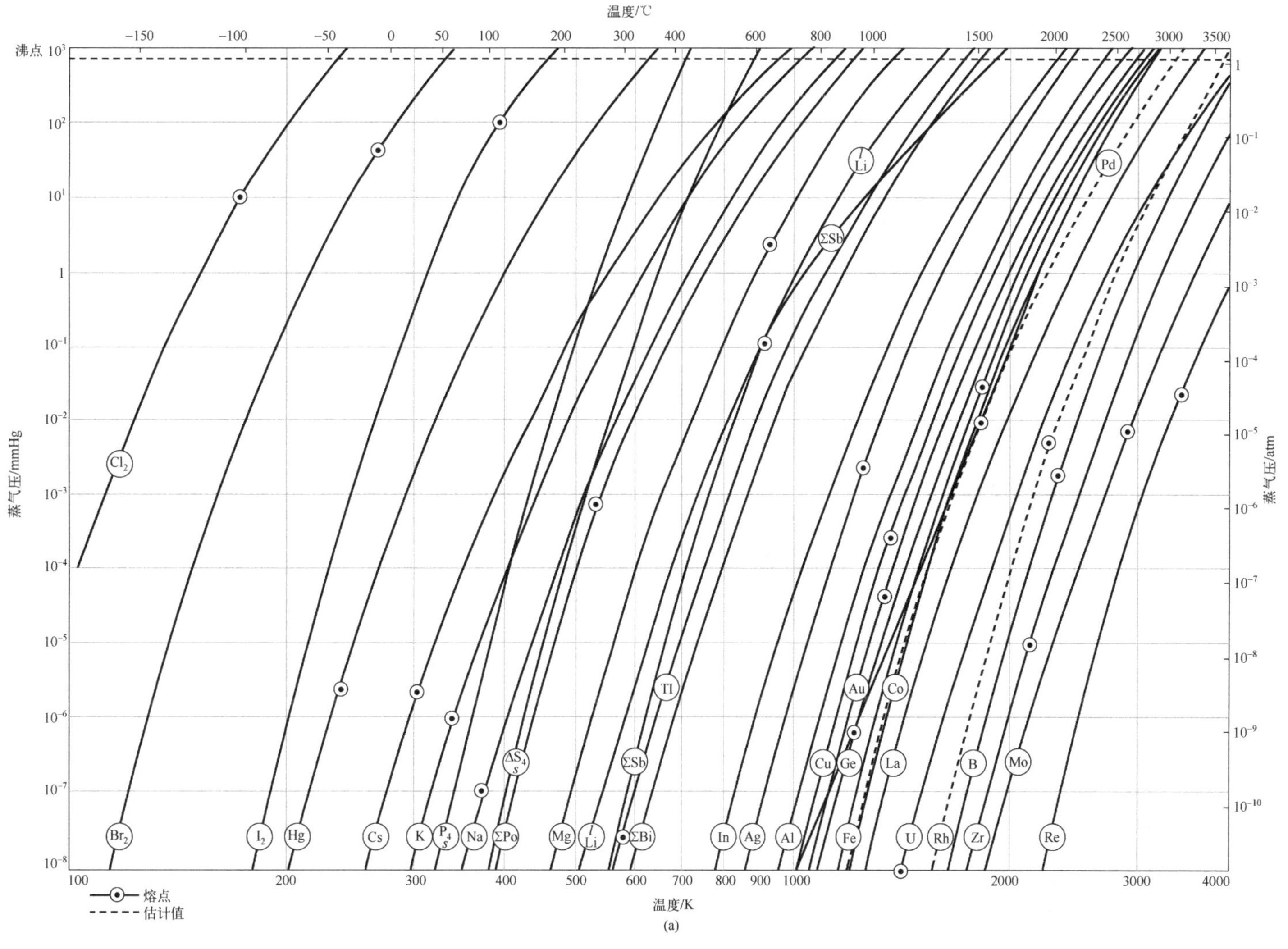
温度/℃
温度/K
沸点
蒸气压/mmHg
蒸气压/atm
熔点
估计值
Cl_2
Br_2
I_2
Hg
Cs
K
P_4 s
Na
ΣPo
ΔS_4 s
Mg
l Li
ΣBi
ΣSb
Tl
In
Ag
Al
Cu
Ge
Fe
Au
Co
La
U
Rh
Zr
B
Mo
Re
Pd

(a)

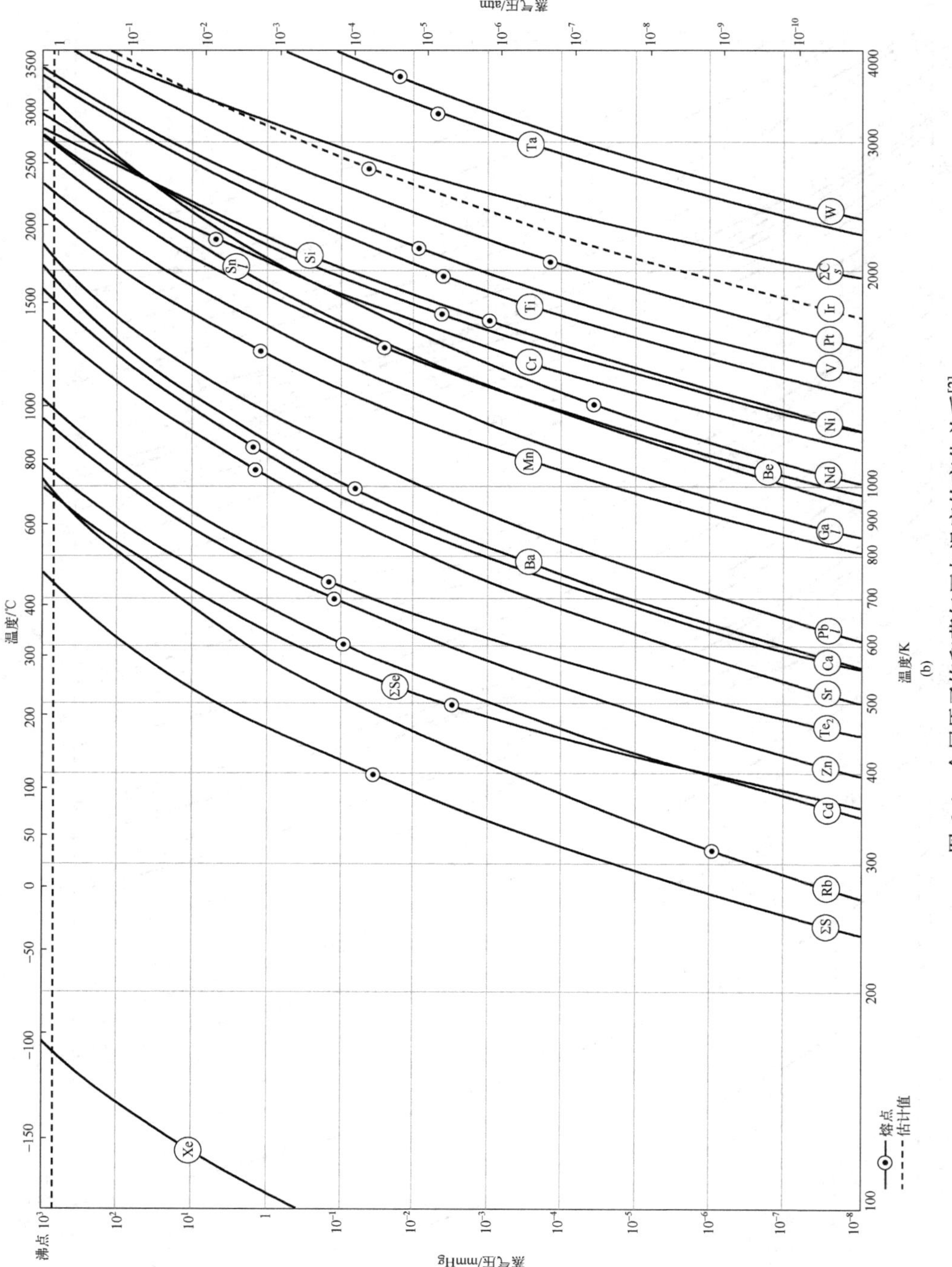

图 6-4　金属原子饱和蒸气压与温度的变化关系[2]

6.2 原子运动对谱线宽度的影响

由于各种原因原子谱线具有一定宽度，例如，处于激发态的原子具有一定寿命，会跃迁到基态能级，其过程用经典电磁理论描述为具有一定阻尼的谐振子，因此谱线具有一定宽度，该加宽机制属于自然均匀加宽. 同时，对于原子系综，原子之间的碰撞也会使谱线变宽，此外，激光光强也会引起谱线加宽，这些都属于均匀加宽. 而由于原子运动引起的谱线加宽，则属于非均匀加宽[3]，这里只讨论多普勒效应引起的非均匀加宽.

6.2.1 多普勒效应

运动的原子吸收和发射光子时，会产生多普勒频移，如图 6-5 所示. 由于原子气体介质中原子做无规运动，不同的原子运动速度不同，多普勒频移也不相同，因此大量原子统计平均的结果是使谱线发生展宽. 假设一个二能级原子，中心频率为 ν_0（$\nu_0=(E_2-E_1)/h$，E_2 为激发态能量，E_1 为基态能量）. 当光波与运动速度为 v 的原子相互作用，原子跃迁表现出的中心频率为

$$\nu_0' \approx \nu_0\left(1+\frac{v}{c}\right) \tag{6.2.1}$$

原子沿光波传播方向运动时，v 为正值；原子背向光波运动时，v 为负值.

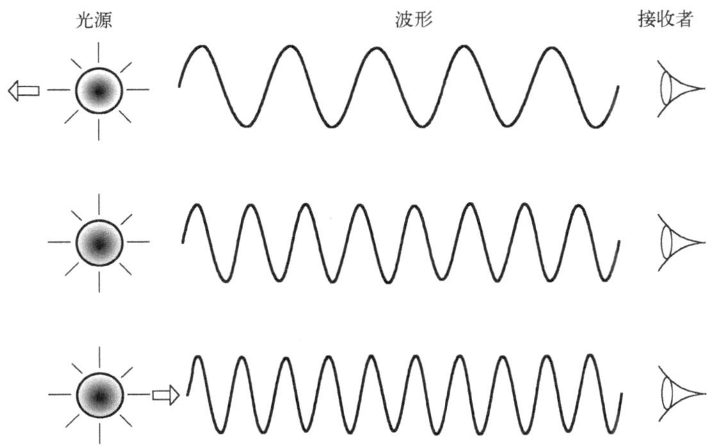

图 6-5 多普勒效应示意图

6.2.2 多谱勒加宽

原子运动满足麦克斯韦速率分布. 如果只考虑沿 x 轴方向的一维运动，则速度分布在 $v_x \sim v_x+\mathrm{d}v_x$ 的原子布居数为

$$\mathrm{d}n_{vx} = nf(v_x)\mathrm{d}v_x = n4\pi\left(\frac{m}{2\pi kT}\right)^{3/2} v_x^2 \exp\left(-\frac{mv_x^2}{2kT}\right)\mathrm{d}v_x \tag{6.2.2}$$

如果处于基态和激发态的原子布居数分别用n_1和n_2表示，其速率在$v_x \sim v_x + \mathrm{d}v_x$之间的原子布居数分别为

$$\mathrm{d}n_{1vx} = n_1 f(v_x)\mathrm{d}v_x = n_1 4\pi\left(\frac{m}{2\pi kT}\right)^{3/2} v_x^2 \exp\left(-\frac{mv_x^2}{2kT}\right)\mathrm{d}v_x \tag{6.2.3}$$

$$\mathrm{d}n_{2vx} = n_2 f(v_x)\mathrm{d}v_x = n_2 4\pi\left(\frac{m}{2\pi kT}\right)^{3/2} v_x^2 \exp\left(-\frac{mv_x^2}{2kT}\right)\mathrm{d}v_x \tag{6.2.4}$$

因此代入以上公式可得在$\nu_0' \sim \nu_0' + \mathrm{d}\nu_0'$频率范围内基态和激发态的原子布居数为

$$n_1(\nu_0')\mathrm{d}\nu_0' = n_1 \frac{c}{\nu_0}\left(\frac{m}{2\pi kT}\right)^{1/2} \exp\left[-\frac{mc^2}{2kT\nu_0^2}(\nu_0' - \nu_0)^2\right]\mathrm{d}\nu_0' \tag{6.2.5}$$

$$n_2(\nu_0')\mathrm{d}\nu_0' = n_2 \frac{c}{\nu_0}\left(\frac{m}{2\pi kT}\right)^{1/2} \exp\left[-\frac{mc^2}{2kT\nu_0^2}(\nu_0' - \nu_0)^2\right]\mathrm{d}\nu_0' \tag{6.2.6}$$

当只考虑多普勒效应的影响时，处于激发态的原子跃迁到基态后，其辐射功率在$\nu \sim \nu + \mathrm{d}\nu$频率范围内的频率分布函数为

$$P(\nu)\mathrm{d}\nu = A_{21} n_2(\nu) h\nu_0 \frac{c}{\nu_0}\left(\frac{m}{2\pi kT}\right)^{1/2} \exp\left[-\frac{mc^2}{2kT\nu_0^2}(\nu - \nu_0)^2\right]\mathrm{d}\nu \tag{6.2.7}$$

其中A_{21}为爱因斯坦系数. 多普勒加宽线性分布函数

$$f(\nu,\nu_0) = \frac{P(\nu)}{A_{21} n_2(\nu) h\nu_0} = \frac{c}{\nu_0}\left(\frac{m}{2\pi kT}\right)^{1/2} \exp\left[-\frac{mc^2}{2kT\nu_0^2}(\nu - \nu_0)^2\right] \tag{6.2.8}$$

该函数为高斯函数，当$\nu = \nu_0$时取最大值，其半高宽为

$$\Delta\nu_0 = 2\nu_0\left(\frac{2kT}{mc^2}\ln 2\right)^{1/2} = 7.16\times 10^{-7}\nu_0\left(\frac{T}{m}\right)^{1/2} \tag{6.2.9}$$

6.3 烧孔效应

6.3.1 烧孔效应理论分析

20 世纪 60 年代，W. R. Bennett 和 W. E. Lamb 等开始对光学烧孔效应进行研究[4,5]，当一束较强的泵浦光经过非均匀加宽介质时，会选择性地激发介质中的某些原子，并使其达到饱和，同时如果另一束较弱的探测光以相同路径经过该介质，则在该探

测光的吸收光谱上出现凹陷，这就是光学烧孔，也称兰姆凹陷. 对于由多普勒效应引起谱线非均匀加宽的介质，原子反转布居数是频率的分布函数，在单色光作用下，在一个小速度范围内粒子数分布的饱和行为可以用均匀加宽公式描述.

如图 6-6 所示的光路，频率相同的一束较强泵浦光与一束较弱探测光相向照射原子介质，泵浦光将某些具有相同速度的基态原子几乎全部激发到激发态，使吸收达到饱和. 对于相向传播的探测光，由于频率与泵浦光相同，因此沿与光传播方向平行运动的原子感受到的频率与泵浦光不同，所以这些原子通常由于较强的多普勒扩展，同一共振跃迁不会同时受到两束光激发. 只有运动方向与光场传播方向垂直的原子才会与两束光同时发生共振跃迁，而引起饱和吸收. 对于跃迁中心频率为 ν_0 的原子，探测光激发产生的反转布居数 Δn 与光场失谐之间的关系表示为

$$\Delta n(\nu) = \Delta n_0 \frac{(\nu - \nu_0)^2 + (\Delta \nu_{\mathrm{H}} / 2)^2}{(\nu - \nu_0)^2 + (\Delta \nu_{\mathrm{H}} / 2)^2 (1 + I_\nu / I_{\mathrm{s}})} \tag{6.3.1}$$

其中，Δn_0 为小信号下的原子反转布居数，$\Delta \nu_{\mathrm{H}}$ 为均匀加宽谱线宽度(粒子自发辐射均匀加宽的自然宽度)，I_ν 为入射光强(这里为较强的泵浦光与探测光的光强之和)，I_{s} 为饱和光强. 当光场频率 ν 接近 ν_0 时，上式可化为 $\Delta n = \Delta n_0 / (1 + I_\nu / I_{\mathrm{s}})$，在弱激发条件下，$I_\nu \ll I_{\mathrm{s}}$，因此 $\Delta n \approx \Delta n_0$. 图 6-7(a)中，原子在 ν_0 附近达到饱和，反转布居数密度出现凹陷，即烧孔. 烧孔的频率范围，即烧孔宽度，可表示为

$$\Delta \nu = \sqrt{1 + \frac{I_\nu}{I_{\mathrm{s}}}} \Delta \nu_{\mathrm{H}} \tag{6.3.2}$$

烧孔深度为

$$\Delta n = \frac{I_{\nu 1}}{I_{\nu 1} + I_{\mathrm{s}}} \Delta n_0 \tag{6.3.3}$$

通常将上述现象称为反转布居数的烧孔效应.

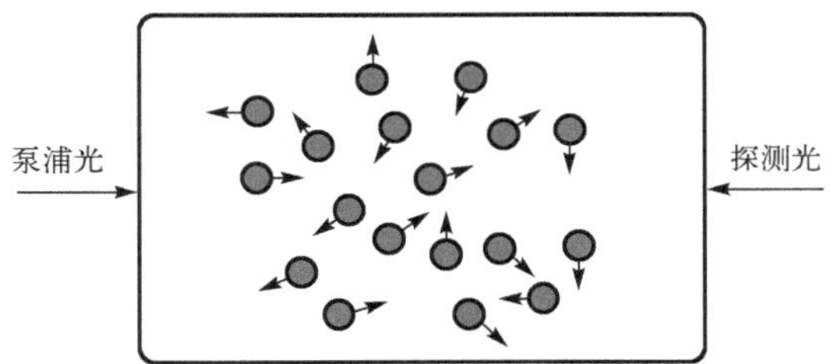

图 6-6　烧孔效应光路示意图

对于实际的烧孔效应，由于原子的能级结构，ν_0 不一定在谱线中心，因此原子吸收谱线并不是关于某一跃迁线的烧孔中心对称，烧孔附近频率正负失谐处原子反转布居数也不相同，如图 6-7(b)所示. 该曲线中 ν_{A}、ν_{B} 分别为原子的两个不同跃迁

线. 从图 6-7 中还可以看出烧孔效应发生在这两个位置处一定宽度范围内，在烧孔范围外的反转布居数没有影响.

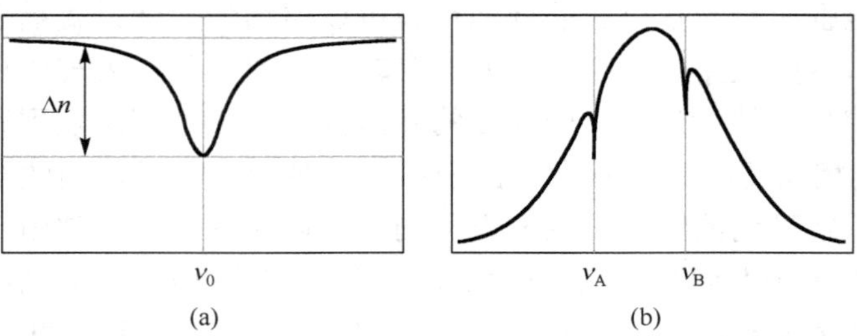

图 6-7 反转布居数与频率关系图(a)及烧孔效应示意图(与图(a)符号相反)(b)

6.3.2 饱和吸收光谱与烧孔效应

烧孔效应可以作为原子跃迁频率的标记，饱和吸收光谱就是一种基于烧孔效应的原子吸收光谱监测技术，可以用于研究原子的超精细能级结构以及激光稳频[6]等. 实验装置如图 6-8 所示，一束激光分成较强的泵浦光和两束较弱的探测光，如上所述，强的泵浦光把某一特定速度的原子激发；两束较弱的探测光中的一束与泵浦光光路重合，但传播方向相反，称为信号光，另外一束称作参考光. 探测器 1(PD1)探测探测光，可得到饱和吸收谱；探测器 2(PD2)探测参考光，则只能得到一个含有多普勒吸收背景的透射信号. 如果将两信号相减，就可以消除多普勒吸收背景，即得到多普勒自由(Doppler-free)饱和吸收光谱. 因此，饱和吸收谱以原子吸收信号

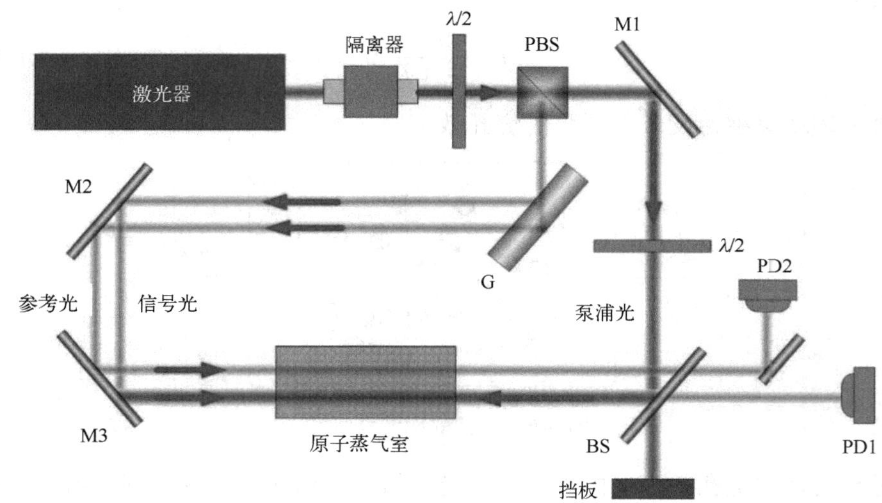

图 6-8 饱和吸收谱光路示意图

M1～M3：反射镜，BS：分束器，G：双面反射镜

作为标记可以用来监视激光器的波长变化，同时还可以用来锁定激光器的频率，这是量子光学实验中非常重要的基础技术之一.

图 6-9 为扫描激光器频率得到的铷-87 原子蒸气介质的饱和吸收谱，烧孔效应发生在 $F=2\to F'=1, 2, 3$ 的跃迁位置处，其中大的凹陷为热原子介质的多普勒吸收背景. 而在 $F=2\to F'=(1,2), (1,3), (2,3)$ 出现烧孔效应，这三个峰为交叉共振吸收峰. 考虑运动速度为 v 的原子，假设其运动方向与泵浦光相反，与探测光相同，由于泵浦光与探测光频率相同，所以该原子感受到的泵浦光和探测光频率分别为 $\nu_{\mathrm{p}}=\nu_0(1+v/c)$ 和 $\nu'_{\mathrm{p}}=\nu_0(1-v/c)$. 由此可以看出，它们的多普勒移频量相等，但符号相反，所以，当激光频率在两个共振跃迁 $F=2\to F'=A$ 和 $F=2\to F'=B$ 中间时，泵浦光使得原子在 $F=2\to F'=A$ 跃迁能级发生共振吸收，并达到饱和，而探测光使得原子在 $F=2\to F'=B$ 跃迁能级发生共振吸收，但是对于同一原子被激发到 $F'=A$ 态，而无法参与 $F=2\to F'=B$ 跃迁，因此出现交叉饱和吸收峰. 值得注意的是，烧孔的宽度不仅与原子跃迁能级相关，还与激光的光强有关，但通常都远小于热原子蒸气的多普勒展宽.

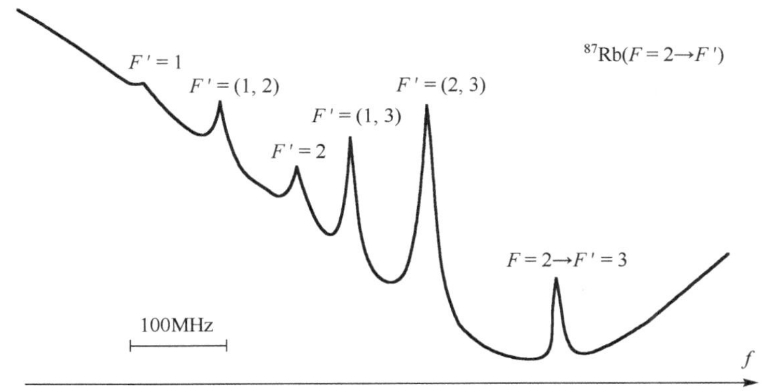

图 6-9　铷-87 原子 D2 线的饱和吸收光谱 (F=2→F')[7]

饱和吸收光谱的实际光路，通常可在图 6-8 的基础上做一些改变. 首先，参考光不是必需的，可以从光路中省略掉. 这是因为多普勒展宽背景远大于透射峰宽度，因此不会显著改变透射峰的位置和线型. 其次，泵浦光的频率可以与信号光频率不同，此时激光器的真实频率将偏离原子跃迁共振频率，偏离值是泵浦光与信号光频率差的一半.

利用饱和吸收谱锁定激光器，一般需要调制信号光的频率，然后对探测得到的饱和吸收光谱信号进行解调，获得误差信号，再通过 PID 电路产生反馈信号输入到激光器中，形成频率锁定的负反馈回路. 激光器的频率调制也可转移到泵浦光上，通过该方法得到的饱和吸收谱称为调制转移光谱，它可以降低由于外部调制对探测光的影响.

6.4 电磁诱导透明效应

对于二能级原子，当光场频率与原子跃迁频率共振时，原子对光场有强烈的吸收；但是对于三能级原子系统，两束光场同时与原子相互作用，由于跃迁的干涉相消，使原子布居到其中两个态的相干叠加态上，而导致探测光的吸收减小，甚至完全没有吸收，这种现象称为电磁诱导透明[8,9](electromagnetic induced transparency，EIT).

电磁诱导透明效应通常有三种构型：Λ 型、阶梯型、V 型. 如图 6-10 所示，其物理机理是一样的. 下面以 Λ 型为例进行说明[10]，如图 6-11 所示，Λ 型原子能级包含一个激发态$|a\rangle$和两个基态$|b\rangle$和$|c\rangle$($|b\rangle$和$|c\rangle$之间为禁戒跃迁). 一束弱的探测光作用于$|b\rangle$到$|a\rangle$跃迁能级，而另一束较强的耦合光作用于$|c\rangle$到$|a\rangle$跃迁，适当调节两光场强度，使得原子稳定地布居在较低能级的相干叠加态$\alpha|b\rangle+\beta|c\rangle$上，其中概率幅$\alpha$、$\beta$由两束光的耦合拉比频率决定，该叠加态被称为暗态(dark state)[8,9]，它是系统相互作用哈密顿量的一个本征态，不包含激发态$|a\rangle$. 当两束光频率满足双光子共振时，即可实现介质对探测光的无吸收——透明. 另外，电磁诱导透明要求耦合光的强度远大于探测光，这将使得介质对探测光的色散特性完全由耦合光的强度决定(所以耦合光又称作“控制光”).

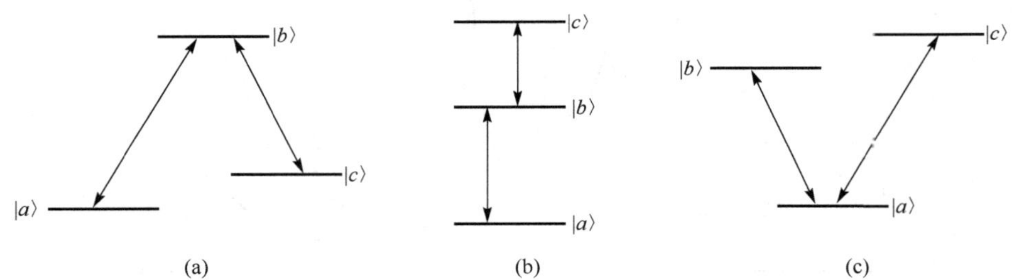

图 6-10 三能级原子结构示意图

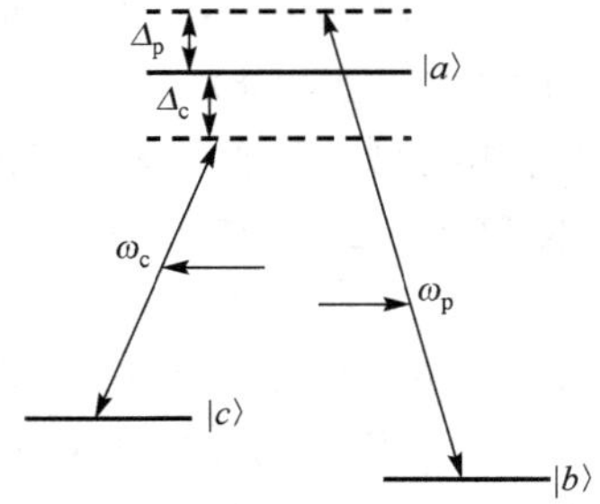

图 6-11 Λ 型三能级原子能级结构示意图

当电磁诱导透明效应发生时，在近共振处，色散特性变得非常锐利，介质对探测光的折射率发生急剧的变化，会导致探测光群速度减慢，可用于光存储.

6.4.1　电磁诱导透明效应相关理论

以 Λ 型三能级原子系统为例说明，如图 6-11 所示，其中频率为 ω_p 的探测光作用于 $|a\rangle\to|b\rangle$ 跃迁能级，其频率失谐为 $\Delta_\mathrm{p}=\omega_\mathrm{p}-\omega_{ab}$；频率为 ω_c 的耦合光作用于 $|a\rangle\to|c\rangle$ 跃迁能级，频率失谐为 $\Delta_\mathrm{c}=\omega_\mathrm{c}-\omega_{ac}$；$|b\rangle$ 和 $|c\rangle$ 之间为禁戒跃迁. 由光与原子相互作用的半经典理论，系统总的哈密顿量可写为

$$\hat{H}=\hat{H}_0+\hat{H}_\mathrm{I} \tag{6.4.1}$$

其中

$$\hat{H}_0=\hbar\omega_{a0}|a\rangle\langle a|+\hbar\omega_{b0}|b\rangle\langle b|+\hbar\omega_{c0}|c\rangle\langle c| \tag{6.4.2}$$

$$\hat{H}_\mathrm{I}=-\frac{\hbar}{2}\left(\Omega_\mathrm{p}\mathrm{e}^{-\mathrm{i}\omega_\mathrm{p}t}|a\rangle\langle b|+\Omega_\mathrm{c}\mathrm{e}^{-\mathrm{i}\omega_\mathrm{c}t}|a\rangle\langle c|\right)+\mathrm{H.c.} \tag{6.4.3}$$

其中 $\Omega_\mathrm{p}=\mu_{ab}E_\mathrm{p}/(2\hbar)$，$\Omega_\mathrm{c}=\mu_{ac}E_\mathrm{c}/(2\hbar)$ 分别代表探测光和耦合光的拉比频率，μ_{ab} 和 μ_{ac} 分别是探测光和耦合光对应跃迁能级的偶极矩阵元. 而原子密度算符随时间演化的布洛赫(Bloch)主方程为

$$\frac{\mathrm{d}\hat{\rho}}{\mathrm{d}t}=\frac{1}{\mathrm{i}\hbar}[\hat{H}_0+\hat{H}_\mathrm{I},\hat{\rho}]+\gamma\hat{\rho} \tag{6.4.4}$$

这里，γ 为原子的衰减速率. 根据哈密顿量及密度算符运动方程，得到能级跃迁 $|a\rangle\to|b\rangle$ 之间的密度算符的稳态解为

$$\tilde{\rho}_{ab}=\frac{\dfrac{\mathrm{i}}{2}\Omega_\mathrm{p}}{\gamma_{ab}-\mathrm{i}\Delta_\mathrm{p}+\dfrac{|\Omega_\mathrm{c}|^2/4}{\gamma_{cb}-\mathrm{i}(\Delta_\mathrm{p}-\Delta_\mathrm{c})}} \tag{6.4.5}$$

其中 $\tilde{\rho}_{ab}$ 为慢变量. 利用极化强度、极化率和密度算符之间的关系，可得极化率为

$$\chi=\frac{\mathrm{i}N|\mu_{ab}|^2}{\hbar\varepsilon_0}\frac{1}{\gamma_{ab}-\mathrm{i}\Delta_\mathrm{p}+\dfrac{|\Omega_\mathrm{c}|^2/4}{\gamma_{cb}-\mathrm{i}(\Delta_\mathrm{p}-\Delta_\mathrm{c})}} \tag{6.4.6}$$

其中 N 是原子数，极化率的虚部 $\mathrm{Im}[\chi]$ 和实部 $\mathrm{Re}[\chi]$ 分别代表原子对探测光的吸收和色散特性. 上述讨论都是基于静止原子来考虑的，对于热原子，必须考虑多普勒效应，假设运动速度为 v 的原子，当探测光和耦合光同向穿过该原子气室时，感应到两束光的频率失谐会增加一个多普勒频移项，即 $\Delta_\mathrm{p}=\Delta_\mathrm{p}-\omega_\mathrm{p}v/c$，$\Delta_\mathrm{c}=\Delta_\mathrm{c}-\omega_\mathrm{c}v/c$，

于是上式变为

$$\chi=\frac{\mathrm{i}N|\mu_{ab}|^2}{\hbar\varepsilon_0}\frac{1}{\gamma_{ab}-\mathrm{i}(\varDelta_{\mathrm{p}}-\omega_{\mathrm{p}}v/c)+\dfrac{|\varOmega_{\mathrm{c}}|^2/4}{\gamma_{cb}-\mathrm{i}(\varDelta_{\mathrm{p}}-\varDelta_{\mathrm{c}})}} \tag{6.4.7}$$

由于介质中各个原子的速率不同，运动方向也不同，对于理想气体只考虑一维情况(平行于光束传播方向)，根据麦克斯韦速度分布统计，可得原子介质对弱探测光的复极化率为

$$\chi=\int_{-\infty}^{\infty}\chi(v)f(v)\mathrm{d}v \tag{6.4.8}$$

其中 $f(v)$ 为原子速率分布函数.

对于阶梯型的三能级原子系统，方程(6.4.5)变为

$$\chi=\frac{\mathrm{i}N|\mu_{ab}|^2}{\hbar\varepsilon_0}\frac{1}{\gamma_{ab}-\mathrm{i}\varDelta_{\mathrm{p}}+\dfrac{|\varOmega_{\mathrm{c}}|^2/4}{\gamma_{cb}-\mathrm{i}(\varDelta_{\mathrm{p}}+\varDelta_{\mathrm{c}})}} \tag{6.4.9}$$

同样需要考虑多普勒效应对实验的影响，则 $\varDelta_{\mathrm{p}}\to\varDelta_{\mathrm{p}}-\omega_{\mathrm{p}}v/c$， $\varDelta_{\mathrm{c}}\to\varDelta_{\mathrm{c}}-\omega_{\mathrm{c}}v/c$（“+”代表探测光与耦合光反向作用于原子介质，“−”代表探测光与耦合光同向作用于原子介质)，将此变换代入上式得[10-12]

$$\chi=\frac{\mathrm{i}N|\mu_{ab}|^2}{\hbar\varepsilon_0}\frac{1}{\gamma_{ab}-\mathrm{i}\varDelta_{\mathrm{p}}+\mathrm{i}\dfrac{\omega_{\mathrm{p}}}{c}v+\dfrac{|\varOmega_{\mathrm{c}}|^2/4}{\gamma_{cb}-\mathrm{i}(\varDelta_{\mathrm{p}}+\varDelta_{\mathrm{c}})+\mathrm{i}(\omega_{\mathrm{p}}\pm\omega_{\mathrm{c}})v/c}} \tag{6.4.10}$$

从上式可以看出，对于探测光与耦合光同向传输的实验构型，由于 $\mathrm{i}(\omega_{\mathrm{p}}+\omega_{\mathrm{c}})v/c$ 比较大，多普勒效应会将电磁诱导透明信号淹没；而对于反向传输的实验构型，$\mathrm{i}(\omega_{\mathrm{p}}+\omega_{\mathrm{c}})v/c$ 项比较小，因此可以看到电磁诱导透明信号是一个多普勒自由的构型，这一结论与 Λ 型原子系统相反.

6.4.2 电磁诱导透明实验

电磁诱导透明效应实验装置如图 6-12 所示，该装置可以测量原子介质吸收和色散系数，这里以铯-133 原子蒸气介质为例. 探测光作用于铯原子 D1 线 $F_g=4\to F_e=3$ 跃迁能级，耦合光作用于 $F_g=3\to F_e=3$ 跃迁能级，构成一个 Λ 型三能级系统. 波长为 894.5 nm 的半导体激光器(DL2)作为耦合光光源，经过光纤耦合器(FC2)整形，然后通过半波片($\lambda/2$)变成水平偏振光，经反射镜(M1)和光偏振分束器(PBS3)反射穿过铯原子气室，最后由光偏振分束器(PBS4)反射到遮光挡板上；另一台波长

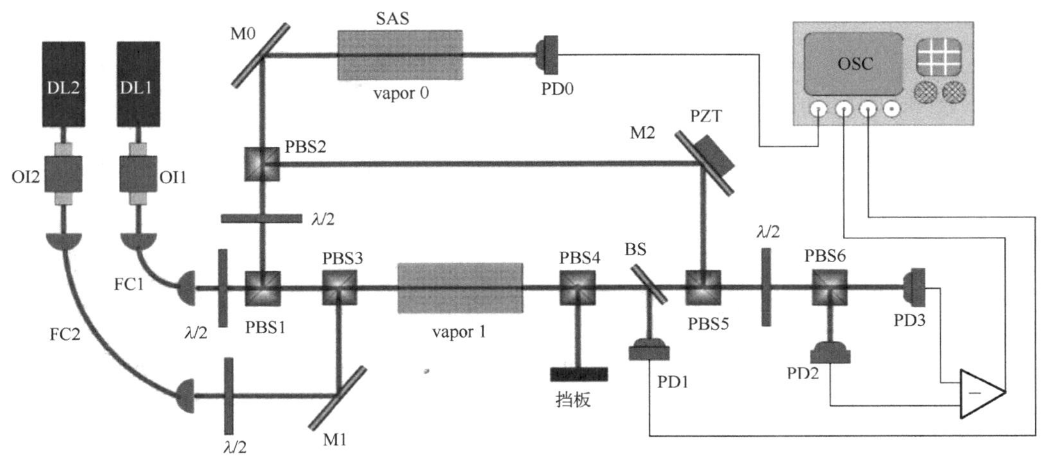

图 6-12　电磁诱导透明效应实验装置示意图

OI1、OI2：光学隔离器；SAS：饱和吸收谱(原子的饱和吸收谱由 PD0 探测，用于监视激光频率的变化)；vapor0、vapor1：原子气室；OSC：示波器

为 894.5 nm 连续可调谐半导体激光器(DL1)发出的光经光纤耦合器(FC1)整形后，经半波片及光偏振分束器(PBS1)分为两束，分别作为 s 光和 l 光并经过一个马赫-曾德尔(Mach-Zehnder，M-Z)干涉仪的两个干涉臂，用于测量原子介质的吸收和色散特性. 该装置图中，PBS1、PBS2、M2、PBS5 和 PBS6 构成马赫-曾德尔干涉仪，PBS1 为干涉仪的输入耦合镜，PBS5、半波片和 PBS6 组合构成干涉仪的输出耦合镜. 其中 s 光作为探测光穿过原子气室后，一部分经分束器(BS)反射并由探测器(PD1)探测，用于测量 s 光的透射强度(即介质的吸收系数). 根据朗伯-比尔定律，光束经过原子介质的透射率为 $T = I_{\text{out}} / I_{\text{in}} = \mathrm{e}^{-\alpha L}$，其中 I_{in} 表示入射光强，I_{out} 表示穿过介质后的光强，α 为吸收系数，L 表示介质的长度. 由 BS 透射的 s 光经 PBS5 透射后与 l 光重合，进入平衡零拍探测系统，由探测器 PD2 和 PD3 探测，用于测量 s 光的色散(即介质的色散系数). 在 l 光的光路中反射镜 M2 带有压电陶瓷(PZT)，可以改变两束光的相对相位.

利用马赫-曾德尔干涉仪测量原子介质色散特性的原理示意图如图 6-13 所示，BS1 为输入耦合镜，它将探测光分成两部分，其中 s 光经 M1 反射后穿过原子气室，到达 50/50 分束器 BS2(输出耦合镜)，l 光经带有压电陶瓷的反射镜 M2 反射在输出耦合镜 BS2 上与 s 光耦合，两束光分别用 $\hat{a}_{\text{s}} = |E_{\text{s}}|\mathrm{e}^{-\alpha L}\cos(\omega_{\text{s}} t + \beta L)$ 和 $\hat{a}_{\text{l}} = |E_{\text{l}}|\cos(\omega_{\text{s}} t + \varphi_{\text{l}})$ 表示，其中 E_{l} 表示 l 光的振幅，E_{s} 为穿入介质时 s 光的振幅，βL 代表介质对 s 光的相移引起的色散，φ_{l} 是压电陶瓷对 l 光的相移. 两个光场经过 BS2 后均分成两部分，并干涉形成两个新的光场 $\hat{a}_1$ 和 $\hat{a}_2$，根据平衡零拍探测的原理，通过 S2 后的两束光的光强差表示为

$$\Delta I = \left\langle \hat{a}_1 \hat{a}_1^* - \hat{a}_2 \hat{a}_2^* \right\rangle = 2|E_{\text{l}}||E_{\text{s}}|\mathrm{e}^{-\alpha(\omega_{\text{s}})L}\cos(\varphi_{\text{l}} + \beta L) \tag{6.4.11}$$

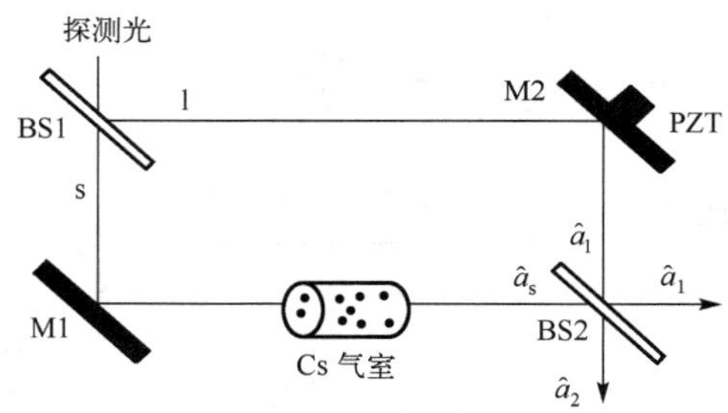

图 6-13　马赫-曾德尔干涉仪测量原子介质色散特性原理示意图

由于$|E_s| \ll |E_l|$，当控制压电陶瓷使得 l 光相位锁定在$\varphi_l = \pi/2$的位置时，并且在$\beta L \ll 1$的条件下，公式(6.4.11)可近似为

$$\Delta I \approx 2|E_l||E_s|e^{-\alpha L}\beta L \tag{6.4.12}$$

由此可以看出，s 光在经过原子介质后，由于色散会产生一定相移，色散与相位变化在光场小失谐范围内呈正比关系，s 光离开介质与 l 光在 BS2 上发生干涉，当相位差在 π/2 附近时，干涉光强度正比于 s 光的相位变化，因此可以直接测量得到原子介质的色散、相移特性，即色散系数β. 此外，为提高测量信号的信噪比，在组合分束器的两个输出端口同时探测输出信号(两信号反向)，两个探测器的减信号幅度为单个探测器信号的 2 倍. 同时，在两光束重合区域，耦合光的光斑尺寸应尽量大于探测光光斑尺寸.

由于电磁诱导透明效应与耦合光和探测光的相对相位没有依赖关系，因此实验中，两束光可以使用两个不同的激光器. 耦合光作用于$F_g = 3 \to F_e = 3$跃迁能级，频率与其共振，并且进行频率锁定. 锁定后一方面可以提高激光频率的稳定性，另一方面可以压窄激光器线宽. 而可调谐激光器 DL1 的频率可在$F_g = 4 \to F_e = 3$跃迁能级的一定失谐范围内扫描，从而获得电磁诱导透明吸收谱线和色散谱. 为比较二能级原子与三能级原子的吸收谱，可先将耦合光在进入铯原子气室前挡住，可得到二能级原子的吸收谱和色散曲线，然后放开耦合光，即得到三能级原子电磁诱导透明效应的吸收谱和色散曲线. 为避免非线性效应，原子气室一般处于室温环境，另外，耦合光的功率不宜过高，耦合光通常控制在百微瓦或毫瓦量级，探测光一般在十几微瓦. 原子气室的两个端面可镀相应激光波段的增透膜，能有效减少原子气室端面窗口对激光功率的损耗. 同时，为减少杂散磁场的影响，可采用多层镍铁高导磁合金包裹原子气室.

图 6-14(a)和(c)为阶梯型三能级原子系统测量得到的原子介质吸收谱信号[13]，由该图可以看出，对于二能级原子系统(挡住耦合光条件下)，在原子吸收线附近由于较强的吸收，出现一个大的吸收凹陷(图 6-14(a)和(c)为吸收谱的反向信号)，该凹陷宽度对应多普勒效应的谱线加宽. 当打开耦合光时，吸收谱中间位置处由于电

磁诱导透明效应，出现一个线宽很窄的透射峰，在该峰顶部位置处(双光子共振时)，原子处于两个基态的相干叠加态(对于 Λ 型三能级系统为暗态)．图 6-14(b) 和 (d) 分别为二能级原子和三能级原子电磁诱导透明效应的色散实验曲线.

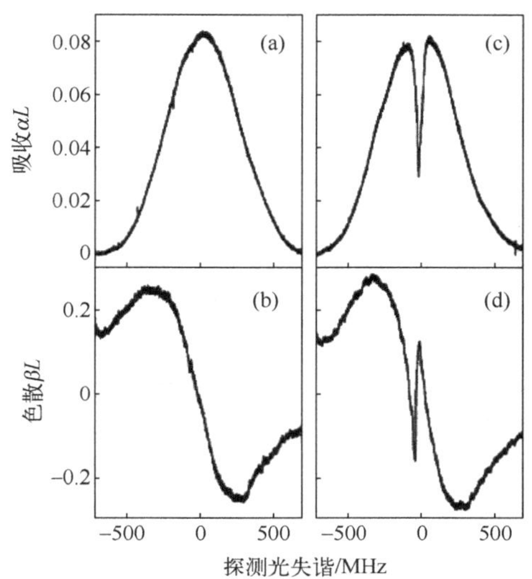

图 6-14　电磁诱导透明效应(阶梯型三能级原子系统)及其色散测量[13]

(a) 二能级原子吸收谱；(b) 二能级原子色散曲线；(c) 电磁诱导透明吸收谱；(d) 电磁诱导透明的色散曲线

基于热原子系统的电磁诱导透明实验中，主要有两个机制影响原子的相干性，分别是渡越展宽和碰撞展宽．渡越展宽指由于光束具有一定尺寸，因此运动原子在穿越光束时，需要一定时间而引起的谱线加宽．碰撞展宽包括两种情况，一为原子之间相互碰撞引起的压力展宽，另一种是原子与气室内壁碰撞引起的展宽．为减小这些退相干机制所产生的影响，提高原子的基态相干时间，原子气室内可冲入适当的 He、Ne、Ar、N_2、H_2 等缓冲气体，这些气体分子与原子的碰撞是弹性碰撞，即不会破坏原子的内态，同时缓冲气体会使原子运动的平均自由程变小，从而增加与光场的作用时间，其基态间无辐射跃迁速率可以降低到 kHz 以下．为进一步提高相干时间，可在气室内壁镀石蜡，能有效减小原子与气室内壁碰撞引起的退相干.

6.5　四 波 混 频

四波混频(four-wave mixing，FWM)是指三个光波相互作用产生第四个光波的非线性过程，它是一种三阶非线性效应($\chi^{(3)}$)[14,15]．一般四波混频过程需要一束或者两束较强的泵浦光和一个较弱的探测光，泵浦光的强度认为不发生变化. 混频产生的第四束光，即共轭光，与探测光的空间相位共轭，为探测光的时间反演. 探测光和共轭光在四波混频过程中同时获得增益，增加的这两个光子为孪生光子对，它们之间存在强关联.

6.5.1 四波混频过程

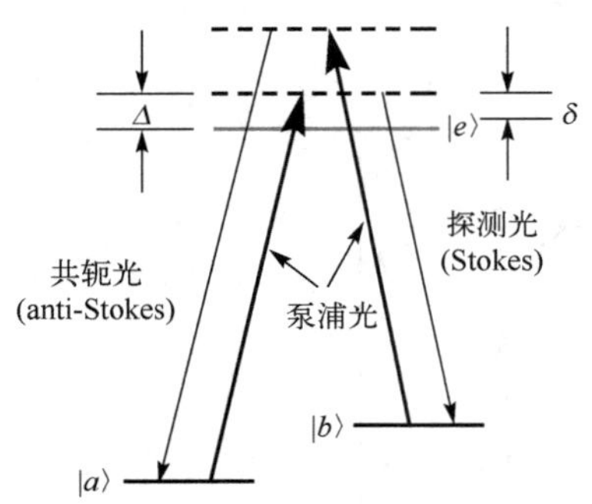

图 6-15 双 Λ 型三能级原子能级结构示意图

下面以双 Λ 型的原子系统为例来说明原子介质中的四波混频过程，能级结构如图 6-15 所示，一束较强的泵浦光作用在 $|a\rangle \to |e\rangle$ 和 $|b\rangle \to |e\rangle$ 跃迁能级上，一束较弱的探测光(也称斯托克斯光)作用在 $|b\rangle \to |e\rangle$ 跃迁线上，由于三阶非线性相互作用，原子会从 $|e\rangle$ 跃迁回 $|a\rangle$ 能级，而产生一束共轭光(也称 anti-Stokes 光)，形成一个双 Λ 型结构.

6.5.2 相位匹配

四波混频过程需要满足能量守恒和动量守恒，同向传播的四波混频光路结构[16]如图 6-16 所示，其能量守恒和动量守恒条件为

$$\Delta\omega = 2\omega_{\text{pump}} - \omega_{\text{probe}} - \omega_m = 0 \tag{6.5.1}$$

$$\Delta\boldsymbol{k} = 2\boldsymbol{k}_{\text{pump}} - \boldsymbol{k}_{\text{probe}} - \boldsymbol{k}_m = 0 \tag{6.5.2}$$

由式(6.5.2)可得四波混频过程产生的共轭光与泵浦光的夹角满足下式：

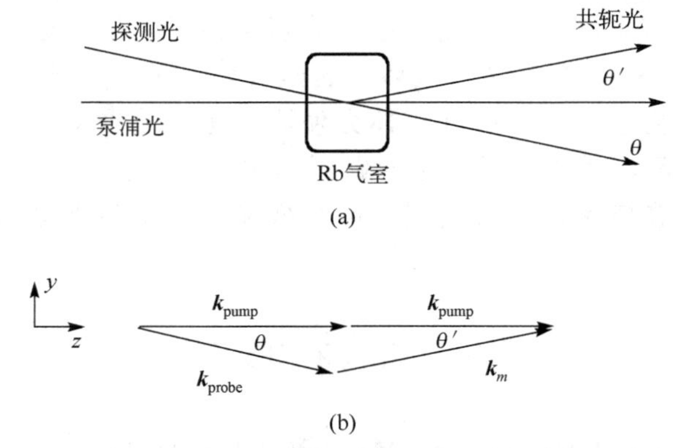

图 6-16 自由空间四波混频过程光路图(a)和相位匹配矢量图(b)

$$\tan(\theta') = \frac{(\boldsymbol{k}_m)_y}{(\boldsymbol{k}_m)_x} = \frac{|\boldsymbol{k}_{\text{probe}}|\sin\theta}{2|\boldsymbol{k}_{\text{pump}}| - |\boldsymbol{k}_{\text{probe}}|\cos\theta} \tag{6.5.3}$$

一般情况下，θ 都很小，约为几个 mrad，因此共轭光与泵浦光的夹角也非常小，所以可得

$$\tan(\theta') \approx \theta' = \frac{\omega_{\text{probe}} n_{\text{probe}}}{2\omega_{\text{pump}} n_{\text{pump}} - \omega_{\text{probe}} n_{\text{probe}} \cos(\theta)} \sin(\theta) = \frac{\omega_{\text{probe}} n_{\text{probe}}}{\omega_{\text{pump}} n_{\text{pump}}} \theta \approx \theta \tag{6.5.4}$$

上式中假设 $n \approx 1$，且在 $\omega_{\text{pump}} - \omega_{\text{probe}}$ 远小于泵浦光和探测光频率的情况下，近似认为 $\omega_{\text{pump}} \approx \omega_{\text{probe}}$.

6.5.3　色散补偿

由动量守恒关系可得

$$|\boldsymbol{k}_m|^2 = (\boldsymbol{k}_m)_z^2 + (\boldsymbol{k}_m)_y^2 = 4|\boldsymbol{k}_{\text{pump}}|^2 + |\boldsymbol{k}_{\text{probe}}|^2 - 4|\boldsymbol{k}_{\text{pump}}||\boldsymbol{k}_{\text{probe}}|\cos\theta \tag{6.5.5}$$

根据式(6.5.2)关系可得

$$\begin{aligned}\cos(\theta) &= \frac{4|\boldsymbol{k}_{\text{pump}}|^2 + |\boldsymbol{k}_{\text{probe}}|^2 - |\boldsymbol{k}_m|^2}{4|\boldsymbol{k}_{\text{pump}}||\boldsymbol{k}_{\text{probe}}|} = \frac{4n_{\text{pump}}^2\omega_{\text{pump}}^2 + n_{\text{probe}}^2\omega_{\text{probe}}^2 - n_m^2\omega_m^2}{4n_{\text{pump}}\omega_{\text{pump}} n_{\text{probe}}\omega_{\text{probe}}} \\ &= \frac{4n_{\text{pump}}^2\omega_{\text{pump}}^2 + n_{\text{probe}}^2\omega_{\text{probe}}^2 - n_m^2(2\omega_{\text{pump}} - \omega_{\text{probe}})^2}{4n_{\text{pump}}\omega_{\text{pump}} n_{\text{probe}}\omega_{\text{probe}}} \\ &= \frac{4(n_{\text{pump}}^2 - n_m^2)\omega_{\text{pump}}^2 + (n_{\text{probe}}^2 - n_m^2)\omega_{\text{probe}}^2}{4n_{\text{pump}}\omega_{\text{pump}} n_{\text{probe}}\omega_{\text{probe}}} + \frac{n_m^2}{n_{\text{pump}} n_{\text{probe}}} \\ &= \frac{4(n_{\text{pump}}^2 - n_m^2) + (n_{\text{probe}}^2 - n_m^2)}{4n_{\text{pump}} n_{\text{probe}}} + 1\end{aligned} \tag{6.5.6}$$

在 $\omega_{\text{pump}} \approx \omega_{\text{probe}}$、$\theta$ 很小的情况下，将折射率与电极化率关系 $n^2 = 1 + \chi$ 代入上式得

$$\theta^2 = (5n_m^2 - 4n_{\text{pump}}^2 - n_{\text{probe}}^2)/2 = (5\chi_m - 4\chi_{\text{pump}} - \chi_{\text{probe}})/2 \tag{6.5.7}$$

对于铷原子介质，则实验要求最佳相位匹配角约为几个毫弧度.

6.5.4　增益过程

电磁场在介质内传播时，与介质相互作用会获得增益或被吸收[17,18]，演化过程满足麦克斯韦方程. 考虑没有净自由电荷的介质，可得光场的电场分量在介质内传播的演化方程为

$$\nabla^2 E = \mu\sigma \frac{\partial}{\partial t} E + \mu\varepsilon_0 \frac{\partial^2}{\partial t^2} E + \mu \frac{\partial^2}{\partial t^2} P \tag{6.5.8}$$

对于各向同性的介质，即 $\boldsymbol{E}$ 和电极化率 $\boldsymbol{P}$ 矢量方向相平行，所以对于这里所讨论的原子蒸气介质，上式写为标量形式. 假设泵浦光和探测光、共轭光大致沿 z 轴方向同向传播，且夹角很小，在稳态条件下，可得各光场幅度方程为

$$\frac{\mathrm{d}A_{\text{probe}}}{\mathrm{d}z}=-\mathrm{i}\kappa_{\text{probe}}^{*}A_m^{*} \tag{6.5.9}$$

$$\frac{\mathrm{d}A_m^{*}}{\mathrm{d}z}=\mathrm{i}\kappa_m A_p \tag{6.5.10}$$

其中，A_{probe}、A_m 分别为探测光和共轭光的幅度

$$\kappa_{\text{probe}}^{*}=\frac{\mu\omega_{\text{probe}}^{2}}{2k_{\text{probe}}}\chi_{\text{probe}}^{nl}A_{\text{pump}}A_{\text{pump}}\cos\theta\,,\qquad \kappa_m=\frac{\mu\omega_m^{2}}{2k_m}\chi_m^{nl}A_{\text{pump}}A_{\text{pump}}\cos\theta$$

μ 为介质的磁导率，χ_{probe}^{nl}、χ_m^{nl} 分别为探测光和共轭光的非线性极化强度，它们是与泵浦光和探测光的光强和失谐量等参量相关的函数. 图 6-17 为两束光的强度随 z 的变化曲线，这里没有考虑介质损耗和增益饱和.

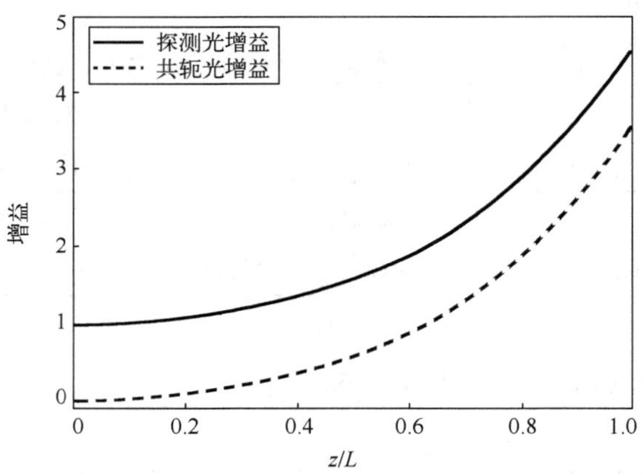

图 6-17　理论计算四波混频过程探测光和共轭光的增益随传播距离变化的曲线(原子蒸气介质长为 L)

6.5.5　增益过程的实验观察

这里以铷-85 原子介质为例来说明四波混频过程[16]，实验光路如图 6-18 所示. 这里选择铷-85 原子，主要是考虑到铷-85 D1 线跃迁能级间距大于多普勒展宽宽度，因此在一定失谐条件下，对四束光的吸收较小，有利于增益和压缩的测量. 铷-85 D1 线能级图与铷-85、铷-87 吸收谱如图 6-19 所示.实验中，功率较强的 795 nm 激光作为泵浦光与一束较弱的 795 nm 探测光分别作用在 D1 跃迁线上，两者在格兰棱镜 1 上耦合. 格兰棱镜 2 可以使泵浦光与探测光、共轭光分离. 这里选择消光比大于 10^4

的格兰棱镜，大消光比可以减小泵浦光对探测光和共轭光在探测过程中的影响. 泵浦光和探测光频率相差 3.036 GHz，以小角度在铷原子气室内重合，相位匹配角约为 4 mrad. 重合区域泵浦光光斑一般大于探测光，典型的光斑尺寸一般在 300～600 μm，探测光光斑一般在 100～300 μm. 图 6-20 为泵浦光相对 $F=2\to F'$ 跃迁能级正失谐 1 GHz 左右，探测光在该跃迁附近 12 GHz 范围内扫描的增益曲线，其中两个尖峰分别对应探测光和共轭光.

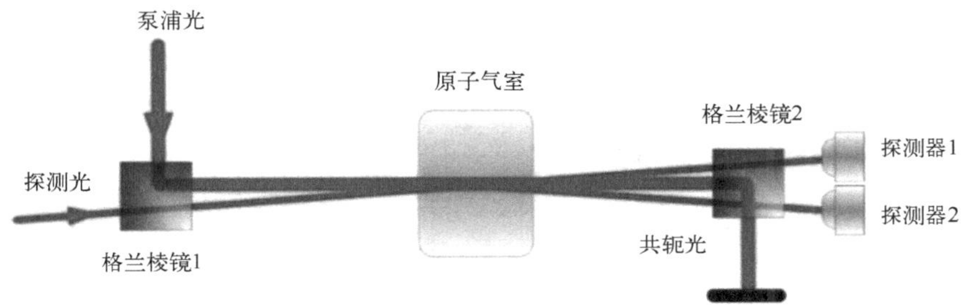

图 6-18　四波混频过程实验装置图

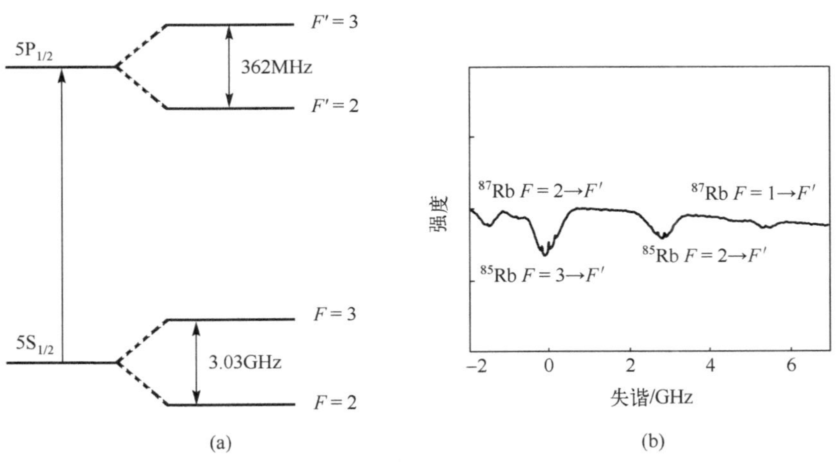

图 6-19　铷-85 原子 D1 线能级图(a)和铷-85 和铷-87 混合原子蒸气介质 D1 的饱和吸收谱(b)

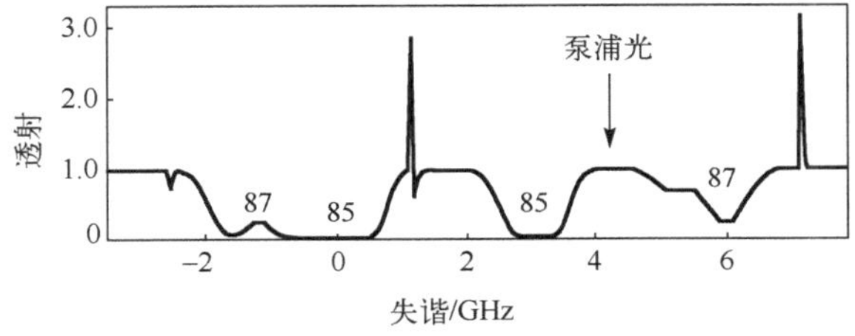

图 6-20　探测光在泵浦光失谐 1 GHz 时的增益[19]

该图中所用的介质为铷-87 和铷-85 原子的混合原子气室，其价格相对于纯铷-85 或铷-87 原子气室的较低泵浦光功率、两个光场的失谐以及气室温度等因素对四波混频过程会产生较大影响，实验中需要选择合适的参数. 图 6-21、图 6-22 和图 6-23 分别为泵浦光功率、双光子失谐和气室温度与增益的关系. 泵浦光功率一般在几百 mW 左右，探测光功率为几百 μW . 泵浦光相对 $F=2\rightarrow F'$ 跃迁线正失谐约几百 MHz 到 1 GHz，在该区域，泵浦光和探测光以及共轭光可以远离介质的多普勒展宽的吸收谱范围. 双光子失谐量可在几十至百 MHz 范围内调节，在不同泵浦光功率下需要选择合适的双光子失谐量. 非线性相互作用的强弱也依赖于原子数密度，通过改变气室温度，可以控制气室中原子数密度，通常铷原子气室的温度控制在 80～130℃范围内. 原子气室温度过低，原子数密度低，会使非线性效应减弱，过高的温度则会使泵浦光产生自聚焦效应，影响四波混频过程.

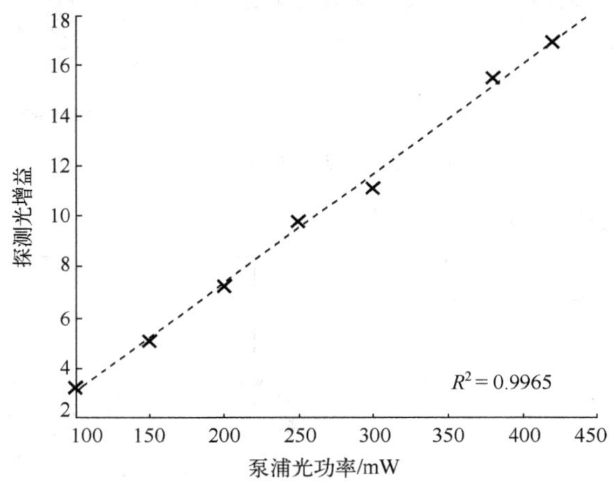

图 6-21 探测光增益随泵浦光功率的变化[20]

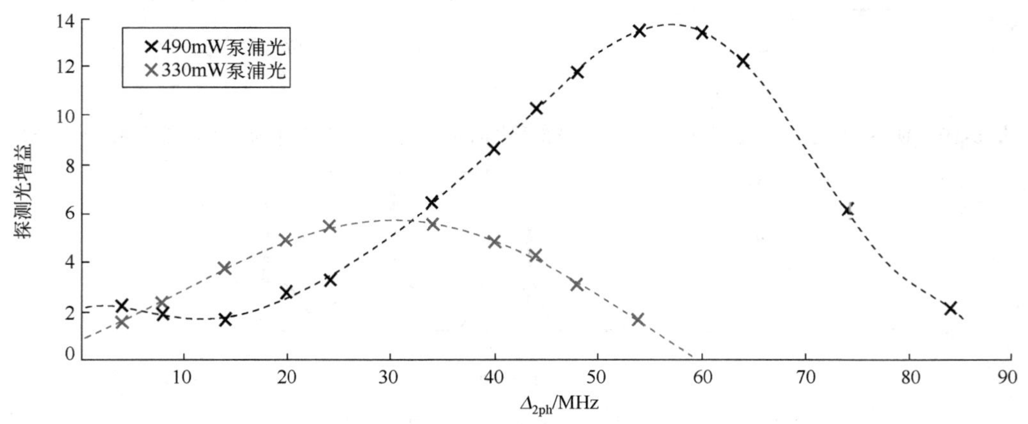

图 6-22 探测光随双光子失谐的变化[20]

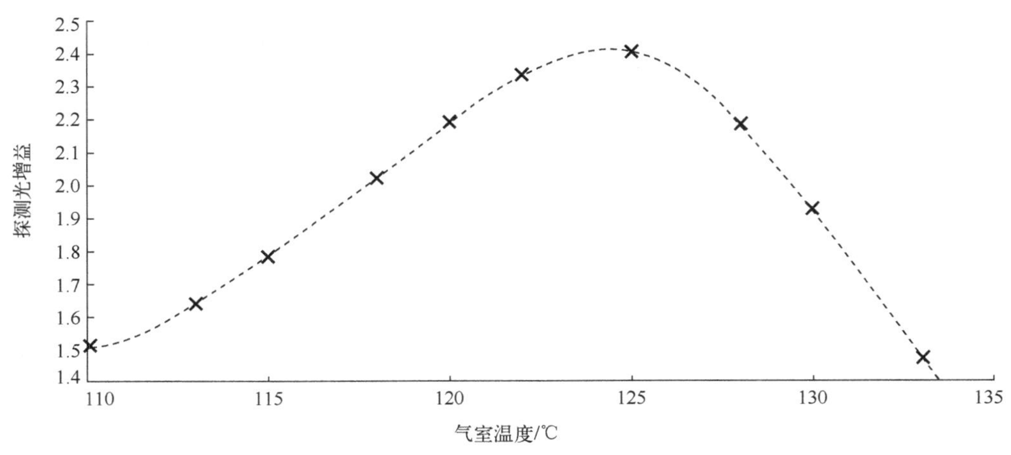

图 6-23　探测光增益随原子气室温度的变化[20]

6.6　四波混频过程产生明亮压缩光

6.6.1　双模压缩态光场的相关理论

在四波混频过程中，湮灭一个泵浦光子产生一个探测光子或共轭光子，相互作用哈密顿量可以写为

$$\hat{H} = \mathrm{i}\hbar\beta\hat{b}^{\dagger}\hat{c}\hat{a}^{\dagger}\hat{c} - \mathrm{i}\hbar\beta\hat{b}\hat{c}^{\dagger}\hat{a}\hat{c}^{\dagger} \tag{6.6.1}$$

在实验过程中泵浦光的强度一般都很大，假设在此过程中泵浦光没有损耗，视为经典场．用 c 代替 $\hat{c}$，并定义常数 $\xi = \beta c^2 = \beta c^{*2}$，则式(6.6.1)变为

$$\hat{H} = \mathrm{i}\hbar\xi\hat{b}^{\dagger}\hat{a}^{\dagger} - \mathrm{i}\hbar\xi\hat{b}\hat{a} \tag{6.6.2}$$

相应的压缩算符为 $\hat{S} = \hat{U}(\tau) = \mathrm{e}^{r(\hat{b}^{\dagger}\hat{a}^{\dagger} - \hat{a}\hat{b})}$，这里 $r = \xi\tau$，即为双模压缩算符．由海森伯表象算符的时间演化方程可得探测光和共轭光的演化，求解两个光场的演化方程组可得四波混频过程后输出场的表达式为

$$\begin{aligned} \hat{a}_{\text{out}} &= \sqrt{G}\hat{a} + \sqrt{G-1}\hat{b}^{\dagger} \\ \hat{b}_{\text{out}}^{\dagger} &= \sqrt{G}\hat{b}^{\dagger} + \sqrt{G-1}\hat{a} \end{aligned} \tag{6.6.3}$$

其中 $G = \cosh^2(r)$，进而有 $G - 1 = \sinh^2(r)$．由上式可得所产生的探测光和共轭光的光子数分别为

$$N_{\text{probe}} = \hat{a}_{\text{out}}^{\dagger}\hat{a}_{\text{out}} = G\hat{a}^{\dagger}\hat{a} + (G-1)\hat{b}\hat{b}^{\dagger} + \sqrt{G(G-1)}\hat{a}^{\dagger}\hat{b}^{\dagger} + \sqrt{G(G-1)}\hat{b}\hat{a} \tag{6.6.4}$$

$$N_{\text{conj}} = \hat{b}_{\text{out}}^{\dagger}\hat{b}_{\text{out}} = G\hat{b}^{\dagger}\hat{b} + (G-1)\hat{a}\hat{a}^{\dagger} + \sqrt{G(G-1)}\hat{b}^{\dagger}\hat{a}^{\dagger} + \sqrt{G(G-1)}\hat{a}\hat{b} \tag{6.6.5}$$

由于四波混频中注入的共轭光为真空场，因此四波混频后产生的总的平均光子数和光子数之差为

$$\left\langle N_{\text{probe}}\right\rangle+\left\langle N_{\text{conj}}\right\rangle=(2G-1)\left\langle\hat{a}^{\dagger}\hat{a}\right\rangle \tag{6.6.6}$$

$$\left\langle N_{\text{probe}}\right\rangle-\left\langle N_{\text{conj}}\right\rangle=\left\langle\hat{a}^{\dagger}\hat{a}\right\rangle \tag{6.6.7}$$

由上式可以看出，四波混频过程使探测光和共轭光的总光子数(总光强)增加，但是探测光和共轭光均增加了相同的光子数，所以两束光的光子数差没有变化. 因此强度差的方差为

$$\left\langle(N_{\text{probe}}-N_{\text{conj}})^2\right\rangle-\left\langle N_{\text{probe}}-N_{\text{conj}}\right\rangle^2=\left\langle(\hat{a}^{\dagger}\hat{a})^2\right\rangle-\left\langle\hat{a}^{\dagger}\hat{a}\right\rangle^2=\left\langle\hat{a}^{\dagger}\hat{a}\right\rangle \tag{6.6.8}$$

上式说明探测光和共轭光增加的强关联光子对，并没有增加两束光之间的相对噪声. 而散粒噪声在四波混频后应为探测光和共轭光总光强的强度噪声：

$$\begin{aligned}\left\langle(N_{\text{probe}}+N_{\text{conj}})^2\right\rangle-\left\langle N_{\text{probe}}+N_{\text{conj}}\right\rangle^2&=(2G-1)(\left\langle(\hat{a}^{\dagger}\hat{a})^2\right\rangle-\left\langle\hat{a}^{\dagger}\hat{a}\right\rangle^2)\\&=(2G-1)\left\langle\hat{a}^{\dagger}\hat{a}\right\rangle\end{aligned} \tag{6.6.9}$$

所以强度差压缩为

$$\text{sq}=\lg\frac{\left\langle\hat{a}^{\dagger}\hat{a}\right\rangle}{(2G-1)\left\langle\hat{a}^{\dagger}\hat{a}\right\rangle}=-\lg(2G-1) \tag{6.6.10}$$

利用原子介质的四波混频过程制备非经典光场，相对于其他方法具有实验装置简单、操控方便、费用相对较低等优点. 此外，原子数密度的控制通常可以通过改变气室的温度实现，这对于小体积的原子气室并不困难. 由图 6-4 可知，对于铷原子当温度由 300 K 升高到 400 K 时，原子数密度将提高近 4 个量级，因此原子蒸气介质中的非线性效应能显著增强.

6.6.2 强度差压缩光的探测

对于强度差压缩的探测，图 6-18 中采用了直接探测的方法[21]，该方法利用两个探测器分别测量探测光和共轭光，两个探测器交流信号的差对应强度差压缩，但是在实验的过程中，必须用另外两束与探测光和共轭光等光强的光束照射两个探测器，将其交流信号的差作为散粒噪声基准. 但是实验过程中，如果探测光和共轭光的功率变化，就必须重新校准散粒噪声基准，所以给实验带来诸多不便. 这里讲述采用自零拍探测方法测量强度差压缩，实验装置如图 6-24 所示，该探测方法很好地解决了这一问题.

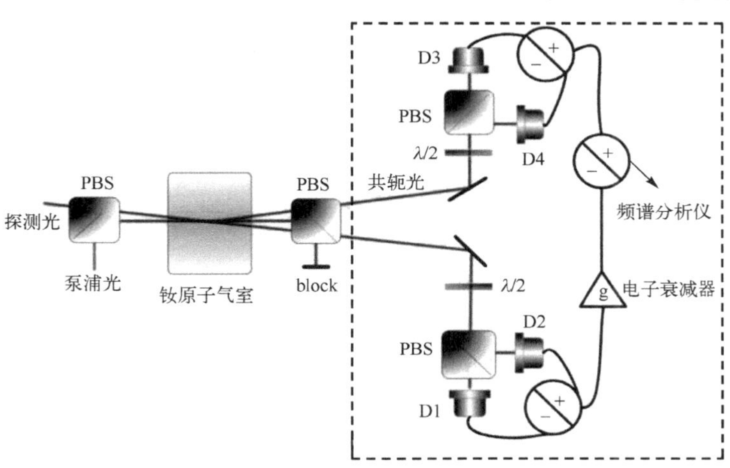

图 6-24　四波混频过程制备强度差压缩光的自零拍探测装置示意图
PBS：偏振分光棱镜；D1～D4：探测器 1～4

探测系统如图 6-24 所示，四波混频后的探测光和共轭光分别经过由半波片和偏振分光棱镜构成的分束器分束，然后通过两套相同的自零拍探测系统测量. 分束器的输出光表示为

$$\begin{aligned}&\hat{d}_1 = t_{\mathrm{p}}\hat{a}_{\mathrm{out}} + r_{\mathrm{p}}\hat{b}_{\mathrm{vp}},\ \ \hat{d}_2 = r_{\mathrm{p}}\hat{a}_{\mathrm{out}} + t_{\mathrm{p}}\hat{b}_{\mathrm{vp}}\\&\hat{d}_3 = t_{\mathrm{c}}\hat{b}_{\mathrm{out}} + r_{\mathrm{c}}\hat{b}_{\mathrm{vc}},\ \ \hat{d}_4 = r_{\mathrm{c}}\hat{b}_{\mathrm{out}} + t_{\mathrm{c}}\hat{b}_{\mathrm{vc}}\end{aligned} \tag{6.6.11}$$

其中 $t_{\mathrm{p,c}}$ 和 $r_{\mathrm{p,c}}$ 分别是两个探测通道分束器的透射和反射系数，满足 $t_{\mathrm{p,c}}^2 + r_{\mathrm{p,c}}^2 = 1$ 和 $r_{\mathrm{p,c}}^* t_{\mathrm{p,c}} + t_{\mathrm{p,c}}^* r_{\mathrm{p,c}} = 0$. $\hat{b}_{\mathrm{vp,vc}}$ 分别是从两个分束器耦合进的真空场. 对于平衡探测系统，两个分束器的分数比为 50∶50，因此两对探测器的光电流之和、差为

$$\begin{aligned}&i_{\mathrm{p+}} = G\hat{a}^\dagger\hat{a} + (G-1)\hat{b}\hat{b}^\dagger + \sqrt{G(G-1)}\hat{a}^\dagger\hat{b}^\dagger + \sqrt{G(G-1)}\hat{b}\hat{a} + \hat{b}_{\mathrm{vp}}^\dagger\hat{b}_{\mathrm{vp}}\\&i_{\mathrm{p-}} = i\sqrt{G}\hat{a}^\dagger\hat{b}_{\mathrm{vp}} - i\sqrt{G}\hat{b}_{\mathrm{vp}}^\dagger\hat{a}\\&i_{\mathrm{c+}} = G\hat{b}^\dagger\hat{b} + (G-1)\hat{a}\hat{a}^\dagger + \sqrt{G(G-1)}\hat{b}^\dagger\hat{a}^\dagger + \sqrt{G(G-1)}\hat{a}\hat{b} + \hat{b}_{\mathrm{vc}}^\dagger\hat{b}_{\mathrm{vc}}\\&i_{\mathrm{c-}} = i\sqrt{G-1}\hat{a}\hat{b}_{\mathrm{vc}} - i\sqrt{G-1}\hat{b}_{\mathrm{vc}}^\dagger\hat{a}^\dagger\end{aligned} \tag{6.6.12}$$

利用线性化算符关系，明亮光场的产生和湮灭算符可表示为光场幅度的平均值和量子涨落之和，则两对平衡零拍探测器和之和、和之差，以及差之和、差之差的方差可表示为

$$\begin{aligned}&\mathrm{Var}[\delta i_{\mathrm{p+}} + \delta i_{\mathrm{c+}}] = (2G-1)^2\alpha^2\delta^2\hat{X}_{\mathrm{p}} + 4G(G-1)\alpha^2\delta^2\hat{X}_{\mathrm{v}}\\&\mathrm{Var}[\delta i_{\mathrm{p+}} - \delta i_{\mathrm{c+}}] = \alpha^2\delta^2\hat{X}_{\mathrm{p}}\\&\mathrm{Var}[\delta i_{\mathrm{p-}} + \delta i_{\mathrm{c-}}] = G\alpha^2\delta^2\hat{Y}_{\mathrm{vp}} + (G-1)\alpha^2\delta^2\hat{Y}_{\mathrm{vc}}\\&\mathrm{Var}[\delta i_{\mathrm{p-}} - \delta i_{\mathrm{c-}}] = G\alpha^2\delta^2 Y_{\mathrm{vp}} + (G-1)\alpha^2\delta^2 Y_{\mathrm{vc}}\end{aligned} \tag{6.6.13}$$

如果探测光为相干光，并设$\delta^2\hat{X}_{\mathrm{p}}=\delta^2\hat{Y}_{\mathrm{cp}}=\delta^2\hat{Y}_{\mathrm{cv}}=1/4$，所以式(6.6.13)化为

$$\mathrm{Var}[\delta i_{\mathrm{p}+}+\delta i_{\mathrm{c}+}]=\frac{1}{4}[(2G-1)^2\alpha^2+4G(G-1)\alpha^2] \tag{6.6.14}$$

$$\mathrm{Var}[\delta i_{\mathrm{p}+}-\delta i_{\mathrm{c}+}]=\frac{1}{4}\alpha^2 \tag{6.6.15}$$

$$\mathrm{Var}[\delta i_{\mathrm{p}-}+\delta i_{\mathrm{c}-}]=\frac{1}{4}(2G-1)\alpha^2 \tag{6.6.16}$$

$$\mathrm{Var}[\delta \mathrm{i}_{\mathrm{p}-}-\delta i_{\mathrm{c}-}]=\frac{1}{4}(2G-1)\alpha^2 \tag{6.6.17}$$

由上式可以看出，该探测系统两对平衡探测器的差之和、差之差为散粒噪声基准，和之差为压缩，和之和是放大的噪声. 在理想情况下，式(6.6.15)为常数，其值等于增益前入射探测光电流的涨落方差，式(6.6.16)为增益后单臂探测系统的光电流涨落方差$G\alpha^2$与共轭光的电流涨落方差$(G-1)\alpha^2$之和，这说明，由于增益探测光和共轭光的光强增加，但是由于在两束光上增加的光子之间的强关联，而使两束光的相对强度差噪声并没有增加. 如果在共轭光的自平衡探测系统这一臂插入一个可调节的电子衰减器，则上式可化为

$$\mathrm{Var}[\delta i_{\mathrm{p}-}\pm\delta i_{\mathrm{c}-}]=\mathrm{Var}\left\{\frac{a}{\sqrt{2[a^2+(gb)^2]}}\delta\hat{Y}_{\mathrm{vp}}\pm\frac{gb}{\sqrt{2[a^2+(gb)^2]}}\delta\hat{Y}_{\mathrm{vc}}\right\}=1 \tag{6.6.18}$$

$$\mathrm{Var}[\delta i_{\mathrm{p}+}-\delta i_{\mathrm{c}+}]=\mathrm{Var}\left\{\frac{a}{\sqrt{2[a^2+(gb)^2]}}\delta\hat{X}_{\mathrm{p}}-\frac{gb}{\sqrt{2[a^2+(gb)^2]}}\sqrt{G-1}\delta\hat{X}_{\mathrm{p}}\right\} \tag{6.6.19}$$

其中g为电子衰减器的增益，上式中已经对各式进行了归一化，所以当

$$g=\frac{\sqrt{G-1}}{G} \tag{6.6.20}$$

式(6.6.19)的值为$\mathrm{sq}=\mathrm{e}^{-2r}$，这与理想情况下平衡零拍探测的结果一致. 在两套自零拍探测系统的一臂上加入一个经典的电子衰减器后，得到了和平衡零拍探测系统相同的结果，但是这里省去了利用平衡零拍探测调节干涉度的复杂工作，因此使实验过程大为简化. 图 6-25 为自零拍测量的实验结果.

在四波混频过程中，压缩的测量需要固定泵浦光和探测光的频率，这样才能使系统保持稳定的增益，因此需要将泵浦光和探测光的频率进行锁定. 但是通常两束光均远离原子跃迁频率，因此不能通过原子饱和吸收谱对激光频率进行锁定，一般可借助辅助光学谐振腔——参考腔，进行频率锁定，例如，钛宝石激光器(具有良好的噪声特性)，自身带有一个参考光学谐振腔，将激光器的输出光锁定到该谐振腔上作

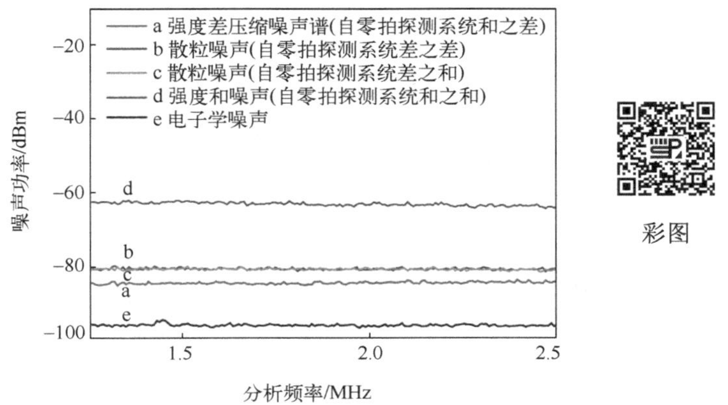

图 6-25　自零拍探测四波混频过程输出光场的噪声功率谱[21]

为泵浦光，同时从中分出一部分，并利用声光调制器对其进行移频，从而得到探测光；也可将一束辅助光利用原子饱和吸收谱锁定到原子跃迁能级上，再通过泵浦光、探测光与辅助光的拍频信号，将其锁定到相应的失谐频率上实现. 强度差压缩与泵浦光失谐的关系如图 6-26 所示.

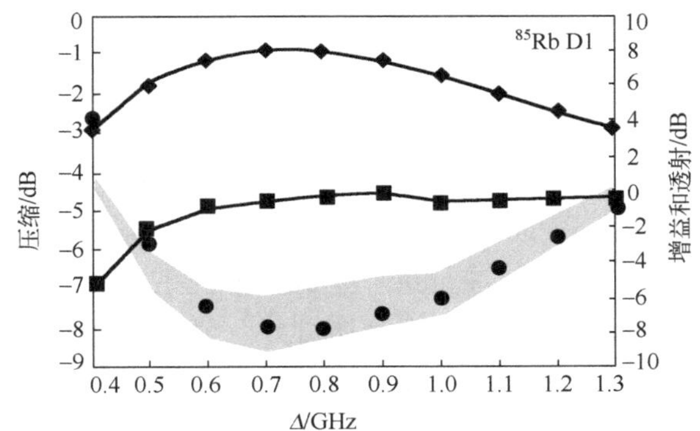

图 6-26　探测光增益和压缩随泵浦光失谐的变化[22]

点为强度差压缩，方块点和线为探测光透射率，菱形点和线为探测光增益

6.7　基于热原子系综的光存储与延迟

光子由于其传输速度快、受环境影响相对较小，而成为一种优秀的信息载体，在经典和量子信息中起着关键作用. 如第 5 章中所述，在远距离的信息传输过程中往往需要借助“中继器”扩大网络传输的距离[23,24]，中继器的使用将光纤传输的距离拓展到全球范围，是当今使用最广泛的通信连接方式. 与经典光通信类似，“量

子中继器”旨在拓展量子通信的距离. 其基本原理是采用分段纠缠分发与纠缠交换相结合来拓展通信距离，其中核心是在量子节点建立量子存储，如图 6-27 所示[24].

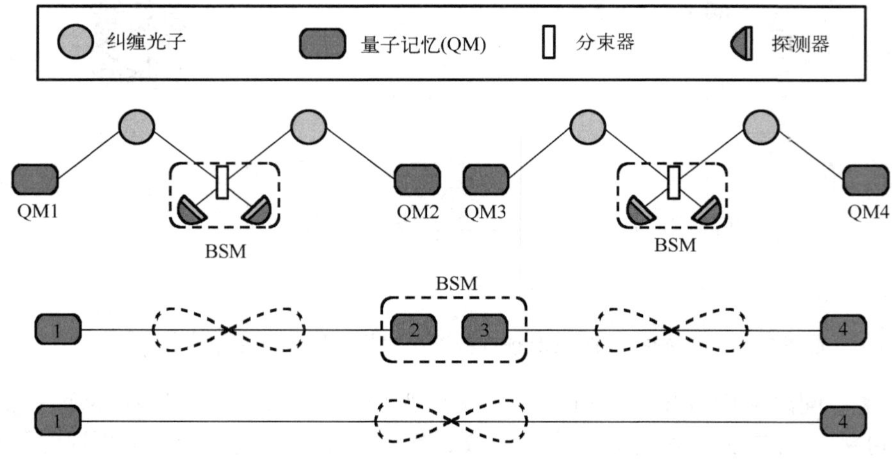

图 6-27　基于纠缠交换和量子存储的量子中继通信示意图[24]

目前有几种方案可以在原子系统中实现量子存储，包括电磁诱导透明存储[25]、四波混频存储、拉曼存储[26]、光子回波存储[27]等. 拉曼存储是利用远失谐的拉曼过程，能够在单光子水平上实现宽带信号的存储和读取[28]；当信号光和控制光入射到原子体系中，弱信号光和强控制光会产生双光子共振，系统能够通过该双光子跃迁通道吸收入射的信号光，从而实现信号光的存储. 光子回波是指在与介质跃迁共振相互作用的强光脉冲作用下，介质的瞬时效应引起的瞬态相干，例如，两个同频脉冲光与介质相互作用，第二个脉冲是第一个脉冲脉宽的 2 倍，在经过一段时间后，介质发射出一束同频的脉冲光. 按存储介质划分，光存储包括原子蒸气介质存储和固态存储[29]等，本章主要介绍基于热原子蒸气介质的光存储，包括电磁诱导透明光存储和四波混频光存储.

不同系统对于光存储的要求不同，因此存储的评价标准也不相同，下面介绍光存储的几个重要指标.

(1) 存储效率，定义为恢复光脉冲信号的能量与输入待存储脉冲能量的比值. 高的存储效率对所有量子存储的相关应用均十分重要，是判断某种量子存储器能否实用和推广的前提.

(2) 存储保真度，定义为存储前后量子态的相似程度，数学形式为存储前后量子态的卷积. 为了保证存储过程恢复的光信号能够保持光场存储前的量子特性，高保真的存储过程需要低的噪声存储保真度是衡量存储系统对光场量子态保持能力的量化指标.

(3) 存储时间，即量子存入到读出之间的时间间隔. 在多数实际应用中量子态需要存储一定时间，但是受各种退相干机制的影响，随着存储时间的延长，量子态的存储效率和保真度逐渐减小.

(4) 存储带宽，定义为可以有效存储的光信号的最大频率带宽. 光量子网络中的高速率操作需要宽带光场，因此具有大存储带宽的量子存储器件具有良好的应用前景.

6.7.1　基于热原子系综电磁诱导透明效应的光存储

1. 电磁诱导透明光存储基本理论——暗态和暗态极化激元

在原子气体中，最常见的基于电磁诱导透明的光存储系统是 Λ 型三能级系统. 存储的过程如下：首先，向系统入射一束强控制光，随后输入信号光，建立电磁诱导透明；关闭控制光，信号光的完整信息会以原子相干的形式存储在两个基态能级上；再次打开控制光，存储在原子介质中的信息可以被重构并被读取. 在理想的情况下，原子保持相干性，如果读取阶段的控制场和存储阶段一致，则读出信号光也与存储的一致. M. Fleischhauer 等提出的暗态极子理论[25]是描述光的传播、存储和读取的一个重要工具，可以完整地描述绝热条件下光场和原子的演化过程. 暗态极子是指光场和原子相干叠加态，可以相干地改变光场和原子的相对组分. 光与物质之间的量子态转移为产生空间分离的原子系统之间的纠缠、高精度光谱以及可逆量子存储器开辟了广阔的前景.

在如图 6-28 (a) 所示的三能级 Λ 型系统中，暗态极子波函数表示为

$$\psi(z,t)=\cos\theta\hat{E}(z,t)-\sin\theta\hat{\sigma}_{bc}(z,t) \tag{6.7.1}$$

其中，$\hat{E}$ 表示光场，$\hat{\sigma}(z,t)=(1/N)\sum_{j=1}^{N}|b\rangle_{j\ j}\langle c|\mathrm{e}^{-\mathrm{i}\omega_{bc}t}$ (N 为原子数) 为描述原子相干性的原子相干算符，两个三角函数系数分别是光场分量与原子分量所占比例，可表示为

$$\cos\theta=\frac{\Omega(t)}{\sqrt{\Omega^2(t)+g^2N}},\quad \sin\theta=\frac{g\sqrt{N}}{\sqrt{\Omega^2(t)+g^2N}} \tag{6.7.2}$$

这里，Ω 为耦合光的拉比频率，$g=\mu_{ab}\sqrt{\nu/(2\hbar\varepsilon_0V)}$ 为探测光与原子耦合常数，μ_{ab} 为 $|b\rangle\leftrightarrow|a\rangle$ 的跃迁偶极矩，V 为量子化体积，ν 为探测光频率. ψ 满足演化方程：

$$\left[\frac{\partial}{\partial t}+c\cos^2\theta(z,t)\frac{\partial}{\partial z}\right]\psi(z,t)=0 \tag{6.7.3}$$

从图 6-28 (b) 可以看出，暗态极子在传播过程中保持不变. 当控制光场关闭时，ψ 的传播速度减小，甚至接近为零，说明暗态极化激元已被存储在介质中；随后控制光打开，暗态极子重新在介质中传播，群速度恢复为与存储前相同. 同时由图 6-28 (c) 和 (d) 看出，光场分量和原子分量在存储前后相互交换. 这种基于暗态极

子的相干控制机制可以实现量子光脉冲的“捕获”，光脉冲的形状和量子态被稳定地保持在原子介质中，并且可以实现量子态从光到原子的转移和可逆转换.

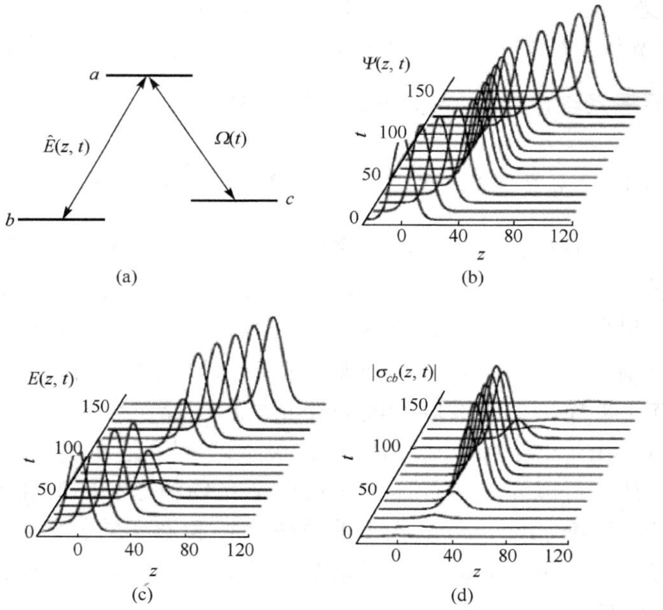

图 6-28　三能级 Λ 型原子气体系统中存储和读取慢光脉冲[25]
(a)三能级 Λ 型体系；(b)暗态极化激元的振幅；(c)光场分量；(d)原子分量

2. 相干光存储

图 6-29 为基于电磁诱导透明的相干光存储实验示意图[30]. 实验选取一束波长为 795 nm 的弱光与铷-87 D1 线 $5^2\mathrm{S}_{1/2}, F=2 \to 5^2\mathrm{P}_{1/2}, F=1$ 跃迁能级相互作用. 由于控制光比信号光强很多，因此，大多数原子处于 $5^2\mathrm{S}_{1/2}, F=2, m_F=+2$ 塞曼能级. 将输入光准直并聚焦到原子气室中. 实验通过使用快速泡克耳斯(Pockels)盒旋转输入光的偏振，产生一个左旋圆偏振光脉冲作为信号光，并利用 1/4 波片和偏振分束器(PBS)监测. 右旋光、左旋光的输入峰值功率分别约为 1 mW 和 100 μW. 为了确保原子具有较长的相干时间，将铷原子气室进行磁屏蔽处理，并填充压强大约为 5 Torr①的氦缓冲气体. 实验中铷原子气室的温度为 70～90℃，对应原子数密度为 10^{11}～10^{12} 个/m^3，气室长 4 cm.

图 6-29(b)为连续波信号光和控制光的实验结果，是通过扫描磁场改变双光子失谐得到的典型信号光透射谱. 在透明窗口外(磁场为 20 mG)，铷原子介质对信号光完全不透明. 图 6-30 为采用脉冲信号光的实验结果，输入信号脉冲时间长度在几

① 1 Torr=1 mmHg=1.33×10^{2}Pa.

十 μs，对应于自由空间中大约十几公里的空间长度. 在光场进入铷原子气室时，由于群速度的降低，信号脉冲在空间上压缩了 5 个数量级以上. 为了捕捉、存储和释放信号脉冲，利用声光调制器在大约 3 μs 内关闭控制光，大部分信号脉冲存储在铷原子气室中. 在一段时间后，再次打开控制光，释放出脉冲信号. 通常，在光存储和释放过程中，光电探测器记录两个时间信号脉冲. 第一个为在控制光关闭时，参考信号脉冲穿过气室后的信号(图 6-30 中峰Ⅰ)，该信号不受存储操作影响；第二个是当控制光打开，信号脉冲在原子介质中储存一段时间后的释放光场(图 6-30 中峰Ⅱ).

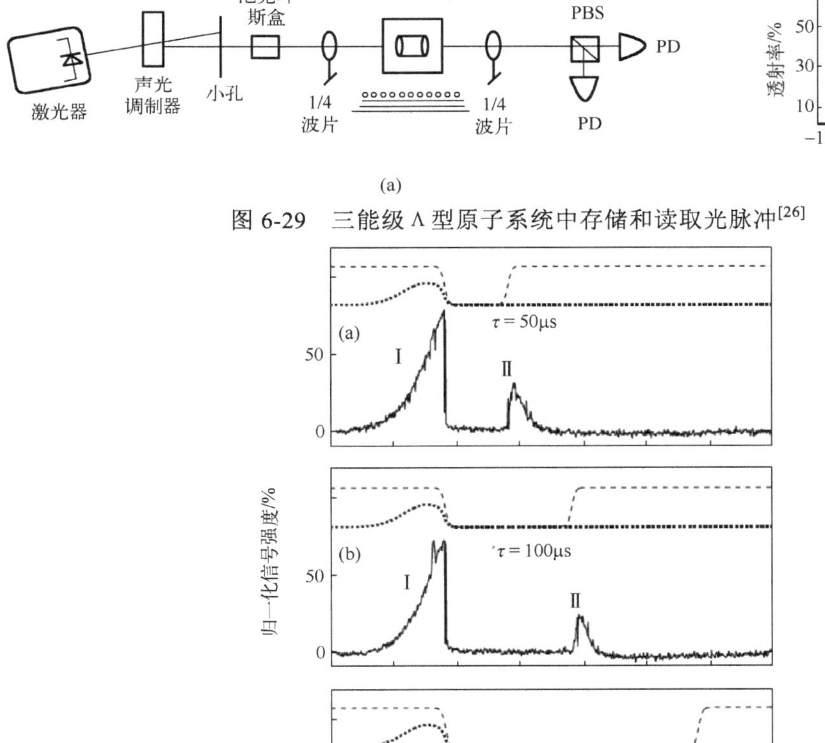

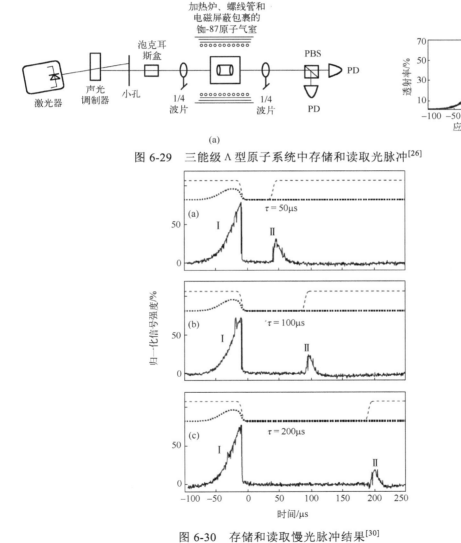

图 6-29 三能级 Λ 型原子系统中存储和读取光脉冲[26]

图 6-30 存储和读取慢光脉冲结果[30]

虚线和点线分别代表理论计算的控制光和输入信号光脉冲，实线为实验信号光脉冲信号

3. 压缩态光场存储

对于量子光场，存储过程会将光场量子态转移到原子自旋态上，输入光场和存储一段时间后原子自旋分量间的对应关系为

$$
\begin{aligned}
\hat{X}_{\mathrm{a}}(t) &= \hat{X}_1(0) \\
\hat{P}_{\mathrm{a}}(t) &= \hat{P}_1(0)
\end{aligned}
\tag{6.7.4}
$$

其中 $\hat{X}_1$、$\hat{P}_1$ 为光场正交分量算符，$\hat{X}_{\mathrm{a}}$、$\hat{P}_{\mathrm{a}}$ 对应原子自旋正交分量，其定义式为

$$
\begin{aligned}
\hat{X}_{\mathrm{a}} &= \frac{\hat{\sigma}+\hat{\sigma}^{\dagger}}{\sqrt{2}} = \frac{\hat{\sigma}_y}{\sqrt{\langle\hat{\sigma}_x\rangle}} \\
\hat{P}_{\mathrm{a}} &= \frac{\hat{\sigma}-\hat{\sigma}^{\dagger}}{\mathrm{i}\sqrt{2}} = \frac{\hat{\sigma}_z}{\sqrt{\langle\hat{\sigma}_x\rangle}}
\end{aligned}
\tag{6.7.5}
$$

并且满足 $[\hat{X}_{\mathrm{a}},\hat{P}_{\mathrm{a}}]=\mathrm{i}/2$，这里 $\hat{\sigma}$、$\hat{\sigma}^{\dagger}$、$\hat{\sigma}_x$、$\hat{\sigma}_y$、$\hat{\sigma}_z$ 为原子系综总角动量算符[31]. 实验装置如图 6-31 所示，一台 795 nm 半导体激光器作为控制光作用到铷-87 原子 $|5\mathrm{S}_{1/2},F=2\rangle\rightarrow|5\mathrm{P}_{1/2},F=1\rangle$ 跃迁能级，另一钛宝石激光器相对控制光失谐 6.8 GHz，与铷-87 原子 $|5\mathrm{S}_{1/2},F=1\rangle\rightarrow|5\mathrm{P}_{1/2},F=1\rangle$ 跃迁能级共振，并进行频率锁定，然后经过倍频器作为泵浦光泵浦一个光学参量放大器，制备产生 795 nm 的压缩真空态光场. 该压缩真空态光场的正交分量噪声低于散粒噪声 3.5 dB. 然后将该压缩光作为探测光存储到原子介质中，存储释放后的光场进行平衡零拍探测，结果如图 6-32 所示.

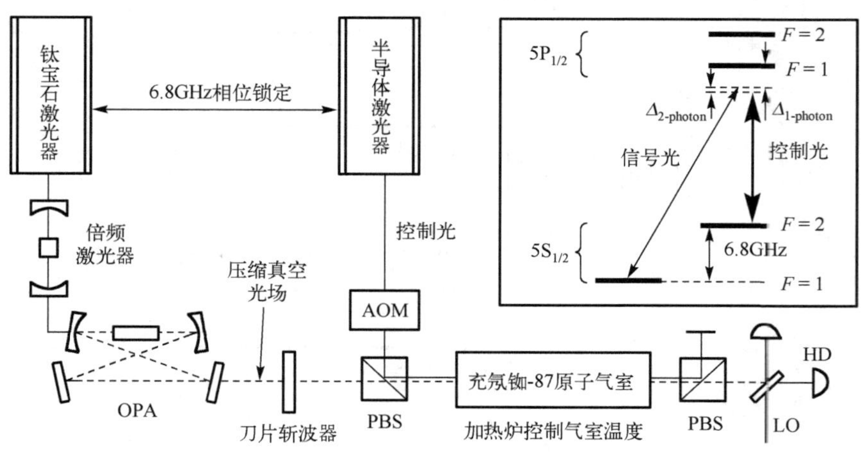

图 6-31 压缩态光场存储

LO：本振光；HD：平衡零拍探测器；$\Delta_{2\text{-photon}}$：双光子失谐；$\Delta_{1\text{-photon}}$：单光子失谐

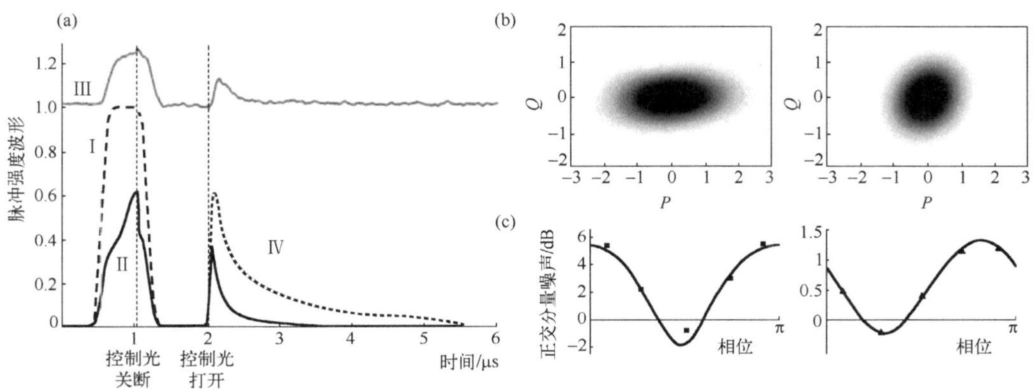

图 6-32　压缩态光场量子存储实验结果[31]

(a) 存储脉冲, 虚线为经典输入脉冲; 下面实线为经典脉冲存储前后脉冲信号, 上面实线为时域相平均平衡零拍探测信号, 存储释放重构信号. (b) 左和右分别为输入和存储释放后的压缩态光场维格纳函数. (c) 左和右分别为输入和存储释放后的压缩态光场的正交分量噪声

4. 连续变量纠缠态光场存储

通过存储过程可以实现光场量子态和原子自旋态之间的转移，因此将光场的纠缠态通过存储过程可以在空间分离的不同原子系综之间建立纠缠. 图 6-33 为三组分连续变量 GHZ 态的量子存储实验示意图[32]. 实验装置与图 6-31 类似，同样利用铷-87 原子的 D1 线完成存储. 一束 795 nm 激光首先经过倍频腔产生 397.5 nm 激光，用来泵浦三个光学参量放大器，产生三束明亮压缩态 795 nm 量子光场，这三束光

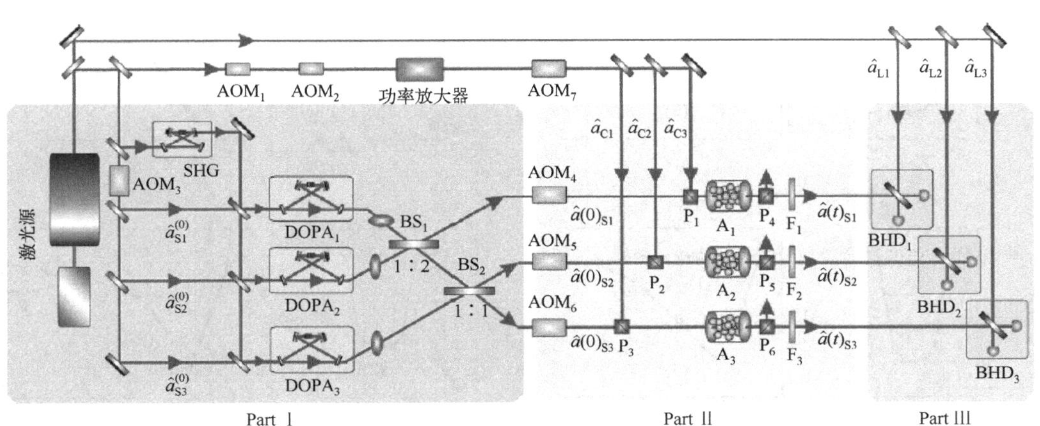

(a)

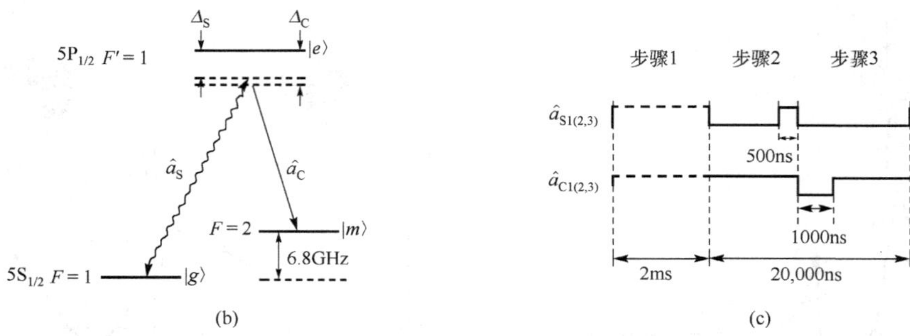

图 6-33　三组分连续变量 GHZ 纠缠态存储实验示意图(a)、铷-87 原子 D1 线能级结构(b)及存储实验时序(c)

Part Ⅰ：三组分纠缠态制备；Part Ⅱ：纠缠态存储；PartⅢ：纠缠验证；AOM_1～AOM_7：声光调制器；P_1～P_6：偏振分光棱镜；F_1～F_3：滤波器；SHG：倍频激光器；BHD_1～BHD_3：平衡零拍探测器；$DOPA_1$～$DOPA_3$：简并光学参量放大器；A_1～A_3：铷原子气体室

经过两个分束器，从而制备一个三组分 GHZ 态，其量子关联满足不可分判据，这三束光分别经过声光调制器(AOM)调制作为探测光与三束移频后的 795 nm 光作为控制光在三个偏振分光棱镜上耦合，分别与三个空间分离的热原子系综作用，完成存储过程．存储释放后的输出光进入平衡零拍探测系统探测，测量输出场之间的量子关联，来检验存储后释放光场的量子特性，实验结果如图 6-34 所示．其中(1)为真空噪声，(2)为存储前输入场的量子关联，(3)为存储 1000 ns 后释放光场的关联测量．

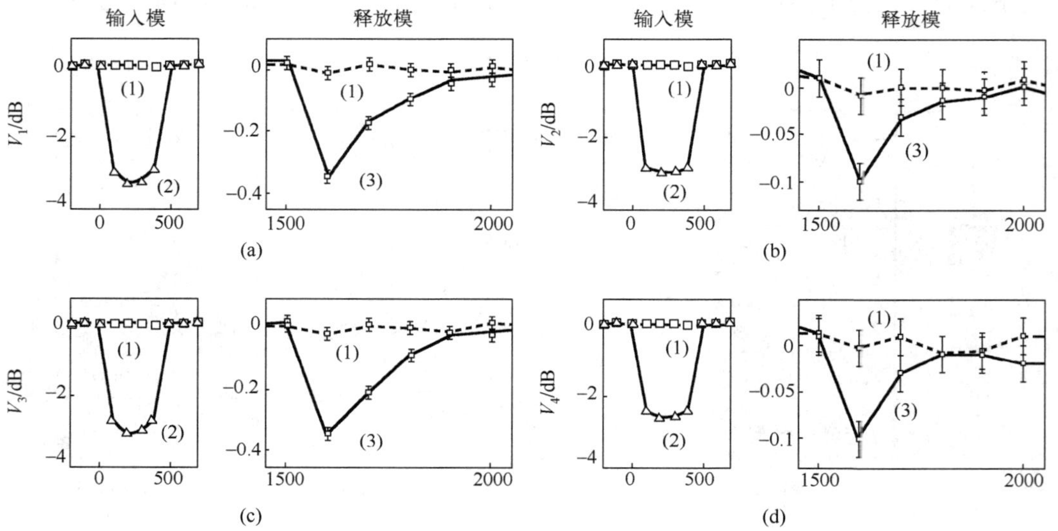

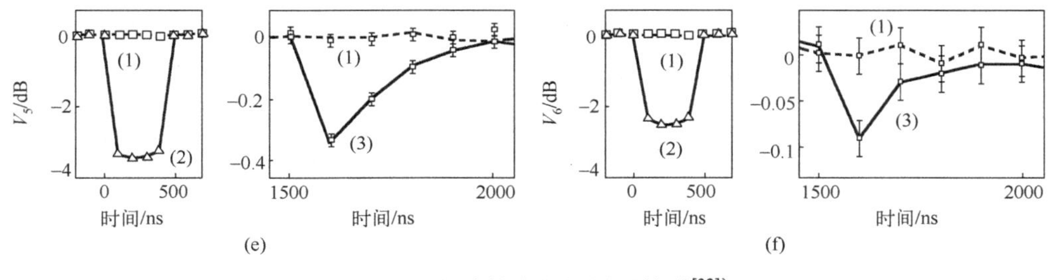

图 6-34　释放的光场间量子关联[32]}

(a) $V_1\left[\left\langle\delta^2(\hat{X}(0)_{L2}-\hat{X}(0)_{L3})\right\rangle\right]$，(b) $V_2\left[\left\langle\delta^2(g_{L1}^{\text{opt}}\hat{P}(0)_{L1}+\hat{P}(0)_{L2}+\hat{P}(0)_{L3})\right\rangle\right]$，

(c) $V_3\left[\left\langle\delta^2(\hat{X}(0)_{L1}-\hat{X}(0)_{L3})\right\rangle\right]$，(d) $V_4\left[\left\langle\delta^2(\hat{P}(0)_{L1}+g_2^{\text{opt}}\hat{P}(0)_{L2}+\hat{P}(0)_{L3})\right\rangle\right]$，

(e) $V_5\left[\left\langle\delta^2(\hat{X}(0)_{L1}-\hat{X}(0)_{L2})\right\rangle\right]$，(f) $V_6\left[\left\langle\delta^2(\hat{P}(0)_{L1}+\hat{P}(0)_{L2}+g_{L3}^{\text{opt}}\hat{P}(0)_{L3})\right\rangle\right]$

6.7.2　四波混频光延迟

电磁诱导透明效应中光场与原子跃迁频率共振，因此电磁诱导透明效应光存储对光场的频率有很大限制，只能在与透明窗口匹配的一个很小的频率范围内. 而四波混频效应在一个较大的失谐范围都可实现，并且由于非线性效应，在双光子共振处的一定区域内可以产生很大的色散变化，因此四波混频过程也可用于光场量子态的存储. 但是，电磁诱导透明效应发生在原子跃迁共振区域，因此控制光不需要很高功率，而远失谐的四波混频过程则要求泵浦光具有较高的功率密度.

图 6-35 为利用四波混频过程进行光场量子态存储的示意图[33]. 一束连续 795 nm 耦

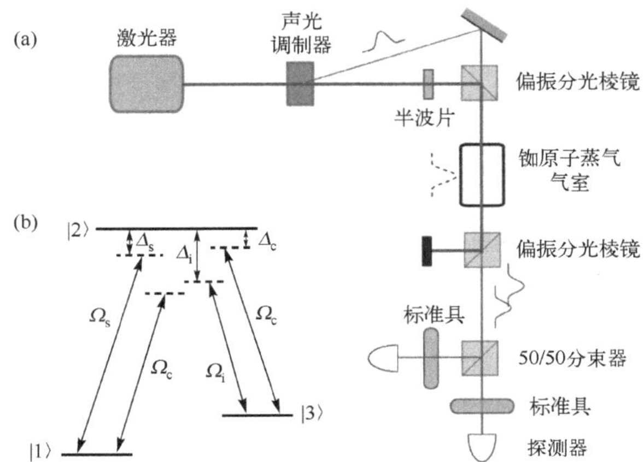

图 6-35　四波混频光存储实验装置示意图(a)及原子能级图(b)[33]

激光器产生的光通过一个声光调制器，其中负一级衍射光作为探测光，0 级光作为泵浦光，这两束光通过一个偏振分光棱镜耦合进入铷原子气室，泵浦光与信号光和共轭光经过第二个偏振分光棱镜分开，信号光和共轭光进入探测系统探测

合光通过声光调制器移频产生探测光，使其相对于铷-85 原子 D1 线 $F=2\rightarrow F'=2,3$ 跃迁能级红失谐 3.036 GHz，这里激发态 $F'=2,3$ 两个能级间隔 120 MHz，而铷原子蒸气多普勒展宽在约几百 MHz 以上，因此，$F'=2,3$ 两个能级可视为简并能级. 耦合光和信号光偏振相互垂直，沿同向入射到一个热原子气室，构成双 Λ 型结构. 四波混频过程产生一束相对于耦合光正失谐的闲置光，即共轭光. 该过程与 6.5 节所述过程相同. 而在存储实验中，信号光通过一个声光调制器，从而产生一束脉冲光，作为待存储光场. 实验所用原子气室长 7.5 cm，气室温度为 70°C，耦合光在气室内腰斑尺寸为 500 μm，信号光为 300 μm，气室冲有 20 Torr 氖缓冲气体，以提高相干时间. 图 6-36 为脉冲信号光的实验结果，存储时间分别为 1.4 μs、20 μs 以及 120 μs 过程中所产生的闲置光和存储释放的脉冲信号光.

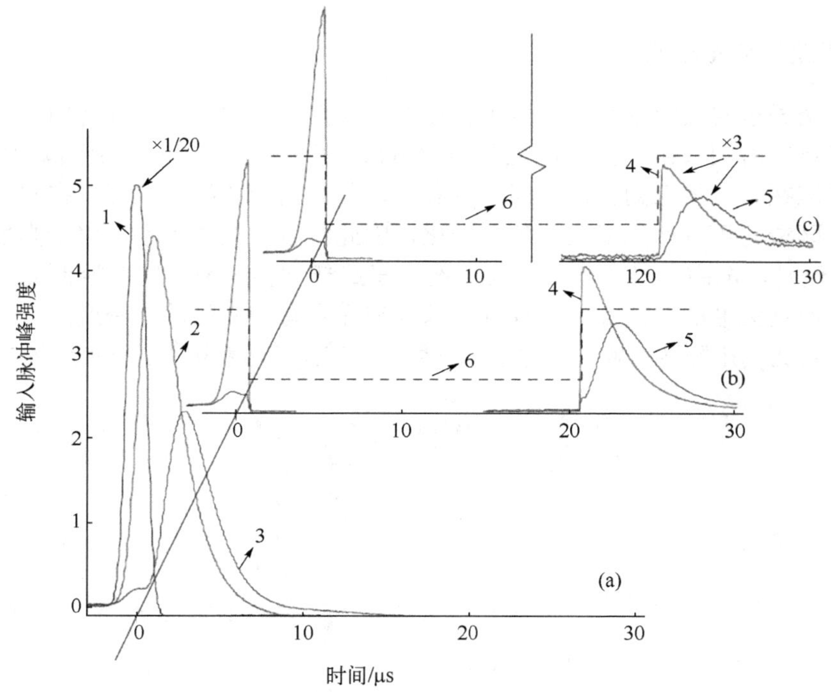

图 6-36　四波混频光存储与释放实验结果[33]

(a) 中，线 1 为信号光，线 2 为闲置光，线 3 为释放的信号光场；
(b) 和 (c) 中，线 4 为信号光，线 5 为闲置光，线 6 为耦合光

在上述实验中，利用四波混频过程在双光子共振处强烈的色散变化实现了对相干光的存储. 同样，四波混频过程也可以用于非经典光场的延迟与存储. 图 6-37 为 2009 年 P. D. Lett 等通过四波混频过程完成可失谐的 EPR 纠缠态光场的延迟实验[34].

在该实验中，利用一束泵浦光泵浦两个铷原子蒸气气室，第一个原子气室制备产生真空探测光和共轭光的 EPR 纠缠态光场，其中产生的共轭光由平衡零拍探测器探测，同时产生的真空探测光进入第二个原子气室作为探测光，从而产生一束放大的真空探测光和另一束共轭光. 放大并被第二个四波混频过程延迟的探测光由另一组平衡零拍探测器探测，并与第一个平衡零拍探测器进行关联测量. 实验测量的量子关联与延迟时间的关系如图 6-38 所示，在延迟时间为 27 ns 时，两个光场之间仍存在量子关联.

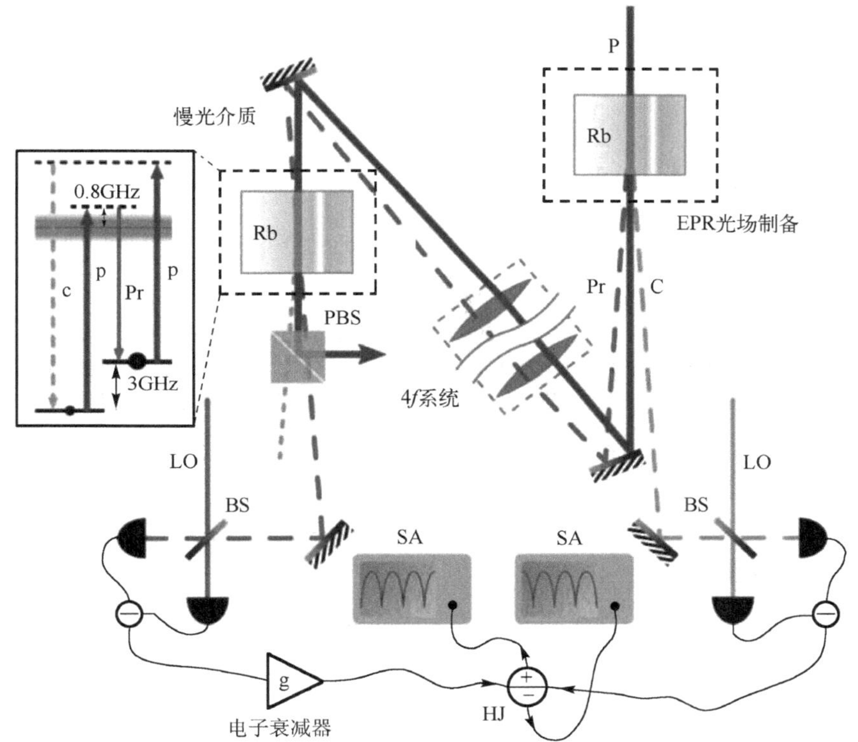

图 6-37　可失谐的 EPR 纠缠态的延迟实验[34]

BS：分束器，LO：本振光.

其中第一个铷原子气室用于制备 EPR 光，第二个作为慢光介质

除可用于量子光场的存储之外，四波混频过程还可用于全光量子离物传态[35]、纠缠成像[36]、高维量子信息过程[37]、非互易光学器件[38]以及量子精密测量[39]等领域，是量子光学中的重要资源.

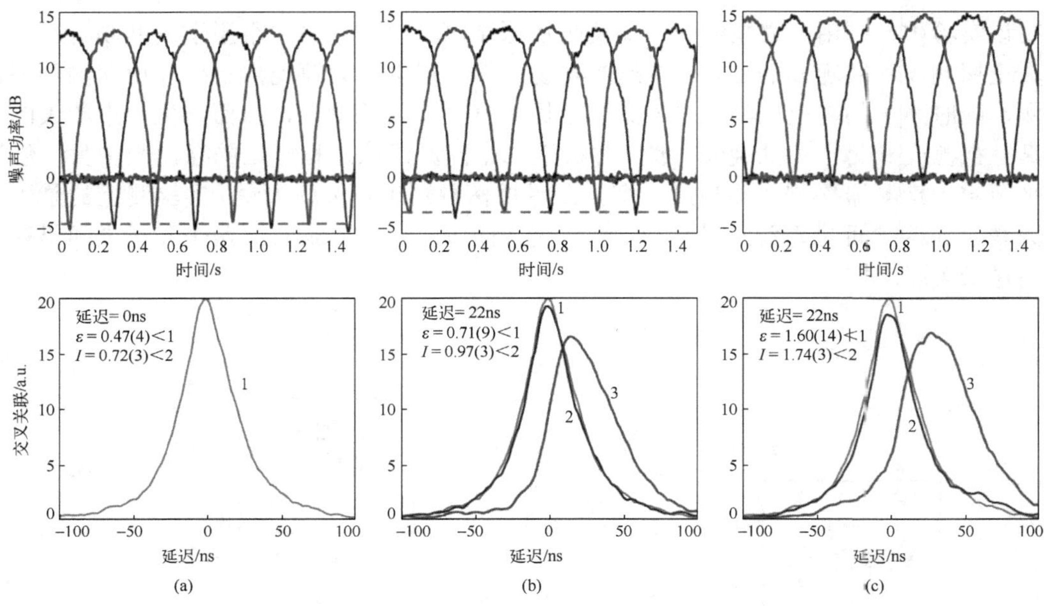

图 6-38 EPR 纠缠态的延迟实验结果[34]

第一行为第二个铷原子气室分别在 23℃、91℃和 100℃时，扫描平衡零拍探测系统相位测量得到的正交分量关联噪声. 第二行分别为 23℃、91℃和 100℃时，延迟 0 ns、22 ns 和 22 ns 探测光和共轭光之间的关联函数. 第二行中，线 1 为没有四波混频过程的结果，线 2 为挡住泵浦光的实验结果,线 3 为对应温度下的纠缠延迟的关联函数

思 考 题

(1) 如何理解暗态？其性质如何？

(2) 四波混频所制备的强度差压缩态光场之间存在何种关联，是否能够通过改变泵浦光和信号光之间的相位进行控制？

(3) 暗态极化激元波函数推导.

参 考 文 献

[1] Alcockc B. Vapor pressure of the metallic elements. https://physics.nyu.edu/kentlab/How_to/ChemicalInfo/VaporPressure/Pressure.pdf.

[2] Hoenig R E, Kramer D A. Vapor pressure data for the soild and liquid elements. RCA Rev., 1969, 30:258.

[3] 周炳琨，高以智，陈倜嵘，等. 激光原理. 4 版. 北京：国防工业出版社, 2000.

[4] Bennett W R. Hole burning effects in a He-Ne optical maser. Phys. Rev., 1962, 126: 580.

[5] Lamb W E. Theory of an optical maser. Phys. Rev., 1964, 134: A1429.

[6] 韩琳，林弋戈，杨晶，等.基于光谱烧孔效应的激光稳频技术研究与进展. 激光与光电子学进展, 2019, 56: 110003.

[7] 王青，赖舜男，齐向晖，等.基于饱和吸收谱的激光稳频实验系统设计. 实验技术与管理, 2021, 38: 23-28, 32.

[8] Harris S E. Electromagnetically induced transparency. Phys. Today, 1997, 50: 36.

[9] Boller K J, Imamolu A, Harris S E. Observation of electromagnetically induced transparency. Phys. Rev. Lett., 1991, 66: 2593-2596.

[10] 周海涛. 基于原子相干效应的相干反射的研究. 太原：山西大学, 2012.

[11] Gea-Banacloche J, Li Y Q, Jin S, et al. Electromagnetically induced transparency in ladder-type inhomogeneously broadened media: Theory and experiment. Phys. Rev. A, 1995, 51: 576-584.

[12] 王波. 相干原子介质中非线性效应与量子效应的研究. 太原：山西大学, 2007.

[13] Xiao M, Li Y, Jin S, et al. Measurement of dispersive properties of electromagnetically induced transparency in Rubidium atoms. Phys. Rev. Lett., 1995, 74: 666-669.

[14] 宋婷婷，周延芬，张凯，等. 基于四波混频过程产生四组份纠缠. 量子光学学报，2022，28：131-139.

[15] 徐笑吟，刘胜帅，荆杰泰. 基于四波混频过程的纠缠光放大. 物理学报, 2022, 71: 11-17.

[16] 于旭东. 四波混频产生明亮纠缠光和腔与原子强相互作用的相关研究. 太原：山西大学, 2012.

[17] 石顺祥，过巳吉，安毓英，等.非共线简并四波混频相位共轭的大信号理论. 量子电子学, 1985, 2: 176-183.

[18] 王丹. 相干原子介质内的光操控及量子关联光场. 太原：山西大学, 2016.

[19] McCormick C F, Boyer V, Arimondo E, et al. Strong relative intensity squeezing by four-wave mixing in rubidium vapor. Opt. Lett., 2007, 32: 178-180.

[20] Jasperse M. Relative intensity squeezing by four-wave mixing in rubidium. Melbourne: The University of Melbourne, 2010.

[21] Yu X D, Meng Z M, Zhang J. Measurement of intensity difference squeezing via non-degenerate four-wave mixing process in an atomic vapor. Chin. Phys. B, 2013, 22: 094204.

[22] Pooser R C, Marino A M, Boyer V, et al. Quantum correlated light beams from non-degenerate four-wave mixing in an atomic vapor: the D1 and D2 lines of ^{85}Rb and ^{87}Rb. Opt. Express, 2009, 17: 16722-16730.

[23] Briegel H J, Dür W, Cirac J I, et al. Quantum repeaters: the role of imperfect local operations in quantum communication. Phys. Rev. Lett., 1998, 81: 5932-5935.

[24] 冯啸天. 光量子存储及噪声特性的实验研究. 上海：华东师范大学, 2020.

[25] Fleischhauer M, Lukin M D. Dark-state polaritons in electromagnetically induced transparency.

Phys. Rev. Lett., 2000, 84: 5094-5097.

[26] Ding D S, Zhang W, Zhou Z Y, et al. Raman quantum memory of photonic polarized entanglement. Nature Photon., 2015, 9: 332-338.

[27] Li Z D, Zhang R, Yin X F, et al. Experimental quantum repeater without quantum memory. Nat. Photonics, 2019, 13: 644-648.

[28] 窦建鹏. 基于室温原子的宽带量子存储研究. 上海: 上海交通大学, 2018.

[29] Tang J S, Zhou Z Q, Wang Y T, et al. Storage of multiple single-photon pulses emitted from a quantum dot in a solid-state quantum memory. Nat. Commun., 2015, 6: 8652.

[30] Phillips D F, Fleischhauer A, Mair A, et al. Storage of light in atomic vapor. Phys. Rev. Lett., 2001, 86: 783-786.

[31] Appel J, Figueroa E, Korystov D, et al. Quantum memory for squeezed light. Phys. Rev. Lett., 2008, 100: 093602.

[32] Yan Z H, Wu L, Jia X J, et al. Establishing and storing of deterministic quantum entanglement among three distant atomic ensembles. Nature Communications, 2017, 8: 718.

[33] Camacho R M, Vudyasetu P K, Howell J C. Four-wave-mixing stopped light in hot atomic rubidium vapour. Nature Photonics, 2009, 3: 103-106.

[34] Marino A M, Pooser R C, Boyer V, et al. Tunable delay of Einstein-Podolsky-Rosen entanglement. Nature, 2009, 457: 859-862.

[35] Liu S S, Lou Y B, Jing J T. Orbital angular momentum multiplexed deterministic all-optical quantum teleportation. Nature Communications, 2020, 11: 3875.

[36] Boyer V, Marino A M, Pooser R C, et al. Entangled images from four-wave mixing. Science, 2008, 321: 544-547.

[37] Wang W, Zhang K, Jing J T. Large-scale quantum network over 66 orbital angular momentum optical modes. Physical Review Letters, 2020, 125: 140501.

[38] Wang D W, Zhou H T, Guo M J, et al. Optical diode made from a moving photonic crystal. Phys. Rev. Lett., 2013, 110: 093901.

[39] Hudelist F, Kong J, Liu C J, et al. Quantum metrology with parametric amplifier-based photon correlation interferometers. Nature Communications, 2014, 5: 3049.

第 7 章　中性原子的激光冷却与俘获

光与物质相互作用是现代科学研究的重要内容. 早期原子物理学通过原子分子光谱研究推动了量子理论的建立；随着量子理论的发展，人们开始利用量子技术调控微观粒子的物性与结构，基于此实现了诸多新奇物态，这些调控技术以及新物态的研究又促进了现代量子光学的发展.

虽然目前已经开展了广域的光与物质相互作用研究，但是，包括双光子跃迁、非线性混频等多光子过程的物理机制依然不清楚，甚至单粒子受激辐射这种单光子过程也不完全清楚，受激辐射是产生相干光的主要机制，也是光与物质相互作用的基础. 上述物理过程的深入研究需要对原子的外部、内部自由度进行操控，需要构建低温可控的少体或多体系统. 在过去几十年里，激光冷却俘获技术有了很大的进步，基于激光冷却技术的冷原子系统可以构建环境弱耦合的低温量子系统，其允许在多参数空间对物态结构及其物理特性进行调控，这使得在单粒子水平构建新奇量子物态以及研究电磁场与粒子的非经典相互作用成为可能.

激光冷却与俘获通过原子与光子的近共振跃迁耦合实现高效的能量和动量交换，该过程可以在短时间内制备微开尔文(μK)甚至纳开尔文(nK)温度的冷原子样品，其样品温度远低于其他低温技术所能获得的极限温度. 基于激光冷却技术可以构建由一个、两个等可控数目原子组成的低温少体量子系统，也可以构建由数百万个原子组成的低温多体量子系统，这些低温原子的粒子性、波动性等非经典特性较为明显，这为精密量子调控提供了技术手段，也为量子光学的深入研究提供了物理平台.

7.1　光与原子相互作用基本模型

激光与二能级原子的相互作用主要表现为散射力和偶极力. 散射力是单位时间内原子与光子动量交换表现出力的作用. 偶极力是光场诱导原子产生电偶极矩，诱导电偶极矩与梯度光场相互作用表现出力的作用.

7.1.1　光的散射力和偶极力

光与原子相互作用可以通过对原子内部自由度的调控实现对外部自由度的控制. 基态原子吸收定向光子后跃迁到激发态，激发态原子向任意方向自发辐射光子，对原子与光场构成的整体系统来说，散射过程是耗散的，散射力是耗散力且具有饱和效应.

光与二能级原子相互作用，系统哈密顿量为[1-4]

$$\hat{H} = \hat{H}_{\mathrm{a}} + \hat{H}_{\mathrm{f}} + \hat{H}_{\mathrm{af}} \tag{7.1.1}$$

其中，$\hat{H}_{\mathrm{f}} = \hat{H}_{\mathrm{L}} + \hat{H}_{\mathrm{V}}$ 为光场哈密顿量，$\hat{H}_{\mathrm{L}}$ 与 $\hat{H}_{\mathrm{V}}$ 分别为相干态光场(激光)与真空场哈密顿量，其电分量算符为 $\hat{E}_{\mathrm{L}}(\hat{r},t)$ 与 $\hat{E}_{\mathrm{V}}(\hat{r},t)$；$\hat{H}_{\mathrm{a}}$ 为原子哈密顿量，选择原子基态能量为参考

$$\hat{H}_{\mathrm{a}} = \hat{H}_{\mathrm{a}}^{\mathrm{ext}} + \hat{H}_{\mathrm{a}}^{\mathrm{int}} = \frac{\hat{P}^2}{2m} + \hbar\omega_{\mathrm{a}} |e\rangle\langle e| \tag{7.1.2}$$

$\hat{H}_{\mathrm{af}}$ 为原子与场的相互作用项；$\hbar$ 为约化普朗克常量，ω_{a} 为原子跃迁角频率.

由于光场的空间尺度远大于原子尺度，一般不考虑光场、原子的空间分布效应，忽略磁偶极跃迁、电四极跃迁等高阶跃迁项，偶极近似条件下，光场与原子相互作用哈密顿量为

$$\hat{H} = -\hat{d} \cdot \hat{E}(\hat{r},t) = -\hat{d} \cdot [\hat{E}_{\mathrm{L}}(\hat{r},t) + \hat{E}_{\mathrm{V}}(\hat{r},t)] \tag{7.1.3}$$

激光与原子相互作用，光场可以近似为经典场，单色光场电分量为

$$E_{\mathrm{L}}(\hat{r},t) = e_{\mathrm{L}}(\hat{r})\varepsilon_{\mathrm{L}}(\hat{r})\cos[\omega_{\mathrm{L}}t + \phi(\hat{r})] \tag{7.1.4}$$

其中，$e_{\mathrm{L}}(\hat{r})$ 为偏振矢量，$\varepsilon_{\mathrm{L}}(\hat{r})$ 为电场振幅，ω_{L} 为光场角频率，$\phi(\hat{r})$ 为相位，$\hat{r}$ 为原子质心坐标位置算符. 定义共振跃迁拉比频率 $\Omega = (d_{eg} \cdot \varepsilon_{\mathrm{L}})e_{\mathrm{L}}/\hbar$，旋波近似条件下，相互作用表达式为

$$\hat{H}_{\mathrm{aL}} = \frac{\hbar\Omega(\hat{r})}{2}\{\mathrm{e}^{-\mathrm{i}[\omega t + \phi(f)]} |e\rangle\langle g| + \mathrm{h.c.}\} \tag{7.1.5}$$

在海森伯表象中，原子位置算符的运动方程可以写为

$$\frac{\mathrm{d}\hat{r}}{\mathrm{d}t} = \frac{1}{\mathrm{i}\hbar}[\hat{r},\hat{H}] = \frac{\partial\hat{H}}{\partial\hat{P}} = \frac{\hat{P}}{m} \tag{7.1.6}$$

相应地，动量算符的运动方程可以写为

$$\frac{\mathrm{d}\hat{P}}{\mathrm{d}t} = \frac{1}{\mathrm{i}\hbar}[\hat{P},\hat{H}] = -\frac{\partial\hat{H}}{\partial\hat{r}} = -\nabla\hat{H}_{\mathrm{aL}}(\hat{r},t) - \nabla\hat{H}_{\mathrm{aV}}(\hat{r},t) = \hat{F}(\hat{r}) \tag{7.1.7}$$

∇ 是位置算符的梯度算符；真空场与原子相互作用力的平均值为零. 此处考虑相干态激光与原子相互作用，力的表达式为

$$f = \left\langle \nabla\hat{H}_{\mathrm{aL}}(\hat{r},t) \right\rangle = \sum_{i=x,y,z} \left\langle \hat{d}_i \nabla\hat{E}_{i\mathrm{L}}(\hat{r},t) \right\rangle \tag{7.1.8}$$

其中，x、y、z 为空间位置坐标. 半经典条件下，原子尺寸远小于激光波长，位置算符取平均值 $r=\langle\hat{r}\rangle$；原子内态演化时间远小于原子质心坐标和动量演化时间，偶极矩算符取平均值 $\left\langle\hat{d}_i\right\rangle$，因此，上式可以写为

$$f=\left\langle\nabla\hat{H}_{\mathrm{aL}}(\hat{r},t)\right\rangle=\sum_{i=x,y,z}\left\langle\hat{d}_i\right\rangle\nabla E_{i\mathrm{L}}(\hat{r},t) \tag{7.1.9}$$

原子与光场的相互作用力依赖原子内态的平均偶极矩和光场梯度，光场梯度包括光场相位梯度 F_s 和幅度梯度 F_d，分别对应散射力和偶极力. 选取合适的初始位置和初始相位，自由原子与光场的相互作用力表达式为

$$f(r,t)=F_s+F_d \tag{7.1.10}$$

散射力和偶极力的表达式为

$$F_s=-\hbar\Omega v\nabla\phi \tag{7.1.11}$$

$$F_d=-\hbar\Omega u\frac{\nabla\Omega}{\Omega} \tag{7.1.12}$$

$$u=\frac{\Delta}{\Omega}\frac{s}{1+s},\quad v=\frac{\Gamma}{2\Omega}\frac{s}{1+s},\quad s=\frac{\Omega^2}{2}\frac{1}{\Delta^2+\Gamma^2/4} \tag{7.1.13}$$

上式中，u 和 v 是光与原子相互作用偶极矩的两个正交分量，s 为饱和参量，Γ 为原子激发态自发辐射衰减率，$\Delta=\omega_{\mathrm{L}}-\omega_{\mathrm{a}}$ 为激光相对原子跃迁的频率失谐.

利用密度矩阵表示相互作用力的期望值[1,3,5]

$$F=\hbar\left(\frac{\partial\Omega}{\partial z}\rho_{eg}^{*}+\frac{\partial\Omega^{*}}{\partial z}\rho_{eg}\right) \tag{7.1.14}$$

ρ_{eg} 和 ρ_{eg}^{*} 为密度矩阵非对角矩阵元. 代入光场电分量表达式

$$E_{\mathrm{L}}(z)=\varepsilon_0(z)\exp[\mathrm{i}\varphi(z)]+\mathrm{c.c}.$$

拉比频率的导数可以分解为实部和虚部，$\partial\Omega/\partial z=(q_r+\mathrm{i}q_i)\Omega$，则力的表达式可以写为

$$F=\hbar q_r(\Omega\rho_{eg}^{*}+\Omega^{*}\rho_{eg})+\mathrm{i}\hbar q_i(\Omega\rho_{eg}^{*}-\Omega^{*}\rho_{eg}) \tag{7.1.15}$$

第一项为 $\Omega\rho_{eg}^{*}$ 的实部，第二项为 $\Omega\rho_{eg}^{*}$ 的虚部，q_r 和 q_i 是实部、虚部相关的参数. 相互作用力为实数，将密度矩阵 ρ_{eg}、饱和参量 s 代入上式，得

$$F=\frac{\hbar s}{s+1}\left(-\Delta q_r+\frac{1}{2}\Gamma q_i\right) \tag{7.1.16}$$

第一项即为偶极力，其依赖光场相对于原子跃迁的频率失谐. 远失谐条件下，偶极力可以写为

$$F_{\mathrm{dip}} \approx -\frac{\hbar\Omega}{2\Delta}\frac{\partial\Omega}{\partial z} = -\frac{\partial}{\partial z}\left(\frac{\hbar\Omega^2}{4\Delta}\right) \tag{7.1.17}$$

偶极力是偶极势的梯度力，$F_{\mathrm{dip}} = -\nabla U_{\mathrm{dip}}$；偶极势的频移大小又称为光频移，近似条件下可以写为

$$U_{\mathrm{dip}} \approx \frac{\hbar\Omega^2}{4\Delta} = \frac{\hbar\Gamma^2}{8\Delta}\frac{I}{I_{\mathrm{sat}}} \tag{7.1.18}$$

相应地，远失谐光场条件下原子的散射率 γ_P 为

$$\gamma_P \approx \frac{\Gamma^3}{8\Delta^2}\frac{I}{I_{\mathrm{sat}}} \tag{7.1.19}$$

从上面分析可以看出，原子远失谐光场的散射率正比于 $1/\Delta^2$，偶极势正比于 $1/\Delta$，增加失谐可以有效降低散射率；偶极势与光场的强度成正比，增加光强可以增加势阱深度.

式(7.1.16)第二项与原子激发态自发辐射衰减率相关，行波场条件下该项可以写为

$$F_{\mathrm{scat}} = \hbar k\Gamma\frac{s}{2(1+s)} = \hbar k\Gamma\rho_{ee} = \hbar k\gamma_P \tag{7.1.20}$$

其中，k 为波矢，Γ 为原子激发态自发辐射衰减率，ρ_{ee} 为密度矩阵对角矩阵元. 原子通过散射光子积累动量，相应的力称为散射力或辐射压力. 原子散射过程吸收光子跃迁到激发态，同时获得光子动量；激发态原子通过受激辐射和自发辐射返回基态；原子自发辐射过程向空间随机辐射光子，平均光子动量为零，原子受激辐射光子与激发光子动量相同，不改变原子跃迁前后的总动量.

近共振条件下，散射力占主导，增大激光光强可以增加散射力，光强增加会导致原子基态与激发态布居数接近，受激辐射概率增加，因此，散射力有饱和效应. 增加激光频率失谐，散射力迅速减小，大失谐条件下，偶极力占主导. 偶极力与光场强度梯度成正比，利用频率负失谐的激光聚焦产生强度梯度，可以形成受力指向激光强度中心的偶极力势阱；偶极力势阱是保守势阱且没有饱和效应.

光学偶极力可以形成保守势阱，但光学阱较浅，通常只能装载预冷却的低温原子；散射力是耗散力，通过高效的散射过程可以对原子进行冷却，但是仅靠散射力不能形成势阱，通常需要辅助聚焦光场、梯度磁场等产生回复力才能形成势阱.

7.1.2 激光减速技术

气体原子激光减速主要通过原子散射光子实现. 原子共振跃迁散射率最大，对于确定频率的激光，原子由于多普勒效应减速后不再与激光共振，原子减速过程会随着其速度降低而不能持续. 通过激光频率扫描或原子能级调谐可以实现减速原子

与激光的持续共振. 通常，基于激光频率扫描的减速方法称为啁啾减速，基于塞曼效应调谐原子能级的减速方法称为塞曼减速.

本节以塞曼减速为例说明激光减速过程. 通过磁场塞曼效应可以调谐空间位置相关的原子与激光持续共振. 考虑沿 z 方向运动的原子，初始速度为 v_0，运动方向与光场波矢方向 k 相反，原子散射光子获得散射力，相应的加速度为 a. 存在梯度磁场 $B(z)$ 时，由于磁场塞曼效应，原子能级移动大小与位置相关，减速过程中，原子速度与减速距离的关系为[3-5]

$$v^2 - {v_0}^2 = 2az \tag{7.1.21}$$

由光场给出的最大散射力为 $F_{\text{scat}}^{\max} = \hbar k\Gamma/2$，对应的最大加速度为

$$a_{\max} = \frac{F_{\text{scat}}^{\max}}{m} = \frac{\hbar k}{m}\frac{\Gamma}{2} = \frac{v_r}{2\tau} \tag{7.1.22}$$

其中，$v_r = \hbar k/m$ 是反冲速度. 考虑原子持续减速，取 $a = a_{\max}/2$，则有效减速距离 L 为

$$L = \frac{v_0^2}{a_{\max}} \tag{7.1.23}$$

原子速度与位置相关，即

$$v = v_0\left(1 - \frac{z}{L}\right)^{1/2} \tag{7.1.24}$$

减速过程中，通过塞曼频移保持减速原子跃迁能级与激光频率共振

$$(\omega_{\text{L}} - \omega_{\text{a}}) + kv = \frac{\mu_{\text{B}}B(z)}{\hbar} \tag{7.1.25}$$

上式中，ω_{L} 为光场频率，ω_{a} 为原子能级跃迁角频率，kv 为速度相关的多普勒频移，$\mu_{\text{B}}B(z)/\hbar$ 为磁场原子塞曼频移. 对应的磁场大小为

$$B(z) = B_0\left(1 - \frac{z}{L}\right)^{\frac{1}{2}} + B_{\text{bias}} \tag{7.1.26}$$

其中，$B_0 = \dfrac{\hbar\omega_0}{\lambda\mu_{\text{B}}}$，$B_{\text{bias}} = \dfrac{\hbar[\omega_{\text{L}} - \omega_{\text{f}}/(2\pi)]}{\mu_{\text{B}}}$.

由上面分析可知，优化位置相关的梯度磁场和偏置磁场大小，可以在减速过程中保持不同空间位置原子与激光频率近共振，实现持续减速. 实际中初速度 v_0 附近的原子减速效果较好；对于初速度较高的原子，其跃迁频率相对于激光频率失谐较大，原子不能实现有效激光散射和减速；对于初速度较低的原子，初始阶段散射率较小，减速作用不明显，只有当原子进入有效减速区域后，位置相关的塞曼频移使原子跃迁频率与激光频率近共振，才能通过散射实现减速. 实际应用中，对于锂、

钠、锶、钡等熔点较高的原子，一般通过加热获得准直的气体原子束，然后利用塞曼减速器对原子束进行激光减速；对于铷、铯等熔点较低的原子，可以直接利用磁光阱技术对真空环境中的气体原子进行冷却与俘获.

7.1.3 多普勒冷却极限

激光冷却过程通过原子吸收、辐射光子实现光子与原子的动量交换，原子自发辐射过程的光子反冲动量加热原子，因此，激光散射冷却存在极限温度.

由前面讨论可知，光场中原子受力为

$$F = (\bar{F}_{\text{abs}} + \bar{F}_V) + (\delta F_{\text{abs}} + \delta F_V) \tag{7.1.27}$$

其中，激光场平均散射力 $\bar{F}_{\text{abs}} = F_{\text{scat}}$，真空场平均自发辐射力 $\bar{F}_V = 0$. 原子交换光子过程中存在起伏项 δF_{abs} 和 δF_V. 考虑 t 时刻内原子散射的平均光子数为

$$N = \gamma_P t \tag{7.1.28}$$

相应的原子吸收散射光子均方根速度为

$$\overline{v_{\text{abs}}^2} = v_r^2 \gamma_P t \tag{7.1.29}$$

原子自发辐射均方根速度为

$$\overline{v_{\text{spont}}^2} = v_r^2 \gamma_P t \tag{7.1.30}$$

相应的原子能量变化为

$$\frac{\mathrm{d}\overline{v^2}}{\mathrm{d}t} = 2(4E_r\gamma_P - a\overline{v^2}) / m \tag{7.1.31}$$

求其稳态解：

$$\overline{v^2} = 4E_r\gamma_P / a \tag{7.1.32}$$

考虑系综原子速度分布与温度的关系 $mv^2/2 = k_B T/2$，将 γ_P 和 $a = a_{\max}/2$ 代入方程(7.1.32)，得

$$k_B T = \frac{\hbar\Gamma}{4}\frac{1+(2\Delta/\Gamma)^2}{-2\Delta/\Gamma} \tag{7.1.33}$$

该函数在 $\Delta = -\Gamma/2$ 时有最小值，因此可得

$$k_B T = \frac{\hbar\Gamma}{2} \tag{7.1.34}$$

上述结果给出了二能级原子激光多普勒冷却的极限温度. 实际原子是多能级系统，光与原子相互作用中还存在偏振梯度冷却、相干布居俘获冷却等亚多普勒冷却机制，这些机制会使实际获得的原子温度低于多普勒反冲极限.

7.2 磁 光 阱

激光散射冷却原子主要是阻尼力过程，没有回复力，冷却原子样品存在扩散. 1987 年，美国斯坦福大学 S. Chu 研究组和麻省理工学院 D. E. Pritchard 研究组在光学黏团预冷却的基础上，利用磁光阱(magneto-optical trap，MOT)技术实现冷原子的俘获[6]. 1990 年，美国科罗拉多大学 H. Robinson 研究组在室温气体中利用磁光阱技术直接实现了中性原子的冷却俘获[7]. 磁光阱兼具冷却与俘获的作用，实验系统相对简单，目前已成为激光冷却俘获的标准方法.

常规磁光阱由一对反向亥姆霍兹线圈和三对正交的冷却光、反抽运光组成. 反向亥姆霍兹线圈产生四极梯度磁场，磁场中心零点与光束交叉点空间重合. 磁场零点附近的特定速度群原子与圆偏振冷却光近共振散射后被冷却，磁场在激光冷却过程提供位置相关的回复力. 原子在冷却过程会通过自发辐射过程或碰撞过程布居到冷却循环外的超精细态，实验上通常引入反抽运光泵浦使其重新进入冷却循环.

图 7-1(a)是简化的一维磁光阱模型[3,4,8]. J 为原子角动量量子数，m_J 为磁量子数，σ^+、σ^- 为圆偏振失谐光场. 磁场中原子激发态简并消除，能级分裂为 $m_F=-1,0,+1$ 三个塞曼子能级；塞曼态频移依赖空间梯度磁场大小，$J=0$ 到 $J=1$ 态原子跃迁频率依赖空间梯度磁场大小. 考虑 z 为参考坐标方向，$z=0$ 为四极磁场零点，则磁场大小随空间分布为

$$B(z)=\frac{\mathrm{d}B}{\mathrm{d}z}z \tag{7.2.1}$$

磁场中原子的塞曼态频移为

$$\delta\omega=\frac{\delta E}{\hbar}=\frac{m_J g_J \mu_{\mathrm{B}} B}{\hbar}=\frac{m_J g_J \mu_{\mathrm{B}}}{\hbar}\left(\frac{\mathrm{d}B}{\mathrm{d}z}\right)z \tag{7.2.2}$$

其中，g_J 为朗德因子，μ_{B} 为玻尔磁子. $|J=1,m=+1\rangle$ 态塞曼频移沿 z 轴正方向增大，沿 z 轴负方向降低；$|J=1,m=-1\rangle$ 态塞曼频移与 $|J=1,m=+1\rangle$ 态的相反，$m_J=0$ 态不变. 负失谐的圆偏振失谐光场 σ^+ 与 σ^- 分别沿 z 轴正、负方向传播，由于四极梯度磁场的塞曼频移不同，原子感受到两束光的失谐不同. 处于 $z>0$ 区域的原子，$\mathrm{d}B/\mathrm{d}z>0$，$|J=1,m=-1\rangle$ 态原子与激光频率更接近共振，$|J=0\rangle\to|J=1,m_J=-1\rangle$ 态跃迁概率相对较大，原子对 σ^- 光子的散射率高于 σ^+ 光子，原子感受到的净散射力由 $z>0$ 指向 $z=0$ 处. 处于 $z<0$ 区域的原子，$|J=1,m=+1\rangle$ 态原子与激光频率更接近共振，$|J=0\rangle\to|J=1,m_J=+1\rangle$ 态跃迁概率相对较大，原子对 σ^+ 光子的散射较强，其净散射力由 $z<0$ 指向 $z=0$ 处. 在 $z>0$ 区域，$|J=1,m=+1\rangle$ 态和 $|J=1,m=0\rangle$ 态原

子与激光频率失谐较大，相应的散射率较低；同理，在 $z<0$ 区域，$|J=1,m=-1\rangle$ 态和 $|J=1,m=0\rangle$ 态原子相应的散射率也较低.

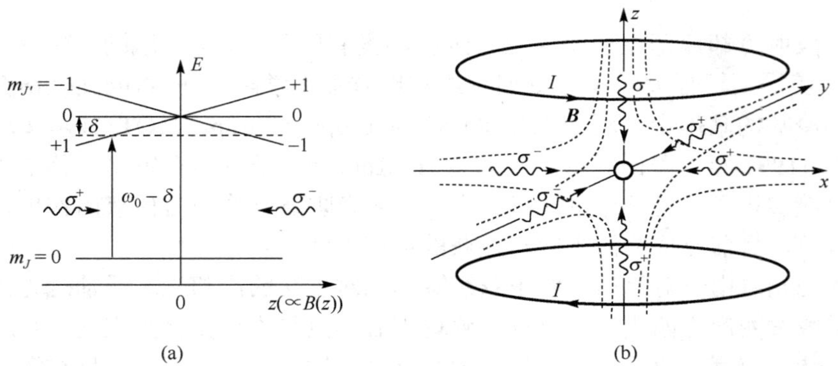

图 7-1　磁光阱原理图[8]

(a)一维磁光阱模型；(b)三维磁光阱模型. 原子吸收光子从 $J=0$ 态跃迁到 $J=1$ 态，σ^+，σ^-分别为左旋和右旋圆偏振光，z 方向为磁场方向

由上述分析可知，在四极梯度磁场和特定偏振光场的共同作用下，原子受到指向磁场零点的散射力作用，梯度磁场通过空间位置相关的塞曼频移来调谐散射力大小，此时，净散射力既有阻尼力的作用也有回复力的作用. 考虑经典光场，原子在光场中的散射力为[3,4]

$$F_{\pm}(z)=\frac{\hbar k\Gamma}{2}\cdot\frac{\Omega^2}{\varDelta_{\pm}^2+\Omega^2/2+\Gamma^2/4} \tag{7.2.3}$$

其中，Γ 为原子激发态自发辐射系数，上式中失谐 $\varDelta$ 的正负号对应 z 轴正向和负向传播. 激光频率失谐与原子在磁光阱中的空间位置相关

$$\varDelta_{\pm}(v,z)=(\varDelta\mp k\cdot v)\pm\left(\mu'\frac{\mathrm{d}B}{\hbar\mathrm{d}z}z\right) \tag{7.2.4}$$

其中，μ' 为有效磁矩. 散射力可以写为

$$F=F_{-}+F_{+} \tag{7.2.5}$$

考虑塞曼频移为小量，将散射力对速度 v 和位置 z 展开，只考虑低阶项，则原子在磁光阱中的散射力可以写为

$$F(v,r)=-\alpha v-\beta z \tag{7.2.6}$$

其中，α 是阻尼系数，β 是回复系数

$$\alpha=\frac{\hbar\Gamma k^2\Omega^2}{(\varDelta^2+\Omega^2/2+\Gamma^2/4)^2}\cdot(-\varDelta) \tag{7.2.7}$$

$$\beta = \frac{\Gamma k \Omega^2 \Delta}{(\Delta^2 + \Omega^2/2 + \Gamma^2/4)^2} \cdot (\mu' \mathrm{d}B/\mathrm{d}z) = \left(\frac{\mu' \mathrm{d}B/\mathrm{d}z}{\hbar k} \right) \cdot \alpha \tag{7.2.8}$$

当原子被冷却到较低温度时，原子位移很小，α 和 β 依赖于光场、磁场以及原子的共同作用. 磁光阱可以简化为有阻尼力的简谐势阱，原子在简谐势阱中做阻尼简谐振动，其运动方程可以写为

$$\ddot{r} + 2\beta r + {\omega_{\mathrm{MOT}}}^2 r = 0 \tag{7.2.9}$$

相应的阻尼率为 $\alpha/(2m)$，谐振频率为 $\omega_{\mathrm{MOT}} = \sqrt{\beta/m}$. 磁光阱获得的冷原子温度一般为几十到几百μK，由能量均分定理以及原子的平均动能、势能关系估算原子的温度 T 为

$$k_{\mathrm{B}} T = m v_{\mathrm{rms}}^2 = \beta r^2 \tag{7.2.10}$$

其中，k_{B} 为玻尔兹曼常量，v_{rms} 为原子方均根速率，r 为冷原子云的半径. 实际中，大多数原子为多能级系统，磁光阱除了光子散射的多普勒冷却机制外，还存在偏振梯度冷却、拉曼冷却等，实际磁光阱获得的冷原子样品温度一般低于多普勒冷却极限温度.

7.3　光学偶极力阱

光学阱利用偶极力来俘获原子，这种保守势阱有利于保持俘获原子量子态的相干性. 20 世纪 70 年代，苏联的 V. S. Letokhov、美国的 A. Ashkin 等科学家提出利用聚焦的光学阱俘获原子. 由于光学阱较浅，当时并没有有效的冷却技术提供冷原子源，无法直接在光学阱中俘获温度较高的原子[9]. 后续的理论和实验工作推进了中性原子激光冷却与俘获的研究. 1986 年，美国斯坦福大学 S. Chu 研究组利用~GHz 频率失谐的单聚焦光束构建光学阱，实现激光冷却后的低温钠原子光学阱俘获[10]. 由于光学阱失谐较小，俘获激光对原子依然有较大的散射加热. 1993 年，美国得克萨斯大学奥斯汀分校 D. J. Heinzen 研究组利用失谐原子共振跃迁线几十纳米的光学阱俘获原子，大失谐条件有效降低了光学阱的散射，其有利于长时间俘获低温冷原子[11]. 1999 年，美国杜克大学的 C. Freed 研究组利用波长 10.6 μm 的二氧化碳激光器形成准静电阱俘获原子，由于原子对 10.6 μm 光子散射极低，采用辅助冷却技术后，光学阱中俘获原子寿命可以达到近 300 s[12]. 近年来，人们陆续发展了多种类型的光学阱，光学阱的尺寸也由最初的几十上百微米减小到几微米、亚微米尺度. 随着光学阱以及激光冷却技术的发展，其应用范围也由冷原子领域拓展到量子精密测量、量子计算、量子通信等领域.

7.3.1　光学偶极力阱的经典模型

考虑二能级原子与单色光场相互作用，光场诱导原子产生诱导电偶极矩

$d=\alpha E$，α 是原子极化率，其实数部分表示色散，虚数部分表示吸收. 经典谐振子模型中，单色光场与原子相互作用可以写为[1,3,8,13]

$$\ddot{x}+\Gamma_{\omega}\dot{x}+\omega_0^2 x=-eE(t) \tag{7.3.1}$$

其中，$\Gamma_{\omega}=e^2\omega^2/(6\pi\varepsilon_0 m_e c^3)$ 为经典谐振子的偶极辐射衰减率；m_e 为电子质量，$-e$ 为电荷，m 为原子质量，$m\gg m_e$. 求解上述方程给出极化率的表达式

$$\alpha=\frac{e^2}{m_e}\frac{1}{\omega_0^2-\omega^2+\mathrm{i}\Gamma_{\omega}\omega} \tag{7.3.2}$$

考虑 $e^2/m_e=6\pi\varepsilon_0 c^3\Gamma_{\omega}/\omega^2$，$\Gamma=\Gamma_{\omega_0}=(\omega_0/\omega)^2\Gamma_{\omega}$，极化率可以写为

$$\alpha=6\pi\varepsilon_0 c^3\frac{\Gamma/\omega_0^2}{\omega_0^2-\omega^2+\mathrm{i}\dfrac{\omega^3}{\omega_0^3}\Gamma} \tag{7.3.3}$$

原子诱导偶极矩 d 与光场 E 的相互作用势能为

$$U=-\frac{1}{2}d\cdot E \tag{7.3.4}$$

随时间变化电场有效势的平均值为

$$U=-\frac{1}{2}\langle d\cdot E\rangle=-|E_0|^2\,\mathrm{Re}(\alpha) \tag{7.3.5}$$

光强为 $I=2\varepsilon_0 c|E_0|^2$，相应的偶极势可以写为

$$U(x)=\frac{I(x)}{2\varepsilon_0 c}\mathrm{Re}(\alpha) \tag{7.3.6}$$

势阱深度正比于光强和极化率的实数部分. 相应地，由势能给出偶极力大小为

$$F=-\nabla U(x) \tag{7.3.7}$$

原子从光场中吸收能量，并且以 Γ 速率进行自发辐射. 经典理论认为这种吸收和辐射过程是连续的，平均功率为[1,3,8,13]

$$P=\langle\dot{d}\cdot E\rangle=-\frac{I(x)\omega}{\varepsilon_0 c}\mathrm{Im}(\alpha) \tag{7.3.8}$$

其大小正比于光场强度和极化率的虚部. 从量子理论考虑，原子吸收光子并自发辐射光子，可以用散射率 γ_P 来描述这个过程

$$\gamma_P=\frac{P}{\hbar\omega}=-\frac{I}{\varepsilon_0 c}\mathrm{Im}(\alpha) \tag{7.3.9}$$

当光场频率失谐远大于原子自发衰减线宽时，即 $\varDelta = |\omega - \omega_0| \gg \varGamma$，势阱深度和散射率为

$$U = \frac{-3\pi c^2 I \varGamma}{2\omega_0^3}\left(\frac{1}{\omega-\omega_0}+\frac{1}{\omega+\omega_0}\right) \tag{7.3.10}$$

$$\gamma_P = \frac{3\pi c^2 I \varGamma^2 \omega^3}{2\hbar\omega_0^6}\left(\frac{1}{\omega-\omega_0}+\frac{1}{\omega+\omega_0}\right)^2 \tag{7.3.11}$$

当失谐量 $\varDelta = \omega - \omega_0$ 远小于光场频率 ω，上式可以简化为

$$U = \frac{3\pi c^2 I}{2\omega_0^3}\frac{\varGamma}{\varDelta} \tag{7.3.12}$$

$$\gamma_P = \frac{3\pi c^2 I}{2\hbar\omega_0^3}\left(\frac{\varGamma}{\varDelta}\right)^2 = \frac{\varGamma}{\hbar\varDelta}U \tag{7.3.13}$$

由上述表达式可知，当激光频率负失谐原子共振跃迁频率时，偶极势是负的，原子由于偶极力的吸引作用被俘获在光强最强处；当激光频率正失谐原子共振频率时，偶极势是正的，原子由于偶极力的排斥作用被俘获在光强最弱处. 光学阱的散射率反比于失谐量的平方，势阱深度反比于失谐量的一次方，增大光场失谐量，虽然势阱深度降低，但是可以有效降低散射率，因此，实际中通常选择远失谐激光构建保守光学阱.

7.3.2　光学偶极力阱的量子模型

量子理论通常用缀饰态来描述光与原子的相互作用[1,3,5,8,13]，二能级原子的缀饰态模型如图 7-2 所示，系统相互作用哈密顿量为 $\hat{H} = \hat{H}_{\mathrm{a}} + \hat{H}_{\mathrm{l}} + \hat{H}_{\mathrm{al}}$. 选择原子基态能量为零，$\hat{H}_{\mathrm{a}} = \hbar\omega_0 |e\rangle\langle e|$ 为激发态哈密顿量；$\hat{H}_{\mathrm{l}} = \hbar\omega_0 \hat{a}^\dagger \hat{a}$ 为光场哈密顿量算符，光子能量为 $\hbar\omega$，$\hat{a}^\dagger$ 和 $\hat{a}$ 为光场的产生算符和湮灭算符；$\hat{H}_{\mathrm{al}}$ 为原子与光场的相互作用项.

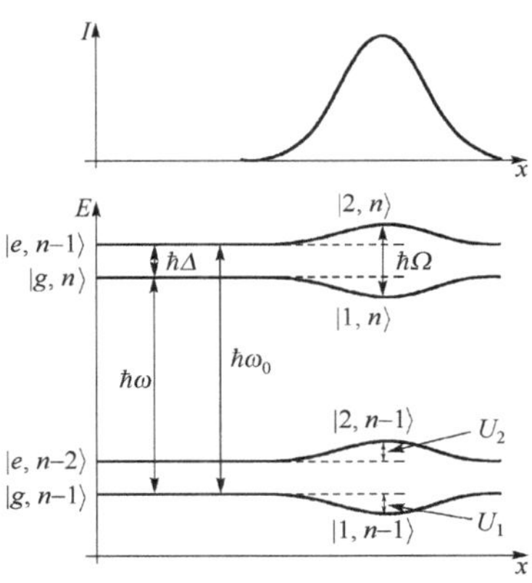

图 7-2　二能级原子的缀饰态模型[1,8]

原子电偶极矩为

$$d = \langle e | \hat{d} | g \rangle, d^* = \langle g | \hat{d} | e \rangle \tag{7.3.14}$$

其中，电偶极矩算符 $\hat{d} = d|e\rangle\langle g| + d^*|g\rangle\langle e|$. 考虑单模光场光子数为 n，$\hat{H}_{\mathrm{a}} + \hat{H}_{\mathrm{l}}$ 项的本征态为 $|g,n\rangle$ 和 $|e,n\rangle$. 光场的电场算符为 $\hat{E}(x) = \varepsilon(x)\hat{a} + \varepsilon^*(x)\hat{a}^\dagger$，其中 $\varepsilon(x)$ 为光场空间模式分布，归一化条件为

$\varepsilon_0\iiint_v(\varepsilon(x)^2+\varepsilon^*(x)^2)\,\mathrm{d}^3x=\hbar\omega$. 光与原子相互作用哈密顿量 $\hat{H}_{\mathrm{al}}$ 为

$$\hat{H}_{\mathrm{al}}=-\hat{d}\cdot\hat{E}=-(d^*\cdot\varepsilon\hat{a}\,|\,e\rangle\langle g\,|+d^*\cdot\varepsilon^*\hat{a}^\dagger\,|\,e\rangle\langle g\,|)+(d^*\cdot\varepsilon\hat{a}\,|\,g\rangle\langle e\,|+d^*\cdot\varepsilon^*\hat{a}^\dagger\,|\,g\rangle\langle e\,|) \tag{7.3.15}$$

上式中，第一项和最后一项描述 $|g,n\rangle$ 态和 $|e,n-1\rangle$ 态跃迁，光场与原子跃迁能态频率失谐为 $\varDelta$；第二项和第三项描述 $|g,n\rangle$ 态和 $|e,n+1\rangle$ 态跃迁，能级差为 $\omega_0+\omega$；由于 $\omega_0+\omega\gg\varDelta$，旋波近似条件下，这一项可以忽略，只考虑 $|g,n\rangle$ 态和 $|e,n-1\rangle$ 态跃迁

$$\langle e,n-1\,|\,\hat{V}\,|\,g,n\rangle=-d\cdot\varepsilon\sqrt{n} \tag{7.3.16}$$

考虑相干态激光 $\left|\alpha\mathrm{e}^{\mathrm{i}\omega t}\right\rangle$，平均光子数为 $\langle n\rangle=|\alpha|^2\gg1$，光子数起伏为 $\Delta n=\sqrt{\langle n\rangle}$，相应的电场大小为 $E=\left\langle\alpha\mathrm{e}^{\mathrm{i}\omega t}\,|\,\hat{E}\,|\,\alpha\mathrm{e}^{\mathrm{i}\omega t}\right\rangle=(\varepsilon\mathrm{e}^{\mathrm{i}\omega t}+\varepsilon^*\mathrm{e}^{-\mathrm{i}\omega t})\sqrt{n}$，光与原子相互作用的拉比频率为[1,3,8]

$$\hbar\varOmega=(d\cdot\varepsilon+d^*\cdot\varepsilon^*)\sqrt{n} \tag{7.3.17}$$

对于线偏振光，d 和 ε 为实数，拉比频率可以写为 $\hbar\varOmega=2d\cdot\varepsilon\sqrt{n}$. 在耦合表象中对角化哈密顿量为

$$\hat{H}=\hbar\begin{pmatrix}n\omega & \frac{1}{2}\varOmega\\ \frac{1}{2}\varOmega & n\omega-\varDelta\end{pmatrix} \tag{7.3.18}$$

相应的本征值为

$$\begin{aligned}E_1&=\hbar\left(n\omega-\frac{\varDelta}{2}-\frac{1}{2}\sqrt{\varOmega^2-\varDelta^2}\right)\\ E_2&=\hbar\left(n\omega-\frac{\varDelta}{2}+\frac{1}{2}\sqrt{\varOmega^2-\varDelta^2}\right)\end{aligned} \tag{7.3.19}$$

原子与光场相互作用会导致原子能级移动，即光频移，相应能态频移量大小为

$$\begin{aligned}U_1&=-\left(\varDelta+\sqrt{\varOmega^2-\varDelta^2}\right)/2\\ U_2&=\left(\varDelta+\sqrt{\varOmega^2-\varDelta^2}\right)/2\end{aligned} \tag{7.3.20}$$

远失谐条件下，$|\varDelta|\gg\varOmega$，上式可以写为

$$
\begin{aligned}
U_1 &= -\frac{\Omega^2}{4\Delta} \\
U_2 &= \frac{\Omega^2}{4\Delta}
\end{aligned}
\tag{7.3.21}
$$

相应的本征态为

$$
\begin{aligned}
|1,n\rangle &= \left(1-\frac{\Omega^2}{8\Delta^2}\right)|g,n\rangle + \frac{\Omega}{2\Delta}|e,n-1\rangle \\
|2,n\rangle &= -\frac{\Omega}{2\Delta}|g,n\rangle + \left(1-\frac{\Omega^2}{8\Delta^2}\right)|e,n-1\rangle
\end{aligned}
\tag{7.3.22}
$$

自发辐射率与跃迁偶极矩的平方成正比，在大失谐条件下，只考虑偶极矩的低阶项[1,3,8]

$$
\begin{aligned}
d_{11} &= \langle 1,n\,|\,\hat{d}\,|\,1,n-1\rangle = \frac{\Omega}{2\Delta}d \\
d_{12} &= \langle 1,n\,|\,\hat{d}\,|\,2,n-1\rangle = -\frac{\Omega^2}{4\Delta^2}d \\
d_{21} &= \langle 2,n\,|\,\hat{d}\,|\,1,n-1\rangle = \left(1-\frac{\Omega^2}{4\Delta^2}\right)d \\
d_{22} &= \langle 2,n\,|\,\hat{d}\,|\,2,n-1\rangle = -\frac{\Omega}{2\Delta}d
\end{aligned}
\tag{7.3.23}
$$

相应的衰减率可以写为

$$
\begin{aligned}
\Gamma_{11} &= \frac{\Omega^2}{4\Delta^2}\Gamma \\
\Gamma_{12} &= \frac{\Omega^4}{16\Delta^4}\Gamma \\
\Gamma_{21} &= \Gamma \\
\Gamma_{22} &= \Gamma_{11} = \frac{\Omega^2}{4\Delta^2}\Gamma
\end{aligned}
\tag{7.3.24}
$$

因为 $\Gamma_{21}=\Gamma$ 相对较大，原子通常处于 $|1,n\rangle$ 能态，考虑拉比频率与阱深关系，$U=\Omega^2/(4\Delta)$，$\Omega^2=6\pi c^2\Gamma I/(\hbar\omega_0^3)$，则相应的散射率为

$$
\gamma_P = \frac{\Gamma}{\hbar\Delta}U = \frac{3\pi c^2 I}{2\hbar\omega^3}\left(\frac{\Gamma}{\Delta}\right)^2 \tag{7.3.25}
$$

对于二能级系统，阱深、散射率的量子模型与经典模型计算结果基本一致，阱深反比于失谐量的一次方，散射率反比于失谐量的平方.

7.3.3 光学偶极力阱的多能级模型

光与原子相互作用会引起原子能级的光频移，光频移的大小、极性与光场的强度、偏振、频率等参数有关. 实际原子是多能级系统，需要考虑多个能级与光场耦合的有效光频移. 对于基态原子，二能级模型与多能级模型所给出的光频移差别不大，对于激发态，二者结果有较大差异. 如图 7-3 所示，考虑$|a\rangle$、$|b\rangle$二能级原子与单色光场相互作用，能级$|a\rangle$与能级$|b\rangle$的光频移是确定的；当存在能级$|c\rangle$时，能级$|b\rangle$的光频移可能是正的也可能是负的，取决于光场和原子态的具体参数.

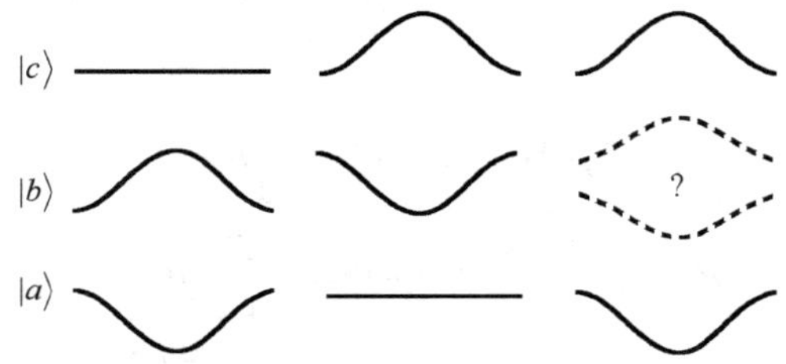

图 7-3 三能级原子光频移示意图[1]

根据原子在光学阱中的频移极性，典型的光学阱可以分为红失谐光学阱和蓝失谐光学阱. 红失谐光学阱的偶极势是负的，光与原子相互作用力是吸引力，原子被俘获在光强最大处. 相应地，蓝失谐光学阱偶极势是正的，偶极光与原子相互作用是排斥力，原子被俘获在光强最小处. 如图 7-4 所示，红失谐光学阱一般通过强聚焦高斯光束获得，蓝失谐光学阱实现起来稍微复杂，可以通过空心光束、拉盖尔高斯光束等高阶空间模式光束聚焦获得.

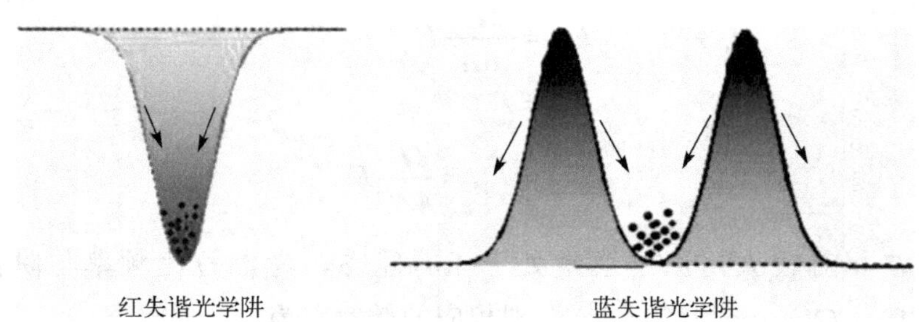

图 7-4 红失谐和蓝失谐光学阱示意图

红失谐光学阱俘获原子在光强最强处，蓝失谐光学阱俘获原子在光强最弱处[13]

图 7-5 给出了铯原子（^{133}Cs）$6S_{1/2}$ 基态相关的跃迁能级，多能级模型光频移需要考虑各个能级跃迁系数的加权平均. 铯原子典型跃迁线为 D_1 和 D_2 线，对应波长分别为 894 nm 和 852 nm，振子强度分别为 $f_{\text{ofc},D_1}=0.344$，$f_{\text{ofc},D_2}=0.714$. 考虑 1064 nm 波长的光学阱，其他跃迁波长由于失谐较大影响较小，此处只考虑 D_1 和 D_2 线跃迁的影响，光学阱相应的势阱深度和散射率分别为

$$U=\frac{-3\pi c^2 I}{2}\left[f_{\text{ofc},D_1}\frac{\Gamma_{D_1}}{\omega_{D_1}^3}\left(\frac{1}{\omega_{D_1}-\omega}+\frac{1}{\omega_{D_1}+\omega}\right)+f_{\text{ofc},D_2}\frac{\Gamma_{D_2}}{\omega_{D_2}^3}\left(\frac{1}{\omega_{D_2}-\omega}+\frac{1}{\omega_{D_2}+\omega}\right)\right] \tag{7.3.26}$$

$$\gamma_P=\frac{3\pi c^2 I}{2\hbar}\left[f_{\text{ofc},D_1}\frac{\Gamma_{D_1}^2\omega^3}{\omega_{D_1}^6}\left(\frac{1}{\omega_{D_1}-\omega}+\frac{1}{\omega_{D_1}+\omega}\right)^2+f_{\text{ofc},D_2}\times\frac{\Gamma_{D_1}^2\omega^3}{\omega_{D_1}^6}\left(\frac{1}{\omega_{D_2}-\omega}+\frac{1}{\omega_{D_2}+\omega}\right)^2\right] \tag{7.3.27}$$

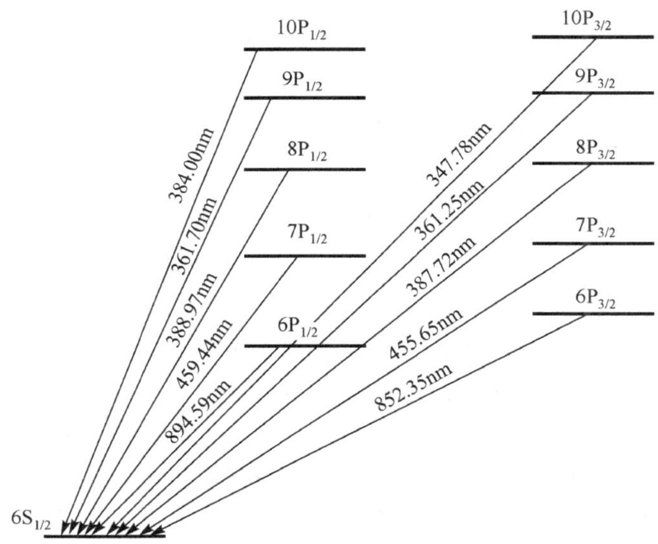

图 7-5 铯原子 $6S_{1/2}$ 基态相关跃迁能级[15]

计算光学阱中原子的光频移[1,3,9]

$$U_{\text{dip}}=-\alpha_i(\omega,p,m_i)\frac{I(r)}{2\varepsilon_0 c} \tag{7.3.28}$$

其中，ω 为光学阱激光角频率，p 为光场偏振，$I(r)$ 为光学阱光强，m_i 为原子质量，$\alpha_i(\omega,p,m_i)$ 为极化率，对跃迁求和

$$\mathrm{Re}(\alpha) = \sum_{JF'm'} 6\pi\varepsilon_0 c^3 \frac{1}{\omega_0{}^2(\omega_0{}^2-\omega^2)} \frac{\omega_0^3}{3\pi\varepsilon_0\hbar c^3} \left| \langle IJ'F'm' | \mu | IJFm \rangle \right|^2 \tag{7.3.29}$$

其中，跃迁矩阵元为

$$\left| \langle IJ'F'm' | \mu | IJFm \rangle \right|^2 = (2F+1) \left| (J' \| \boldsymbol{d} \| J) \right|^2 \times \left| \begin{Bmatrix} J & J' & 1 \\ F' & F & I \end{Bmatrix} \right|^2 \left| c_{F,m}^{F',m'} \right|^2 \tag{7.3.30}$$

式中，$\begin{Bmatrix} J & J' & 1 \\ F' & F & I \end{Bmatrix}$是 6-$j$ 系数，$|(J' \| \boldsymbol{d} \| J)|^2 = A_{J'\to J}(2J'+1)\dfrac{3\pi\varepsilon_0\hbar c^3}{\omega_{JJ'}{}^3}$，$c_{F,m}^{F',m'}$是 CG 系数：

$$c_{F,m}^{F',m'} = \langle Fm | q | F'm' \rangle = (-1)^{m+F-1}\sqrt{2F'+1} \begin{pmatrix} F & 1 & F' \\ m & p & -m' \end{pmatrix} \tag{7.3.31}$$

式中，$\begin{pmatrix} F & 1 & F' \\ m & p & -m' \end{pmatrix}$是 3-$j$ 系数．因此，光频移的表达式为

$$U_{\mathrm{dip}} = -3\pi c^2 I \sum_{JF'm'} \frac{A_{J\to J'}(2J'+1)(2F+1)(2F'+1)}{\omega_{JJ'}{}^2(\omega_{JJ'}{}^2-\omega^2)} \begin{pmatrix} F & 1 & F' \\ m & p & -m' \end{pmatrix}^2 \begin{Bmatrix} J & J' & 1 \\ F' & F & I \end{Bmatrix}^2 \tag{7.3.32}$$

其中 $A_{J\to J'}$ 为爱因斯坦系数，$\omega_{JJ'}$ 为轨道角动量相关的原子能态跃迁角频率.

图 7-6 给出了 $6S_{1/2}$ 基态、$6P_{3/2}$ 激发态塞曼能级的光频移[14,15]．图中虚线是二能级模型计算结果，实线是多能级模型计算结果．如图 7-6(a)所示，对于原子基态，两种计算模型给出的光频移大小差别不大，不同塞曼态频移极性相同；对于激发态，两种模型给出的光频移大小和极性不同，如图 7-6(b)所示.

光学阱中原子的光频移大小、极性依赖俘获激光的波长、偏振、光强等参数，通过激光波长选择、偏振组合以及辅助场可以消除光频移．例如，特定偏振 935 nm 波长光学阱俘获铯原子，基态和激发态的光频移大小和极性相等，这种基态、激发态相对频移为零的光学阱称为魔数波长光学阱．图 7-7 给出了线偏振魔数光学阱计算结果．图(a)是 $6S_{1/2}(F=4)$ 基态的计算结果，两个发散点分别对应铯原子的 D_1、D_2 跃迁线；图(b)是 $6P_{3/2}(F'=5)$ 激发态的计算结果，图中实线是不同塞曼态计算结果，虚线为基态计算结果．可以看出，当光学阱波长为 937 nm 时，铯原子基态 $6S_{1/2}(F=4)$ 与激发态 $6P_{3/2}(F'=5)$ 光频移大小相等、极性相同．圆偏振光学阱中原子基态和激发态的塞曼态光频移是非简并的，$\left|6S_{1/2}, F=4, m_F=+4\right\rangle \to \left|6P_{3/2}, F'=5, m_F=+5\right\rangle$ 跃迁对应的魔数波长值为 951.7 nm，如图 7-8 所示.

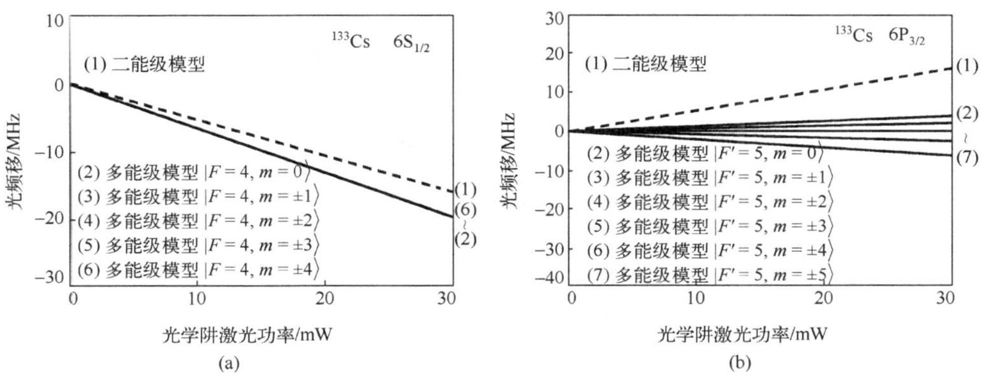

图 7-6　塞曼态光频移[15]

(a) 铯原子 $6S_{1/2}$ (F=4) 基态光频移计算结果；(b) 铯原子 $6P_{3/2}$ (F'=5) 激发态光频移计算结果. 虚线 (1) 是二能级模型计算结果；实线 (2)～(7) 是多能级计算结果，光学阱激光波长为 1064 nm，腰斑半径为 2.3 μm

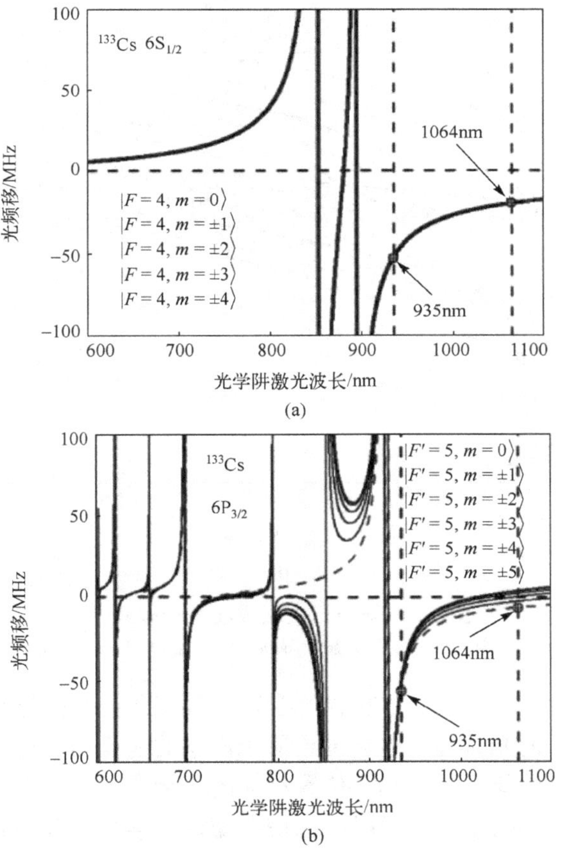

图 7-7　光学阱波长相关光频移[15]

(a) 铯原子 $6S_{1/2}(F=4)$ 基态；(b) 铯原子 $6P_{3/2}(F'=5)$ 激发态. 激光光强 $I_0=3.6\times10^5\ \mathrm{W/cm^2}$

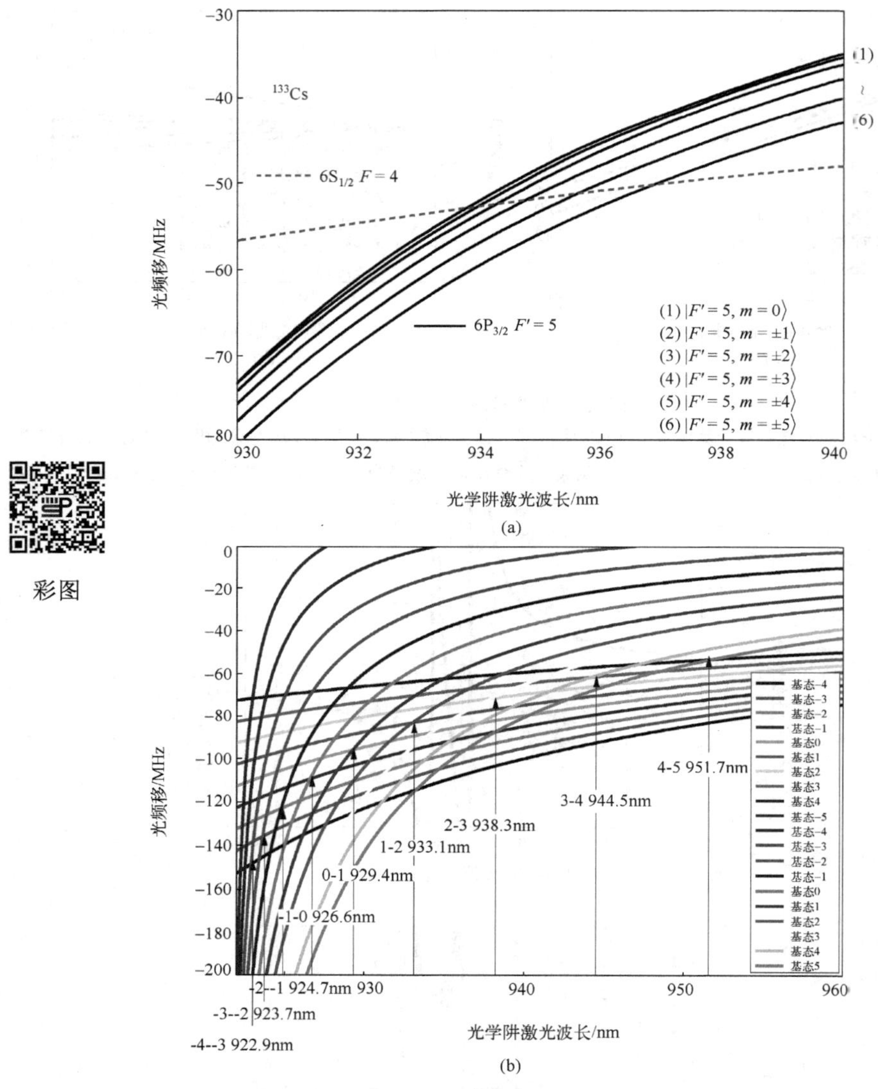

彩图

图 7-8 偏振相关魔数波长光频移[15]

铯原子 $|6S_{1/2}, F=4\rangle \to |6P_{3/2}, F'=5\rangle$ 跃迁；(a)线偏振光学阱魔数波长为 937.7 nm；(b)圆偏振光学阱魔数波长为 951.7 nm

实验中通常利用高斯光束聚焦构建光学阱，强聚焦光学阱俘获的原子残余热运动会引入空间位置相关的光频移，这会导致原子内态的非均匀退相干. 魔数波长光学阱可以有效解决光学阱中原子热运动、位置相关的光频移问题. 近年来陆续发展出多种魔数光学阱，包括线偏振魔数光学阱、圆偏振魔数光学阱、双波长魔数光学阱、磁场或光场辅助的魔数波长光学阱等，魔数波长的概念也从原子基态推广到激发态、里德伯(Rydberg)态等.

7.3.4　微尺度光学阱

光学阱的腰斑尺寸接近微米尺度时俘获原子会出现"碰撞阻挡效应"，即光学阱装载多原子时会因为近共振光诱导碰撞导致原子损失，阱中只能存在零个或一个原子，利用"碰撞阻挡效应"可以实现光学阱中的单原子装载.

微尺度光学阱的"碰撞阻挡效应"依赖阱的装载率和碰撞率，阱中装载N个原子，其动力学过程由磁光阱装载率R_L、单体碰撞系数γ、冷原子密度相关的碰撞系数β'共同决定[16,17]

$$\frac{\mathrm{d}N}{\mathrm{d}t}=R_\mathrm{L}-\gamma N-\beta' N(N-1) \tag{7.3.33}$$

稳态条件下，上述方程可以求解，此处直接给出定性依赖关系[16,17]：磁光阱和光学阱装载率R_L较小时，阱中原子密度较低，碰撞项可以忽略，阱中平均原子数为$\langle N\rangle \sim R_\mathrm{L}/\gamma$，即弱装载区；装载率$R_\mathrm{L}$较大时，阱中原子密度较高，原子间存在较强的碰撞，阱中平均原子数为$\langle N\rangle \sim \sqrt{R/\beta'}$，即强装载区；在强、弱装载区的交叠区域，阱中原子数为$N_\mathrm{c}=\gamma/\beta'$，相应的装载率为$R_\mathrm{L}=\gamma^2/\beta'$. 定量估计光学阱的装载特性，微尺度条件下光学阱的俘获体积由俘获光腰斑大小给出

$$V=\pi w_0^2 z_\mathrm{R}\ln\left(\frac{1}{1-\eta}\right)\sqrt{\frac{\eta}{1-\eta}} \tag{7.3.34}$$

其中，w_0为俘获光束的腰斑半径，z_R为瑞利长度，$\eta=k_\mathrm{B}T/|U|$. 图 7-9 给出了不同光学阱腰斑大小阱中平均原子数$\langle N\rangle$与装载率R_L的关系. 图中三角形、正方形和圆形分别是光学阱腰斑为$w_0=11\mu\mathrm{m}$、$w_0=4\mu\mathrm{m}$、$w_0=0.7\mu\mathrm{m}$时阱中平均原子数随装载率的变化关系；当$w_0=0.7\mu\mathrm{m}$时，光学阱工作在碰撞阻挡区域，阱中平均原子数不敏感于装载率，强空间局域会导致阱中大概率只能俘获一个原子或没有原子，阱中平均原子数为 0.5 左右.

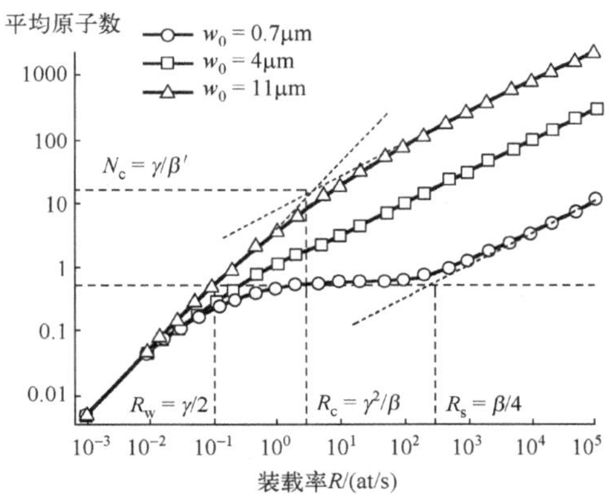

图 7-9　不同腰斑光学阱中平均原子数随装载率R_L的变化[16,17]

光学阱腰斑大于$w_0=4\ \mu\mathrm{m}$时，没有明显碰撞阻挡效应；当$w_0=0.7\ \mu\mathrm{m}$时，进入稳定装载区域，阱中平均原子数不敏感于装载率

微尺度光学阱、磁光阱装载过程中，磁光阱红失谐冷却光诱导的两体碰撞释放能量较大，这种两体碰撞损失会造成光学阱、磁光阱原子装载的随机性．蓝失谐激光可以调控两体碰撞释放能量的大小，实现可控的单体损失，基于该效应可以提高微尺度光学阱中单原子装载概率[18-20]．

蓝失谐激光诱导可控碰撞原理如图 7-10 所示[18-20]．考虑光与原子相互作用的缀饰模型，原子在 R_C 处出现能态免交叉．初始处于 $|S+S,n\rangle$ 态的原子对在吸引势的作用下相互靠近，在 R_C 免交叉处，原子对可能跃迁到短程势态后发生超精细交换(HCC)碰撞，也可能沿着排斥势能曲线绝热接近后发生弹性碰撞．在 R_G 处发生的超精细交换碰撞释放能量较大，其会导致阱中原子的两体损失；R_C 处的原子对也有一定概率发生弹性碰撞，碰撞后原子会返回到 R_C 处．沿着排斥势能曲线绝热接近 $|S+S,n\rangle$ 态原子对会发生弹性碰撞并返回，弹性碰撞不会导致明显的两体损失．

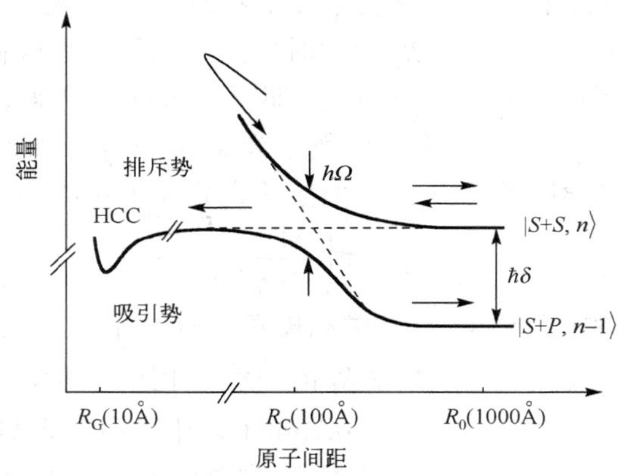

图 7-10 蓝失谐激光诱导可控碰撞示意图[18-20]

碰撞返回的原子对在 R_C 处会通过绝热过程或跃迁过程到 $|S+S,n\rangle$ 态或 $|S+P,n-1\rangle$ 态．返回 $|S+S,n\rangle$ 态的原子对无辐射分离为两个基态原子，同时获得动能，动能大小依赖原子的初始能量，该过程会有一定概率造成单原子损失．返回 $|S+P,n-1\rangle$ 态的原子对或准分子在排斥势的作用下远离，准分子自发辐射后解离为两个基态原子并获得一定动能，动能的大小依赖诱导碰撞激光的失谐量．在能态免交叉处，原子对跃迁概率以及准分子碰撞释放能量的大小可以通过蓝失谐诱导激光调谐．蓝失谐诱导激光通过有效拉比频率调谐免交叉态的能量差进而调谐跃迁概率，通过激光频率失谐控制准分子释放能量大小，优化二者参数可以实现光学阱可控的单体损失．

蓝失谐激光诱导的可控碰撞，通过诱导原子对处于排斥势抑制超精细交换碰撞减少两体损失，通过控制碰撞释放能量控制碰撞原子对的单体损失，该效应广泛应用于暗磁光阱用于获得高密度冷原子，应用于微尺度光学阱用于获得高效的单原子俘获．

7.4　单原子的激光冷却和俘获

磁光阱技术可以实现中性原子的激光冷却和俘获，近年来，通过磁光阱参数拓展，人们陆续发展了暗磁光阱、自旋极化磁光阱、线偏振磁光阱、二维磁光阱以及单原子磁光阱等. 激光冷却俘获的单原子可以构建环境弱耦合的单量子系统，基于此开展的少体、多体相互作用研究是原子物理与量子光学领域的重要内容.

本节介绍单原子的激光冷却和俘获. 单原子激光冷却俘获主要有两种技术路线：一类是通过磁光阱参数控制实现少数原子或单原子的冷却俘获，再将磁光阱中少数原子装载到光学阱中开展后续工作；另一类是通过常规磁光阱俘获系综数量冷原子，然后利用微尺度光学阱的"碰撞阻挡效应"从宏观冷原子中装载单个原子.

7.4.1　单原子磁光阱俘获

磁光阱中的平均原子数是装载率与损失率动态平衡的结果，其装载动力学方程为[3,4,8,14]

$$\frac{\mathrm{d}N}{\mathrm{d}t}=R_{\mathrm{L}}-\gamma N-\beta'\frac{N^2}{V} \tag{7.4.1}$$

其中，N 是阱中原子数，R_{L} 是装载率，V 是磁光阱俘获体积，β' 是与冷原子密度相关的两体碰撞损失系数，γ 是与背景真空度相关的单体碰撞损失系数

$$\gamma=\frac{1}{\tau}=n\sigma\left(3k_{\mathrm{B}}T/m\right)^{1/2} \tag{7.4.2}$$

其中，τ 是阱中原子寿命，n 是背景原子密度，σ 是碰撞截面，T 是温度，m 是原子质量. 原子碰撞损失与阱中原子密度的平方成正比，低密度条件下不考虑碰撞项 $\beta'N^2/V$. 初始时刻阱中原子数 $N(t=0)=0$，则 t 时刻阱中原子数为

$$N(t)=R_{\mathrm{L}}[1-\exp(-t/\tau)] \tag{7.4.3}$$

装载率由磁光阱参数决定

$$R_{\mathrm{L}}=\frac{1}{2}nV^{2/3}(v_{\mathrm{cap}})^4(m/2k_{\mathrm{B}}T)^{3/2} \tag{7.4.4}$$

磁光阱俘获体积 V 由光场俘获区域和四极梯度磁场零点区域共同决定. 光场俘获区为六束冷却俘获光的交汇区，实际中可以近似为光场光斑大小；磁场零点大小给出的俘获体积为

$$\rho_{\mathrm{cap}}=\left|\frac{\delta}{\alpha\cdot b}\right| \tag{7.4.5}$$

其中，$\delta=(\omega-\omega_0)/\Gamma$ 为激光失谐参数，ω 为冷却俘获光角频率，ω_0 为原子跃迁角频率，Γ 为激发态自发辐射衰减率；$\alpha=(m_1g_1-m_2g_2)\mu_{\mathrm{B}}/(\hbar\Gamma)$ 为塞曼频移，m_1、m_2 为磁量子数，g_1、g_2 为朗德因子；$b=\mathrm{d}B/\mathrm{d}z$ 为磁场梯度. 室温真空气室中的原子速

率分布满足麦克斯韦-玻尔兹曼分布，对于确定参数的磁光阱，只有低于俘获速率的原子经过俘获区域时才能被有效冷却与俘获，速度较大的原子会因为冷却效果不够而不能被俘获. 磁光阱俘获原子的最大速度为

$$v_{\mathrm{cap}} = \left[\frac{a_0^2 s_0^2 \kappa}{(1+s_0)^{3/2}} \right]^{1/3} \left(\frac{8\pi\delta^2}{1+s_0+4\delta^2} \right)^{1/3} (\alpha \cdot b)^{-2/3} \tag{7.4.6}$$

其中，$a_0 = \hbar k \Gamma_0 / (2m)$ 为最大加速度，$s_0 = I/I_0$ 为饱和参量，I_0 为饱和光强；$\kappa = 2\pi / (\lambda \Gamma)$ 为多普勒频移. 对于 ^{133}Cs 原子，$\Gamma = 2\pi \times 5.22\mathrm{MHz}$，$a_0 = 5.87 \times 10^4\ \mathrm{m/s^2}$，$\kappa = 0.26\mathrm{cm}^{-1}$，$\alpha \cdot b = \mu_{\mathrm{B}} / (\hbar \Gamma) = 0.26\mathrm{cm}^{-1}$. 由上式给出装载率表达式

$$R_{\mathrm{L}} = \frac{1}{2} \cdot \left(\frac{4}{3}\pi \right)^{2/3} \left[\frac{a_0^2 s_0^2 \kappa}{(1+s_0)^{3/2}} \right]^{4/3} \left(\frac{8\pi\delta^2}{1+s_0+4\delta^2} \right)^{4/3} \alpha^{-14/3} \cdot b^{-14/3} \tag{7.4.7}$$

可以看出，装载率与四极磁场梯度 $b^{-14/3}$ 成正比，增大磁场梯度可以显著降低装载率，同时可以压缩磁光阱体积提高冷原子空间局域；装载率与背景原子密度和俘获体积有关，降低背景原子密度可以降低装载率，减小俘获光束尺寸有利于降低装载率.

单原子磁光阱典型实验装置如图 7-11 所示[8,14]. 真空系统主要由真空腔体、玻璃气室、真空泵、真空计等组成. 真空腔体各个部件经过清洗后利用法兰和无氧铜垫圈进行连接；真空泵是由离子泵、钛升华泵组成的复合泵，其通过无磁不锈钢真空管道与真空腔体连接. 高纯度的 ^{133}Cs 原子密封在无氧铜管中的玻璃气室里，通过机械真空阀门与真空腔体相连，真空阀门可以控制铯源的释放和关断. 高真空玻璃气室为磁光阱工作区，其通过法兰与真空腔体相连.

完成真空系统组装后，首先利用机械泵抽真空，可获得典型真空度 $10^{-3} \sim 10^{-4}$ Torr，进一步利用分子泵提高真空度到 $10^{-5} \sim 10^{-7}$ Torr，最后利用连续工作的离子泵维持系统真空度在 2.9×10^{-8} Torr 左右. 真空腔体内壁吸附的气体需持续释放，会影响系统真空度. 实验中通过对真空腔体长时间加热烘烤释放吸附气体，缓慢降温到室温后，运行钛升华泵进一步改善真空度. 采用上述多个措施后一般可以获得优于约 2×10^{-11} Torr 的真空度. 完成上述工作后，释放铯源到磁光阱工作区域，充铯后系统真空度略有降低. 超高真空环境可以降低背景气体密度，减小阱中俘获原子的碰撞损失.

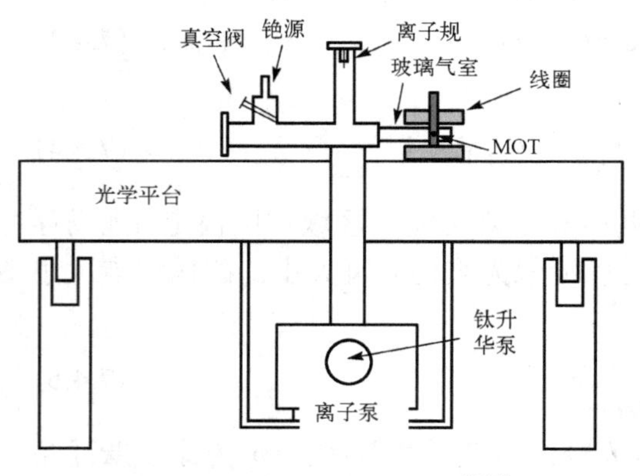

图 7-11 实验装置示意图[8,14]

铯原子磁光阱的冷却光和反抽运光由两台 852 nm 激光器实现，激光器输出功率百毫瓦的激光，通过原子饱和吸收谱或无调制偏振光谱稳频，典型稳频装置如图 7-12 所示，其中，冷却光频率锁定于 $\left|6S_{1/2}, F=4\right\rangle \rightarrow \left|6P_{3/2}, F'=5\right\rangle$ 负失谐处，反抽运光频率锁定于 $\left|6S_{1/2}, F=3\right\rangle \rightarrow \left|6P_{3/2}, F'=4\right\rangle$ 共振跃迁处，原子稳频光谱如图 7-13 所示.

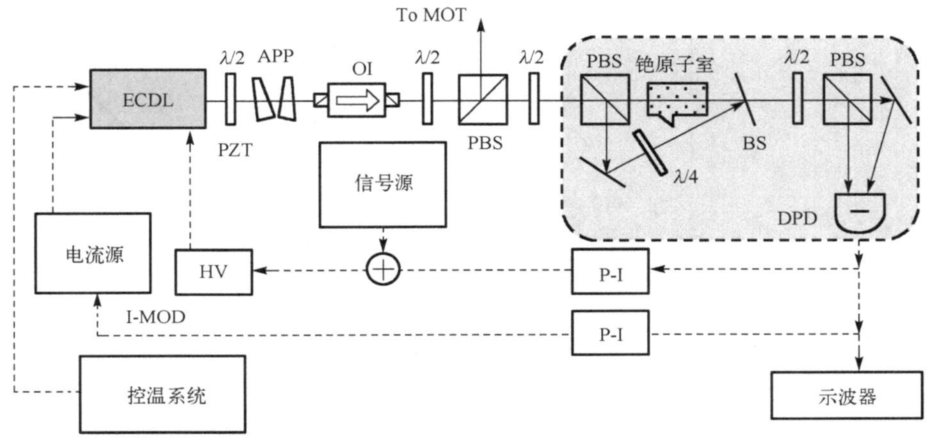

图 7-12　偏振光谱锁频光路示意图[53]

APP：整形棱镜对；OI：光学隔离器；PBS：偏振分光棱镜；$\lambda/2$：半波片；$\lambda/4$：1/4 波片；BS：50/50 分束器；HV：高压放大器；I-MOD：电流调制端口；DPD：差分光电探测器；P-I：比例积分放大器.

图中实线表示光路部分，虚线表示电路部分

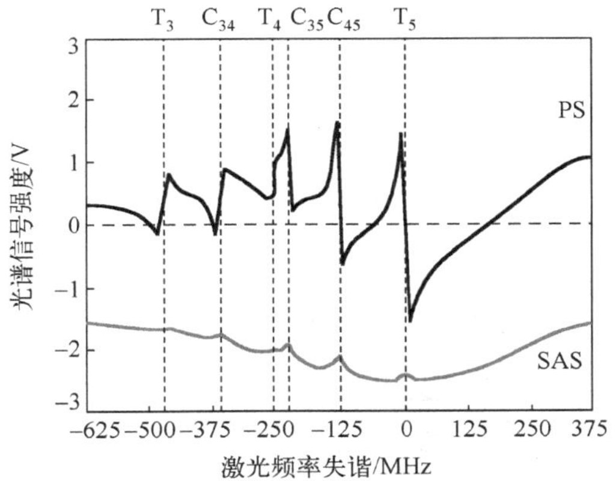

图 7-13　铯原子 $\left|6S_{1/2}, F=4\right\rangle \rightarrow \left|6P_{3/2}, F'=3,4,5\right\rangle$ 超精细跃迁线的偏振光谱(PS)

图下方给出了带有多普勒背景的饱和吸收谱(SAS)作为参考[53]

图 7-14 为单原子磁光阱的光路示意图. 冷却俘获光输出光束分成两路，一路双次穿过声光频移器后用于激光频率锁定，另一路双次穿过声光频移器后用于激

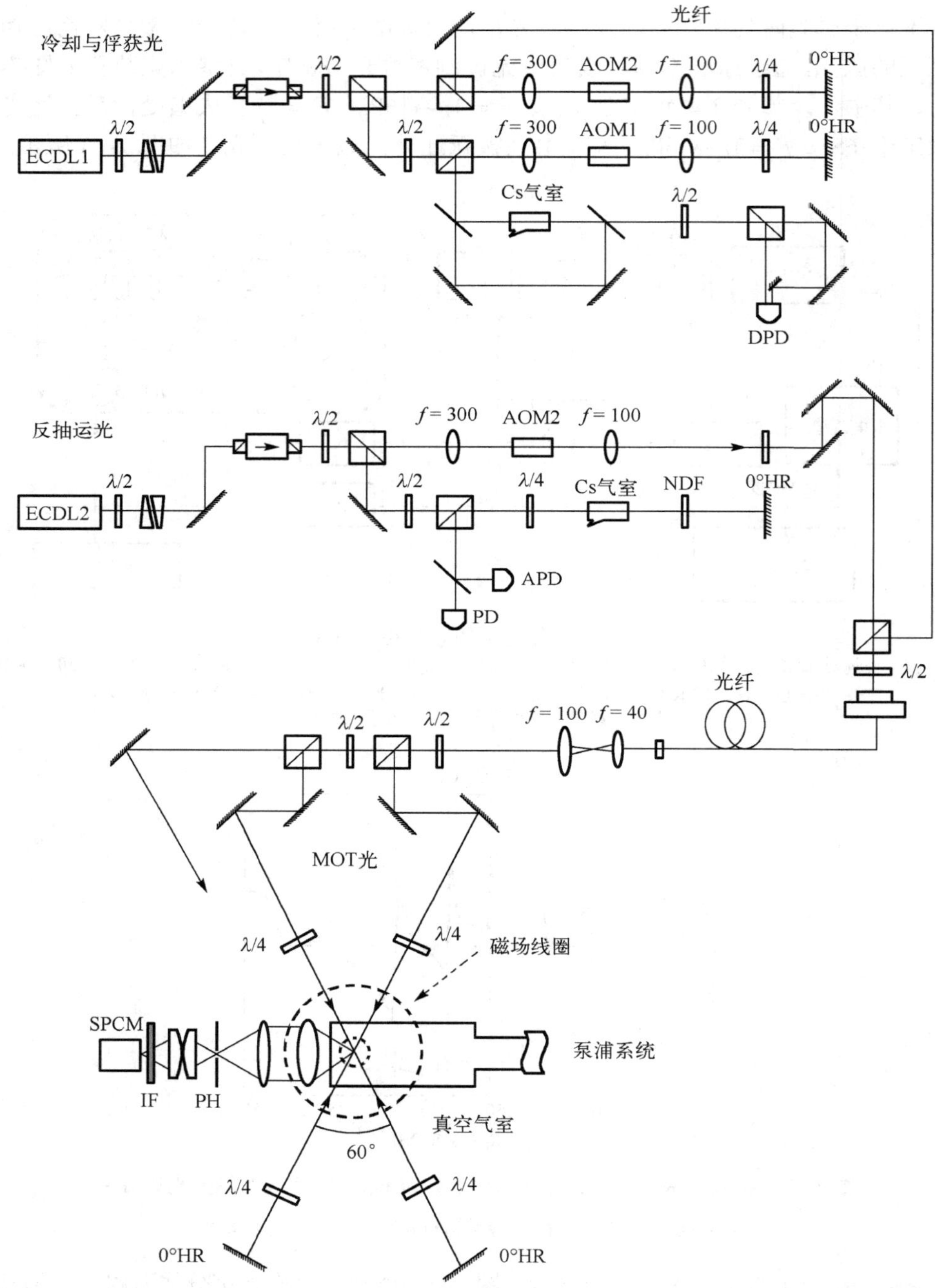

图 7-14　单原子磁光阱光路示意图[52]

光频率调谐. 冷却俘获光耦合进入光纤用于空间传输和滤波，后续利用波片和偏振分光棱镜分为六束功率相等的光束. 磁光阱对冷却俘获光的偏振有特定要求，实验中通过1/4 波片将线偏振光变换到所需的圆偏振光. 磁光阱对反抽运光要求不高，其光束覆盖磁光阱中心俘获区域即可. 单原子自发辐射类似于点光源，输出荧光通过透镜准直为近平行光，利用短焦透镜强聚焦耦合进入多模光纤. 多模光纤方便光路传输，同时可以对非焦点位置的背景杂散光进行空间滤波. 实验中采用光纤接口的单光子探测器探测单原子荧光信号，探测器电脉冲输入多通道计数卡进行后续数据分析.

图 7-15 为标准磁光阱的装载曲线，装载过程可以给出磁光阱装载率、俘获原子寿命等物理量与阱的参数依赖关系. 磁光阱中俘获原子的碰撞逃逸损失率 $\gamma = 1/\tau = n\sigma(3k_BT/m)^{1/2}$ ；其中，n 为背景气体原子密度，$n = P/(k_BT)$ ，^{133}Cs 原子质量 $m = 2.2\times10^{-25}\,\mathrm{kg}$ ，$k_B = 1.38\times10^{-23}\,\mathrm{J/K}$ ，$T = 300\mathrm{K}$ ，原子碰撞截面 $\sigma = 2\times10^{-13}\,\mathrm{cm}^2$ ，由原子寿命估算的背景真空度为 $P = (1/\tau)(k_BT/\sigma)\sqrt{m/(3k_BT)} = 2.3\times10^{-10}$ Torr ，其与真空计测量值接近.

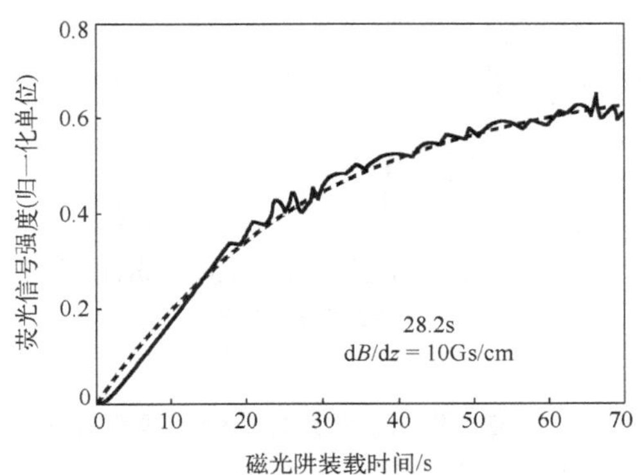

图 7-15　磁光阱装载曲线[52]

图中虚线为理论拟合曲线. 磁光阱参数：气室真空度约为 1×10^{-10}Torr，冷却俘获光束直径约为 7 mm，每束光平均光强为 3.3 mW/cm^2；冷却光失谐量为−8 MHz，轴向磁场梯度 10 Gs/cm

通过磁光阱参数控制降低装载率可以实现少数原子或单原子装载，图 7-16(a)给出了少数原子装载的动力学过程. 当磁光阱中没有原子时，单光子探测器输出的光子计数为 C_0 ，该计数主要来源于磁光阱冷却俘获光、反抽运光的散射光子. 当磁光阱中装载一个原子后，磁光阱光场激发原子辐射荧光，探测器输出的光子计数率增加到5335counts/200ms ；由于背景气体碰撞或冷原子碰撞，原子会突然逃离磁光阱停止荧光辐射，探测器计数会迅速减小. 装载过程中，原子辐射荧光计数率与原子数目相关，利用阶梯信号可以识别阱中俘获原子数目. 图 7-16(b)给出了阱中俘获原子的光子计数统计分布，峰值反映了单原子荧光信号的大小，峰的宽度反映了原子辐射荧光的噪声分布，其与原子在阱中的空间运动以及激发光场的强度、偏振分布有关.

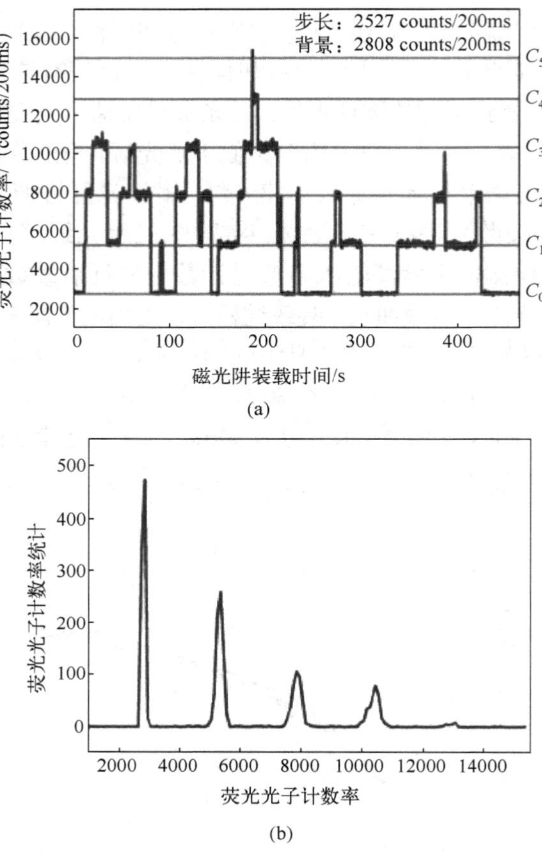

图 7-16 磁光阱原子荧光光子计数率及统计[14]

(a)磁光阱光场激发的俘获原子台阶状信号. C_0 为背景计数，C_1、C_2、C_3、C_4、C_5 分别为 1～5 个原子的荧光光子计数信号，(b)荧光光子计数率的统计分布图

7.4.2 单原子光学阱俘获

磁光阱冷却与俘获光的近共振散射会导致俘获原子退相干，实验中通常先利用磁光阱冷却俘获原子，再将冷原子装载到保守的光学阱中用于后续研究. 利用单束聚焦激光可以构建强度高斯分布的光学偶极阱，如图 7-17 所示，聚焦高斯光束沿 z 轴传播，其光强分布为

$$I(r,z)=\frac{2P}{\pi w^2(z)}\exp\left[-\frac{2r^2}{w^2(z)}\right] \tag{7.4.8}$$

其中，P 为光功率，$w(z)$ 是 z 点处的高斯半径. 相应的光学阱参数为

$$w(z)=w_0\left\{1+\left[\frac{\lambda(z-z_0)}{\pi w_0^2}\right]^2\right\}^{1/2} \tag{7.4.9}$$

$$z_{\mathrm{R}}=\frac{\pi w_0^2}{\lambda} \tag{7.4.10}$$

$$I(r=0,z=0)=I_{\text{peak}}=\frac{2P}{\pi w_0^2} \tag{7.4.11}$$

$$U(r,z)=-\frac{\pi c^2}{2}\left(\frac{2\Gamma_{3/2}}{\omega_{3/2}^2\Delta_{3/2}}+\frac{\Gamma_{1/2}}{\omega_{1/2}^2\Delta_{1/2}}\right)I(r,z)=U_0\left\{1-2\left[\frac{r}{w(z)}\right]^2-\left(\frac{z}{z_{\mathrm{R}}}\right)^2\right\} \tag{7.4.12}$$

其中，w_0 是高斯光束的腰斑半径，λ 是光学阱激光波长，z_{R} 是高斯光束的瑞利长度，I_{peak} 是峰值功率，$U(r=0,z=0)=U_0$.

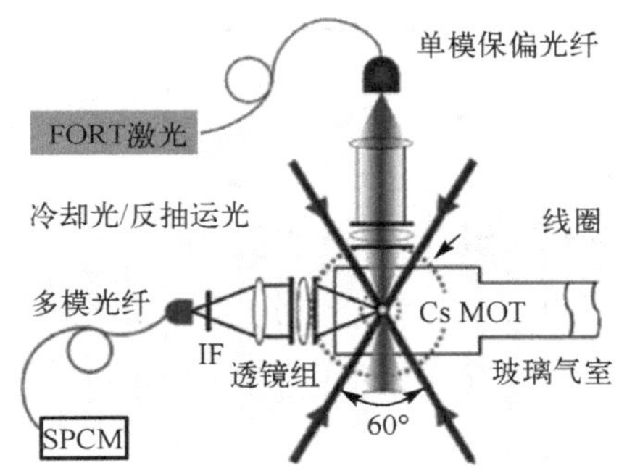

图 7-17　光学阱实验装置示意图[20]

光纤输出激光准直后，利用透镜组聚焦构建远失谐光学阱(FORT). 光学阱激光波长为 1064 nm，光学阱腰斑为 w_0 = 2.3 μm，激光功率 46.6 mW 时，阱深约 1.5 mK.

SPCM：雪崩光电二极管光子计数器; IF:852 nm 干涉滤波片

光学阱阱深较浅，一般装载磁光阱预冷却的冷原子. 装载过程中，首先在磁光阱中俘获少数原子，利用时序控制磁光阱和光学阱的时间重叠，转移磁光阱中的冷原子到光学阱中，随后关闭磁光阱. 实验中通常利用光频移来调整两个阱的相对位置. 对于确定激光波长的光学阱，原子的光频移只依赖光学阱光强，强聚焦高斯光束腰斑位置光强最大，光频移也最大. 当光学阱腰斑接近磁光阱中心位置时，由于光频移导致阱中原子感受到的磁光阱激光失谐增加，原子荧光信号降低，如图 7-18 所示. 基于光频移可以独立调节三个自由度,实现两个阱在微米尺度的空间重合. 除了空间重合外，光学阱装载与阱深、原子等效温度等参数有关，通过相关参数优化，可以操控单原子在两个阱之间的确定性转移，示例结果如图 7-19 所示.

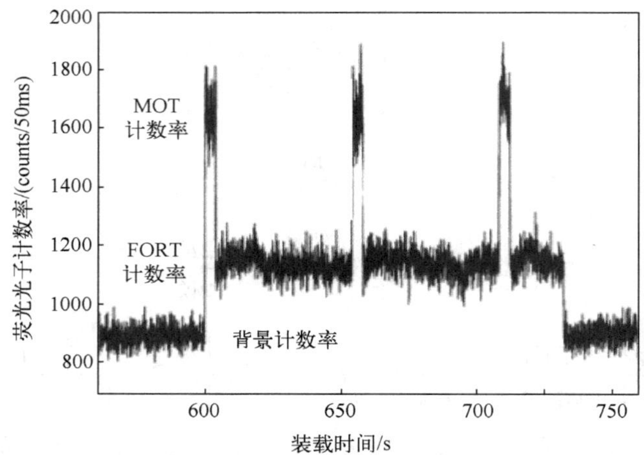

图 7-18　光学阱中单原子的荧光光子计数信号[14]

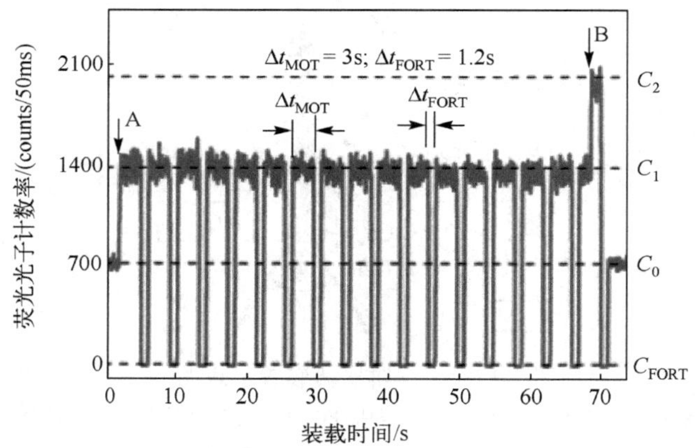

图 7-19　磁光阱(MOT)和光学阱(FORT)中的单原子转移[54]

C_0为MOT中没有原子时的背景光子计数率，C_1和C_2为MOT中有1个原子、2个原子的光子计数率，C_{FORT}为FORT光背景散射光子计数率；MOT持续时间为3 s，FORT持续时间为1.2 s

光学阱尺寸较小时利用“碰撞阻挡效应”可以直接实现单原子装载[30-32]．装载过程中，首先运行标准磁光阱，持续一段时间后关闭磁光阱磁场，利用偏振梯度冷却技术进一步降低原子温度；随后关闭光场让原子团自由扩散降低冷原子密度，同时开启光学阱利用“碰撞阻挡效应”抑制多原子装载.

图 7-20 为光学阱俘获原子的典型荧光光子计数信号[51]．图 7-20(a)和(c)分别为红失谐和蓝失谐光学阱信号，单原子荧光计数约为 100 counts/50 ms，背景计数约为 30 counts/50 ms，背景计数主要来源于磁光阱、光学阱激光散射以及背景铯原子荧光散射．图 7-20(b)和(d)为单原子光子计数信号统计直方图．第一个峰为零原子计

数统计结果，即背景计数，第二个峰为一个原子的统计结果. 光学阱中的单原子装载服从亚泊松分布，根据两个峰的面积之比可以给出单原子装载概率；图 7-20 中红失谐光学阱的单原子装载概率约为 60%，蓝失谐光学阱的单原子装载概率约为 40%. 红失谐光学阱是吸引势，原子被俘获在光强最强处，装载过程中光学阱可以始终处于开启状态. 蓝失谐光学阱是排斥势，一般运行磁光阱装载完成后再打开光学阱俘获原子，装载概率稍低.

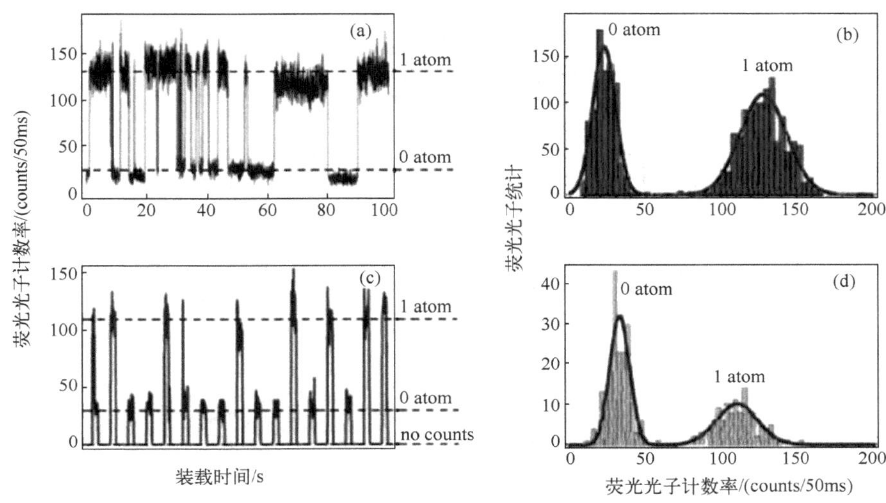

图 7-20　红失谐、蓝失谐光学阱单原子装载[51]

(a) 与 (c) 分别为红失谐、蓝失谐光学阱俘获单原子的荧光计数；(b) 和 (d) 为相应的统计直方图

7.4.3　单原子反馈控制装载

磁光阱和光学阱的原子装载具有随机性，特别是磁光阱，装载率较低时装载时间较长，容易发生背景原子碰撞损失，装载率较高时阱中原子密度较大，容易发生光诱导碰撞损失. 通过反馈控制系统对阱的装载率和损失率动态调控，可以在磁光阱与光学阱中实现确定数目的原子装载.

图 7-21 为反馈控制系统原理示意图[15-20]. 初始时刻，磁光阱或光学阱运行俘获原子，原子荧光信号输入单光子探测器；探测器光电转换后的电信号输入计数器，计数器统计分析给出原子数相关的特征信号；同时，计数器运算比较设定参数后，输出反馈控制信号进行阱的装载参数和碰撞参数控制. 反馈控制执行器件包括 LED 紫外光、四极磁场、蓝失谐激光等. LED 紫外光通过光致解吸附效应调谐背景原子密度，进一步结合磁光阱四极梯度磁场控制，可以在毫秒时间尺度实现磁光阱装载率的大范围调谐；近共振蓝失谐激光诱导原子发生可控碰撞调谐单体损失.

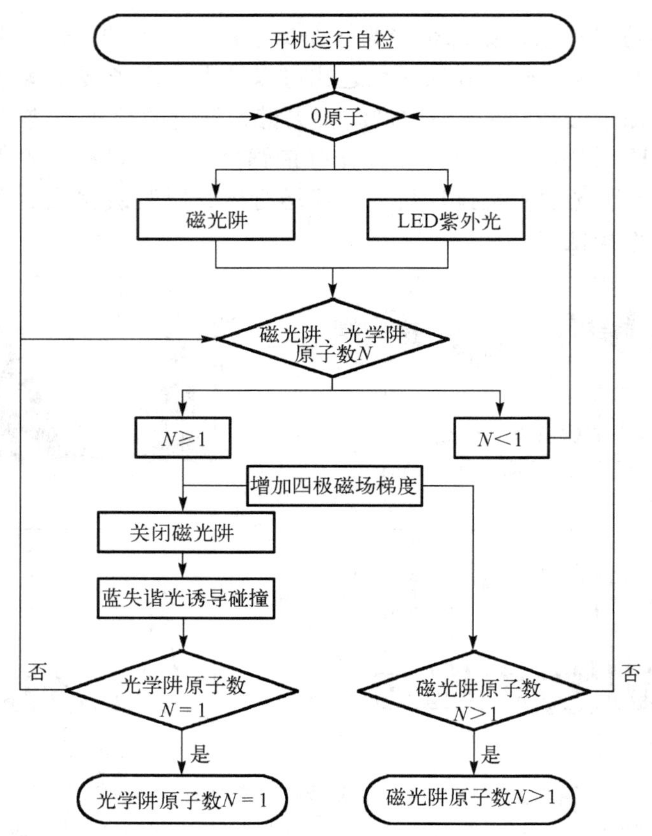

图 7-21 反馈控制系统原理示意图[15-20]

对于磁光阱，当计数器识别阱中为多原子时，控制系统首先关闭磁场释放俘获的冷原子，几十毫秒后重新运行磁光阱进行后续循环；对于光学阱，当装载多原子时，控制系统识别多原子信号后开启近共振蓝失谐激光，通过可控光助诱导碰撞在几十毫秒时间内持续减少阱中原子；当探测器探测到一个原子后，控制系统关闭蓝失谐激光与磁光阱，保持光学阱中单个原子俘获. 图 7-22 为磁光阱中单原子反馈控制装载的典型结果，阱中 1～3 个原子的装载概率分别为 98.2%、95.0%、80.1%. 装载过程中的单原子损失主要来源于背景气体碰撞，多原子损失主要来源于阱中冷原子碰撞. 光学阱单原子反馈控制装载结果如图 7-23 所示. 图 7-23(a)和(b)为自由运行条件下的原子装载，阱中零原子概率为 35.1%，单原子概率为 54.4%，多原子概率为 10.5%. 图 7-23(c)和(d)为反馈控制装载结果，优化参数条件下，光学阱中单原子装载概率接近 99.9%，零原子和多原子概率被明显抑制.

当存在近共振红失谐光时，冷原子光诱导碰撞释放的能量远大于磁光阱、光学阱势深度，其导致的冷原子碰撞损失是限制高密度冷原子样品制备的主要因素. 近共振蓝失谐光可以通过制备原子态抑制碰撞，通过调谐碰撞原子释放能量大小控制单体碰撞损失[18-20]，基于该技术可以提高磁光阱装载原子密度，进一步结合反馈控制装载系统可以获得确定原子数装载，这是目前应用比较广泛的冷原子调控技术.

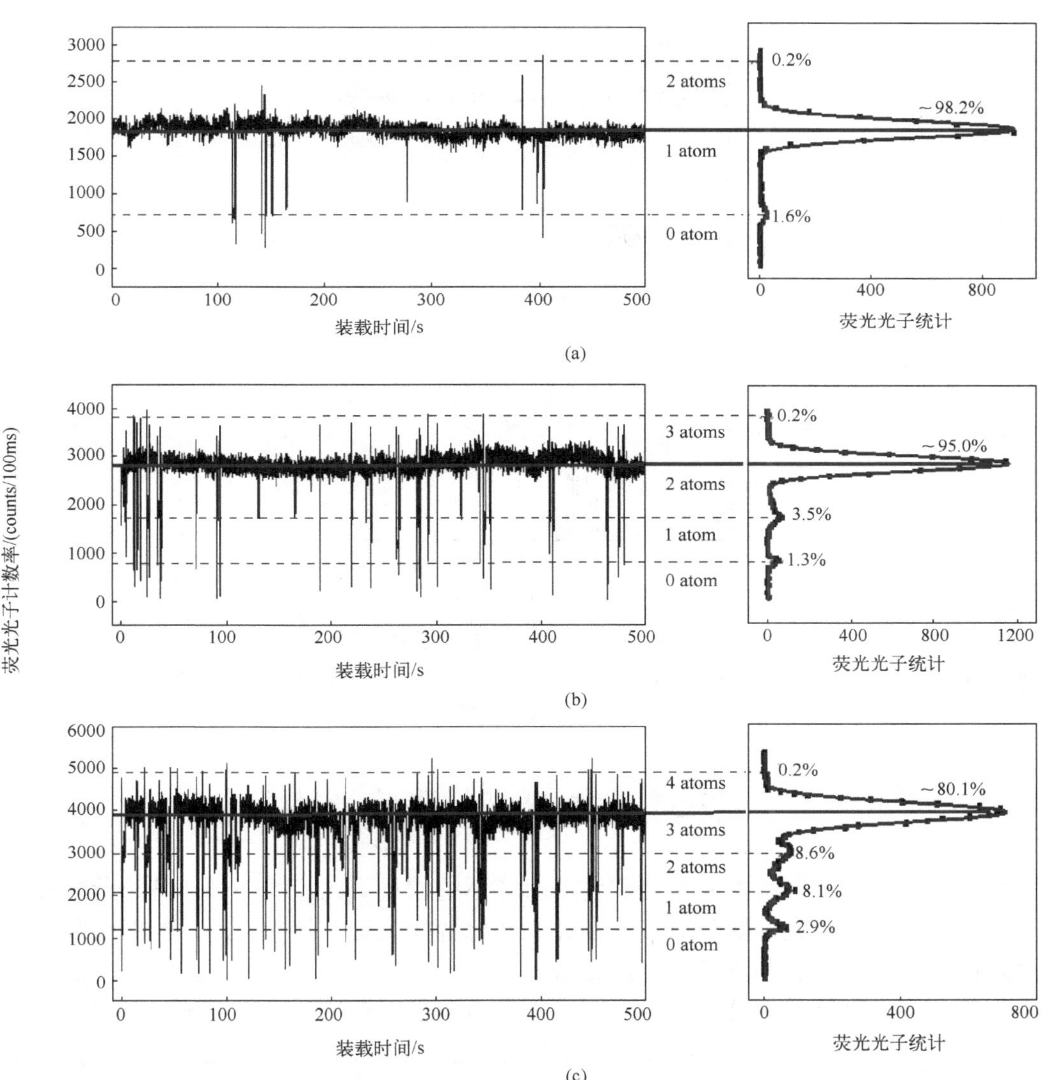

图 7-22 磁光阱中反馈控制装载结果[15]

(a)、(b)、(c)的左图分别是 1～3 个原子的反馈控制装载，右图为原子荧光光子计数率频数统计

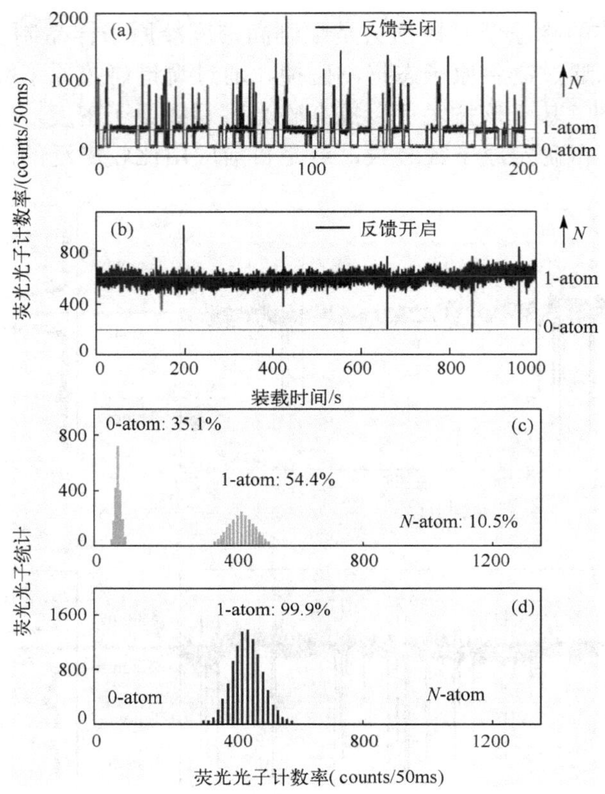

图 7-23 光学阱中反馈控制装载结果[20]

(a)和(b)分别为自由运行、加反馈控制的装载结果；(c)、(d)为概率统计图. 在反馈控制条件下，光学阱中单原子概率接近 99.9%

7.5 单原子光学阱阵列

激光冷却与俘获的单原子是构建单量子系统或量子比特的基础，基于此扩展的量子多体系统需要宏观数量原子比特并实现比特间的可控相互作用，这对微尺度光学阱的扩展性与可操作性提出更高要求.

光晶格、微光学阱阵列可以实现原子阵列俘获. 光晶格利用光场干涉效应形成周期驻波阱，通过“光助碰撞效应”或“超流态到 Mott 绝缘态的量子相变”实现格点的冷原子装载. 光晶格可以实现宏观数量原子阵列，但是指定格点的原子寻址与调控存在困难. 微光学阱阵列利用特定光学器件产生可编程光束聚焦形成光学阱阵列，后续基于反馈控制实现阱中确定性单原子装载，可编程微光学阱原子阵列在独立调控和系统扩展方面有潜在的优势.

目前，实现光学阱阵列的可编程光学器件有声光偏转器(acousto-optic deflector，AOD)、空间光调制器(spatial light modulator，SLM)、数字微镜器件(digital micromirror device，DMD)等. 这些器件各有优缺点，声光偏转器响应速度较快，但是通常只能在一个维度调控光学阱；空间光调制器可以执行二维光学阱调控，但是响应速度较慢；数字微镜器件在兼顾响应速度的同时可以实现多维度光学阱调控，目前应用较为广泛.

2004 年，德国波恩大学 D. Meschede 研究组采用一维光晶格俘获五个独立单原子，演示了量子寄存器[21]. 如图 7-24 所示，实验选择铯原子两个超精细基态构建量子比特，通过线性梯度磁场的塞曼效应使量子比特的跃迁频率与其空间位置关联，通过微波场频率调谐实现独立量子比特的寻址和操控. 2010 年，美国威斯康星大学 M. Saffman 研究组采用衍射光学元件构建微米间距的一维光学偶极阱阵列，采用微机电系统实现五个单原子比特的寻址[22]. 2010 年，德国达姆施塔特工业大学 G. Birkl 研究组利用微米尺度透镜聚焦形成二维光学阱阵列俘获冷原子，实验演示了二维量子寄存器[23]. 2015 年，中国科学院精密测量科学与技术创新研究院(武汉物理与数学研究所)詹明生研究组利用空间光调制器构建环形光学阱阵列，通过单原子阵列俘获实验演示了量子门[24].

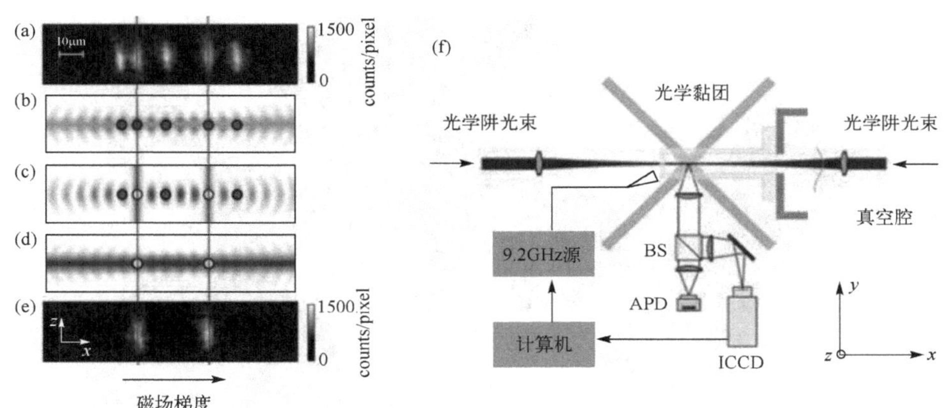

图 7-24 光学阱中单原子反馈装载[21]

(a)、(b)、(c)、(d)、(e)为一维光晶格俘获五个独立单原子；(f)实验装置示意图

上述光学阱方案演示了原子阵列俘获，但是并没有解决光学阱中单原子确定性装载的问题. 2015 年，美国科罗拉多大学和德国汉堡大学研究组利用空间光调制器构建 2×2 原子阵列，利用蓝失谐光的可控诱导碰撞技术将单个光学阱中的单原子装载概率提高到 90%，阵列光学阱的单原子装载概率提高到 60%[24]. 2016 年，日本电气通信大学 K. Nakagawa 研究组利用空间光调制器构建 62 个光学阱阵列，基于光学阱激光强度反馈和俘获原子荧光反馈实现阵列光学阱中的单原子装载[25]，如图 7-25 所示. 2016 年，美国哈佛大学 M. D. Lukin 研究组利用声光偏转器构建光学阱阵列，利用原子荧光探测方法对光学阱阵列位置快速实时反馈控制，实现一维原子

阵列的无缺陷装载[26]；2019 年，美国科罗拉多大学 C. A. Regal 研究组利用“灰色黏团”(gray molasses)亚多普勒冷却技术将 100 个单原子阵列的装载率提高到 80%[27]；基于类似技术方案，法国巴黎萨克雷大学 A. Browaeys 研究组在实现一维光学阱单原子俘获的基础上，将可编程光学阱阵列技术推广到二维、三维以及任意空间形状的可编程单原子装载[28,29]，如图 7-26 所示.

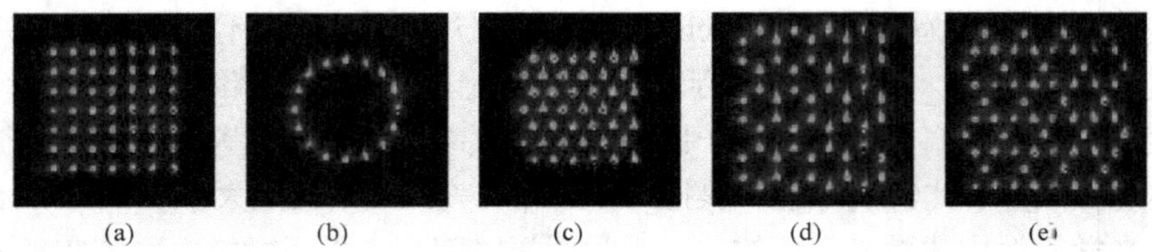

图 7-25　不同空间结构的单原子阵列荧光成像[25]

(a) 矩形；(b) 环形；(c) 三角形；(d) 蜂窝状结构；(e) 笼目结构. EMCCD 成像，区域 60 μm × 60 μm，像元分辨率 0.85 μm × 0.85 μm

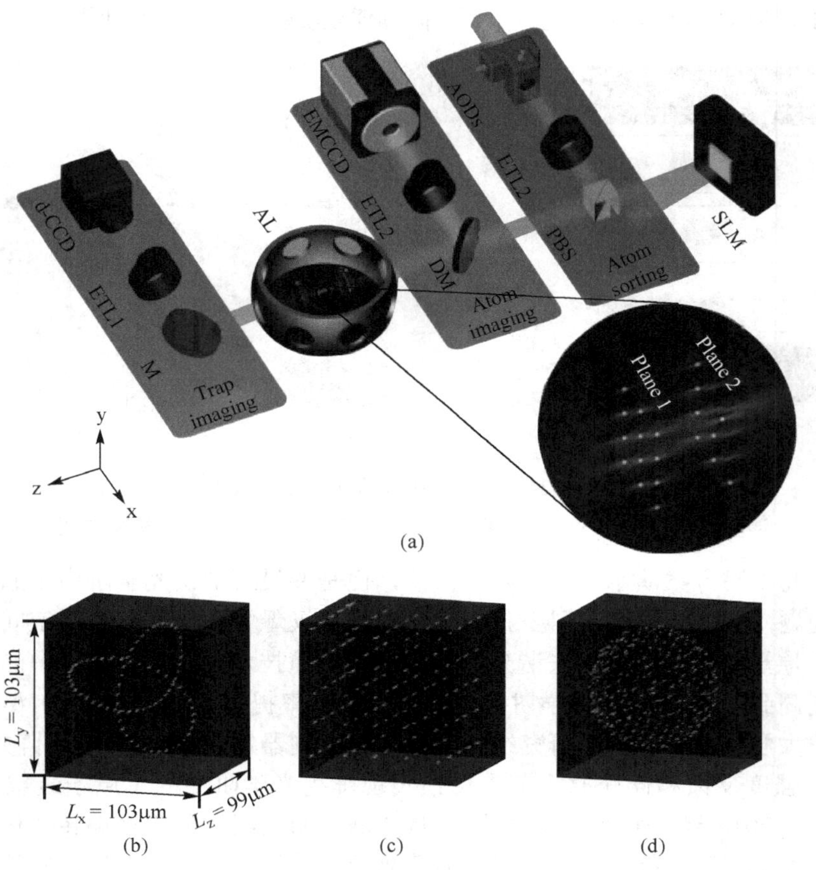

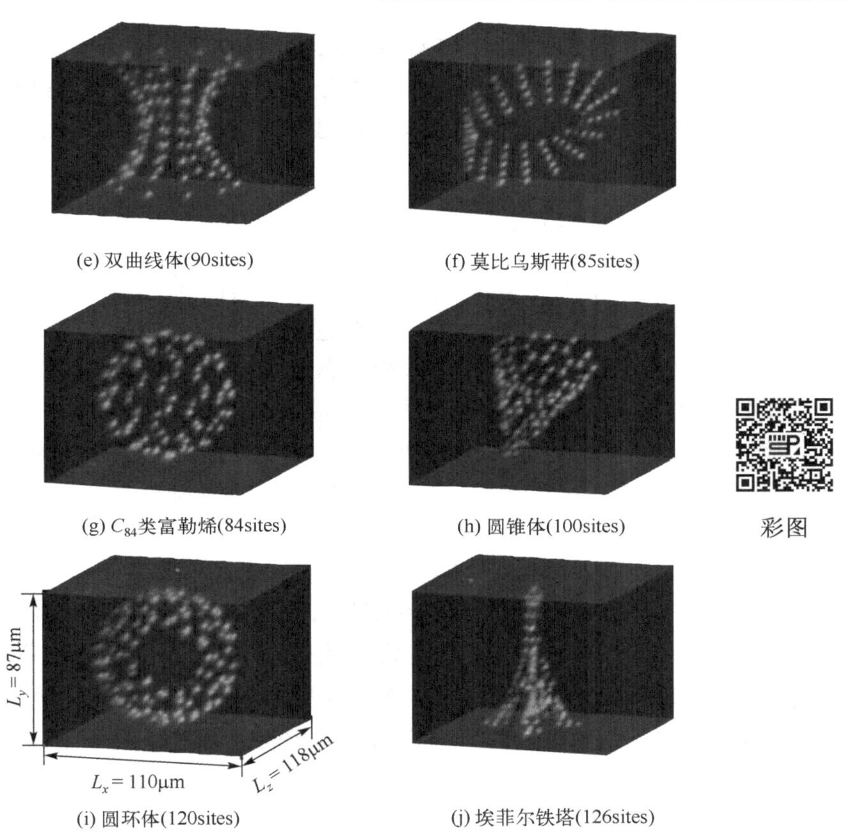

图 7-26　三维光学阱阵列单原子装载和荧光成像[29]

(a) 为二维 AOD 在垂直光束传播平面上移动，通过改变电控透镜(ETL3)焦距实现焦点轴向偏移. 插图显示了形成双层阵列俘获光的强度分布(红色)以及移动光镊对单个原子的影响(紫色). (b)～(d) 为 CCD 相机成像的三维强度重建示意图. (e)～(j) 为单原子平均荧光最大强度重构示意图

上述工作分别利用不同光学器件实现光学阱阵列，可控光学阱阵列允许在单粒子水平控制俘获原子的内态和外态，基于此构建的多体系统，人们已经开展量子自旋模拟、薛定谔猫态等多体动力学研究. 制备宏观数量的有序单原子阵列是大规模量子模拟和量子计算的关键，其同样是量子信息与量子精密测量领域的理想平台.

7.6　单原子内态相干操控

20 世纪 80 年代起，人们相继发展了电子显微技术、扫描探针、荧光探针等显微探测技术，这些技术极大地推动了单原子、单分子乃至微观生物粒子的高精度探测与分析，为微观世界研究提供了强有力的工具. 然而，由于材料固有特性以及外部环境因素的影响，上述技术在单个粒子的相干调控方面仍面临挑战. 基于冷原子技术的光镊或光学阱技术可以构建弱环境耦合的量子系统，特别是可编程光学阱单粒子调控技术，因其兼具长相干性和独立寻址的优点，近年来发展迅速，广泛应用于物理、化学、生物等多个学科领域.

7.6.1 单原子内态操控技术

量子系统的相干性通常用纵向弛豫时间 T_1、横向弛豫时间 T_2 等参数描述. 纵向弛豫时间描述原子布居数随时间的演化过程，即原子的本征态寿命. 横向弛豫时间描述量子叠加态的相位演化时间，即相干态叠加寿命. 光学阱中俘获的原子，纵向弛豫时间主要受激光散射、加热、光学阱参量加热以及背景气体碰撞等因素影响. 横向弛豫时间通常分为均匀退相干时间和非均匀退相干时间. 非均匀退相干通常包括原子在光学阱中热运动导致的非均匀光频移、外部磁场引起的非线性频移等.

碱金属原子的超精细能级可以构建量子比特. 如图 7-27 所示[30]，利用共振 $|6S_{1/2},F=3\rangle\to|6P_{1/2},F'=4\rangle$ 跃迁的 894 nm 圆偏振光可以制备原子到超精细基态 $|6S_{1/2},F=4\rangle$，利用共振 $|6S_{1/2},F=3\rangle\to|6P_{1/2},F'=4\rangle$ 跃迁的 894 nm 线偏振光可以制备原子到 $|6S_{1/2},F=4,m_F=0\rangle$ 态；在优化参数条件下，超精细基态制备效率优于 95%，塞曼态制备效率可以优于 90%. 通常选择铯原子基态 $|F=3,m_F=0\rangle$、$|F=4,m_F=0\rangle$ 或 $|F=3,m_F=+3\rangle$、$|F=4,m_F=+4\rangle$ 作为量子比特的基矢，量子比特的相干操控可以通过共振微波跃迁或远失谐双光子拉曼跃迁实现. 共振微波跃迁的拉曼光谱如图 7-28 所示[30]，当微波频率完全共振于原子钟态跃迁时，可以实现从 $|1\rangle=|6S_{1/2},F=4,m_F=0\rangle$ 态到 $|0\rangle=|6S_{1/2},F=3,m_F=0\rangle$ 态的高效转移；通过改变共振微波脉冲持续时间或脉冲功率，可以实现量子比特任意叠加态的制备，典型单原子塞曼态拉比振荡光谱如图 7-29 所示.

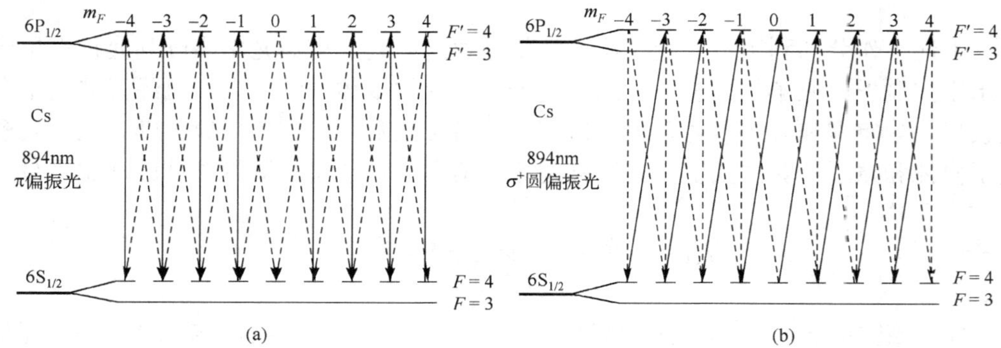

图 7-27 光抽运原理图[30]

利用 894 nm 波长激光抽运过程实现特定塞曼态制备，(a) 线偏振光泵浦实现原子 $|6S_{1/2},F=4,m_F=0\rangle$ 塞曼态制备；(b) 圆偏振激光泵浦实现原子 $|6S_{1/2},F=4,m_F=+4\rangle$ 塞曼态制备. 图中实线为激光泵浦跃迁，虚线为原子自发辐射

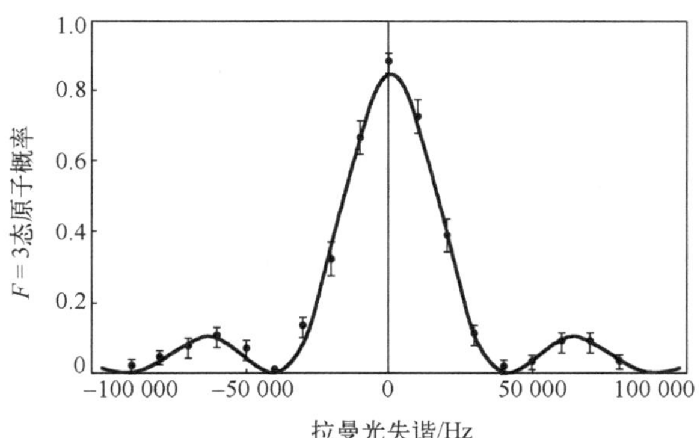

图 7-28　单原子超精细基态跃迁拉曼光谱[30]

拟合得到共振峰的频率为 9.192630274 GHz

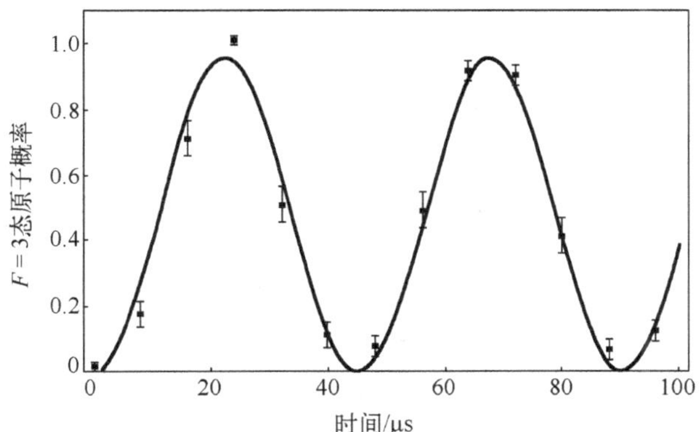

图 7-29　单原子基态塞曼态拉比振荡光谱

$|F=4, m_F=0\rangle \leftrightarrow |F=3, m_F=0\rangle$ 态跃迁拉比振荡频率为 22.17 kHz

原子比特相干时间通常利用拉姆齐(Ramsey)干涉光谱技术测量. 拉姆齐干涉原理如图 7-30 所示，首先初始化原子到$|0\rangle$态；利用第一个 π/2 脉冲将初态原子制备到$|0\rangle^{i\varphi}+|1\rangle$叠加态，$\varphi$为相位因子；原子叠加态自由演化一段时间$t$后，利用第二个 π/2 脉冲制备原子到末态；最后，利用近共振脉冲光的动量加热技术识别原子量子态. 动量加热过程中，态识别激光的频率共振于$|6S_{1/2}, F=4\rangle \rightarrow |6P_{3/2}, F'=5\rangle$跃迁，处于$|1\rangle$态的原子由于动量加热会被驱离光学阱，处于$|0\rangle$态原子则不受影响. 通过对原子末态布居数的测量，可以得到拉姆齐干涉图样，其反应了量子比特的时间演化特性. 示例实验测量如图 7-30 所示.

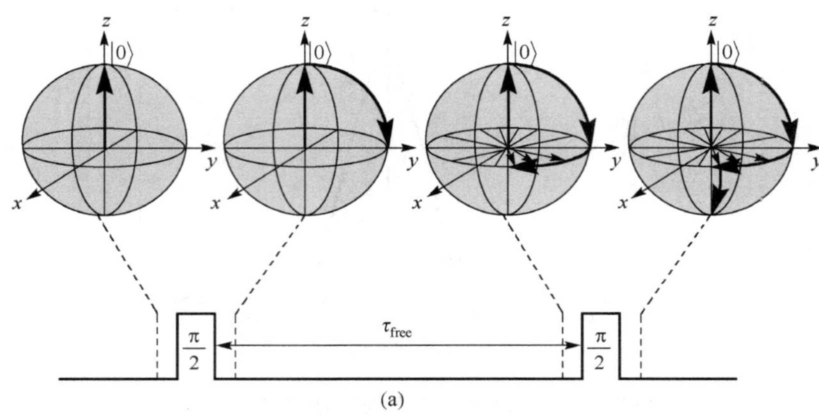

(a)

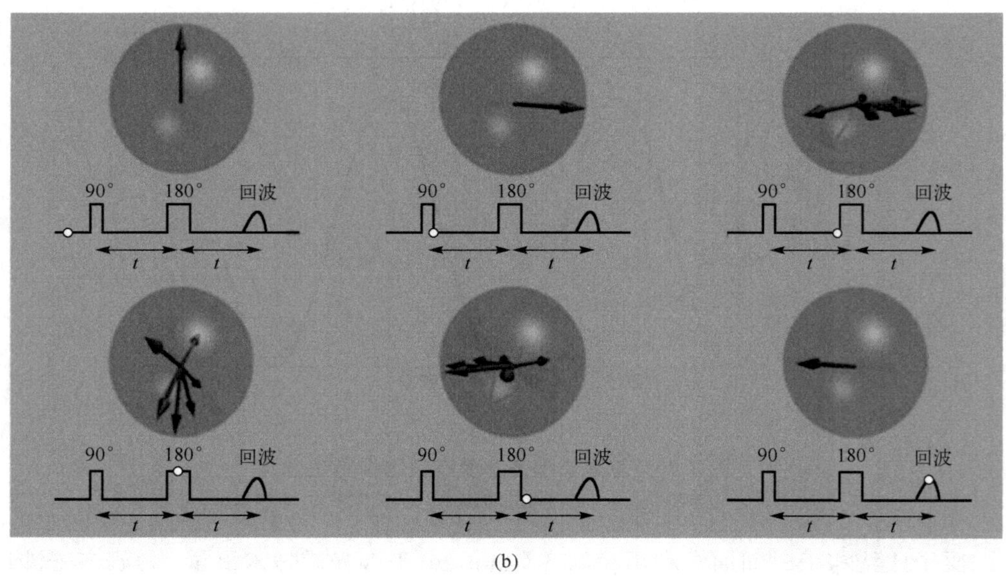

(b)

图 7-30 (a)拉姆齐光谱技术和(b)自旋回波光谱测量原理图[30,45]

原子量子态横向弛豫时间包括均匀退相干和非均匀退相干. 非均匀退相干可以通过动力学解耦技术进行抑制[30]. 示例实验利用自旋回波脉冲技术抑制光学阱中单个原子的非均匀退相干. 自旋回波工作原理如图 7-30(b)所示，在拉姆齐干涉的两个 π/2 脉冲之间加入 π 脉冲，π 脉冲通过反向过程使系统非均匀相位演化恢复. 实验结果如图 7-31 和图 7-32 所示[30–31]，典型蓝失谐光学阱中铯原子横向弛豫时间 T_2 为 10.1 ms，利用自旋回波技术可以将 T_2 延长到 415 ms.

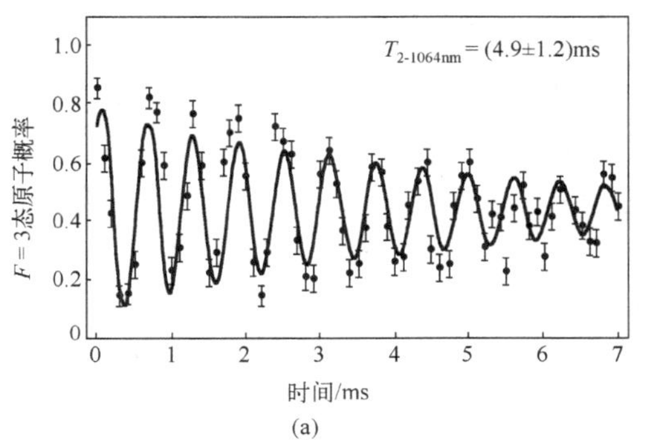

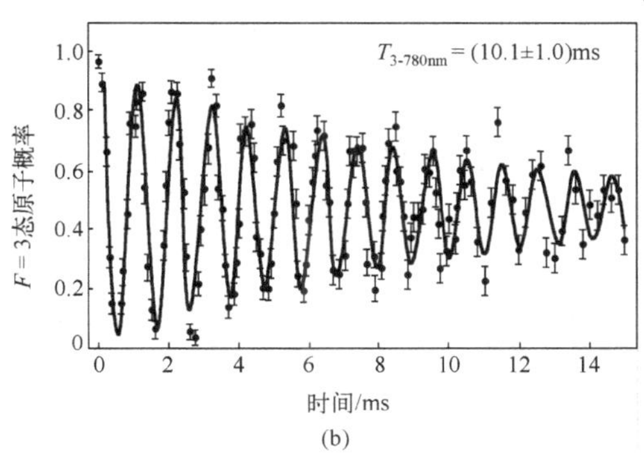

图 7-31　单原子拉姆齐干涉实验结果[30]

(a) 红移阱；(b) 蓝移阱. 拟合得到非均匀退相干时间分别为 (4.9±1.2)ms 和 (10.1±1.0)ms

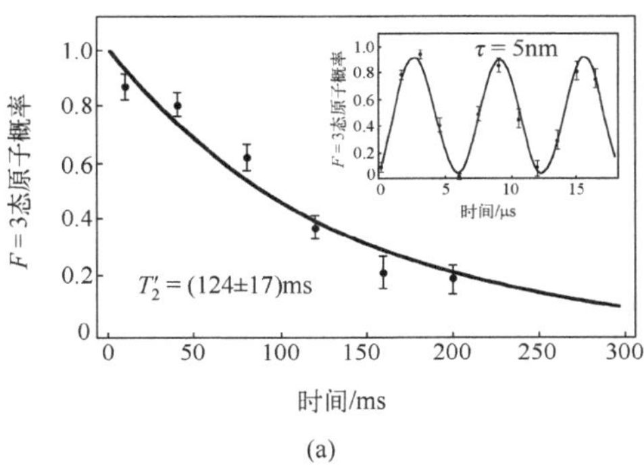

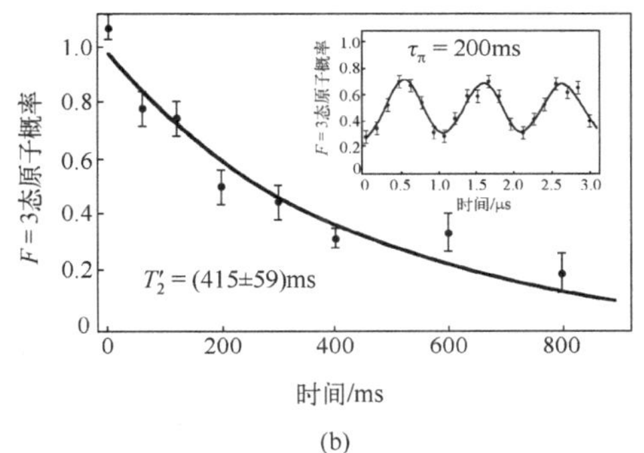

图 7-32　单原子相干时间测量[30, 31]

(a) 红失谐光学阱；(b) 蓝失谐光学阱. 曲线为指数衰减拟合，插图为拉姆齐干涉条纹

蓝失谐光学阱中的原子通常被俘获在光强最弱处，相对于俘获在光强最强处的红失谐光学阱，其散射率明显降低，这有利于俘获原子保持相干性. 实际中，由于光学阱中俘获原子存在光频移、磁场塞曼展宽等效应，通常蓝失谐、红失谐光学阱俘获原子的横向弛豫时间都明显短于纵向弛豫时间.

7.6.2　单原子内态相干性调控

光学阱中俘获的单原子由于不存在系综冷原子的碰撞效应，俘获原子寿命可以达到上百秒，相应的超精细基态或塞曼态寿命也可以达到数十秒，但是原子相干叠加态的寿命通常只有数十毫秒[31]. 一方面，阱中冷原子存在残余多普勒效应，强聚焦光束形成的光学阱会引入空间位置相关的光频移，其会导致非均匀退相干；另一方面，原子态相干操控过程通常存在近共振激发、多光子激发等，非弹性散射、波长匹配等效应同样会引入退相干.

2007 年，韩国高丽大学 D. Cho 研究组提出利用“魔数偏振”光学阱消除碱金属原子超精细态跃迁的非均匀退相干[33]. 2013 年，该研究组实验证实优化的魔数阱方案可以将 ^{7}Li 原子基态相干时间延长[34]. 2008 年，美国内华达大学 A. Derevianko 研究组提出利用圆偏振光学阱结合辅助磁场来消除光场、磁场导致的原子退相干，2010 年，该研究小组进一步提出利用“魔数频率”与“魔数磁场”的双参数条件抑制原子光频移和塞曼频移[35-36]，基于此抑制原子退相干. 上述方案在原子钟研究领域得到了广泛应用.

2010 年，美国贝茨学院 N. Lundblad 研究组利用 811.5 nm 波长激光构建魔数三维光晶格，实现了 ^{87}Rb 原子俘获[37]. 2010 年，美国佐治亚理工学院 A. Kuzmich 研究组利用“魔数磁场”光晶格实现了单个 ^{87}Rb 原子俘获[38]. 2014 年，山西大学王军民研究组提出利用双波长光学阱构建“魔数波长”条件以消除铷原子光频移[39]，2017 年，该研究组进一步发展“魔数波长”和“魔数偏振”的双参数光学阱方案，实现单个铯原子的魔数波长光学阱俘获，基于此演示了窄线宽单光子源[40]. 2016 年，美国威斯康星大学 M. Saffman 研究组提出“魔数频率”与“魔数偏振”的双参数调控方案抑制原子退相干[41]. 2016 年，中国科学院精密测量科学与技术创新研究院詹明生研究组实验实现了“魔数光强”光学阱，将俘获铷原子相干时间延长到 225 ms[42]；2018 年，该研究组又通过主动反馈磁场的方法将 4×4 光学阱阵列中俘获原子的寿命延长到 646 ms[43]. 2019 年，山西大学张天才研究组提出简并双光子跃迁方案以及“三魔幻”光学阱方案，将单原子相干时间延长至(695±85)ms；在此基础上，利用连续动力学解耦技术，进一步将单原子相干时间延长至(6.00±0.74)s[44]. 上述方案的核心思想是通过激光的强度、波长、偏振等参数优化抑制光学阱俘获原子的光频移，进而延长单原子相干时间.

光频移的大小与极性依赖于激光波长和光强. 波长 1064 nm 的光学阱俘获的铯原子，阱深 1 mK 的条件下基态到激发态跃迁的差分光频移约为 20 MHz；当光学阱波长为 1079 nm 时，考虑原子跃迁的单光子频移、双光子光频移，优化的激光功率可以消除两个超精细基态间的差分光频移，即实现光学阱的“魔数频率”和“魔数光强”[44,45]，如图 7-33 所示.

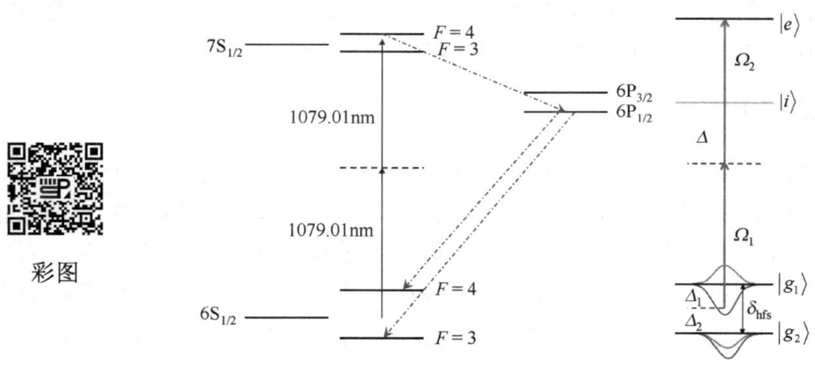

彩图

图 7-33　铯原子单光子耦合、双光子耦合效应[30]

(a)原子跃迁能级图；(b)中红色虚线表示单光子过程引起光频移，蓝色曲线表示双光子光频移

如图 7-34 所示，优化光学阱俘获参数后，实验测量的铯原子$\left|6S_{1/2},F=3,m_F=0\right\rangle$与$\left|6S_{1/2},F=4,m_F=0\right\rangle$态相干时间为(695±85) ms [44, 45]；连续动力学解耦合后原子相干态时间为(6.00±0.74) s. “魔数频率”和“魔数阱深”可以抑制俘获原子残余热运动相关的光频移，从而可以有效延长单原子量子比特的相干时间.

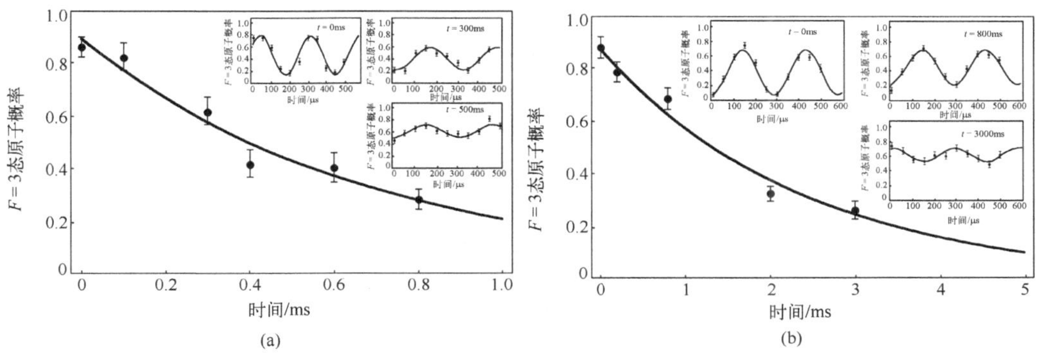

图 7-34　连续动力学解耦合延长相干时间[30]

(a) 魔数频率和魔数阱深测量结果. 插图为阱深 24.67μK 时的拉姆齐干涉信号，自由演化时间为 0 ms、300 ms、500 ms，拟合得到单原子相干时间为(695±85) ms；(b) 连续动力学解耦合延长相干时间到(6.00±0.74) s

红失谐光学阱中原子被俘获在光场最强处，相干时间受限于俘获激光的散射率；蓝失谐光学阱中原子俘获在光场最弱处，散射率相对较低，俘获原子的相干时间主要受限于环境噪声、磁场噪声导致的差分频移[44]. 理论计算证明，通过优化磁场参数可以消除$\left|6S_{1/2},F=3,m_F=-1\right\rangle$到$\left|6S_{1/2},F=4,m_F=+1\right\rangle$态跃迁的差分频移，即实现“魔数磁场”. 在“魔数波长”“魔数阱深”的基础上，进一步引入“魔数磁场”，可以更有效地抑制俘获原子的非均匀展宽，从而延长原子相干叠加态的相干性，如图 7-35 所示.

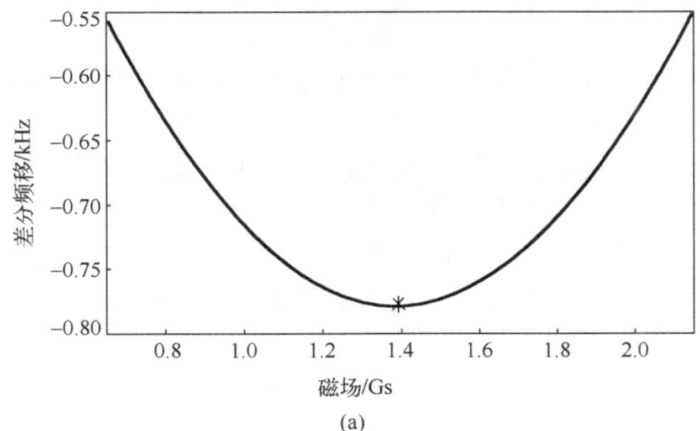

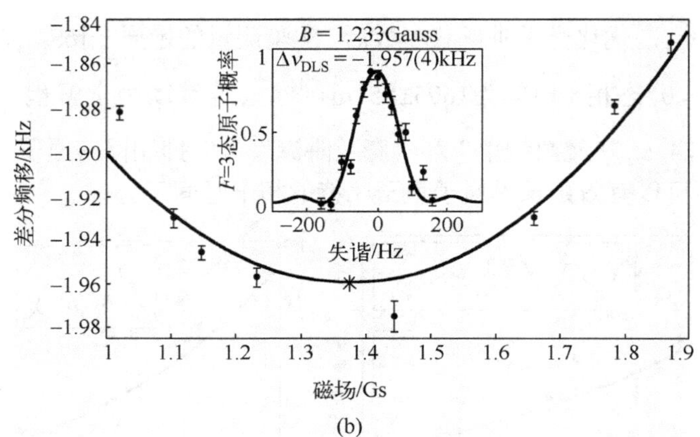

图 7-35 魔数磁场理论和实验结果

(a) 磁不敏感态差分能级移动随磁场的变化[45]；(b) $|F=3,m_F=-1\rangle$、$|F=4,m_F=+1\rangle$ 差分能级移动随磁场的变化. 曲线为理论模拟，Φ为实验测量值，∗为魔数磁场. 插图为磁场为 1.233 Gs 时的拉曼谱，能级频移差为−1.957 kHz

对于高斯光束构建的光学阱，俘获原子的残余热运动以及相关的光频移是导致量子态退相干的主要因素，实验上通常采用魔数波长光学阱技术抑制这种退相干. 近年来发展出多种魔数光学阱方案，例如，俘获波长相关的魔数光学阱、空间结构相关的魔数光学阱、原子极化电磁场调控的魔数光学阱等. 总体来说，原子系统对电、磁、光等物理场极为敏感，通过电磁场的频率、偏振、空间结构等参数优化，可以降低俘获原子的特定物理量敏感性，进而保持俘获原子的量子相干性.

7.6.3 可控单原子平台及应用

可控光学阱阵列允许在单粒子水平调控原子的内态和外态，基于该技术构建的量子系统广泛应用于基本物理、物理化学、量子信息等领域.

2018 年，美国哈佛大学 K. K. Ni 研究组利用两个独立光学阱分别俘获两个单原子，通过原子内态调谐控制反应过程实验合成单个偶极分子[46]. 如图 7-36 和图 7-37 所示，实验首先利用磁光阱冷却俘获钠(Na)原子、铯(Cs)原子，再装载原子到独立的微尺度光学阱中进一步冷却，然后通过光学阱合并实现超冷钠原子和铯原子的单阱俘获；阱中钠原子、铯原子通过光诱导激发生成激发态 NaCs*分子，反应方程式为 $\mathrm{Na}+\mathrm{Cs}\longrightarrow\mathrm{NaCs}^*$；反应形成的激发态 NaCs*分子会衰减回到基态，通过原子的荧光成像可以测量反应前后光学阱中的原子数. 该工作基于单原子激光冷却与俘获技术在单粒子水平模拟化学反应过程，基于该技术构建的研究平台可拓展应用于复杂反应过程的微观机制研究.

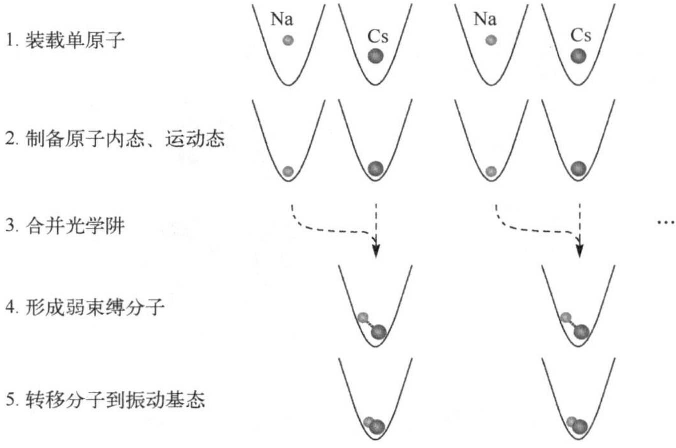

图 7-36　单原子形成单分子示意图[46,47]

弱束缚原子对相干转移到分子振动基态，形成单分子

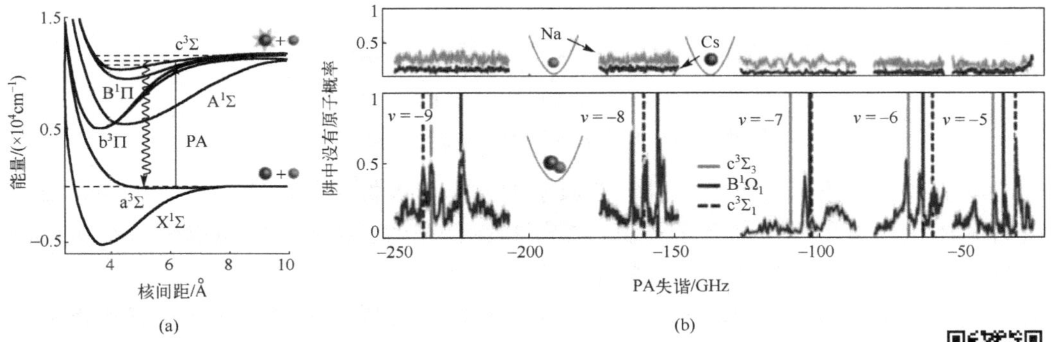

图 7-37　NaCs*分子光缔合谱[46]

(a) NaCs 分子势与原子核间距关系；(b) 单个原子探测概率及演化后的"无原子"探测概率，上图中，Na(橙色，上方曲线)、Cs(蓝色，下方曲线)，下图中，Na+Cs(红色)

彩图

2020 年，中国科学院精密测量科学与技术创新研究院詹明生研究组基于可控单原子俘获实验实现单个超冷分子的相干合成[48,49]. 如图 7-38 所示，首先利用磁光阱获得 ^{85}Rb 和 ^{87}Rb 冷原子，分别装载 ^{85}Rb 和 ^{87}Rb 单原子到两个光学阱中，进一步冷却光学阱中的原子到振动基态；通过强聚焦光学阱产生的虚拟梯度磁场实现俘获原子自旋波函数与运动波函数耦合(spin-motion coupling，SMC)；由于 SMC 效应，光阱中双原子相对运动波函数与弱束缚态波函数重叠概率增加，原子-分子间的微波跃迁概率提高，利用微波操控阱中原子的运动态实现单原子间的化学反应得到单分子.

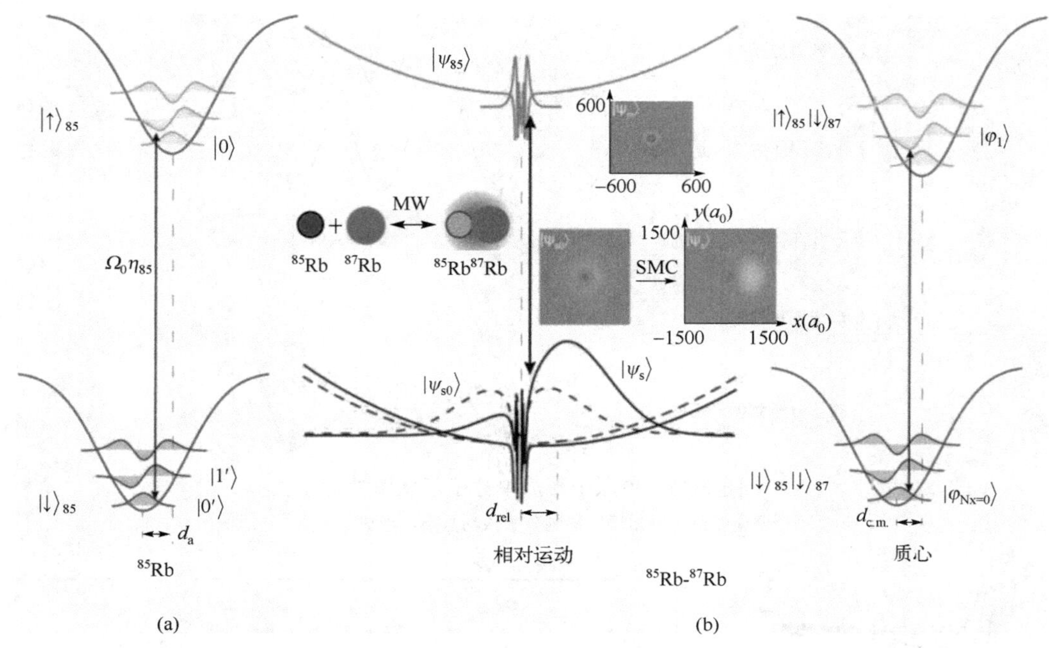

图 7-38 SMC 机制及分子合成[48]

(a) 单个 ^{85}Rb 原子的 SMC 机制；(b) SMC 合成单分子

以上内容介绍了基于光学阱俘获原子的几个代表性工作，除此之外，该领域相关研究还包括量子模拟、量子计算、量子精密测量等. 相关研究可以突破经典理论和技术限制，实现超越经典极限的量子调控平台.

使用激光冷却俘获技术和可编程光学阱技术，可以在单粒子水平实现多自由度的相干操控，基于此构建的光与物质相互作用平台可以用于单原子、单分子的超冷物理化学交叉领域的研究；同样，通过可控多粒子系统构建的量子多体平台，可以在多粒子纠缠态、多体量子模拟等方面开展探索，这些基础研究工作在基础物理研究、量子精密测量、量子通信、量子模拟、量子计算等方向有潜在的应用[50].

思 考 题

(1) 简述微观粒子运动的量子模型.

(2) 请用示例说明碱金属原子外部自由度、内部自由度的产生机制和表现形式.

(3) 简述光与原子相互作用的展宽机制.

(4) 简述光与原子相互作用的散射力和偶极力.

(5) 简述中心原子激光冷却的多普勒、亚多普勒冷却机制.

(6) 简述冷原子温度的定义.

(7) 论述突破光子反冲极限的激光冷却方法.

(8) 简述磁光阱、光学阱的工作原理与实验实现方法.

参考文献

[1] Claude C T, David G O. Advances in atomic physics: an overview. Hackensack: World Scientific, 2011.

[2] Bianchet L C. A versatile system for the study of light-matter interactions at the level of individual particles. PhD thesis, Universitat Politècnica de Catalunya, 2022.

[3] Foot C J. Atomic physics. Oxford: Oxford University Press, 2005.

[4] 王义遒. 原子的激光冷却与陷俘. 北京: 北京大学出版社, 2007.

[5] Zhang J. Lecture notes atomic physic. Taiyuan: Shanxi University, 2007.

[6] Raab E L, Prentiss M, Cable A, et al. Trapping of neutral sodium atoms with radiation pressure. Phys. Rev. Lett., 1987, 59: 2631-2634.

[7] Monroe C, Swann W, Robinson H, et al. Very cold trapped atoms in a vapor cell. Phys. Rev. Lett., 1990, 65: 1571-1574.

[8] Alt W. Optical control of single neutral atoms. PhD thesis, Bonn University, 2004.

[9] Letokhov V S. Narrowing of the doppler width in a standing wave. JETP Lett., 1968, 7: 272.

[10] Chu S, Bjorkholm J E, Ashkin A, et al. Experimental observation of optically trapped atoms. Phys. Rev. Lett., 1986, 57: 314-317.

[11] Miller J D, Cline R A, Heinzen D J. Far-off-resonance optical trapping of atoms. Phys. Rev. A, 1993, A 47: R4567-R4570.

[12] O'Hara K M, Granade S R, Gehm M E, et al. Ultrastable CO_2 laser trapping of lithium fermions. Phys. Rev. Lett., 1999, 82: 4204.

[13] Grimm R, Weidemüller M, Ovchinnikov Y B. Optical dipole traps for neutral atoms. Adv. At. Mol. Opt. Phy., 2000, 42: 95-170.

[14] 何军. 远失谐微型光学偶极阱中单原子的俘获和操控. 山西大学博士毕业论文, 2011.

[15] 刘贝. 基于微尺度光学偶极阱中单原子操控的 852 nm 单光子源研究. 山西大学博士毕业论文, 2017.

[16] Schlosser N, Reymond G, Protsenko I, et al. Sub-poissonian loading of single atoms in a microscopic dipole trap. Nature, 2001, 411: 1024.

[17] Schlosser N, Reymond G, Grangier P. Collisional blockade in microscopic optical dipole traps. Phys. Rev. Lett., 2002, 89: 023005.

[18] Grünzweig T, Hilliard A, McGovern M, et al. Near-deterministic preparation of a single atom in an optical microtrap. Nat. Phys., 2010, 6: 951-954.

[19] Fuhrmanek A, Bourgain R, Sortais Y R P, et al. Light-assisted collisions between a few cold atoms in a microscopic dipole trap. Phys. Rev.A, 2012, 85: 062708.

[20] He J, Liu B, Wang J Y, et al. Deterministic loading of an individual atom: Towards scalable implementation of multi-qubit. Chin. Phys. B, 2017, 26: 113702.

[21] Schrader D, Dotsenko I, Khudaverdyan M, et al. Neutral atom quantum register. Phys. Rev. Lett., 2004, 93: 150501.

[22] Knoernschild C, Zhang X L, Isenhower L, et al. Independent individual addressing of multiple neutral atom qubits with a micromirror-based beam steering system. Appl. Phys. Lett., 2010, 97: 134101.

[23] Lengwenus A, Kruse J, Schlosser M, et al. Coherent transport of atomic quantum states in a scalable shift register. Phys. Rev. Lett., 2010, 105: 170502.

[24] Lester B J, Luick N, Kaufman A M, et al. Rapid production of uniformly filled arrays of neutral atoms. Phys. Rev. Lett., 2015, 115: 073003.

[25] Tamura H, Unakami T, He J, et al. Highly uniform holographic microtrap arrays for single atom trapping using a feedback optimization of in-trap fluorescence measurements. Opt. Express, 2016, 24: 8132-8141.

[26] Endres M, Bernien H, Keesling A, et al. Atom-by-atom assembly of defect-free one-dimensional cold atom arrays. Science, 2016, 354: 1024-1027.

[27] Brown M O, Thiele T, Kiehl C, et al. Gray-molasses optical-tweezer loading: controlling collisions for scaling atom-array assembly. Phys. Rev. X, 2019, 9: 011057.

[28] Barredo D, de Léséleuc S, Lienhard V, et al. An atom-by-atom assembler of defect-free arbitrary two-dimensional atomic arrays. Science, 2016, 354: 1021-1023.

[29] Barredo D, Lienhard V, de Léséleuc S, et al. Synthetic three-dimensional atomic structures assembled atom by atom. Nature, 2018, 561: 79-82.

[30] 田亚莉. 单原子量子比特的相干操控. 山西大学博士毕业论文, 2019.

[31] 王志辉. 基于单个中性原子的量子比特操控. 山西大学博士毕业论文, 2017.

[32] 李少康. 魔幻光阱中单原子的相干操控. 山西大学博士毕业论文, 2021.

[33] Choi J M, Cho D. Elimination of inhomogeneous broadening for a ground-state hyperfine transition in an optical trap. J. Phys. Conf. Ser., 2007, 80: 012037.

[34] Kim H, Han H S, Cho D. Magic polarization for optical trapping of atoms without stark-induced dephasing. Phys. Rev. Lett., 2013, 111: 243004.

[35] Flambaum V V, Dzuba V A, Derevianko A. Magic frequencies for cesium primary-frequency standard. Phys. Rev. Lett., 2008, 101: 220801.

[36] Derevianko A. "Doubly magic" conditions in magic-wavelength trapping of ultracold alkali-metal atoms. Phys. Rev. Lett., 2010, 105: 033002.

[37] Lundblad N, Schlosser M, Porto J V. Experimental observation of magic-wavelength behavior of

^{87}Rb atoms in an optical lattice. Phys. Rev. A, 2010, 81: 031611.

[38] Dudin Y O, Zhao R, Kennedy T A B, et al. Light storage in a magnetically dressed optical lattice. Phys. Rev. A, 2010, 81: 041805.

[39] Wang J M, Guo S L, Ge Y L, et al. State-insensitive dichromatic optical-dipole trap for rubidium atoms: Calculation and the dicromatic laser's realization. J. Phys. B: At. Mol. Opt. Phys., 2014, 47: 095001.

[40] Liu B, Jin G, Sun R, et al. Measurement of magic-wavelength optical dipole trap by using the laser induced fluorescence spectra of trapped single cesium atoms. Opt. Express, 2017, 25: 15861-15867.

[41] Carr A W, Saffman M. Doubly magic optical trapping for Cs atom hyperfine clock transitions. Phys. Rev. Lett., 2016, 117: 150801.

[42] Yang J H, He X D, Guo R J, et al. Coherence preservation of a single neutral atom qubit transferred between magic-intensity optical traps. Phys. Rev. Lett., 2016, 117: 123201.

[43] Sheng C, He X D, Xu P, et al. High-fidelity single-qubit gates on neutral atoms in a two-dimensional magic-intensity optical dipole trap array. Phys. Rev. Lett., 2018, 121: 240501.

[44] Li G, Tian Y L, Wu W, et al. Triply magic conditions for microwave transition of optically trapped alkali-metal atoms. Phys. Rev. Lett., 2019, 123: 253602.

[45] 李翔艳. 蓝移阱中铯原子磁不敏感态的相干操控. 山西大学硕士毕业论文, 2020.

[46] Liu L R, Hood J D, Yu Y, et al. Building one molecule from a reservoir of two atoms. Science, 2018, 360: 900-903.

[47] Zhang J T, Picard L R B, Cairncross W B, et al. An optical tweezer array of ground-state polar molecules. Quantum Sci. Technol., 2022, 7: 035006.

[48] He X D, Wang K P, Zhuang J, et al. Coherently forming a single molecule in an optical trap. Science, 2020, 370: 331-335.

[49] 詹明生. 超冷单原子分子阵列. 物理, 2022, 51: 92.

[50] Scully M O, Zubairy M S. Quantum optics. Cambridge: Cambridge University Press, 1997.

[51] Tian Y L, Wang Z H, Yang P F, et al. Comparison of single-neutral-atom qubit between in bright trap and in dark trap. Chin. Phys. B, 2019, 28: 023701.

[52] 王婧. 磁光阱中单原子的冷却与俘获研究. 山西大学硕士毕业论文, 2008.

[53] He J, Yang B D, Zhang T C, et al. Improvement of the signal-to-noise ratio of laser-induced-fluorescence photon-counting signals of single-atoms magneto-optical trap. J. Appl. Phys., 2011, 44: 135102.

[54] He J, Yang B D, Cheng Y J, et al. Extending the trapping lifetime of single atom in a microscopic far-off-resonance optical dipole trap. Front. Phys., 2011, 6: 262-270.

第 8 章 腔量子电动力学的实验实现

8.1 腔量子电动力学简要介绍

腔量子电动力学[1](cavity quantum electrodynamics，CQED)主要研究在受限空间中电磁场与物质(主要有原子、离子以及固体粒子等)之间的相互作用过程. 腔量子电动力学系统是研究光与物质相互作用的重要系统. 光与物质相互作用方面的研究内容是光学、原子物理等科学中非常重要的组成部分，其在历史发展的过程中成为不断推动科学技术进步的关键领域之一.

腔量子电动力学研究的最初目的是研究处于由镜片规范过的真空场中原子的辐射特性. 1946 年，E. M. Purcell 提出了共振腔内原子的自发辐射率大于自由空间中原子的理论预言，这便开启了受限空间内物质与电磁波相互作用研究的大门[2]. 1950 年，微波激射器(maser)的发明大大加快了腔中电磁波与物质相互作用的研究. 此后受限空间对自发辐射率影响的理论方案被提出并且在实验上实现. 在此基础上，微波区腔量子电动力学的研究扩展到光频区. 对原子自发辐射和受激辐射研究的不断深入促使 1960 年世界上第一台激光器的诞生. 与此同时，关于光与原子相互作用的理论工作也取得众多重要进展. 具有代表性是单个原子与单模光场相互作用的理论模型，称为 J-C 模型.

在腔量子电动力学系统中，最简单的相互作用过程是单个原子与单模腔场之间相互耦合的情况. 该过程尽管理论模型比较简单，但在实验上实现却充满挑战. 其原因是对单个原子的控制以及与腔的耦合在冷原子出现之前没有很好的办法，所以在早期的研究中人们一直停留在原子与腔场弱耦合的研究上. 直到 1985 年腔量子电动力学研究进入强耦合区，并且伴随着高品质腔的设计制作和原子精确操控等新技术的发展，使得单个原子与腔的耦合真正进入到强耦合区，从而可以在单粒子水平上研究光与原子相互作用的量子行为. 强耦合区 CQED 的研究验证了大量量子力学和量子光学中基本理论和预言，同时人们从中看到了强耦合 CQED 广阔的应用前景.

CQED 系统在各个方面的应用和意义，主要包括量子基本问题、量子信息、精密测量及量子计量等领域.

基本物理问题方面，强耦合 CQED 系统提供了一个演示各种量子效应的理想平台. 首先证明腔量子系统进入强耦合的标志是真空拉比分裂(vacuum-Rabi splitting)(当一个原子进入腔中，腔和原子构成的整体系统的激发态分裂成两个模式，被称为真空拉比分裂）的实现，这也是光与原子强耦合的最基本的量子效应之一. 实验上观察到原子导致腔的共振频率分裂最早是在 1992 年 H. J. Kimble 实验组利用热原子束穿越腔模看到的[3]. 此实验只能观测腔内平均原子数的变化情况. 直到 1996 年，随着冷原子技术的发展，真正意义上的单个原子在腔内引起的真空拉比分裂才在实验中被观测到[4]. 强耦合 QED 系统中单个光子就可以剧烈影响腔中原子的状态；反之，单个原子也可以大幅度影响光子的状态. 根据这些性质强耦合可以被利用来实现对光子的非破坏性测量. 1999 年，S. Haroche 实验组利用原子与腔场的强耦合实现了腔内光子的非破坏性测量[5]. 当单个原子处于腔模中时，系统典型的非线性效应是非线性光谱（nonlinear spectroscopy），腔透射光强和入射光强存在非线性的关系[6]，因此强耦合 CQED 系统提供了一个理想的非线性效应研究平台，同时也为单粒子水平上实现逻辑操作提供了可能. CQED 系统构成的最简单的量子系统也是产生非经典关联（nonclassical correlations）和非经典态（nonclassical states）的理想平台. 1991 年，H. J. Kimble 实验组观测到腔内平均原子数为几十个时腔透射光场呈现反聚束特性的非经典关联[7]. 2005 年，G. Rempe 实验组观测到了腔透射场由反聚束到聚束的演化[8]，并在 2011 年利用腔内单原子实现了压缩态的产生[9]. 2010 年，G. Rempe 实验组实现了腔中单个原子的电磁感应透明，随后在理论上论证了通过腔电磁感应透明控制腔透射光场的量子起伏[10]. 在此基础上，腔内原子的相干操控和量子态产生等研究均取得了巨大进步. 总之，强耦合 CQED 作为简单、典型的量子系统，已经成为研究量子物理基本问题的有力工具.

量子信息是量子光学的一个非常重要的应用领域. 早在 20 世纪 90 年代微波区 CQED 系统就实现了量子纠缠，包括光场与原子、原子与原子、光场与光场和两原子与光场三组分等形式的纠缠. 2007 年，G. Rempe 实验组在光频区 CQED 系统中实现了原子与光子、光子与光子之间的纠缠[11,12]. 2012 年，他们实现了两个 CQED 节点间量子态的传输，同时实现了远距离腔中原子纠缠态的产生[13]，为量子计算、量子信息方面的研究打下坚实的基础. CQED 系统光子出射具有很好的方向性，便于提高效率，因此成为单光子源产生的重要系统之一. 2007 年，基于强耦合 CQED 的单光子源被实现[14]. CQED 系统达到强耦合之后可以实现量子态在原子和光子之间的可逆映射（reversible mapping），所以 CQED 在量子网络的应用中也具有巨大的应用前景[15]. 2017 年，G.Rempe 小组将量子比特编码于原子的磁不敏感态，实现了百毫秒量级的量子比特存储，为广域通用量子网络的实现奠定了基础. 2019 年，G.Rempe 小组通过 CQED 系统中的光子宇称测量实现了单光子的蒸馏，与此同时，该小组基于 CQED 系统演示了对依赖于时间的单光子复波函数绝对、灵活和精确的控制，实现对单光子波函数的整形和再塑形，为分布式多组分量子系统提供了有力的工具.

精密测量和计量学引入量子光学的理论和技术可以突破测量的经典极限，进一步提高测量精度，这也是精密测量和计量学重要的发展领域之一. 在物理研究中对单个原子的探测和操控一直是一个很困难的事情，2001 年，P. Grangier 实验组才在自由空间里的偶极阱中获得较长时间的单个原子的俘获[16]. 而强耦合 CQED 系统可以灵敏地探测到单个原子，甚至可以获得单个原子质心运行的轨道信息. 一些实验组都曾利用腔来观测原子质心的运行轨道，测量精度在微米量级，同时原子轨道在简并性上并没有做到完全消除[17]. 2011 年，山西大学利用光学腔高阶模式测量了原子质心运动轨道，不仅消除了原子轨道简并，而且将原子轨道位置的测量精度提高到百纳米级别[18]. 随后利用腔作为单原子探测器，实现了原子速度分布的统计和温度的测量以及 CQED 系统中单原子的转移[19]. 强耦合 CQED 可以使用非常弱的光实现对量子态的精密控制并且具有很高的效率，因此 CQED 系统可以实现超灵敏探测，其在微小相位检测、引力波探测、频率标准等方面都有着巨大的应用潜力.

8.2 腔量子电动力学的基本理论

腔量子电动力学理论可以采用光与原子相互作用的基本理论进行描述，其可分为经典理论、半经典理论、全量子理论三种. 这里简单介绍全量子理论描述单个原子与单模腔场之间的相互作用，即 J-C 模型[20]. CQED 的理论描述可以分为封闭系统和开放系统.

图 8-1 为 CQED 系统的示意图. 原子置于光学腔场内部. 原子和腔场都处于真空场中，原子会受到真空场扰动导致自发辐射，用原子的衰减率 γ 表示，腔场的衰减率用 κ 表示. 光与原子的耦合强度用 g 表示.

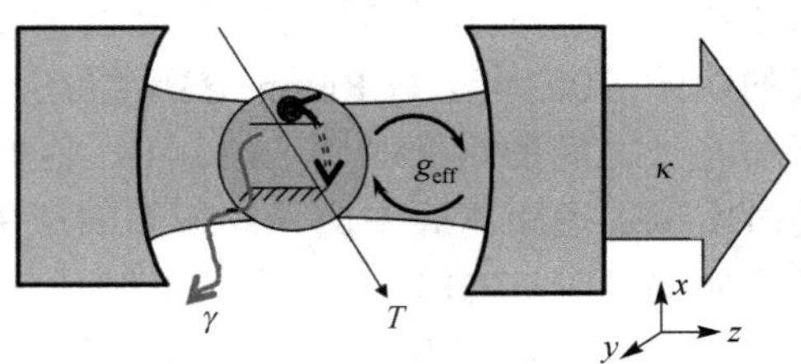

图 8-1 CQED 系统的示意图

8.2.1 耦合强度

J-C 模型的基本理论已在第 2 章介绍. 在 J-C 模型中光与原子的耦合强度是关键参数. 通常采用 $g_{eff}(x,y,z)$ 表示原子与腔场有效耦合强度. 该参数与腔模函数 $\Psi_{m,l}(x,y,z)$ 有关，因此耦合强度与原子在腔中的位置有关. 有效耦合强度可以表示为 $g_{eff}(x,y,z)=g_0\Psi_{m,l}(x,y,z)/\Psi_{0,0}(0,0,0)$. 其中 m、l 为腔内光场模式的阶数. 而 $m=l=0$ 时对应的是腔的基模，即 TEM_{00} 模，这时在 $x=y=z=0$ 即腔模的中心处，耦合强度达到最大，用 g_0 表示，$g_0 = \sqrt{\mu^2\omega_C / (2\hbar\varepsilon_0 V)}$，其中 V 为腔的模体积，ε_0 为真空介电常量，μ 表示原子的跃迁偶极矩. 由 μ 与 γ（γ 为原子的衰减率）的关系可得

$$g_0=\sqrt{\frac{3c\lambda^2\gamma_{//}}{8\pi V}} \tag{8.2.1}$$

式中 λ 为波长，$\gamma_{\parallel}$ 为纵向衰减率.

当原子与腔场的最大耦合强度 g_0 大于腔场和原子的衰减时，即 $g_0 > (\kappa,\gamma)$，CQED 系统进入强耦合区. g_0 可以理解为原子与腔场相互作用时交换能量的速率，表现为系统的相干效应，而 γ 和 κ 为原子和腔场各自能量衰减的速率，表现为系统的退相干效应. 当相互交换能量的速率大于各自能量衰减的速率时，说明系统的相干效应大于退相干效应，这就使得强耦合 CQED 系统成为研究相干与退相干的有力工具，并且为实现量子纠缠及量子信息处理提供了理想的场所.

描述 CQED 系统是否进入强耦合区还可以用临界光子数 m_0 和临近原子数 N_0 这两个参数描述，它们的表达式如下：

$$m_0 = \frac{\gamma^2}{2g_0^2}, \quad N_0 = \frac{2\kappa\gamma}{g_0^2} \tag{8.2.2}$$

临界光子数 m_0 和临近原子数 N_0 物理含义为足以改变 CQED 系统状态的最小光子数和原子数. 由上式可知当系统达到强耦合时，m_0 和 N_0 都小于 1，也就是说单个光子或单个原子就能对系统产生很大的影响，所以实验上在强耦合条件下 CQED 系统就可以观测到单个原子的信号.

8.2.2　单原子 CQED 系统的透射谱

依据第 3 章光与原子相互作用的基本理论，考虑耗散情况的 CQED 系统在理论上可以用开放系统的主方程来描述，求其稳态解可得单原子 CQED 系统的透射谱公式

$$T = \frac{\kappa^2(\gamma^2 + \Delta_{pa}^2)}{(g_{eff}^2 - \Delta_{pa}^2 + \Delta_{ca}\Delta_{pa} + \gamma\kappa)^2 + (\kappa\Delta_{pa} + \gamma\Delta_{pa} - \gamma\Delta_{ca})^2} \tag{8.2.3}$$

其中 Δ_{ca} 为腔与原子共振频率的失谐，Δ_{pa} 为探测光与原子共振频率的失谐. 由此可以得到随 Δ_{pa} 的腔透射谱，如图 8-2 所示，图中参数取 $\Delta_{ca} = 0$，原子处于最大耦合处 $g_{eff} = g_0$；以具体参数 $(g_0,\gamma,\kappa) = 2\pi\times(23.9,2.6,2.6)$MHz [21]为例；其中虚线为腔内无原子的情况，腔只在探测光与腔共振附近处有一个透射峰；实线为原子置于耦合强度最大处的情况. 可以看到原子在失谐为零时不再共振，而是分裂成在 $g_{eff} / 2\pi = \pm g_0 / (2\pi)$ 处并与共振点对称的两个透射峰，两个峰之间的频率间隔为 $2g_0 / (2\pi)$. 实验上通常将测量图 8-2 中腔透射谱来证明真空拉比分裂的实现.

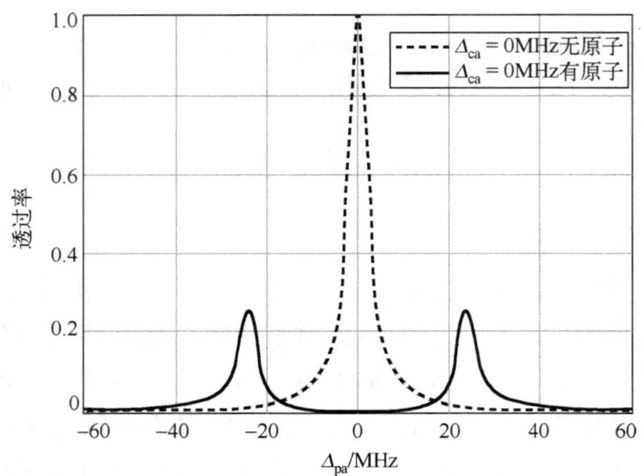

图 8-2　随探测光与原子失谐变化的腔透射谱
参数为：$\Delta_{ca}=0$，$(g_0,\gamma,\kappa)=2\pi\times(23.9,2.6,2.6)\mathrm{MHz}$

当Δ_{ca}不为零时，如$\Delta_{ca}=-10\ \mathrm{MHz}$，此时腔的透射谱如图 8-3 所示. 由图可知，当$\Delta_{ca}=-10\ \mathrm{MHz}$时，腔内没有原子探测光与原子失谐$\Delta_{pa}$也等于−10MHz 才与腔共振. 这时腔和探测光均与原子跃迁线失谐. 而当有一个原子处于腔内时，透射谱依然发生了分裂，但是分裂并不是对称的，两峰的高度也不同. 两峰之间的频率间隔变为$\sqrt{4g_0^2+\Delta_{ca}^2}$. 若$\Delta_{ca}$越大，分裂的两个峰越呈现出不对称性. 腔透射关于$\Delta_{ca}$和$\Delta_{pa}$的二维强度图见图 8-4. 由图可知，$\Delta_{ca}$越大，其中一边的透射峰越高，越接近共振点，而另一边的透射峰越小越偏离共振点.

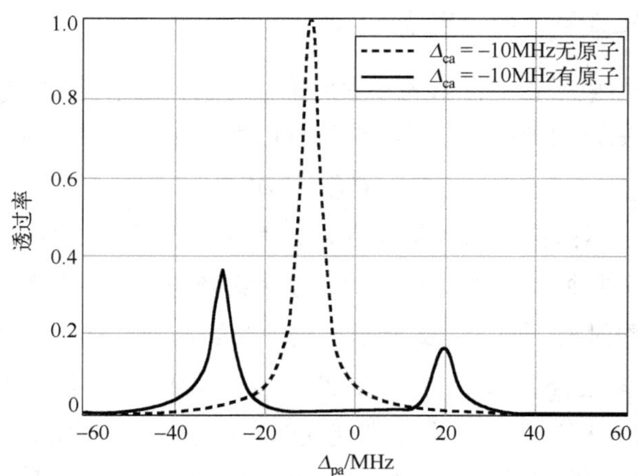

图 8-3　随探测光与原子失谐变化的腔透射谱
参数为：$\Delta_{ca}=-10\mathrm{MHz}$，$(g_0,\gamma,\kappa)=2\pi\times(23.9,2.6,2.6)\mathrm{MHz}$

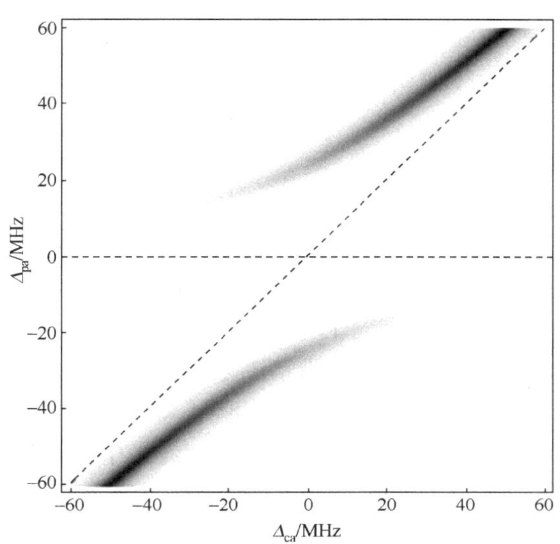

图 8-4　腔透射关于Δ_{ca}和Δ_{pa}的二维强度图

8.3　单原子-光学腔强耦合的实验实现

8.3.1　强耦合 CQED 实验系统的发展

CQED 的实验研究是伴随着技术手段的进步而发展的. 早期 CQED 实验研究主要集中在微波场与原子的相互作用方面[22]，但是微波场的 CQED 实验需要使用低温超导腔，这使得微波场 CQED 实验相对繁琐. 光频区背景热光子数低，CQED 实验在常温下即可进行，但是对腔的要求比较高. 得益于镜片镀膜技术的发展，微光学腔的精细度达到几十万成为可能. 微光学腔技术的发展使得 CQED 的实验研究进入强耦合区. 1985 年，德国 G. Muller 研究组第一次在微波区实现了强耦合[23]，随后 1992 年美国的 H. J. Kimble 小组在光频区也实现了强耦合. 发展至今，光与原子的耦合强度提高了 8 个数量级.

强耦合 CQED 的另一个难题是原子在腔中的控制. 腔中原子的寿命也是强耦合的条件之一[24]. 1992 年，第一个光频强耦合 CQED 实验是利用热原子束来完成的. 热原子束的速度很快，原子在腔中停留的时间仅为几百纳秒. 20 世纪 80 年代冷原子技术的突破使得单原子与腔的强耦合得以实现，原子在腔中的寿命可达到百微秒量级. H. J. Kimble 实验组利用冷原子自由下落进入腔模实时观测单个原子穿越腔模的信息[25]. 随后 G. Rempe 实验组采用原子喷泉的方式将原子向上喷射到腔模的位置实现了单原子与腔模的强耦合[26]. 光学偶极阱的引入使得原子在腔中的寿命由百微秒量级延长到毫秒量级，甚至秒的量级，而且可以在腔中确定性地俘获了单个原子. H. J. Kimble 实验组和 G. Rempe 实验组几乎同时完成了在腔内使用近共振的偶极阱囚禁单个原子[27,28]，寿命达到 1 ms. 2003 年，G. Rempe 实验组利用魔数波长的光形成的偶极阱，腔中囚禁原子的寿命达到 3 s [29]. M. S. Chapman 实验组运用原子的光学传送带(optical conveyor belt) [30]转移原子到腔内，得到确定的原子个数[31]. 2009 年，G. Rempe 实验组在腔中同时建立红移、蓝移两种光学偶极阱，并使用反馈技术实现了腔中原子的轨道控制[32]；2010 年腔中原子寿命达到 1 s[33]. 2005 年，G. Rempe 实验组运用三维腔冷却，将原子在腔中的寿命提高到 17 s，随后 2011 年进一步提高到 1 min[34].

在腔内单原子控制逐渐成熟之后，为了满足进行多体物理研究、大规模多比特的量子计算、量子网络、精密测量等应用的需要，腔内确定性原子数操控被提上日程. 目前，在自由空间原子系统中，通过光学偶极阱阵列或光学晶格的方法实现了一维、二维确定性多原子的操控. 随着 AOD、空间光相位调制器等技术的发展，2016 年，人们运用反馈操控重新排列的方法实现了效率近乎 100%的原子阵列装载[35-38]. 2023 年，山西大学张天才研究组在高精细度光学腔中建立一维、二维原子阵列，实现了腔内确定性原子阵列与腔场的强耦合[39].

8.3.2 单原子-光学腔强耦合实验装置

基于 F-P 腔的 CQED 实验系统大致可分为六个部分，包括真空系统、冷原子系统、高精细度光学微腔、频率链系统、探测系统和时序控制系统. 利用频率链系统控制高精细度光学微腔的腔长，磁光阱中冷原子团为 CQED 实验提供原子，探测系统完成微腔透射场的测量，时序控制系统在时间上精确控制各个系统包括探测系统完成整个 CQED 实验. 各部分中又包括若干较小的子系统. 六个部分在实验中发挥着各自的作用，又相互联系，成为一个有机的整体. 图 8-5 为实验系统整体结构示意图.

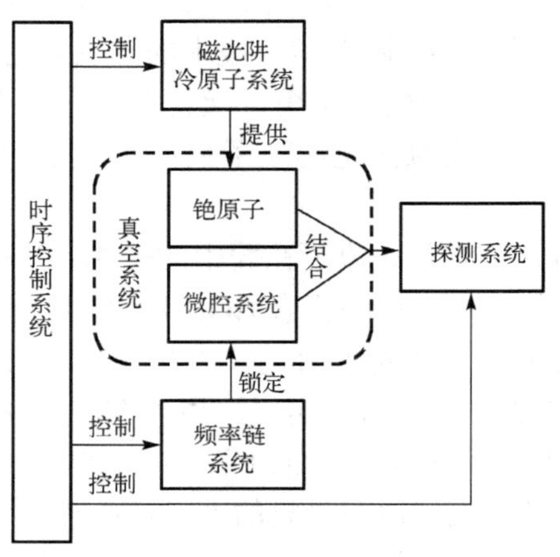

图 8-5 实验系统整体结构示意图

1. 微光学腔的构建与测量

高精细度光学微腔(microcavity)是 CQED 实验中最为重要的器件，它是整个实验的核心，其他各部分实验系统均围绕微腔展开. 微腔的研制主要涉及微腔腔镜的选择、高反射率的测量、微腔的搭建、微腔基本参数的测量、微腔双折射的测量等内容.

对于高精度光学微腔而言，具有超低损耗镀膜的镜片是核心器件. 实验室用到的腔镜通常有两种不同外形. 如图 8-6 所示. 图 8-6(a)是将端面磨制成锥状的镜片，图 8-6(b)为普通腔镜. 磨制成锥状的原因是便于激光在腔径向的介入. 镜片一侧凹面镀有采用低温高纯度离子溅射技术沉积生成的数十层折射率交替变化的四分之一波长厚度的介质膜层，两种不同折射率的材料分别是 Ta_2O_5(折射率 $n_H = 2.041$)与 SiO_2(折射率 $n_L = 1.455$)，面型起伏一般要求小于 $\lambda/10$，表面粗糙度一般小于 0.1 nm；镜片另一侧的平面镀有标准的宽带减反介质膜，反射率一般要求在 0.05%以下.

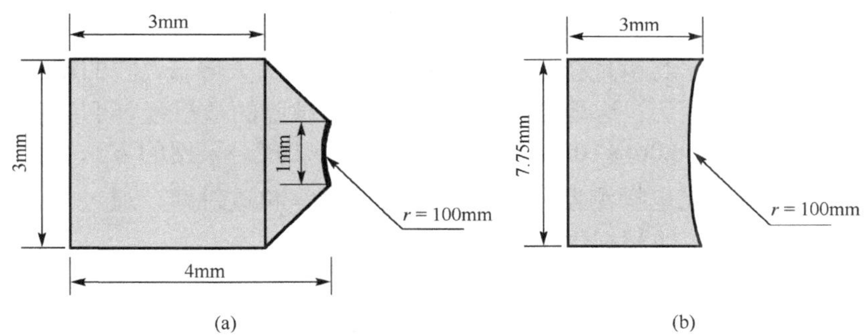

图 8-6　腔镜外形示意图

(a)打磨过的锥形腔镜；(b)未经打磨的腔镜

微腔是由两片超高反射率的镜片搭建的. 图 8-7 为其结构示意图和腔镜实物图. CQED 系统达到强耦合就必须增大腔场与原子的耦合系数并且减小微腔的损耗. 首先本实验系统中提高腔场与原子的耦合强度最可行有效的方法是缩小微腔的模体积. 由模体积的计算公式 $V_m \approx \pi\omega_0^2 L/4$ 可知，缩小模体积主要有两种方法：一种是采用共心腔以减小腰斑；另一种是最常用的方法是缩小腔长 L. 实验中利用相位调制后的激光测量微腔的透射或者反射光谱. 根据光谱获得自由光谱区. 根据公式 $\mathrm{FSR} = c/(2L)$ 可确定腔长. 由于高反射率腔镜通常所镀膜层较多，腔内光场的分布会渗透至膜层内部，最终实验所得到的称为有效腔长. 例如，实验采用波长为 852 nm 激光测量得到的自由光谱区为 $\mathrm{FSR} = (1726.64 \pm 0.02)\ \mathrm{GHz}$，计算得到的有效腔长为 $(86.814 \pm 0.001)\ \mu\mathrm{m}$. 如果两个腔镜的曲率半径均为 $r_1 = r_2 = 0.1\ \mathrm{m}$，根据波长可求得腔的 TEM_{00} 模的腰斑半径为 $\omega_0 = 23.8\ \mu\mathrm{m}$ 和模体积 $V_m = 3.8\times10^{-14}\ \mathrm{m}^3$. 由公式(8.2.1)得到最大耦合强度 $g_0 = 2\pi \times 23.9\ \mathrm{MHz}$.

图 8-7 高精细度光学微腔示意图和腔镜实物图

另外，腔损耗可由下式给出：

$$\kappa = \frac{\delta}{2} = \frac{c\left(-\ln\sqrt{R_1R_2}\right)}{2L} \tag{8.3.1}$$

由此可知使用反射率很高的镜片可以实现小的微腔损耗（δ 为腔内光子的衰减率，c 为光速，R_1、R_2 为镜片的反射率）. 近三十年由于镀膜技术的发展，镜片的反射率可以高达 99.999%. 由此类镜片搭建的微腔的内腔损耗大大降低. 腔的精细度往往可以达到几十万甚至上百万. 这里给出实验中测量到微腔的透射损耗和吸收损耗的典型值分别为 $T = (4.70 \pm 0.06)\times 10^{-6}$，$A = (4.80 \pm 0.07)\times 10^{-6}$. 采用的方法是分别从腔的两端注入激光，利用光电探测器分别记录腔的反射率和透射率，通过理论推算得到每片腔镜的损耗[40]. 腔的精细度可以用下面公式表示：

$$F = \frac{2\pi \mathrm{FSR}}{\delta} = \frac{\mathrm{FSR}}{\Delta\nu} \tag{8.3.2}$$

其中 $\Delta\nu$ 为腔的线宽. 最终得出腔的精细度为 $F = 330000$，腔的衰减系数为 $\kappa = 2\pi\times 2.6$ MHz，腔的线宽为 5.2 MHz. 用于 CQED 高精细度光学微腔的典型参数列于表 8-1.

表 8-1 高精细度光学微腔参数列表

参数	数值	参数	数值
有效腔长 L_{eff}	86.8μm	吸收损耗 A	4.80 ppm
自由光谱区 FSR	1726.64 GHz	透射损耗 T	4.70 ppm
曲率半径 r	100 mm	最大耦合强度 $g_0/(2\pi)$	23.9 MHz
TEM_{00} 腰斑半径 ω_0	23.8μm	腔场损耗 $\kappa/(2\pi)$	2.6 MHz
腔模体积 V_m	$3.8\times10^{-14}\,\mathrm{m}^3$	原子损耗 $\gamma/(2\pi)$	2.6 MHz
精细度 F	3.3×10^5	临界原子数 $N_0 \equiv 2\kappa\gamma/g_0^2$	0.024
线宽 $\nu_{\mathrm{FWHM}}/(2\pi)$	5.2 MHz	临界光子数 $m_0 \equiv \gamma^2/(2g_0^2)$	0.006
横模间距	23 GHz	出射场远场发散角 θ_0	0.023°

当微腔腔长仅为数十微米时，外部微小的机械振动对腔的匹配和锁定就会产生很大影响. 实验通常采用多级被动隔振以稳定微腔. 三级隔振的质量块采用无氧铜材料，两级之间采用硅胶材料的减振垫连接. 图 8-8 为搭建完成的隔振系统及高精细度光学微腔的典型设计. 图中三级隔振系统由“Ⅰ，Ⅱ，Ⅲ”表示.

图 8-8 高精细度光学微腔实物照片

除此之外，如果为了特殊的实验需求可以采用更加紧凑的微型光学腔体结构，如图 8-9 所示.

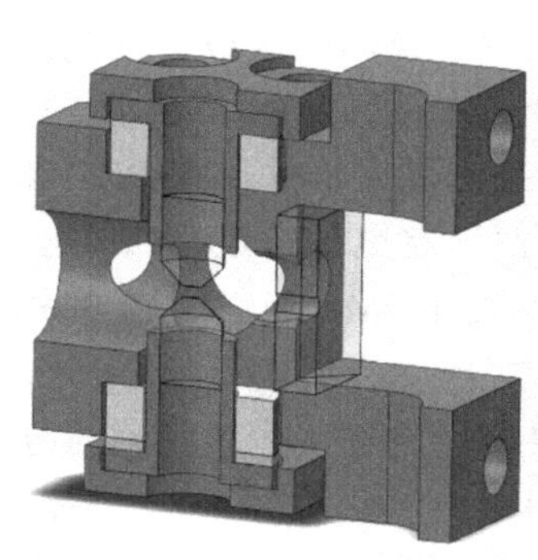
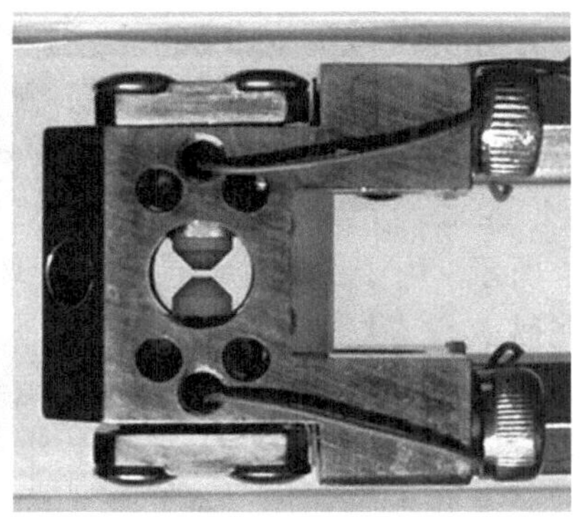

图 8-9 微型光学腔体结构示意图和实物图

2. 微光学腔的控制

CQED 实验中腔场与原子的相互作用要求腔场必须与原子跃迁线共振，或者保持一定的失谐，因此微腔腔长的主动控制是非常重要和必需的，但是如果使用与原子共振的光来控制腔长就会遇到一个问题：CQED 实验要求与原子作用的光的强度很弱，一般腔内平均光子数为单光子水平，此时微腔出射光功率仅在皮瓦量级. 如此弱的光强以目前的技术很难从中提取足够好的信号用以锁定微腔. 因此一种借助于传导腔(transfer cavity)的频率链技术被应用到 CQED 实验中.

频率链系统是采用另外一个波长并与原子不发生相互作用的光用于锁定微腔，称为微腔锁定光. 例如，针对铯原子共振跃迁线 852 nm，波长范围 820～840 nm 的光经常被用作微腔锁定光.

图 8-10 为频率链系统示意图. 频率链的目的是将微腔腔长对应共振频率(图 8-11 中采用绿色线)控制在铯原子某一个跃迁线上(图 8-11 中紫色线). 其中频率链系统中与原子共振的探测光必不可少. 这里探测光有两个作用，一个是将频率标准即原子跃迁线引入系统，另一个是充当后续 CQED 实验的探测光. 探测光的频率确定后再将传导腔锁定在探测光上，这时传导腔的频率与铯原子跃迁线共振. 然后再将锁定光锁定在传导腔另外一个纵模上，锁定光频率由图 8-11 中橘红色线表示. 利用光纤调制器产生的边带(图 8-11 中橘红色线短线)实现频率定位后锁定微腔，完成整个频率链的锁定. 实验中探测光一般由一台光栅反馈外腔半导体激光器提供. 实验中采用基于铯原子饱和吸收谱的调制转移光谱技术或者偏振光谱来确定铯原子的跃迁线. 在具体实施过程中，一般探测激光器不是直接锁定在跃迁线上，而是先将其锁定在传导腔上，再将调制转移光谱的鉴频信号反馈到传导腔的压电陶瓷上，同样可以实现传导腔与跃迁线的共振. 如果直接将传导腔锁定在探测光上，那么反馈信号只能施加在传导腔的压电陶瓷(PZT)上. 由于 PZT 及其高压放大器的反馈带宽很有限，使锁定效果不理想. 而将探测光先锁定在传导腔上可以利用 Pound–Drever–Hall(PDH)的锁频方法，实现对探测激光器的光栅 PZT 和电流的同时反馈. 电流反馈的加入大大提高了反馈带宽，使锁定更加稳定，如图 8-10 中序号①标记的虚线框所示. 用于 PDH 锁定的电光调制器 EOM1 和 EOM2 的相位调制频率一般为几十兆赫兹.

传导腔的自由光谱区即纵模频率间隔是要求恒定的，也就是说传导腔的腔长要求稳定. 在实际过程中尽量选取膨胀系数小的材料制作腔体. 一般情况可以采用殷钢材料，外部套有胶木隔热层，并实施控温处理. 例如，当传导腔腔长为 32.1 cm，FSR 为 468.3 MHz，在 852 nm 和 828 nm 处的线宽为 2.3 MHz 和 3.5 MHz. 实验表明殷钢制成的传导腔随温度变化会引起自由光谱区的漂移，但是已经可以满足实验的基本要求. 传导腔的线宽要求尽可能窄，以便传递给锁定光的线宽尽量窄，从而使得微腔的锁定频率起伏远小于原子的线宽. 将探测光锁定在传导腔上后再将调制转移光谱产生的鉴频信号反馈到传导腔的 PZT 上. 调制转移光谱使用电光调制器 EOM3 调制频率一般为几兆赫兹，见图 8-10 中序号②标记的虚线框.

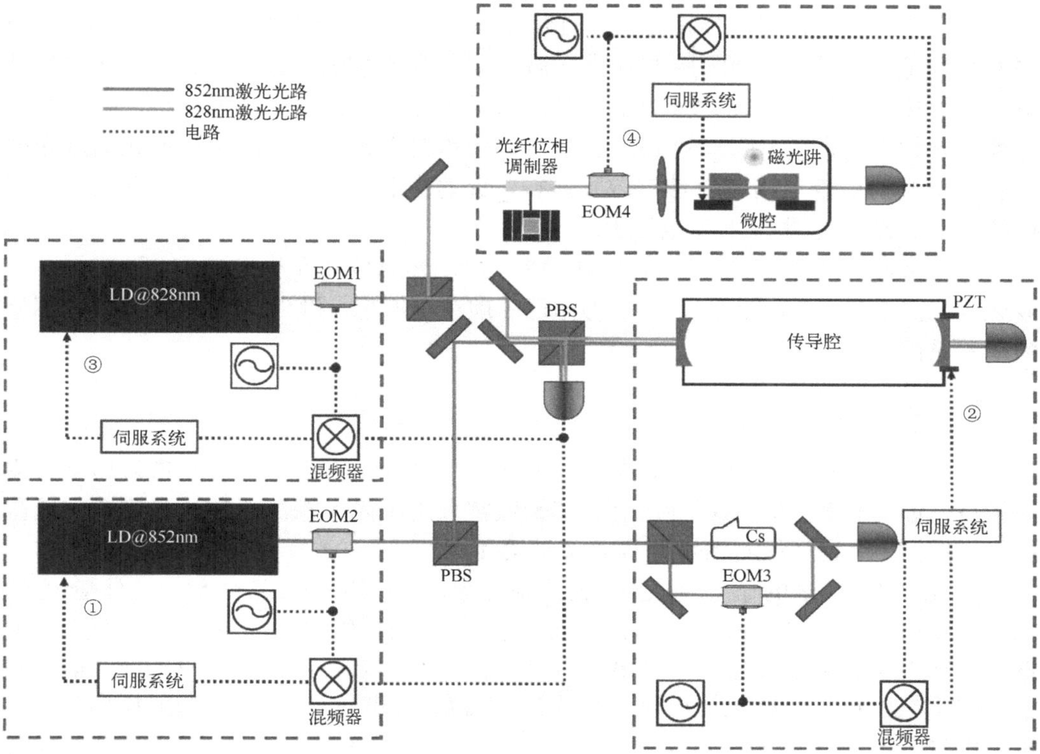

图 8-10 频率链系统示意图

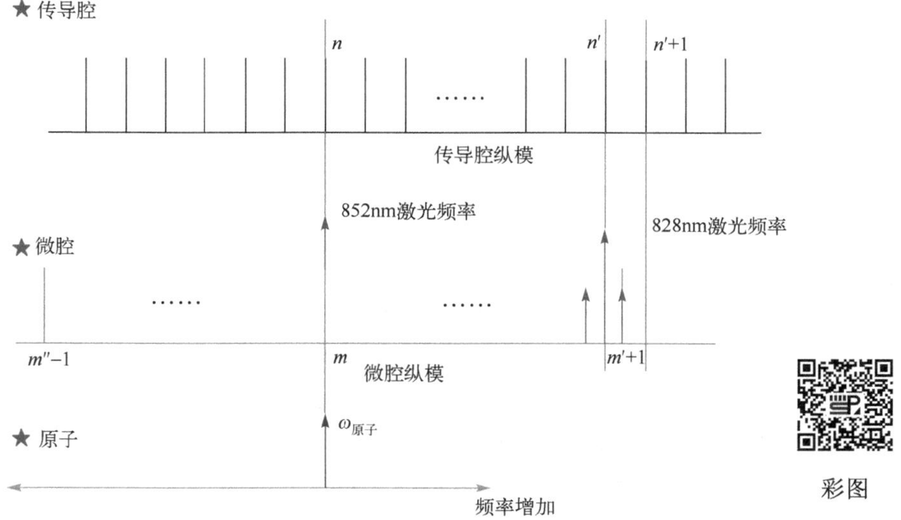

彩图

图 8-11 频率链中各部分频率关系图

完成上述锁定以后，锁定光同样使用 PDH 方法锁定在传导腔上，见图 8-10 中序号③标记的虚线框. 传导腔的纵模与微腔某一纵模相邻. 这时锁定光和探测光频率间隔为传导腔的自由光谱区的整数倍，由于传导腔的自由光谱区远小于微腔，此时锁定光频率与微腔共振频率相差小于传导腔的自由光谱区，此后锁定光通过光纤调制器生成的边带，调节边带与微腔共振，此时微腔也与探测光共振. 反馈信号同样施加在激光器光栅 PZT 和电流上.

最后将微腔利用 PDH 方法锁定在锁定光上，EOM4 用于微腔锁定，调制频率一般选取兆赫兹量级，如图 8-10 序号④标记的虚线框所示. 图 8-11 为频率链中各部分频率关系图.

3. 探测系统

腔中与原子相互作用的光非常弱，平均光子数为 1 左右，此时腔透射通常为皮瓦量级，即每秒钟 $10^6\sim10^7$ 个光子. 实验通常采用单光子探测器的计数模式实现微弱光子探测. 单光子探测器详细描述请见第 4 章.

单光子探测器的输出信号一般为脉宽约几十纳秒的晶体管-晶体管逻辑(transistor-transistor logic，TTL)信号，可以利用脉冲计数器采集获得光子计数率. 根据计数率可以推算和调节腔内平均光子数. 假定探测器每秒的计数率为 R，单个光子在腔中来回反射每秒碰撞出射的次数为 $c/(2L)=\mathrm{FSR}$，出射镜片透射概率为 T，再考虑进入探测器前的传输损耗 η_{Mirror} (包括高反镜、透镜、干涉滤波片等)及探测器的光纤收集效率 η_{Fiber} 和量子效率 η_{SPCM}，可以得到腔内平均光子数 $\bar{n}$ 为

$$\bar{n}=\frac{R}{\dfrac{c}{2L}\times T\times\eta_{\mathrm{Mirror}}\times\eta_{\mathrm{Fiber}}\times\eta_{\mathrm{SPCM}}} \tag{8.3.3}$$

4. 时序控制系统

CQED 实验系统相对复杂，实验中对光、机、电各部分的时序控制要求较高. 一般情况实验需要实现四个部分的控制：第一部分是铯原子释放剂的控制，实验中通过电流控制释放原子的数量；第二部分是磁场的控制，主要包括量子化轴和反亥姆霍兹线圈的开关；第三部分是光的控制，包括磁光阱光场、探测光场、频率锁定光场的开关、失谐、强度等参数控制；第四部分是实验仪器的自动控制，包括射频源的控制.

实验要求精确控制各个部分开关的顺序和时间，因此时序控制系统对 CQED 实验的整体化和自动化至关重要. 实验通常使用可编程的高时间分辨率板卡来实现时序控制，使用 GPIB、RS232 等通信协议实现仪器的自动控制. 控制板卡主要包括模拟输出板卡和数字波形发生器两类，分别输出模拟和数字电压信号.

图 8-12 为时序控制程序前面板操作界面. 图 8-12(a)为失谐控制设置板块；

(b) 为各通道开关时序设置板块；(c) 为数据采集及显示板块.

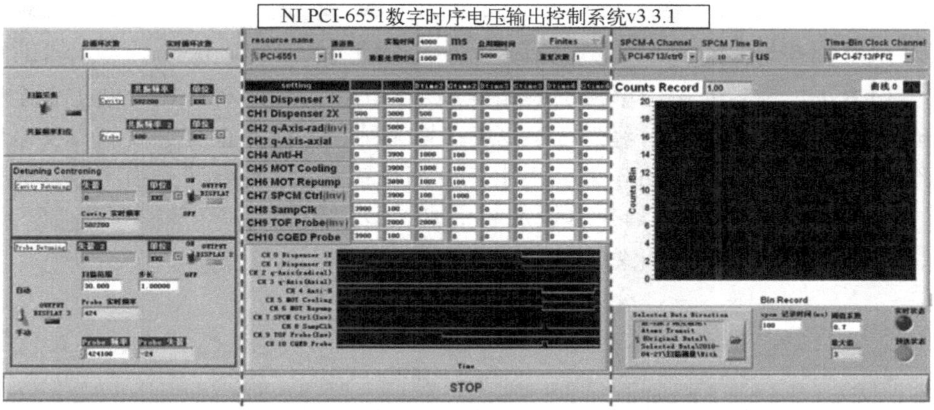

NI PCI-6551数字时序电压输出控制系统v3.3.1

(a)　(b)　(c)

图 8-12　单原子灵敏探测实验的时序控制程序前面板操作界面

(a) 失谐控制设置板块；(b) 各通道开关时序设置板块；(c) 数据采集及显示板块

8.3.3　腔内单原子操控

腔内单原子操控得益于冷原子技术的发展. 冷原子技术主要包括真空系统、冷却激光系统、磁场系统和偶极俘获激光系统. 冷原子技术结合上述微腔系统、微腔控制系统、探测系统、时序控制系统，可以实现腔内单原子的操控及其与微腔的强耦合.

1. 真空系统

基于冷原子与腔相互作用的 CQED 系统中，对冷原子的操控必须在超高真空环境下进行. 真空系统以不锈钢为主体设计，安装有用于激光输入输出的玻璃观察窗. 真空系统背景真空度最终直接决定了单原子俘获寿命. 系统的真空度一般维持在 10^{-8} Pa 以下. 前面介绍的微腔系统整体放置在真空气室中. 图 8-13 为典型真空系统的照片.

图 8-13　真空系统照片

2. 冷原子磁光阱系统

磁光阱包括光场、磁场和铯原子源三部分，下面分别介绍.

(1) 磁光阱光场包括冷却光和再泵浦光. 冷却光锁定在铯原子 D2 线 $6^2S_{1/2}, F=4 \to 6^2P_{3/2}, F'=4,5$ 交叉线负失谐 51.5 MHz 处，再双次通过声光频移器调整光频率到 $6^2S_{1/2}, F=4 \to 6^2P_{3/2}, F'=5$ 负失谐约 12 MHz. 铯原子 D2 线能级图如图 8-14 所示. 锁定光束由单模保偏光纤耦合，出射后使用望远镜系统扩束至直径 4.5 mm，然后等分为三束，经过 1/4 波片转换为圆偏振光并正交会集到真空系统中高精细度光学微腔上方 5 mm 处，再由零度高反镜反射. 再泵浦光由半导体激光器提供，同样采用饱和吸收光谱技术锁定与铯原子 D2 线 $6^2S_{1/2}, F=3 \to 6^2P_{3/2}, F'=4$ 跃迁线，见图 8-14 所示，由此构成磁光阱光场部分.

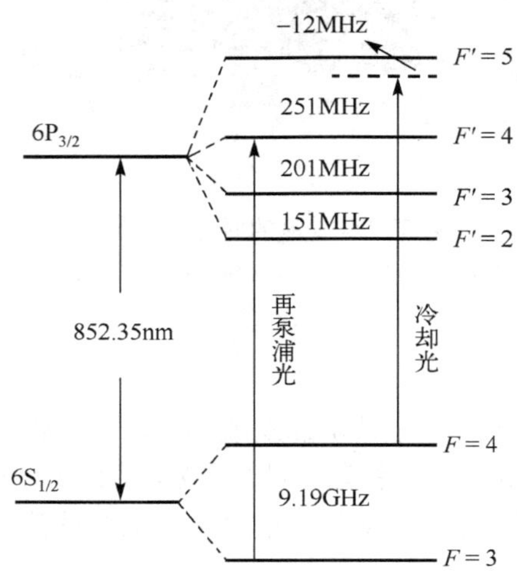

图 8-14　铯原子 D2 线能级图

(2) 磁场主要包括两部分：一部分是由一对线圈构成的反亥姆霍兹线圈，提供磁光阱四极磁场；另一部分为三对亥姆霍兹线圈，提供三维方向杂散磁场的补偿. 典型磁场参数可见表 8-2.

表 8-2　反亥姆霍兹线圈与杂散磁场补偿线圈典型参数

线圈	匝数	半径/mm	距离/mm
反亥姆霍兹线圈	162	93	155
方向 1	25	120	155
方向 2	25	160	135
方向 3	25	130	180

(3) 铯原子源通常采用电流控制模式的铯原子释放剂(dispenser). 原子释放剂是一种通过施加高电流(实验中一般为 0～5 A)加热达到一定温度后其内部发生化学置换反应产生铯原子蒸气的装置. 另外一种原子源的提供方式是铯原子气室，详

细介绍可见第 7 章. 相比而言，原子释放剂的原子源纯度更高，而且更容易控制. 加大或减小电流就可以控制背景中铯原子的密度.

(4) 磁光阱冷原子团状态的调节过程中需要将冷原子团的位置与反亥姆霍兹磁场的零点(区域)重合. 实验中通常增大反亥姆霍兹线圈电流，使其磁场梯度增大到杂散磁场可以忽略的程度，冷原子团所在的位置即为反亥姆霍兹磁场为零的点. 光场的强度、磁场梯度、对射冷却光之间的平衡都对这个状态有很大影响，尤其是对射光光路的调节最为敏感. 实验通常采用电荷耦合器件(charge couple device)照相机对磁光阱中冷原子成像. 图 8-15 显示三个不同方向冷原子团. 图中圆圈内亮点为冷原子团.

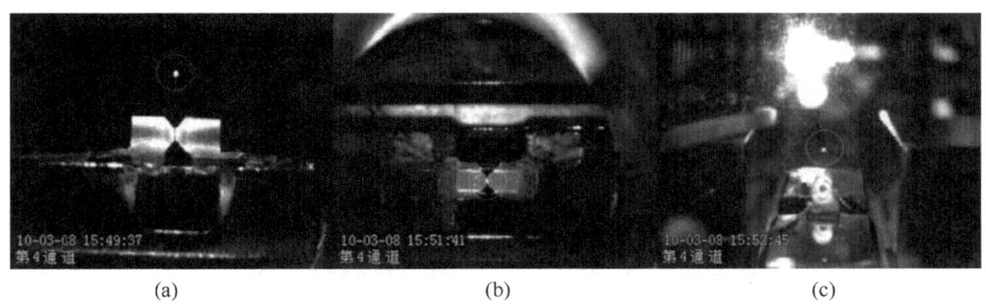

(a)　(b)　(c)

图 8-15　磁光阱中冷原子团照片

8.3.4　单原子与微光学腔的强耦合

CQED 实验中腔内单原子俘获的主要手段包括：①原子自由下落或原子喷泉方式释放原子穿越腔模；②腔内光学偶极阱俘获原子，包括单原子偶极阱、偶极阱阵列、原子传送带等. 下面分别介绍采用这两类方法实现强耦合.

1. 磁光阱释放原子穿越腔模

1) 原子自由下落

图 8-16 为单原子与微光学腔强耦合实验装置示意图. 腔轴方向为 z 轴，竖直方向为 x 轴，水平方向为 y 轴，坐标原点位于腔模几何中心. 磁光阱中俘获冷原子团一般位于微光学腔上方几毫米. 关闭磁光阱后原子受重力自由下落，穿越腔模与并腔进行强耦合. 原子与腔的耦合强度依赖于原子的位置，通过腔的透射可以实现对单原子的灵敏探测. 根据单个原子与腔模相互作用理论可以得到腔透射率随原子在腔中位置的关系式为(不考虑腔轴 z 方向原子的运动)

$$T(x,y)=\frac{\kappa^2(\gamma^2+\Delta_{\text{pa}}^2)}{\left[g_{\text{eff}}(x,y)^2-\Delta_{\text{pa}}{}^2+\Delta_{\text{ca}}\Delta_{\text{pa}}+\gamma\kappa\right]^2+(\kappa\Delta_{\text{pa}}+\gamma\Delta_{\text{pa}}-\gamma\Delta_{\text{ca}})^2}\tag{8.3.4}$$

其中 $g_{\text{eff}}(x,y)=g_0\Psi_{m,n}(x,y)/\Psi_{0,0}(0,0)$. 腔模表达式为

$$\Psi_{m,n}(x,y)=C_{m,n}\exp\left(-\frac{x^2+y^2}{{w_0}^2}\right)H_m\left(\frac{\sqrt{2}x}{w_0}\right)H_n\left(\frac{\sqrt{2}y}{w_0}\right) \tag{8.3.5}$$

其中 $C_{m,n}=(2^m2^n m!n!)^{-1/2}({w_0}^2\pi/2)^{-1/2}$，$H_{m,n}$ 为厄米多项式. 当腔模为 TEM_{00} 模时，取 $m=n=0$. 模函数化简为 $\Psi_{0,0}(x,y)=g_0\exp[-(x^2+y^2)/{w_0}^2]$. 采用实验参数绘制单原子自由下落穿越腔模时腔透射率随原子位置 x 的变化曲线，如图 8-17 所示.

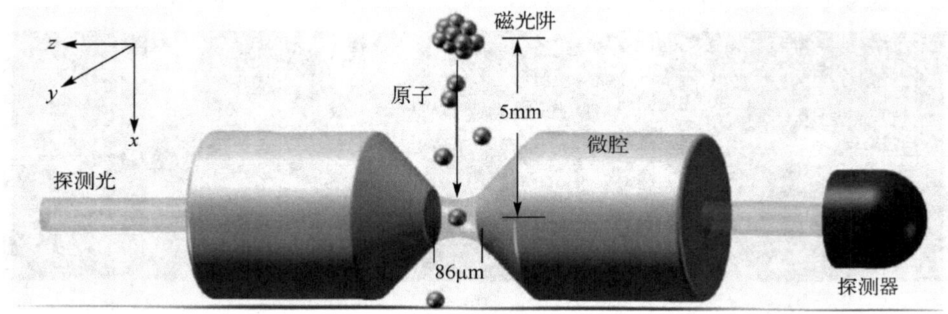

图 8-16　单原子与微腔强耦合实验装置示意图

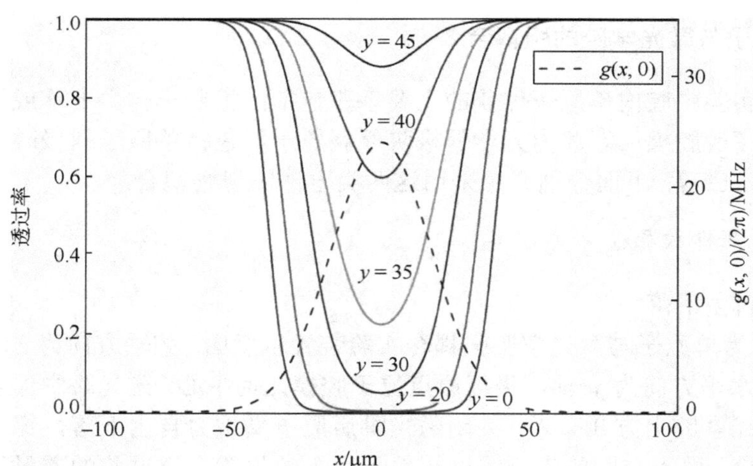

图 8-17　原子在 y 轴上不同位置下落随 x 变化的腔透射谱

$y=0\mu\text{m}$, $\pm20\mu\text{m}$, $\pm30\mu\text{m}$, $\pm35\mu\text{m}$, $\pm40\mu\text{m}$, $\pm45\ \mu\text{m}$；图中虚线为 y 轴上耦合强度随坐标 x 的变化曲线

原子下落达到腔模时速度约为百微米每秒. 当腔中平均光子数为 1 时，原子受到一个光子散射的反冲速度相对于原子速度，可以忽略，即忽略原子在腔轴向的运动. 在穿越腔的过程中，原子轨道为直线. 当 $\Delta_{\text{ca}}=\Delta_{\text{pa}}=0$ 时，单原子下落未进入腔

模前腔透射率为 1，而当原子进入腔模，耦合增大使腔透射减小；当原子位置在腔模波腹中心处，耦合达到最大，腔透射降至最低. 随着原子远离腔模波腹中心，腔透射增大直到完全恢复到 1. 这就是单个原子一次穿越腔模的过程整个腔透射谱会出现一个透射谷(图 8-17). 由式(8.3.4)模拟的这个过程如图 8-17 中 $y=0$ 的曲线所示. 其他曲线为原子在 y 轴上不同位置下落对应的腔透射曲线. 原子下落轨迹越远离腔模中心，即 y 越大，可以达到的最大耦合强度越小，因此透射减小的幅度也相应减小；图中虚线为 y 轴上耦合强度随坐标 x 的变化曲线

在探测光与原子跃迁线失谐情况下，原子穿越腔模时腔透射谱如图 8-18 所示. 假定原子沿 y 轴下落($y=0$)，$\Delta_{ca}/(2\pi)=0$，$\Delta_{pa}/(2\pi)=-g_0/(2\pi)$时，腔中没有原子，腔透射很小，而当原子穿越腔模中心处 $y=0$，腔透射增大，如图 8-18 中点划线；而当 $\Delta_{pa}/(2\pi)=-10\ \text{MHz}$ 时，腔透射谱变得比较复杂，如图 8-18 中点线. 如果腔与原子跃迁线失谐也不为 0，情况会更为复杂，这里不再叙述.

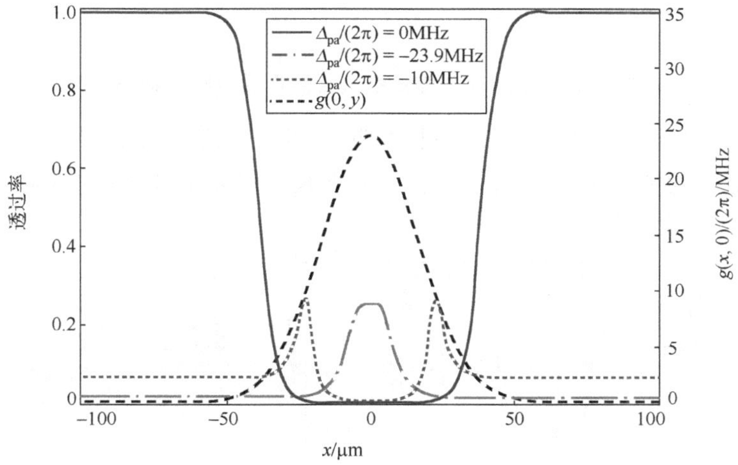

图 8-18　存在探测光与原子跃迁线间失谐条件下腔透射谱

实验上实现自由下落单原子与腔场强耦合的时序设置如图 8-19. 首先在前数秒的时间里打开磁光阱进行原子装载，探测光和探测器均关闭. 然后同时关闭磁光阱冷却光、再泵浦光、反亥姆霍兹磁场使原子自由下落. 再泵浦光相对冷却延迟关闭，通过光抽运过程将原子制备到$6^2\text{S}_{1/2},F=4$态上. 在磁光阱完全关闭后打开探测光和探测器即可探测到原子自由下落穿越腔模的信号.

首先在共振条件下 $\Delta_{ca}=\Delta_{pa}=0$，实验中观测到了单个原子穿越腔模的信号，如图 8-20 所示，这是系统达到强耦合的有力证据. 磁光阱中的原子在 $t=0$ 时刻被释放. 图 8-20(a)～(d)分别为原子从不同位置飞入腔模的情况. 图 8-20(a)中腔透射减小到几乎为 0，这说明原子是由腔模波腹中心穿过，原子与腔模的耦合强度达到最大

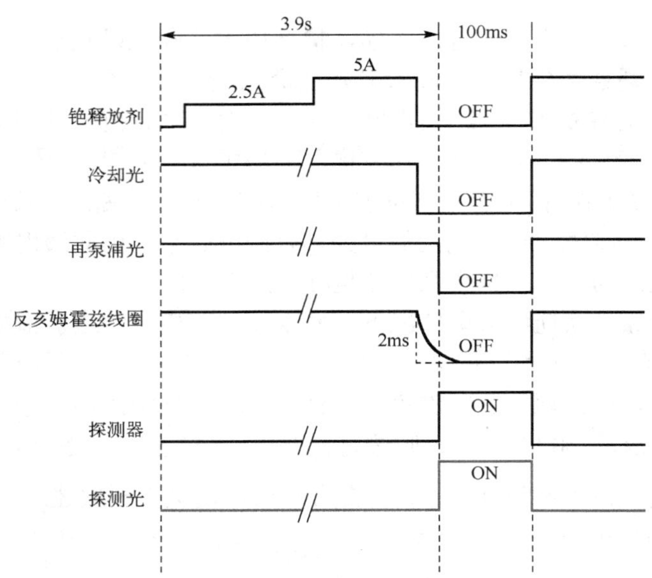

图 8-19　单原子与腔场强耦合测量的时序示意图

$g_{\max}(r) \approx g_0$. 利用理论拟合(图 8-20 中蓝色曲线)可以得到原子的飞行速度. 图 8-20(d)中可以看出原子的位置已经远远大于腔模的半径，尽管如此还能观察到明显的腔透射降低，从而检测到单个原子.

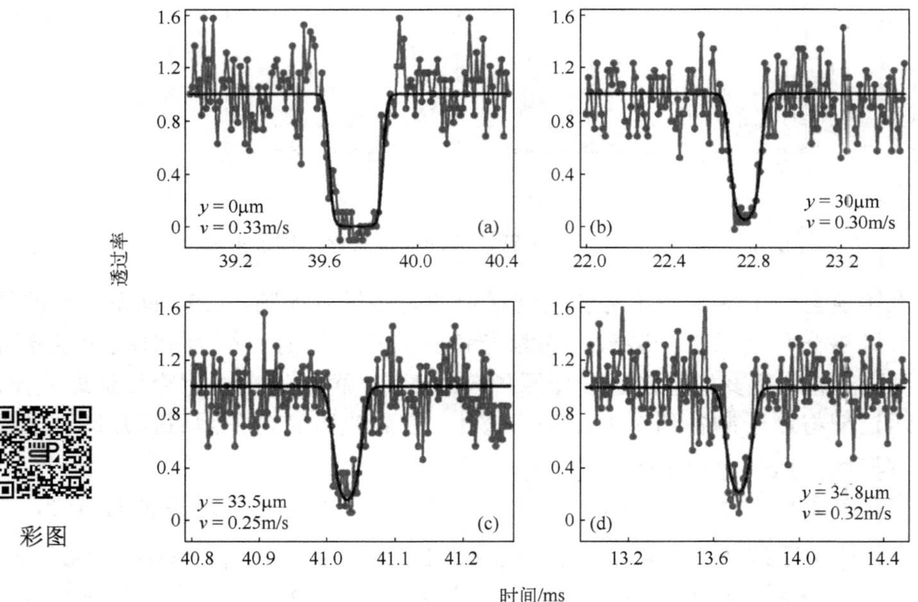

图 8-20　共振条件下单个原子穿越腔模的信号($\Delta_{ca} = \Delta_{pa} = 0$)

根据初始冷原子调整以及下落的状态不同，实验中可以记录到从没有原子到多个原子的穿越，如图 8-21 所示. 图 8-21(a)为没有原子穿越的情况. 图 8-21(b)～(e)中分别有 1、2、4、8 个原子穿越腔模. 由图可以看出，高精细度光学微腔实际上在强耦合情况下可以作为单原子的点探测器，用微腔可以统计进入腔模的原子. 综合几个图可以看出，每次关闭磁光阱原子下落进入腔模的原子数和每个原子对应的腔透射降低的程度都是随机的，但是实验中可以通过控制磁光阱中铯原子数来粗略地控制进入腔模的原子数. 优化磁光阱后可以获得更多的原子先后进入腔模，如图 8-22 所示. 记录每个原子到达的时间就可以得到原子速度统计.

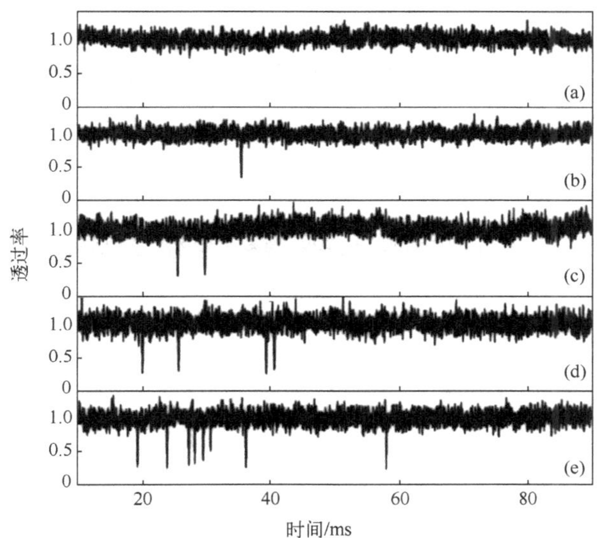

图 8-21　多次测量原子穿越腔模腔透射谱

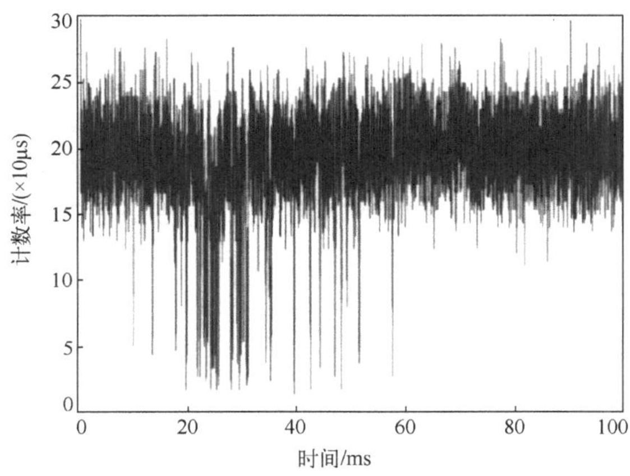

图 8-22　大量原子穿越腔模腔透射谱

在失谐条件下同样可以观察到典型的透射谱. 当失谐量设置为 $\Delta_{ca}=0$，$\Delta_{pa}/(2\pi)=-g_0/(2\pi)=-23.9$ MHz 和 $\Delta_{ca}/(2\pi)=-40$ MHz，$\Delta_{pa}/(2\pi)=-51$ MHz 时，我们探测到了原子穿越腔模时腔透射增强的信号，如图 8-23 所示. 利用公式 (8.3.4) 拟合图 8-24 中的实验数据，可以得到真空拉比频率为 $\Omega=2g_0=2\pi\times 47.8$ MHz，与表 8-1 中腔参数的计算结果一致.

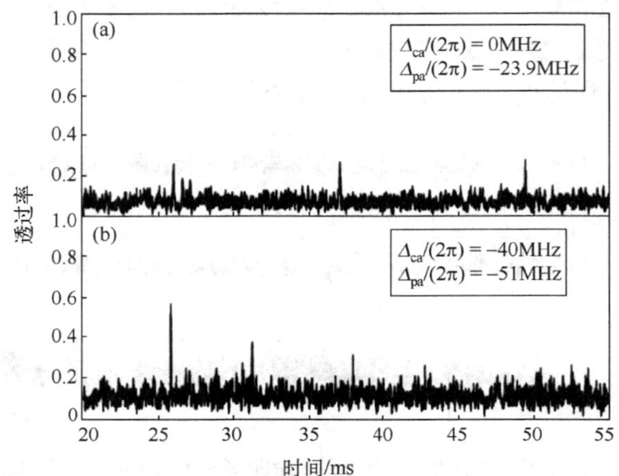

图 8-23 失谐条件下原子穿越腔模透射增强信号

(a) $\Delta_{ca}=0$，$\Delta_{pa}/(2\pi)=-g_0/(2\pi)=-23.9$ MHz；(b) $\Delta_{ca}/(2\pi)=-40$ MHz，$\Delta_{pa}/(2\pi)=-51$ MHz

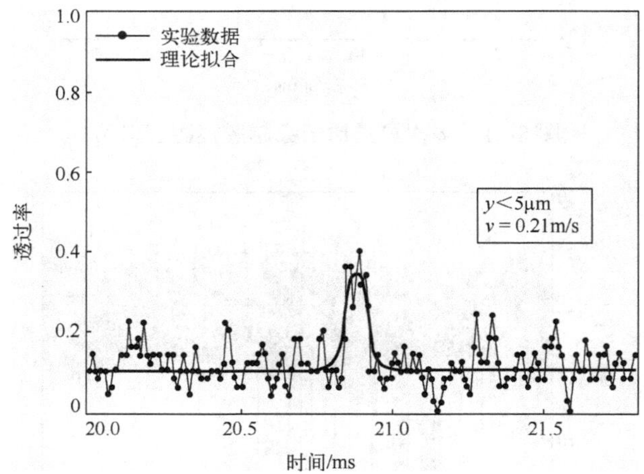

图 8-24 失谐时单个原子穿越腔模透射增强信号

$\Delta_{ca}=0$，$\Delta_{pa}/(2\pi)=-g_0/(2\pi)=-23.9$ MHz

多次释放冷原子自由下落进入腔模的信号统计可以反映原子团的信息. 在共振条件 $\Delta_{ca}=\Delta_{pa}=0$ 时，单原子穿越腔模的信号并取透射谷的半高全宽作为原子在腔中的

穿越时间. 多次测量后获得平均渡越时间的典型值约为百微秒，统计图如图 8-25 所示.

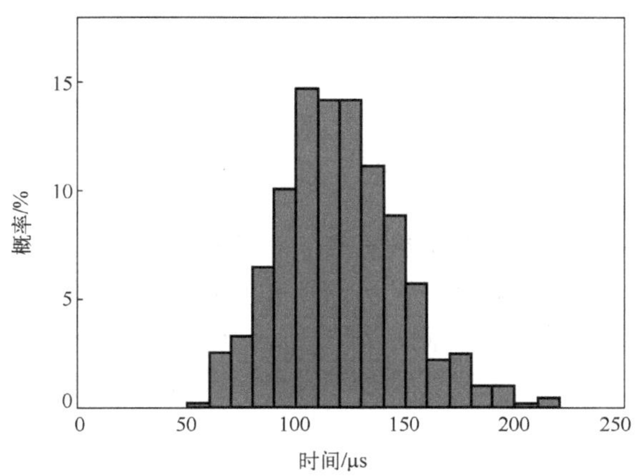

图 8-25　原子在腔中渡越时间统计

2) 原子喷泉

磁光阱光束间的频率差使得原子受到向上的力形成原子喷泉，具体装置示意图 8-26 所示. 原子喷泉实现的基本过程如下：①由六束独立圆偏振冷却激光和四级磁场组成磁光阱俘获冷原子团. ②四极磁场关闭后进行偏振梯度冷却，磁光阱六束冷却激光同步加大负失谐量，一般为冷却光失谐量的 3～5 倍. 偏振梯度冷却时间一般约为几微秒. ③磁光阱六束激光按照上下分为两组，下面一组激光以一定速率缓慢增大失谐量，持续几毫秒后关闭所有冷却光，原子即可获得向上的速度，形成原子喷泉. 实验通常调整上下两组激光的最大频率差来控制原子喷泉向上发射的垂直速度.

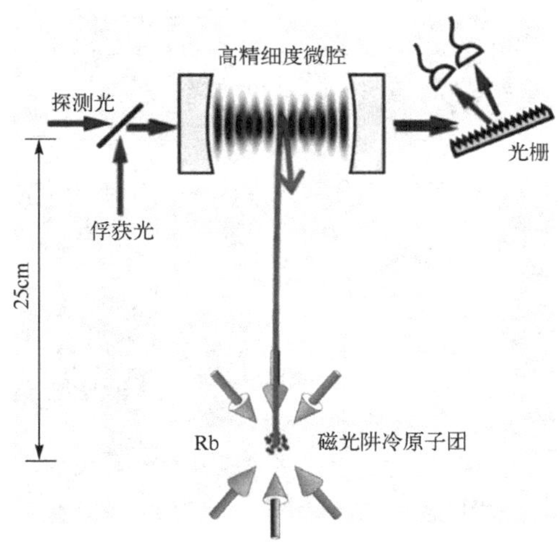

图 8-26　利用原子喷泉实现单原子与腔场强耦合的实验装置示意图[41]

2. 腔内光学偶极阱

磁光阱释放原子穿越腔模的方法，由于原子在腔中停留时间较短，并且原子具有一定速度，会对后续实验造成不便. 通常采用腔内单原子光学偶极阱的方案解决这个问题，实现方式主要包括以下两种.

1) 移动光学偶极阱

移动光学偶极阱主要是将强聚焦的单原子偶极阱在空间上进行移动，从而实现单原子由腔外转移至腔内，实验装置示意图和实物照片见图 8-27. 通常一束强聚焦的远失谐激光及其成像系统和探测系统的所有元件全部搭建在一个气浮平移台上. 气浮平移台运动的行程、最大速度及加速度均由电脑程序控制. 当原子被俘获在偶极阱中后，控制移动气浮平台拖动原子发生移动.

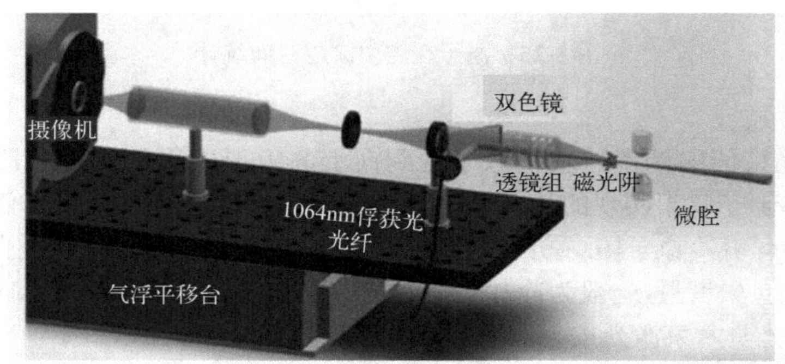

图 8-27 移动光学偶极阱光路示意图及实物图

2) 原子传送带

原子传送带主要装置是相互对射的远失谐激光干涉形成的驻波偶极阱，称为光晶格. 光晶格由磁光阱冷原子团中装载铯原子后，然后通过改变对射两束光之间的频率差使得驻波场进行移动，从而将光晶格中原子传送到光学微腔中. 2003 年，美国佐治亚理工学院的 Chapman 小组用原子传送带方案成功地将铷原子从腔上方 1.5 cm 传送到微腔中，其实验装置示意图如图 8-28 所示. 2005 年 Rempe 小组用同样的方法将一列单原子输送到腔中并实现强耦合. 至此，原子传送带成为单原子 CQED 实验中重要的原子输运手段.

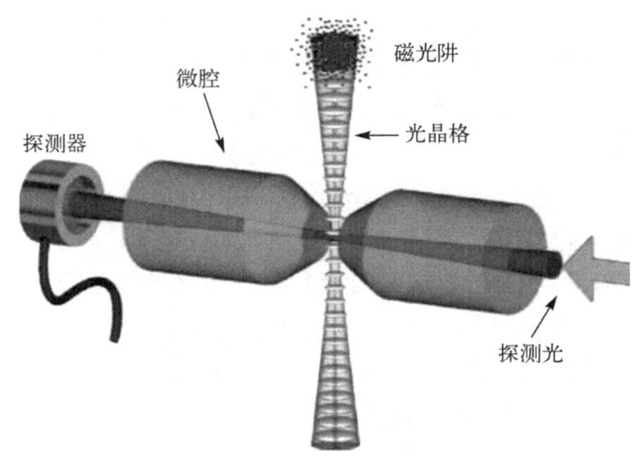

图 8-28　原子传送带光路示意图[31]

8.3.5　单原子与微光学腔强耦合中的若干量子效应

在以上技术的帮助下，单原子与腔场相互作用实现了稳定的强耦合，这为实现一系列量子效应的验证提供了很好的实验平台. 强耦合单原子 CQED 系统能够实现光子在光场与原子间相干转换，制备单原子−单光子量子接口和量子网络. 该系统还对光子和原子的变化极度灵敏，能够实现单原子和单光子的量子测量. 另外，利用单端光学腔引入的光场输入−输出模式间的相位差能够获得单原子−单光子量子逻辑门，从而实现分布式量子计算和量子网络. 下面介绍一些主要方面的实验情况.

单原子与光学腔系统进入强耦合区的典型标志是可分辨的量子光谱. 当耦合强度 $g_0=0$ 时，$|1,\pm\rangle$ 态对应的光谱重合，不可分辨. 随 g_0 的增大，$|1,\pm\rangle$ 态的光谱逐渐分开. 当 $g_0>(\kappa,\gamma)$ 时，其光谱能够完全区分. 在腔与原子的失谐 $\Delta=0$ 时，二者谱线间距为 $2g_0$. 此能谱的分裂可以认为是量子态 $|1,g\rangle$ 和 $|0,e\rangle$ 与真空场的耦合而造成的，也称真空拉比分裂. 单原子真空拉比分裂的观测是强耦合 CQED 系统的首要任务. 实现强耦合 CQED 系统的关键在于提高光场与原子的耦合强度 g_0，同时降低光

场和原子的衰减率(κ,γ)．实验中需要减小光学腔的模体积V_m来提高g_0，增加光学腔的品质因子来减小光学腔的衰减κ，而原子在自由空间的衰减γ一般为常数．采用超高反射率(约 0.99999)的光学腔镜并缩短腔长到几十微米量级能够将光学 F-P 腔和单个中性原子的耦合系统推进至强耦合区，可获得的最大参数为$(g_0,\kappa,\gamma)=2\pi\times(770,22,2.6)\text{MHz}$[42]．美国加州理工大学的 Kimble 研究组和德国马普量子光学所的 Rempe 研究组率先在实验上获得了稳定的强耦合 CQED 系统，通过透射光谱观测到单个原子的真空拉比分裂[6,8,43]．这为利用强耦合 CQED 系统的各种量子操控奠定了坚实的基础．

在实现了真空拉比分裂的基础上，人们主要关注利用腔内单原子制备单光子态．具体描述已在第 4 章中介绍，这里不再赘述．

强耦合 CQED 系统能够灵敏感知系统中平均不到一个原子或光子的变化，因而能够用单光子感知原子、测量原子的动力学行为．利用单个光子不但能够俘获原子[28,44]，而且能够对原子轨道进行精确测量．2000 年，Hood 等利用单原子在腔内运动所引起的腔透射的变化实现了对单原子运动轨道的测量，在 10 μs 的积分时间内获得了 2 μm 的测量精度[45]．2011 年和 2013 年，山西大学实现了单原子与高阶非对称空间横模的强耦合，能够利用具有空间分布结构的单光子对单个原子的位置、平均速度等进行高精度的快速测量．在 10 μs 的积分时间内将自由穿越光学微腔的原子空间位置的测量精度提高到 100 nm 量级[18,46,47]．

另外，在量子信息和量子网络方面，CQED 系统也取得众多重要进展．利用光学腔对原子自发辐射增强的珀塞尔(Purcell)效应，可以在不筛除原子的情况下快速高效地对原子内态进行测量．2010 年 Bochmann 等和 Gehr 等分别利用镜片 F-P 腔和光纤 F-P 腔的强耦合系统实现了铷原子内态的高效读取，能够在 100 μs 的积分时间实现大于 99.4%的内态读取精度[48,49]．单原子和腔的强耦合系统还能够在腔场与原子不发生能量交换的情况下实现原子内态的测量．2011 年，Volz 等利用光纤 F-P 腔与单个铷原子的强耦合系统，在原子平均散射小于 0.2 个光子的情况下实现误差小于 10%的原子内态读取效率，这种方法原理上可以在基本不破坏原子内态的情况下实现原子内态的测量[50]．这些方法为基于中性原子的量子计算提供有效的量子比特探测手段．利用强耦合 CQED 系统还能实现光场的量子非破坏性测量．2013 年 Reiserer 等利用单端 F-P 腔与单原子强耦合系统实现了单光子的非破坏性测量[51]，实验获得了 74%的单光子探测效率，同时保持单光子 66%的存活率．2014 年 Tiecke 等利用类似的原理在单个原子与单端纳米光子晶体腔耦合系统中实验实现了单原子控制的光子相位切换[52]．2021 年，Niemietz 等又在光纤 F-P 腔与原子强耦合系统中演示了单个光子量子比特的非破坏性测量，获得了保真度为 96.2%的单光子量子比特探测效率，同时量子比特和单光子的存活率分别为 79%和 31%[53]．

操控强耦合 CQED 系统中原子和光子的相互作用过程可以实现高效的单原子-

单光子量子接口. 2007 年，Wilk 等利用特定的铷原子内态和光学腔的强耦合，实现了原子-光子纠缠态的产生和原子-光子量子态的映射[54]. 2012 年 Ritter 等在两个 CQED 节点间实现了量子态的传输，通过单原子-单光子量子接口将一个节点产生的光子写入第二个节点，同时实现了远距离原子纠缠态的产生，展示了基本的量子网络单元[55]. Schupp 等也报道了基于单个离子与光学腔耦合系统的高效离子-光子量子接口[56].

利用单端腔和单原子耦合非破坏性测量腔内光子的原理能够进一步实现单原子-单光子的量子逻辑门，即 Duan-Kimble 方案[57]. 2014 年，Reiserer 等采用改进的 Duan-Kimble 方案实现原子-单光子控制相位门[58]，量子逻辑门的保真度为 80.7%. 2016 年，Hacker 等将该方案扩展，利用连续的两个单光子从同一个 CQED 系统反射后，再将腔内原子态测量并投影到第一个光子上，实现了保真度为 76.2%的单光子-单光子量子逻辑门[59]. 2020 年 Daiss 等进一步将单光子量子比特连续在两个远距离单端 CQED 系统上进行反射，通过探测出射光量子态然后对第一个腔中的原子进行条件相位操作，实现了相距 60 m 原子间的控制相位门，保真度达到 85.1% [60].

在光纤连接的两个相距 60 m 的 CQED 系统中，Langenfeld 等和 Welte 等分别实现了远距离量子存储器间的量子离物传态[61]和远距离原子贝尔态的非破坏性测量[62]. Distante 等还在此系统上演示了对于同一个光子的两次非破坏性测量. 相比于单个 CQED 系统的非破坏性测量，信噪比提高了 2 个数量级[63].

2005 年，Wang 和 Duan 提出利用单端腔的强耦合 CQED 系统制备薛定谔猫态的方案[64]. 这与第 4 章所介绍的利用减光子技术制备猫态方法完全不同. 2019 年，Hacker 等通过此方案成功制备了 $\alpha=1.4$ 的光场薛定谔猫态，获得的偶猫态和奇猫态的保真度分别为 68%和 62.8% [65].

8.4　多原子与光学腔的相互作用

8.4.1　多原子和光学腔相互作用的基本理论

在第 2 章 J-C 模型的基础上推广到 N 个原子同时与光学腔耦合，其哈密顿量在旋波近似下由 T-C (Tavis-Cummings) 模型描述[66]

$$\hat{H}=\hbar\omega_{\mathrm{A}}\hat{S}_z+\hbar\omega_{\mathrm{C}}\hat{a}^{\dagger}\hat{a}+\hbar g_0(\hat{a}^{\dagger}\hat{S}_-+\hat{a}\hat{S}_+),\tag{8.4.1}$$

其中，所有原子和光学腔的耦合系数均为 g_0，$\hat{S}_{\pm,z}$ 是原子的集体算符

$$\hat{S}_{\pm,z}=\sum_{i=1}^{N}\hat{S}_{\pm,z}^{(i)}\tag{8.4.2}$$

对于自旋 −1/2 的二能级原子有 $\hat{S}_-^{(i)}=|g_i\rangle\langle e_i|$，$\hat{S}_+^{(i)}=|e_i\rangle\langle g_i|$，$\hat{S}_z^{(i)}=(|e_i\rangle\langle e_i|-$

$|g_i\rangle\langle g_i|)/2$，其中$|g_i\rangle$和$|e_i\rangle$分别为第 i 个原子的基态和激发态，满足对易关系$[\hat{S}_+,\hat{S}_-]=2\hat{S}_z$和$[\hat{S}_z,\hat{S}_\pm]=\hat{S}_\pm$. 该系统中$\hat{S}_z+\hat{a}^\dagger\hat{a}$是保守量，当$\hat{S}_z+\hat{a}^\dagger\hat{a}$对应的量子数$n$为系统的总能量激发数. 随着$n$的增大，当系统的激发数$n\leqslant N$时，系统对应的多重态包括$n+1$个能级，当$n>N$时，系统对应的多重态包括$N+1$个能级(图 8-29). 当$n\leqslant N$时，系统的本征态$|n,j\rangle$可以近似表示

$$|n,j\rangle \sim \sum_{l=-L}^{L}\langle L,l|\exp(\mathrm{i}\theta L_y)|L,j\rangle|S,L-S-l\rangle|L-l\rangle \tag{8.4.3}$$

其中$\tan\theta=2g_0\sqrt{n/\varDelta}$，$-n/2\leqslant j\leqslant n/2$，$S=N/2$是原子的最大量子数，$L=n/2$为原子能够激发的最大量子数，$|L,j\rangle$和$|S,L-S-l\rangle$分别对应自旋$L$和自旋$S$的角动量态，$|L-l\rangle$是$\hat{a}^\dagger\hat{a}$的本征态. 其对应的本征能量近似为

$$E(n,j)\sim\left(n-\frac{N}{2}\right)\omega_{\mathrm{A}}-\frac{n}{2}\varDelta+j\sqrt{4g^2N+\varDelta^2} \tag{8.4.4}$$

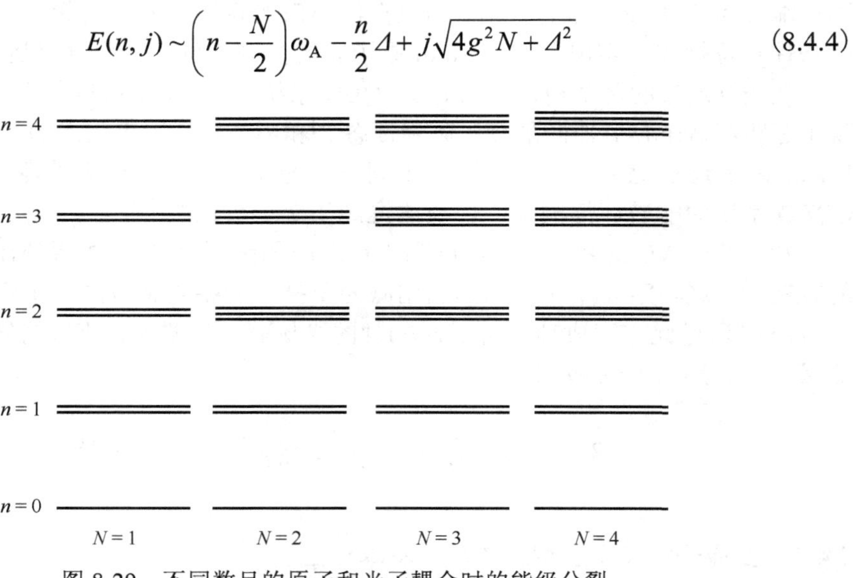

图 8-29　不同数目的原子和光子耦合时的能级分裂

当原子和光学腔的失谐$\varDelta=0$(即$\omega_{\mathrm{A}}=\omega_{\mathrm{C}}=\omega_0$)时，系统最低的几个能级的本征态和本征能量分别为[67]

$$|0,0\rangle=\left|\frac{N}{2},-\frac{N}{2}\right\rangle|0\rangle,\quad E(0,0)=-\hbar(N/2)\omega_0 \tag{8.4.5}$$

$$|1,\pm\rangle=\frac{1}{\sqrt{2}}\left(\left|\frac{N}{2},-\frac{N}{2}+1\right\rangle|0\rangle\pm\left|\frac{N}{2},-\frac{N}{2}\right\rangle|1\rangle\right),E(1,\pm)=\hbar\left(-\frac{N}{2}+1\right)\omega_0\pm\hbar g_0\sqrt{N} \tag{8.4.6}$$

$$
\begin{pmatrix} |2,+1\rangle \\ |2,0\rangle \\ |2,-1\rangle \end{pmatrix} = \begin{pmatrix} \sqrt{\dfrac{N-1}{4N-2}} & \dfrac{1}{\sqrt{2}} & \sqrt{\dfrac{N}{4N-2}} \\ -\sqrt{\dfrac{N}{2N-1}} & 0 & \sqrt{\dfrac{N-1}{2N-1}} \\ \sqrt{\dfrac{N-1}{4N-2}} & -\dfrac{1}{\sqrt{2}} & \sqrt{\dfrac{N}{4N-2}} \end{pmatrix} \times \begin{pmatrix} \left|\dfrac{N}{2},-\dfrac{N}{2}+2\right\rangle|0\rangle \\ \left|\dfrac{N}{2},-\dfrac{N}{2}+1\right\rangle|1\rangle \\ \left|\dfrac{N}{2},-\dfrac{N}{2}\right\rangle|2\rangle \end{pmatrix} \tag{8.4.7}
$$

$$
\begin{pmatrix} E(2,+1) \\ E(2,0) \\ E(2,-1) \end{pmatrix} = \hbar \begin{pmatrix} \left(-\dfrac{N}{2}+2\right)\omega_0 + g_0\sqrt{4N-2} \\ \left(-\dfrac{N}{2}+2\right)\omega_0 \\ \left(-\dfrac{N}{2}+2\right)\omega_0 - g_0\sqrt{4N-2} \end{pmatrix} \tag{8.4.8}
$$

实际的多原子 CQED 系统中也存在光学腔和原子的衰减(κ,γ)，由于原子的集体效应，当原子数 N 足够大时，很容易满足$\sqrt{N}g_0>(\kappa,\gamma)$. 只考虑单量子激发时，原子集体和腔模之间交换单个光子的相干过程占主导地位，第一激发态$|1,\pm\rangle$能够在光谱上完全分辨开，形成多原子真空拉比分裂.

现阶段多原子和光学腔的耦合聚焦于多原子的集体自旋态(Dicke 态)与原子的相互作用. 利用多原子的集体自旋态与光学腔的相互作用可以用来研究多原子的超辐射、模拟不同的量子系统、实现多原子纠缠态和压缩态等量子资源以及用于光场非互易方面的研究.

双原子 CQED 系统是最基本的多原子 CQED 系统，能够观测到原子之间通过光学腔的相互作用，比如辐射荧光的相干. 另外，通过操控单个光子与两个原子的相互作用过程还可以实现原子间的量子相位门、原子纠缠、双原子寄存器等多种量子资源和器件.

8.4.2　双原子与光学腔强耦合中的若干量子效应

相比于单原子和光学腔的耦合系统，确定性双原子和光学腔耦合的物理现象更加丰富，操控也更加困难. 在双原子和光学腔的耦合系统中最重要的现象就是原子和原子之间辐射的相互影响，能够观测到双原子之间辐射场的干涉. 干涉相长时表现为超辐射，干涉相消时表现为亚辐射. 而原子间的干涉又由原子在腔模中的位置和激发光场的相位决定，这就需要精确控制原子在腔中的位置.

2014 年，Mlynek 等就在电路 CQED 系统中研究了两个人工原子(artificial qubits)间的超辐射现象[68]. 2015 年，Reimann 等通过移动的光格子将两个冷原子传送进光学微腔，通过在垂直于腔轴方向泵浦原子研究了两个原子锐利散射之间的干涉现象[69]. 在此实验中由于在腔轴方向上缺乏对原子的束缚，原子间对位相在 0 和 π 之间随机跳动. 同年，Casabone 等也研究了两个纠缠的离子和光学腔的相互作用，调节离子纠缠态之间的相位，实现了离子由亚辐射到超辐射的转化[70]. 2016 年，A. Neuzner 等通过在腔的轴向和径向同时采用光格子束缚原子，并借助侧向的单原子成像确定原子间的相对位置，从而能够实现对原子激发过程中与光学腔相互作用时相位的完全确定. 基于此他们系统研究了双原子在腔中的干涉现象，并测量了在不同干涉条件下光场的二阶关联函数[71].

2013 年，Casabone 等利用线性 Paul 阱将两个离子同时和光学腔耦合，利用腔模诱导的 Raman 过程，通过探测此过程中产生的光子偏振态实现了宣布式的双原子纠缠[72]，实验测量的纠缠度保真度可达 91.9%. 2017 年，Welte 等又利用和单端腔强耦合的两个中性原子，通过探测反射的单光子态"雕刻"出双原子的最大纠缠态[73]. 实验上通过此方法获得的纠缠态最大保真度为 90%. 2018 年，该系统实现了腔内双原子量子逻辑门[74].

基于双原子光学 CQED 系统还可以研究量子网络中的双原子节点操控的基本技术. 2020 年，Langenfeld 等在双原子和光学腔耦合的系统中通过声光偏移器实现了可以随机寻址的双比特量子节点，该量子节点能够将两个光量子比特随机存入和读出[75]. 2021 年，他们在此基础上实现了无条件量子密钥分发[76].

2020 年，Samutpraphoot 等通过精确操控两个微尺度光学偶极阱实现了阱中俘获的两个原子与纳米光子晶体腔的强耦合，通过反射光谱观测到原子共振耦合时的集体增强效应和色散耦合下双原子亮态和暗态的反交叉效应[77]. 2021 年，Dordevic 等在此基础上实现了包括两个原子的量子接口，实现了双光子量子纠缠态的产生和读取以及单原子量子比特的量子控制[78].

8.4.3 多原子与光学腔耦合系统的若干量子效应

多原子与光学腔耦合的量子现象就是多原子的超辐射，即多个处于激发态的原子在腔模中辐射时产生的偶极相互作用增强了原子和真空场的耦合，从而产生比原子自发辐射更快更强的辐射场. 通过研究腔内多原子的超辐射不但可以帮助人们进一步了解长程偶极相互作用下多原子相互作用的动力学[79-81]，而且通过操控此过程也可以制备超辐射激光[82]，有望产生特定的量子态[83].

原子自发辐射时，辐射光强与原子数呈线性关系；而原子在腔中的超辐射产生的光强与原子数呈二次方关系. 2012 年，Bohnet 等利用坏腔(bad cavity，腔的衰减系数远大于腔与原子的耦合系数和原子的衰减系数)中 10^6 个铷原子实现超辐射激光，观测到了光强随原子数的二次方关系[82]. 2016 年，Norcia 等在坏腔中实现了锶原子钟跃迁的超辐射[84]，他们将 10^5 个锶原子俘获在光学腔内，光学腔的线宽远大于原子自发辐射的线宽，利用腔轴方向上的激发光将原子激发到 $^3P_0$ 态，观测到锶原子在腔内的辐射光子数随原子数呈二次方的关系. 2016 年，单原子强耦合的 CQED 系统中的超辐射现象在钡原子与腔耦合系统中被观测到[85].

光学腔和多原子相互作用时腔模与所有原子均同时发生相互作用，能够产生原子间的长程相互作用，可以用于模拟特定的多原子动力学过程. 2012 年，Baumann 等利用与光学腔耦合的玻色-爱因斯坦凝聚(BEC)体模拟了多原子与单模光场相互作用的 Dicke 模型[86]. 该实验利用腔内原子动量态和光子之间的耦合模拟了包括反旋波项的 Dicke 哈密顿量 $\frac{\hbar\lambda}{\sqrt{N}}(\hat{a}^\dagger+\hat{a})(\hat{J}_+ + \hat{J}_-)$，其中 $\hat{J}_\pm=\sum_i\left|\pm\hbar k,\pm\hbar k_{ii}\right\rangle\left\langle 00\right|$ 为原子的集体动量上升和下降算符，通过调节泵浦光的强度实现了 BEC 体从超流相到 Dicke 固体相之间的转变.

2018 年，Norcia 等利用耦合 10^5 个锶原子的 CQED 系统模拟了原子间集体的自旋交换相互作用，其哈密顿量为 $\hat{H}_{\text{eff}}=\hbar\chi\hat{J}_+\hat{J}_-\approx\hbar\chi[\hat{J}^2-\hat{J}_z^2]$，其中 $\hat{J}_+\hat{J}_-$ 为原子集体角动量态的上升、下降算符的乘积，$\chi\hat{J}_z^2$ 项为与 J_z 相关的相位扭曲，$\chi\hat{J}^2$ 项为总自旋为 J 和 $J-1$ 的原子集体态之间的能隙[87]. 通过调节光学腔和原子之间的失谐实现了原子系统在相位扭曲作用下的动力学演化，并研究了能隙大小对原子集体态的影响.

腔内多原子纠缠态的产生普遍采用先产生原子态和光场的纠缠，再通过测量产生的光场来预告原子纠缠态. 2014 年，Haas 等在光纤光学腔内制备了大于 40 个原子的纠缠态[88]. 2015 年，Barontini 等在同样的系统上演示了基于量子芝诺动力学演化的方法制备多原子纠缠态[89]. 2015 年，McConnell 等制备了腔内 3100 个铷原子的宣布式纠缠态[90].

大数目原子自旋压缩态在量子精密测量中具有巨大的应用前景，利用光学腔和原子间的相互作用能够产生多种制备多原子自旋压缩态的方法. 主要包括：①利用光场非破坏性测量原子自旋态导致的原子自旋噪声压缩；②利用色散相互作用下的腔反馈产生原子自旋态.

第一种方法由 Chen 等提出[91]，并于 2011 年在实验上产生了 10^6 个铷原子自旋压缩态，压缩度为 3.4 dB[92]. 此后他们又分别利用循环跃迁降低测量对自旋引起的反作用的测量方案将原子自旋压缩提高到 10.5 dB[93]和 17.7 dB[94]. Schleier-Smith 等采用类似的方法在 5×10^4 个铷原子中获得了压缩度为 8.8 dB 的自旋压缩态[95]. 2016 年，Hosten 等通过采用更高精细度的光学腔，同时采用新的原子自旋探测手段在 50 万个原子中获得了 20.1 dB 的原子自旋压缩[96]. 2020 年，自旋压缩态被应用于原子喷泉钟，相对于量子投影极限获得了 3.8 dB 的频率稳定性提升[97].

利用腔反馈产生原子自旋压缩态的方法由 Schleier-Smith 等于 2010 年提出[98]. 同年，Leroux 等在实验上采用此方案获得了 5×10^4 个铷原子的自旋压缩态，压缩度为 5.6 dB[99]，并且在光钟上演示了 2.8 倍的精度提高[100]. 2019 年，Braverman 等采用改进的方案获得了约10^3个镱原子的自旋压缩态，并且实现了超越标准量子极限 6.5 dB 的测量精度[101]. 2020 年，Pedrozo-Peñafiel 等将该方法拓展到镱原子光钟上，获得了 350 个镱原子的自旋压缩态，并实现了超越标准量子极限 4.4 dB 的测量精度[102].

由于原子和光学腔的强耦合，原子和光场相互作用的非线性效应也被极大增强. 利用光学腔中少原子系统极大的非线性效应可以实现极弱甚至是单光子量级光场非线性效应，能够探索极弱光场的物理效应. 1991 年，Rempe 等观测到了强耦合 CQED 系统中少原子的光学双稳效应[103]. 2019 年，山西大学张天才研究组在实验上观测到少原子的量子光学双稳现象，进而利用非对称微腔强耦合系统显著的非线性效应实现了少光子(低至 3.8 个平均光子数)的光学非互易传输(optical nonreciprocity，ONR)[104]，如图 8-30 所示. 此后他们又在实验上实现了强耦合 CQED 系统的非互易准粒子，即腔极化子. 该极化子在线性区域工作时可以实现单光子量级光场的非互易传输，实验演示了带宽为 10 MHz、隔离度为 30 dB 的单光子隔离器；在非线性区域工作时可以获得光场量子统计的非互易传输，实验演示了当光场的传输方向不同时表现出亚泊松-超泊松及反聚束-超聚束的非互易量子统计特性[105].

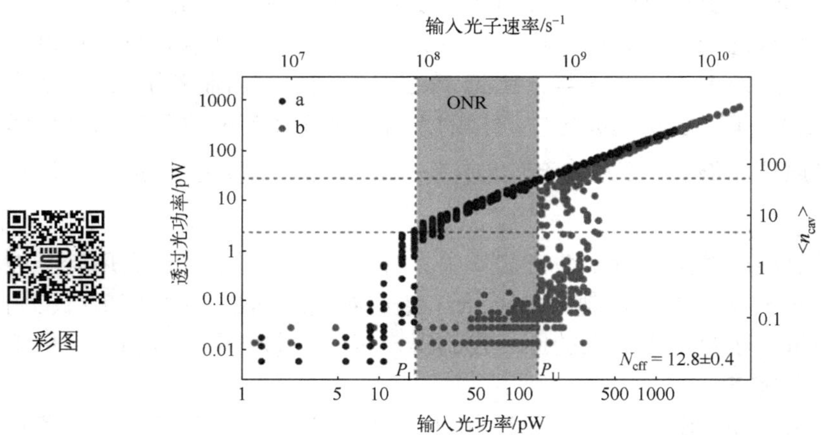

图 8-30 基于多原子 CQED 的少光子的非线性光学非互易传输

8.4.4 确定性多原子与腔场强耦合的实验实现

由 8.4.3 节可以看到，多原子 CQED 系统的物理现象更加丰富有趣，应用也更加广泛，但是前面介绍的多原子系统中原子数并不是确定的，只能在一定精度上给出原子数的平均值. 产生的量子效应多是基于多原子系统的集体性质. 而对确定数目的原子系统与光学腔强耦合的研究可以帮助人们认识和研究强耦合 CQED 的本质和更多新奇物理现象，也可以为量子信息处理应用提供更为丰富的量子资源.

腔内建立确定数目原子系统而且需要精确地控制每个原子的位置使得每一个单原子都同时与腔场实现强耦合，这在技术上充满挑战. 随着近年来原子阵列技术的快速发展，为确定数目的多原子与腔强耦合的实现提供了可能. 山西大学在实验上实现了一维单原子阵列与高精细度微腔之间的强耦合[39]. 一维光镊阵列在腔内冷原子团中装载单原子阵列. 实验方案示意图如图 8-31 所示.

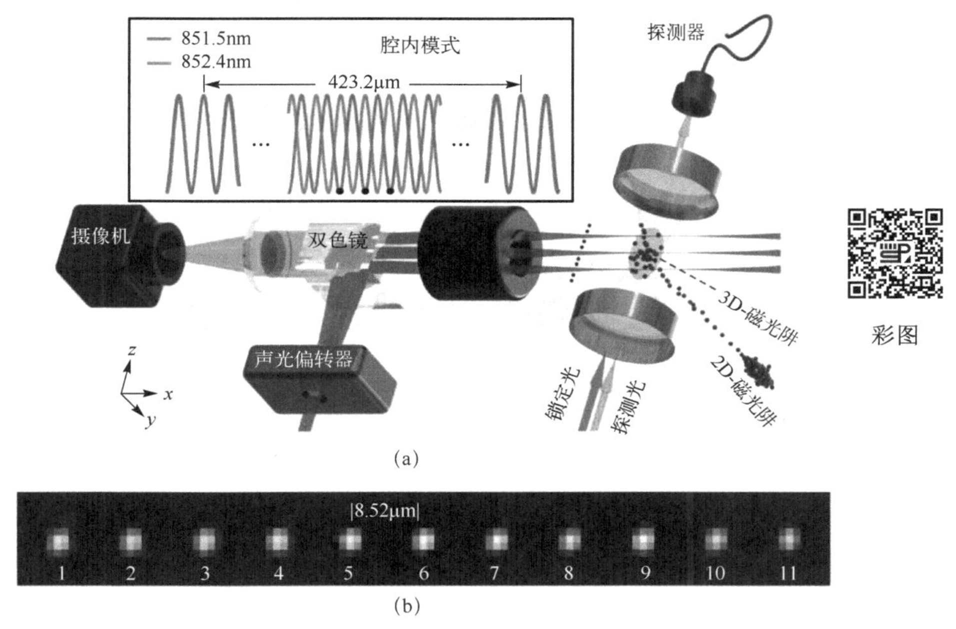

图 8-31　确定性多原子与腔场强耦合的实验装置示意图

实验上利用波长为 820.9 nm 激光锁定微腔腔长，与此同时此锁定激光在腔内沿腔轴方向形成光晶格，限制原子在腔轴方向的运动. 1×11 光镊阵列是由高数值孔径物镜将多射频信号驱动的声光偏移器衍射产生的光束阵列强聚焦产生，并从侧面投射到微腔中，见图 8-31(a). 每个阱的腰斑半径为 1.81 μm，可以保证阵列中每个偶极阱只能装载一个原子. 光镊阵列从真空玻璃气室的外侧横向入射到腔中心，沿腔轴(z 轴)方向排列，并直接从腔内已经建立的磁光阱中俘获单个原子，如图 8-31 所示. 原子的间距为 11.07μm. 每个原子处于锁定激光在腔内轴向光晶格的光强极小处，便于原子俘获. 与此同时，每个原子处于 852 nm 探测光的极大处，以便实现最大耦合强度. 图 8-31(a) 中插图展示了锁定光光晶格(蓝色)和探测光(红色)在腔内模式的重合. 原子的荧光通过同一物镜收集并在 EMCCD 相机上成像，用于确定原子数. 图 8-31(b) 为多次叠加单原子荧光信号的成像图.

图 8-32 展示了确定原子数从 1 到 8 的真空拉比分裂光谱，其中蓝色插图为对应的原子荧光成像图.

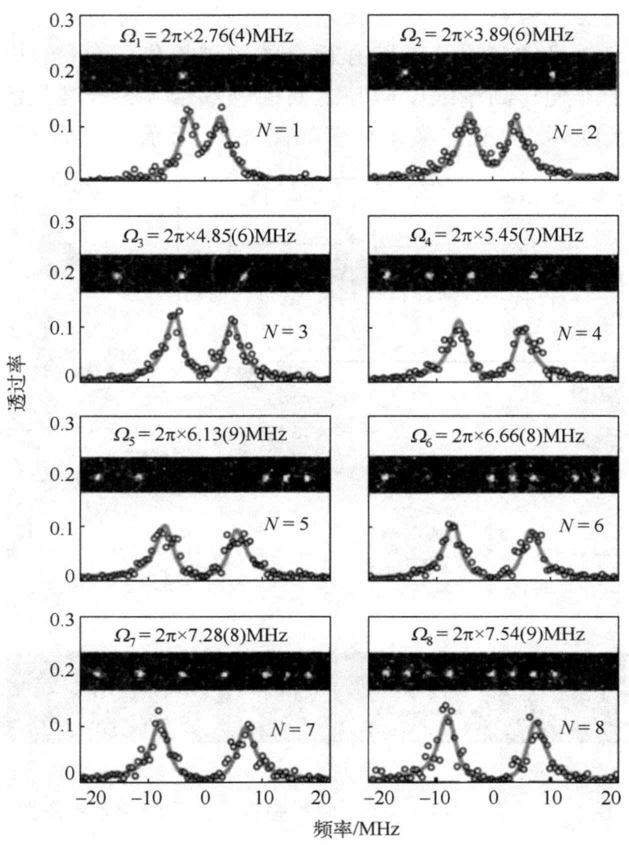

图 8-32 确定原子数 1 到 8 的真空拉比分裂光谱

蓝色带状嵌入图为原子阵列的单次荧光成像，用于确定原子数

8.5 小　结

原子与光学腔强耦合系统已经在量子基本问题、量子信息、精密测量及量子计量等领域作为关键系统或器件展现出巨大的应用潜力. 一方面，随着量子光学、量子信息向小型化、集成化、实用化的方向发展，具有微纳结构的新型 CQED 系统越来越引起人们的关注，而且此类新型 CQED 系统也展现出更多新奇的量子现象；另一方面，可控多原子与腔的强耦合系统在研究更加丰富的量子现象、制备量子资源、实用化量子网络和分布式量子计算等方面都有着广阔的发展前景. 然而随着腔内原

子数的增加，理论模拟的复杂程度、实验系统的复杂性和技术难题均会随之增加. 这两方面成为 CQED 系统的两个重要的发展趋势.

参考文献

[1] Berman P. Cavity quantum electrodynamics. San Diego: Academic, 1994.

[2] Purcell E M. Spontaneous emission probabilities at radio frequancies. Phys. Rev., 1946, 69: 681.

[3] Thompson R J, Rempe G, Kimble H J. Observation of normal-mode splitting for an atom in an optical cavity. Phys. Rev. Lett., 1992, 68(8): 1132-1135.

[4] Boca A, Miller R, Birnbaum K M, et al. Observation of the vacuum Rabi spectrum for one trapped atom. Phys. Rev. Lett., 2004, 93: 233603.

[5] Nogues G, Rauschenbeutel A, Osnaghi S, et al. Seeing a single photon without destroying it. Nature, 1999, 400: 239-242.

[6] Schuster I, Kubanek A, Fuhrmanek A, et al. Nonlinear spectroscopy of photons bound to one atom. Nature Physics, 2008, 4: 382-385.

[7] Rempe G, Thompson R J, Brecha R J, et al. Optical bistability and photon statistics in cavity quantum electrodynamics. Phys. Rev. Lett., 1991, 67: 1727-1730.

[8] Hennrich M, Kuhn A, Rempe G. Transition from antibunching to bunching in cavity QED. Phys. Rev. Lett., 2005, 94: 053604.

[9] Ourjoumtsev A, Kubanek A, Koch M, et al. Observation of squeezed light from one atom excited with two photons. Nature, 2011, 474: 623-626.

[10] Mücke M, Figueroa E, Bochmann J, et al. Electromagnetically induced transparency with single atoms in a cavity. Nature, 2010, 465: 755-758.

[11] Wilk T, Webster S C, Kuhn A, et al. Single-atom single-photon quantum interface. Science, 2007, 317: 488-490.

[12] Weber B, Specht H P, Müller T, et al. Photon-photon entanglement with a single trapped atom. Phys. Rev. Lett., 2009, 102: 030501.

[13] Ritter S, Nölleke C, Hahn C, et al. An elementary quantum network of single atoms in optical cavities. Nature, 2012, 484: 195-200.

[14] Hijlkema M, Weber B, Specht H P, et al. A single-photon server with just one atom. Nature Physics, 2007, 3: 253-255.

[15] Kimble H J. The quantum internet. Nature, 2008, 453: 1023-1030.

[16] Schlosser N, Reymond G, Protsenko I, et al. Sub-poissonian loading of single atoms in a microscopic dipole trap. Nature, 2001, 411: 1024-1027.

[17] Puppe T, Maunz P, Fischer T, et al. Single-atom trajectories in higher-order transverse modes of a high-finesse optical cavity. Physica Scripta, 2004, T112: 7.

[18] Zhang P F, Guo Y Q, Li Z H, et al. Elimination of the degenerate trajectory of a single atom strongly coupled to a tilted cavity TEM_{10} cavity mode. Phys. Rev. A, 2011, 83: 031804(R).

[19] Zhang P F, Guo Y Q, Li Z H, et al. Temperature determination of cold atoms based on single-atom countings. J. Opt. Soc. Am. B, 2011, 28: 667-670.

[20] Jaynes E T, Cummings F W. Comparison of quantum and semiclassical radiation theories with application to the beam maser. Proc. IEEE, 1963, 51: 89-109.

[21] Zhang P F, Zhang Y C, Li G, et al. Sensitive detection of individual neutral atoms in a strong coupling cavity QED system. Chin. Phys. Lett., 2011, 28: 044203.

[22] Gross M, Goy P, Fabre C, et al. Maser oscillation and microwave superradiance in small systems of Rydberg atoms. Phys. Rev. Lett., 1979, 43: 343-346.

[23] Meschede D, Walther H, Müller G. One-atom maser. Phys. Rev. Lett., 1985, 54: 551-554.

[24] Miller R, Northup T E, Birnbaum K M, et al. Trapped atoms in cavity QED: coupling quantized light and matter. J. Phys. B, 2005, 38: S551.

[25] Mabuchi H, Turchette Q A, Chapman M S, et al. Real-time detection of individual atoms falling through a high-finesse optical cavity. Opt. Lett., 1996, 21: 1393-1395.

[26] Münstermann P, Fischer T, Pinkse P W H, et al. Single slow atoms from an atomic fountain observed in a high-finesse optical cavity. Opt. Commun., 1999, 159: 63-67.

[27] Hood C J .Real-time measurement and trapping of single atoms by single photons. California Institute of Technology. 2000.

[28] Pinkse P W, Fischer T, Maunz P, et al. Trapping an atom with single photons. Nature, 2000, 404: 365-368.

[29] McKeever J, Buck J R, Boozer A D, et al. State-insensitive cooling and trapping of single atoms in an optical cavity. Phys. Rev. Lett., 2003, 90: 133602.

[30] Kuhr S, Alt W, Schrader D, et al. Deterministic delivery of a single atom. Science, 2001, 293: 278-280.

[31] Sauer J A, Fortier K M, Chang M S, et al. Cavity QED with optically transported atoms. Phys. Rev. A, 2004, 69: 051804(R).

[32] Kubanek A, Koch M, Sames C, et al. Photon-by-photon feedback control of a single-atom trajectory. Nature, 2009, 462: 898-901.

[33] Koch M, Sames C, Kubanek A, et al. Feedback cooling of a single neutral atom. Phys. Rev. Lett., 2010, 105: 173003.

[34] Nuβmann S, Murr K, Hijlkema M, et al. Vacuum-stimulated cooling of single atoms in three dimensions. Nature Physics, 2005, 1: 122-125.

[35] Endres M, Bernien H, Keesling A, et al. Atom-by-atom assembly of defect-free

one-dimensional cold atom arrays. Science, 2016, 354: 1024-1027.

[36] Barredo D, de Léséleuc S, Lienhard V, et al. An atom-by-atom assembler of defect-free arbitrary two-dimensional atomic arrays. Science, 2016, 354: 1021-023.

[37] Barredo D, Lienhard V, de Léséleuc S, et al. Synthetic three-dimensional atomic structures assembled atom by atom. Nature, 2018, 561: 79-82.

[38] Brown M O, Thiele T, Kiehl C, et al. Gray-Molasses optical-tweezer loading: controlling collisions for scaling atom-array assembly. Phys. Rev. X, 2019, 9: 011057.

[39] Liu Y X, Wang Z H, Yang P F, et al. Realization of strong coupling between deterministic single-atom arrays and a high-finesse miniature optical cavity.Phys. Rev. Lett., 2023, 130(17): 173601.

[40] Li G, Zhang Y C, Li Y, et al. Precision measurement of ultralow losses of an asymmetric optical microcavity. Appl. Opt., 2006, 45(29): 7628-7631.

[41] Maunz P L W. cavity cooling and spectroscopy of a bound atom-cavity system. Munich: Max-Planck-Institut fur Quantenoptik, 2004.

[42] Hood C J, Kimble H J, Ye J. Characterization of high-finesse mirrors: Loss, phase shifts, and mode structure in an optical cavity. Phys. Rev. A, 2001, 64(3): 033804.

[43] Maunz P, Puppe T, Schuster I, et al. Normal-mode spectroscopy of a single-bound-atom-cavity system. Phys. Rev. Lett., 2005, 94(3): 033002.

[44] Doherty A C, Lynn T W, Hood C J, et al. Trapping of single atoms with single photons in cavity QED. Phys. Rev. A, 2000, 63: 013401.

[45] Hood C J, Lynn T W, Doherty A C, et al. The atom-cavity microscope: single atoms bound in orbit by single photons. Science, 2000, 287: 1447-1453.

[46] Du J J, Li W F, Wen R J, et al. Precision measurement of single atoms strongly coupled to the higherorder transverse modes of a high-finesse optical cavity. Appl. Phys. Lett., 2013, 103: 083117.

[47] 张天才，毋伟，杨鹏飞，等．高精细度法布里-珀罗光学微腔及其在强耦合腔量子电动力学中的应用．光学学报, 2021, 41: 0127001.

[48] Bochmann J, Mücke M, Guhl C, et al. Lossless state detection of single neutral atoms. Phys. Rev. Lett., 2010, 104: 203601.

[49] Gehr R, Volz J, Dubois G, et al. Cavity-based single atom preparation and high-fidelity hyperfine state readout. Phys. Rev. Lett., 2010, 104: 203602.

[50] Volz J, Gehr R, Dubois G, et al. Measurement of the internal state of a single atom without energy exchange. Nature, 2011, 475: 210-213.

[51] Reiserer A, Ritter S, Rempe G. Nondestructive detection of an optical photon. Science, 2013, 342: 1349-1351.

[52] Tiecke T G, Thompson J D, de Leon N P, et al. Nanophotonic quantum phase switch with a single atom. Nature, 2014, 508: 241-244.

[53] Niemietz D, Farrera P, Langenfeld S, et al. Nondestructive detection of photonic qubits. Nature, 2021, 591: 570-574.

[54] Wilk T, Webster S C, Kuhn A, et al. Single-atom single-photon quantum interface. Science, 2007, 317: 488-490.

[55] Ritter S, Nölleke C, Hahn C, et al. An elementary quantum network of single atoms in optical cavities. Nature, 2012, 484: 195-200.

[56] Schupp J, Krcmarsky V, Krutyanskiy V, et al. Interface between trapped-ion qubits and traveling photons with close-to-optimal efficiency. PRX Quantum, 2021, 2(2): 020331.

[57] Duan L M, Kimble H J. Scalable photonic quantum computation through cavity-assisted interactions. Phys. Rev. Lett., 2004, 92: 127902.

[58] Reiserer A, Kalb N, Rempe G, et al. A quantum gate between a flying optical photon and a single trapped atom. Nature, 2014, 508: 237-240.

[59] Hacker B, Welte S, Rempe G, et al. A photon-photon quantum gate based on a single atom in an optical resonator. Nature, 2016, 536: 193-196.

[60] Daiss S, Langenfeld S, Welte S, et al. A quantum-logic gate between distant quantum-network modules. Science, 2021, 371: 614-617.

[61] Langenfeld S, Welte S, Hartung L, et al. Quantum teleportation between remote qubit memories with only a single photon as a resource. Phys. Rev. Lett., 2021, 126: 130502.

[62] Welte S, Thomas P, Hartung L, et al. A nondestructive Bell-state measurement on two distant atomic qubits. Nat. Photonics, 2021, 15: 504-509.

[63] Distante E, Daiss S, Langenfeld S, et al. Detecting an itinerant optical photon twice without destroying it. Phys. Rev. Lett., 2021, 126: 253603.

[64] Wang B, Duan L M. Engineering superpositions of coherent states in coherent optical pulses through cavity-assisted interaction. Phys. Rev. A, 2005, 72: 022320.

[65] Hacker B, Welte S, Daiss S, et al. Deterministic creation of entangled atom-light Schrödinger-cat states. Nat. Photonics, 2019, 13: 110-115.

[66] Garraway B M. The Dicke model in quantum optics: Dicke model revisited. Phil. Trans. R. Soc. A, 2011, 369: 1137-1155.

[67] Agarwal G S. Spectroscopy of strongly coupled atom-cavity systems: A topical review. J. Mod. Opt., 1998, 45: 449-470.

[68] Mlynek J A, Abdumalikov A A, Eichler C, et al. Observation of Dicke superradiance for two artificial atoms in a cavity with high decay rate. Nat. Commun., 2014, 5: 5186.

[69] Reimann R, Alt W, Kampschulte T, et al. Cavity-modified collective Rayleigh scattering of two atoms. Phys. Rev. Lett., 2015, 114: 023601.

[70] Casabone B, Friebe K, Brandstätter B, et al. Enhanced quantum interface with collective

ion-cavity coupling. Phys. Rev. Lett., 2015, 114: 023602.

[71] Neuzner A, Körber M, Morin O, et al. Interference and dynamics of light from a distance-controlled atom pair in an optical cavity. Nat. Photonics, 2016, 10: 303-306.

[72] Casabone B, Stute A, Friebe K, et al. Heralded entanglement of two ions in an optical cavity. Phys. Rev. Lett., 2013, 111: 100505.

[73] Welte S, Hacker B, Daiss S, et al. Cavity carving of atomic Bell states. Phys. Rev. Lett., 2017, 118: 210503.

[74] Welte S, Hacker B, Daiss S, et al. Photon-mediated quantum gate between two neutral atoms in an optical cavity. Phys. Rev. X, 2018, 8: 011018.

[75] Langenfeld S, Morin O, Körber M, et al. A network-ready random-access qubits memory. NPJ Quantum Information, 2020, 6: 86.

[76] Langenfeld S, Thomas P, Morin O, et al. Quantum repeater node demonstrating unconditionally secure key distribution. Phys. Rev. Lett., 2021, 126: 230506.

[77] Samutpraphoot P, Đorđević T, Ocola P L, et al. Strong coupling of two individually controlled atoms via a nanophotonic cavity. Phys. Rev. Lett., 2020, 124: 063602.

[78] Dordevic T, Samutpraphoot P, Ocola P L, et al. Entanglement transport and a nanophotonic interface for atoms in optical tweezers. Science, 2021, 373: 1511-1514.

[79] Muniz J A, Barberena D, Lewis-Swan R J, et al. Exploring dynamical phase transitions with cold atoms in an optical cavity. Nature, 2020, 580: 602.

[80] Yan Z J, Ho J, Lu Y H, et al. Superradiant and subradiant cavity scattering by atom arrays. Phys. Rev. Lett., 2023, 131: 253603.

[81] Solano P, Barberis-Blostein P, Fatemi F K, et al. Super-radiance reveals infinite-range dipole interactions through a nanofiber. Nat. Commun., 2017, 8:1857.

[82] Bohnet J G, Chen Z L, Weiner J M, et al. A steady-state superradiant laser with less than one intracavity photon. Nature, 2012, 484: 78-81.

[83] Habibian H, Zippilli S, Morigi G. Quantum light by atomic arrays in optical resonators. Phys. Rev. A, 2011, 84: 033829.

[84] Norcia M A, Winchester M N, Cline J R K, et al. Superradiance on the millihertz linewidth strontium clock transition. Sci. Adv., 2016, 2: e1601231.

[85] Kim J, Yang D, Oh S H, et al. Coherent single-atom superradiance. Science, 2016, 359: 662-666.

[86] Baumann K, Guerlin C, Brennecke F, et al. Dicke quantum phase transition with a superfluid gas in an optical cavity. Nature, 2010, 464: 1301-1306.

[87] Norcia M A, Lewis-Swan R J, Cline J R K, et al. Cavity-mediated collective spin-exchange interactions in a strontium superradiant laser. Science, 2018, 361: 259-262.

[88] Haas F, Volz J, Gehr R, et al. Entangled states of more than 40 atoms in an optical fiber cavity.

Science, 2014, 344: 180-183.

[89] Barontini G, Hohmann L, Haas F, et al. Deterministic generation of multiparticle enta by quantum Zeno dynamics. Science, 2015, 349: 1317-1321.

[90] McConnell R, Zhang H, Hu J Z, et al. Entanglement with negative Wigner function of a 3000 atoms heralded by one photon. Nature, 2015, 519: 439-442.

[91] Chen Z L, Bohnet J G, Weiner J M, et al. Cavity-aided nondemolition measurements for atom counting and spin squeezing. Phys. Rev. A, 2014, 89: 043837.

[92] Chen Z L, Bohnet J G, Sankar S R, et al. Conditional spin squeezing of a large ensemble via the vacuum Rabi splitting. Phys. Rev. Lett., 2011, 106: 133601.

[93] Bohnet J G, Cox K C, Norcia M A, et al. Reduced spin measurement back-action for a phase sensitivity ten times beyond the standard quantum limit. Nat. Photonics, 2014, 8:731-736.

[94] Cox K C, Greve G P, Weiner J M, et al. Deterministic squeezed states with collective measurements and feedback. Phys. Rev. Lett., 2016, 116: 093602.

[95] Schleier-Smith M H, Leroux I D, Vuletić V. States of an ensemble of two-level atoms with reduced quantum uncertainty. Phys. Rev. Lett., 2010, 104: 073604.

[96] Hosten O, Engelsen N J, Krishnakumar R, et al. Measurement noise 100 times lower than the quantum-projection limit using entangled atoms. Nature, 2016, 529: 505-508.

[97] Malia B K, Martínez-Rincón J, Wu Y F, et al. Free space Ramsey spectroscopy in rubidium with noise below the quantum projection limit. Phys. Rev. Lett., 2020, 125: 043202.

[98] Schleier-Smith M H, Leroux I D, Vuletić V. Squeezing the collective spin of a dilute atomic ensemble by cavity feedback. Phys. Rev. A, 2010, 81: 021804(R).

[99] Leroux I D, Schleier-Smith M H, Vuletić V. Implementation of cavity squeezing of a collective atomic spin. Phys. Rev. Lett., 2010, 104: 073602.

[100] Leroux I D, Schleier-Smith M H, Vuletić V. Orientation-dependent entanglement lifetime in a squeezed atomic clock. Phys. Rev. Lett., 2010, 104: 250801.

[101] Braverman B, Kawasaki A, Pedrozo-Peñafiel E, et al. Near-unitary spin squeezing in ^{171}Yb. Phys. Rev. Lett., 2019, 122: 223203.

[102] Pedrozo-Peñafiel E, Colombo S, Shu C, et al. Entanglement on an optical atomic-clock transition. Nature, 2020, 588: 414-418.

[103] Rempe G, Thompson R J, Brecha R J, et al. Optical bistability and photon statistics in cavity quantum electrodynamics. Phys. Rev. Lett., 1991, 67: 1727-1730.

[104] Yang P F, Xia X W, He H, et al. Realization of nonlinear optical nonreciprocity on a few-photon level based on atoms strongly coupled to an asymmetric cavity. Phys. Rev. Lett., 2019, 123: 233604.

[105] Yang P F, Li M, Han X, et al. Non-reciprocal cavity polariton with atoms strongly coupled to optical cavity. Laser & Photonics Review, 2023, 17(7): 2200574.